西安交通大学 本科"十四五"规划教材

普通高等教育机械类专业"十四五"系列教材

机器的智能与智能的机器

王孙安 编著

U0276001

西安交通大学出版社

XI'AN JIAOTONG UNIVERSITY PRESS

图书在版编目(CIP)数据

机器的智能与智能的机器 / 王孙安编著. --西安：
西安交通大学出版社，2024.8

ISBN 978-7-5693-3679-5

Ⅰ.①机… Ⅱ.①王… Ⅲ.①人工智能 Ⅳ.
①TP18

中国国家版本馆 CIP 数据核字(2024)第 048573 号

书 名	机器的智能与智能的机器
	JIQI DE ZHINENG YU ZHINENG DE JIQI
编 著	王孙安
策化编辑	李 佳
责任编辑	李 佳
责任校对	王 娜
装帧设计	伍 胜
出版发行	西安交通大学出版社
	(西安市兴庆南路 1 号 邮政编码 710048)
网 址	http://www.xjtupress.com
电 话	(029)82668357 82667874(市场营销中心)
	(029)82668315(总编办)
传 真	(029)82668280
印 刷	西安五星印刷有限公司
开 本	787 mm×1092 mm 1/16 印张 23.625 字数 517 千字
版次印次	2024 年 8 月第 1 版 2024 年 8 月第 1 次印刷
书 号	ISBN 978-7-5693-3679-5
定 价	68.8 元

如发现印装质量问题，请与本社市场营销中心联系。
订购热线：(029)82665248 (029)85667874
投稿热线：(029)82668818
读者信箱：19773706@qq.com

前　言

本书先介绍了人工智能的基础,如物质世界的形成、生物在适应外部物质世界演化过程中所伴随的智能发展,人类认知世界以及对认知结果的评判等。在此基础上,介绍了人类运用对物质世界运动和生物演化的认知结果,设计制作出最初替代肢体的机械,并逐步结合动力、引入信息,最终实现了机电一体的系统——智能的机器。

本书结合机电系统运动机构及有关信息处理和应用的问题,讨论了机电系统的实物、半实物模拟仿真和数字仿真,并介绍了一些实例的分析方法和解决方案(包括人工智能的解决方案)。

人工智能的方法很多且各有特点,解决问题时需根据问题的特点选取方法。作者力求在编写过程中避免陷入过多介绍具体算法,而对问题本质、智能方法特点的分析不够,更强调在科研过程中要"对症下药"。

通常,人们对人工智能较多地讲授"符号计算",但对算法内容的分析又不够深入,满足于从工具库里调用一些现成算法,难以在工程实践中取得良好的实际效果。实际上,人工智能分为神经计算和符号计算,而机械系统本身就可以实现某些"神经计算",机械学科的读者应更多关注这些方面。

人工智能方法是当前研究的热门,因此研究者在遇到问题后,通常会从多方面去寻找某种具体的智能工具或算法,如语义网络、谓词演算和规则演绎、神经网络、专家系统、模糊逻辑、遗传和免疫算法等。这些人工智能的内容都有一定的侧重点和特定的使用范围,但某种智能方法是不是适用于要解决的问题,应进一步思考。希望读者对自己有这样的要求:先奠定人工智能的基础,再探究人工智能都有哪些分支? 都适合于解决哪类问题? 然后针对问题去寻找适合的方法和工具。按照这样的思路,本书介绍智能方案时,基本都给出针对的具体对象和问题。书中部分二、三级标题右上角标注 * 表示内容选读,书中部分图片的彩图可扫描前言二维码。本书对人工智能内容的介绍有限,有兴趣的读者可以查阅相关的著作和文献。

本书是作者在机电学科多年的教学经验基础上,参考国内外相关文献,选取多年从事机械电子工程学科的科研内容和成果,不断补充信息处理与人工智能等方面的新内容和新知识,力求按照理论联系实际的原则,结合实际情况编写而成。各章末的思考题和习题有的是帮助读者回顾本章的要点,有的则是引导读者进一步思考,不一定能在书中找到现成的答案。

本书适合机械学科的高年级本科生、研究生及机械专业技术人员学习。在本书的编写过程中,陈先益、程元皓、张斌权、于镇源、高娜、唐鹏朝和燕雨昂等研究生做了资料搜集、翻译、整理及绘图和公式编辑等工作,在此表示感谢。

由于编著者水平有限,书中疏漏在所难免,恳请相关专家和读者批评指正。

编著者

2024 年 2 月

目 录

第1章 生物和机器的"智"与"能"

关于什么是"人工智能",不同的书中阐述不完全一致,目前尚未形成统一的权威定义。而且由于人工智能牵涉到很多领域,如果给出太多术语和名词,可能会带进越来越多的概念,反而会影响到直观的理解。

什么是智能? 从《辞海》中可以查知,"智能"一词指的是"认识客观事物,并运用知识来解决实际问题的能力"。概括地说,智能就是认知周边的环境,并自主地适应环境。就生物的智能来说,智和能本是一体的。但是对机器而言,"智"和"能"可以拆开来分析。那么又可以问:什么是智、什么是能? 简单地说,"智"就是"知";而为适应外部物质世界按自主意志做出的行为就是"能"。

智能本身是一种生物和生命的现象,智能和生命的演化是联系在一起的,因此本书开始会谈到一些地球的诞生、生命的起源和演化,以及简单的原始智能等内容。人类演化出高度发达的大脑后,生物的智能发展到了高级阶段。随着科学技术尤其是计算机技术的持续发展,人工智能得以实现长足发展。为了更好地认识并建造智能的机器,对上述这些基础知识应该有比较清晰的概念。

生物最简单的智能形式就是"感知-响应",如果把这两个部分拆开,可以理解成:感觉、认知、决策、行为。这里的认知和决策有时会需要较高级的智能。一般的生物并不具备很多的知识,而人是一种高等生物,是掌握复杂知识的生物,因此人具有运用知识的特殊智能。人工智能要运用知识并采取行为,因此人工智能是这样的过程:先感知,获取环境信息、处理信息和理解环境;再响应,根据知识做出自主决策;最后反作用于环境。对于人工智能来说,并非要求完成"感觉→认知→决策→行为"的全过程,只要涉及其中一部分的内容,就属于人工智能的研究范围。

符号系统和信息处理是人工智能的基础,这些内容涉及环境信息的感知和认知,是以信息来实现激励-响应的,相应的也有人工智能的联结主义和符号主义这两大学派。人工智能还有一个学派叫行为主义,这个学派认为行为主要是根据力的感知而响应的。所以说智能就是如何根据对环境的感知,并应用知识做出正确的响应。比如你有一个已经具备了人工智能的服务机器人,当你渴了要一杯水的时候,它将怎么感知环境信息? 你可以通过说话用语音让它来识别(处理),也可以通过一个手势、符号或颜色让机器视觉来识别(处理),这里主要是符号和信息处理,是"智"。但你处于口渴的状态并未被改变,因此服务机器人还要做出自主决策,并有取水的行为动作,递给你一杯水,这才是"能",这样才是一个完整的过程。

在人工智能的诞生及发展初期,产生了很多关于智能机器的设想或者概念上的智能机器。这些抽象机器主要承载了人们从各个角度对于人工智能的认识,并不一定能完全转变为实际的物理装置。而本书中讨论的机器指现实世界中的物理机器(系统)。对于物理机器,第一,机器是由实体的多个构件组成;第二,机器的各种实体之间有确定的相对运动。由于机器能够输出动作以及转换动作,还可以输出机械功或者实现能量转换,因此可以替代或者减轻人的劳动,这就是机器的作用。在本书讨论的人工智能中,机器更多地体现在"能"上。

前面讲过,最基本的智能是感知-响应。对一台可控的机器来说,如果是开环控制,那么控制过程中的输入和输出就是激励和响应。如果控制一个大机器系统,就会有多台机器和多个环节,若这些环节形成了有序的感知-响应,比如把生产线上的机床和物流设备全部有机地组织在一起,而且每台设备都知道自己在什么时候该完成什么作业,都是由自主决策完成的,这就是制造工业智能化的概念。

所谓闭环控制,是在激励-响应过程中,如果机器的响应与事先预期之间出现了偏差,就要根据系统的有关信息处理和指示,做出消除偏差的决策和行为。

1.1 地球及其自然环境

1.1.1 宇宙大爆炸

宇宙的诞生与生命的起源一直以来都是人们进行科学探索面临的终极问题。宇宙如何诞生,未来又将如何?我们从何而来,又将去往何处?这不仅仅是有待发掘的科学问题,更是值得思考的哲学问题。

距今约 138 亿年前,宇宙所有的能量都高度密集在一起,形成了一个密度极大且温度极高的太初状态,继而发生了巨大的爆炸。大爆炸发生以后,宇宙开始向外急速膨胀,体积每增大两倍,温度便会下降一半,逐渐形成了今天我们看到的宇宙,这就是宇宙诞生的大爆炸理论。如图 1-1 所示是宇宙的经典时空结构图。

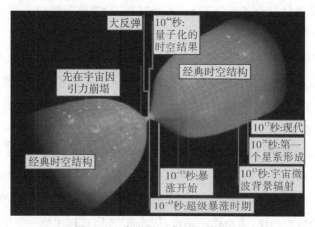

图 1-1 宇宙的经典时空结构图

1. 大爆炸的过程

大爆炸开始时，宇宙处于体积极小、温度极高且密度极大的状态。

在 10^{-43} 秒时，宇宙从量子背景出现，这一时期被称为普朗克时期。在普朗克时期，空间刚刚开始形成，可观测宇宙的尺度甚至比原子核还要小得多，它的半径只有 10^{-38} 厘米，但是这个比原子核还小的空间却包含了构成我们现今所看到的宇宙中的所有的物质。

在 10^{-33} 秒这个时刻，同一场分解为强核力、弱相互作用（也是一种力）、电磁力和引力。而大爆炸开始后的 0.01 秒，宇宙的温度高达约 1000 亿度。宇宙物质中质子和中子只占约十亿分之一，而物质的主要成分则为轻粒子（如光子、电子或中微子），所有这些粒子都处于热平衡状态。

由于整个爆炸体系在快速膨胀，温度下降很快。大爆炸后 0.1 秒，宇宙的温度下降到约300 亿度，中子与质子的数量比也从 1 下降到 0.61。

大爆炸 1 秒后，宇宙的温度下降到约 100 亿度。随着密度减小，中微子不再处于热平衡状态，开始向外逃逸，电子和正电子对开始发生湮没反应，中子与质子的数量比下降到 0.3。但这时由于宇宙的温度还太高，核力还不足以把中子和质子束缚在一起。

大爆炸后 13.8 秒，宇宙的温度降到约 30 亿度。这时，质子和中子已可形成像氘、氦那样稳定的原子核。35 分钟后，宇宙的温度降到约 3 亿度，核过程停止，但由于宇宙的温度还很高，质子仍不能和电子结合形成中性原子。原子是在大爆炸后约 30 万年才开始形成的，这时宇宙的温度已降到约 3000 度，化学结合作用已足以将绝大部分自由电子束缚在中性原子内。

大爆炸后约 10 亿年间，宇宙的主要成分是气态物质。随着温度不断下降，粒子开始逐渐结块，它们慢慢地凝聚成密度较高的气体云，再进一步形成各种恒星系并继续演化（这些恒星系中恒星的演化又产生了碳、氧、硅、铁等元素），如图 1-2 所示。

图 1-2　星系的形成（假想图）

哈勃根据星系的形态把星系分成三大类：椭圆星系、旋涡星系和不规则星系。银河系属于旋涡星系，大约成形于 120 亿年前，共有约 2000 亿颗恒星，太阳成形于距今约 50 亿年前。

作为太阳系行星的地球形成于距今约 46 亿年前。最初地球表面要经受无数的彗星和陨石的撞击，温度很高，地球的表面也没有完全凝结，而且缺乏氧气，因此那时还没有生命。

2. 大爆炸假说的依据

宇宙学的诞生以爱因斯坦建立"静止、有界、无限"的宇宙学模型为标志,但是之后许多天文学家通过观察发现天体在运动,而且所有的星系都在离我们而去,由此产生了"宇宙在膨胀"的非静态宇宙理论。

20世纪初,人们在观测银河系以外的星系时发现,绝大多数星系的光谱都有红移的现象。所谓红移,就是恒星光谱的波长在变长,即恒星在向离开地球的方向移动,且星系离得越远,其光谱的红移值就越大。因此推断出宇宙中所有的星系都在分离,并且越远的星系相互分离的速度越大,整个物质宇宙在不断膨胀。

如果这是事实,而且这种膨胀是一个长期持续的过程,那么过去星系之间的距离肯定比现在要近。甚至可以推测:在过去的某一时刻,宇宙中一切物质必然都处于一个极小的范围内。而宇宙膨胀即由该状态开始,而宇宙中发生的一切也从那一状态开始。

尽管1948年伽莫夫和阿尔法等人的工作已经奠定了宇宙大爆炸论的理论基础,但由于没有得到观测的支持,而且它的一些观念在当时看起来令人难以接受,特别是极早期宇宙的极端物理状态和变化过程的剧烈程度更使人无法想象,因此该学说在20世纪50年代几乎已被遗忘。直到20世纪60年代初,随着理论工作的进展以及若干观测上的重大发现,宇宙大爆炸论才越来越广泛地为学术界所接受。

首先,如上文所述,银河外星系存在普遍性退行运动。其次,哈勃定律的发现强有力地支持了宇宙从大爆炸中诞生的理论。根据哈勃定律推算得到的宇宙年龄约为140亿年,宇宙中所有天体的年龄都不可能超过这一数字。由天体物理理论(特别是恒星演化理论)可以测得,最久远的星系和恒星的年龄约为120～130亿年,太阳的年龄约为50亿年,地球上最古老岩石的年龄约为40亿年。这些测定结果可以按很好的时序纳入大爆炸后宇宙整体演化的框架之内。

另一个支持大爆炸理论的强有力观测证据是美国普林斯顿大学迪克教授在20世纪60年代提出的"微波背景辐射":根据现代大爆炸理论,宇宙温度从普朗克时期的1032开,经过约150亿年的不断膨胀、冷却,目前温度只有约3开,而且在不同的观测方向上,应该在微波波段表现为各向同性分布。与此同时,美国贝尔电话实验室的彭齐亚斯和威耳逊建立了一架高灵敏度天线,以改进卫星通信能力,并用来测量天空中的噪声源。实验过程中他们发现扣除地球大气吸收、地面噪声等已知噪声源的影响后,仍然存在无法解释的剩余微波噪声。1965年,他们确定这种微波辐射温度约为3开,并表现为各向同性分布,且不随观测时间而发生变化,不可能来自任何特定的辐射源。最初这个结果令威耳逊等人十分疑惑,但随着双方很快建立了联系并进行了分析和讨论,最终确信这种找不到来源的噪声正是宇宙微波背景辐射。这一发现是20世纪天文学上的一项重大成就,由此人们得以捕获宇宙创生早期的重要信息。

为了解决宇宙大爆炸模型在解释宇宙极早期状态时遇到的一些困难,人们在20世纪80年代初提出了宇宙暴胀论。根据暴胀模型,宇宙曾经历过一个极短时间的极快速膨胀。在这段时间内,物质处于称为"假真空"的奇特状态。由于假真空引起的引力排斥,宇宙按指数律加速膨胀,其尺度每过 10^{-34} 秒便增大一倍。在这种惊人的爆发式增长中,宇宙的所有质量和能量从完全的真空中产生出来。在这一模型中,极早期宇宙的尺度比标准模型所认为的小得多,标准大爆炸模型中的一些困难在这里可以找到简单解释。这一学说符合对可观测宇宙的描述和标准大爆炸的模型,但对大爆炸发生后最初的 10^{-30} 秒的描述却大为不同。

证实宇宙起源于一次超级大爆炸还有一项证据,它与化学元素的形成有关。在宇宙诞生后的最初阶段,由于温度太高,质子和中子无法结合成稳定的原子核,这时宇宙的物质状态由质子、中子和电子等基本粒子构成。随着温度进一步下降,宇宙进入了下一个阶段。从爆炸后 13.8 秒起,氘、氦这样稳定的原子核才开始形成,化学元素的形成即从这一时刻开始。理论计算表明,氦核的形成过程大约持续了 3 分钟。在这期间,约有 $23\%\sim27\%$ 的质量物质聚合成氦,并同时用完了所有可利用的中子。而余下的核子,即没有参与聚合的质子自然就形成了氢原子核。这一理论预言,宇宙应当由大约 75% 的氢和 25% 的氦组成,这与实测结果符合得极好。

宇宙早期的原初核反应也可能产生极少量比较重的元素,如锂和碳。现已知道除氢和氦这两种元素外,其他较重元素的总量不到宇宙中可见物质的百分之一,其中绝大多数并不是大爆炸的产物,而是后来在恒星内部形成的。它们通过超新星爆发被抛入宇宙空间,成为后一代恒星形成时的一种原材料。

1.1.2　时空、物质与能量

1. 空间与时间

空间和时间都是物质存在的属性。空间用于描述物体的形与位,是物质存在的"广延"属性;时间用于描述事件的先后顺序,是物质存在的"持续"属性。

牛顿力学总结了低速宏观物体的运动规律,反映了传统的绝对时空观。牛顿认为,时间和空间是两个独立的概念,二者没有联系。时间和空间的度量与惯性参照系的运动状态无关,同一物体在不同惯性系中的运动学量均可通过伽利略变换而相互联系。

而爱因斯坦则彻底颠覆了人们对于时空的认识。他的相对论告诉人们,宇宙中根本不存在绝对静止的空间,也不存在绝对流逝的时间,时间和空间都是具有相对意义的,它们相互联系、相互制约。爱因斯坦把时间看作第四维,与三维空间一起组成了四维空间。不同惯性参考系之间的运动量必须通过洛伦兹变换才能相互联系起来。

传统时空观是人们经验认知的总结,是相对论时空观对宏观物体在低速运动情况下的近似结果。

时间和空间都是随着宇宙的诞生而产生的,最终也将随着宇宙的终结而失去意义。宇宙就是时间和空间的全部,大爆炸是宇宙万物的开端,也是时间的起点。提"大爆炸之前"这样的问题是没有任何意义的,就好像问宇宙之外是什么一样。大爆炸没有之前,宇宙也没有之外。

2. 物质与能量

物质是构成宇宙万物的实物、场等客观事物，在宇宙中有两种存在的空间形式：一种是实体性物质，如气体、液体、固体等；另一种是能量性场物质，如电磁场、引力场等。实体性物质对空间的占有具有排他性，被实体性物质占有的空间不可以再被其他物体占有。而能量性的场物质却可以共享同一空间，并能够保持场原有的特性。

运动是物质最基本的属性，物质的运动形式是多种多样的，如机械运动、电磁运动、热运动等，每一种运动形式都对应着一种能量形式。能量从一个物体可以转移到另一物体，由一种形式转化为另一种形式，但在转移和转化的过程中，能量的总量保持不变，这就是能量守恒定律，是宇宙中最基本的定律。

20世纪初，人们对物质和能量的认识更为深入，爱因斯坦的质能关系公式 $E=mc^2$ 把质量和能量紧密地联系在了一起。这个理论深刻地阐明了能量的物质性。质量是内敛的能量，能量则是外显的质量。正如爱因斯坦所言："质量就是能量，能量就是质量。时间就是空间，空间就是时间。"

地球作为一个热力系统，主要与太阳有能量交换，同时地球还与外部有物质交换，主要来自于外太空的一些小型天体的撞击。这些外来的天体会给地球带来一些已有的和未有的物质，如陨石落下后会发现有某种不曾发现过的元素。研究发现，来自太阳系边缘的卫星含有大量的水，地球上的水很可能就是来自这种天体，当热量逐渐散去，水汽逐渐凝结成水滴降落到地面上，形成了原始的海洋，海洋占了地球地表的70%，也孕育了地球上最初的生命。

宇宙大爆炸假说就像无中生有的创世纪般凭空创造出了我们的宇宙。虽然这种假说现在已经被我们的科学界所接受，并写入天文学教材，但这种已经被世人和科学界公认的宇宙大爆炸假说却更像是唯心主义的学说，仿佛违反了物质能量转换守恒定律。也许，我们对宇宙的诞生还需要进行更多的思考和研究。

1.2　生命的起源与原始智能

1.2.1　地球生命的起源

约46亿年前，地球的地核已经形成，但地壳还没有凝结。各种物质元素仍处于分离过程中，是一片混乱的状态。那时地球自转的速度是现在的6倍，这样的转速产生的离心力使还不太坚固的地壳非常容易发生变动因而破裂，导致大规模的火山活动。另一方面，在太阳系形成之初，有大量的陨石撞击着地球。而火山运动和陨石撞击产生了生命在地球上诞生所需要的两个最基本的要素——大气和水。

关于地球上原始生命的起源，被推崇的假说主要有两大类：一是宇宙来源说，即生命是从宇宙空间来到地球的；二是地球化学起源说，即生命起源于原始地球表面环境中的从无到有化学进化。这两种假说的提出为生命起源的研究指明了方向，也为唯物辩证法提供了重要依据。

持宇宙来源说的学者们认为,生命起源与地球的形成不同源。在原始地球形成后,地球曾受到频繁的外来天体的撞击,这些"天外来客"带来了生命的种子。他们在地球上生根发芽,经过几十亿年的演化,最终成就了今天地球上的勃勃生机。该学说最直接的证据,就是科学家们在世界各地的多处陨石坑中发现了多种构成生命必不可少的有机物,这一发现说明这些有机物质有可能来源于太空。此外,近来有报道称,研究人员在美国宇航局"星辰号"飞船带回的彗星尘埃样品中发现了氨基酸等有机物,这一发现使得宇宙来源说更加具有说服力。

这些随着地外天体运动来到地球的有机物,在地球的原始海洋中不断发生化学变化,从简单到复杂,最终产生了生命。有科学家认为,在彗星的尘埃中就含有微生物,它们在太空的低温环境中长眠着,直到有一天来到地球,在温和的环境中开始恢复生命活力。然而,宇宙来源说并没有解释生命是如何产生的。

而地球化学起源说则不然,而且这种观点有更多的证据支持,所以得到了更多人的认同。大多数科学家都认为生命的起源与地球的形成是同源的。原始地球的环境就像一个反应炉,原始生命正是通过地球表面含碳、氢、氧、氮等的一些化合物漫长的化学反应而形成的。

最原始的生命体经历了漫长的化学进化历程,从无生命的物质中产生。为了验证原始地球从无到有地产生生命物质的可能性,1953 年,美国科学家斯坦利·米勒模拟了地球的原始大气,将氨、甲烷、氢和水蒸气混合在一起,然后对这些混合气体进行放电,产生了氨基酸。米勒的实验证实了地球上化学进化的可能性。放电、紫外线、热都是可以促使物质化合生成生物分子的条件。

在生物大分子中,蛋白质(以氨基酸为基本单位)是生命活动的承担者,核酸包括脱氧核糖核酸(deoxyribonucleic acid,DNA)和核糖核酸(ribonucleic acid,RNA)则是遗传物质。在目前所知的生物当中,几乎所有的生物体都是用双链 DNA 来编码遗传信息的,DNA 双螺旋结构如图 1-3 所示。它们把基因转录到 RNA,再把 RNA 翻译成蛋白质。生物体用于 DNA 最终转变为蛋白质的遗传密码是相同的。对此现象的最简单解释是:所有的生物体都是从一个共同的祖先而来的。所有的生物都是从 35 亿年前携带着 DNA 遗传物质的微生物那里继承了这套遗传密码。

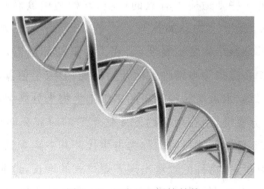

图 1-3　DNA 双螺旋结构

但现在对此仍有争论,比如有的观点认为:只含有 RNA 的膜结合细胞比既含有 DNA 又含有蛋白质的细胞出现得早。在以后的进化中,以 RNA 为基础的生命具备了将氨基酸组装成蛋白质的能力。

对于生命的演化过程,细胞的出现堪称是进化史上的一次质的飞跃。在原始细胞出现后,物种的产生经历了一个爆炸式的发展:生命的形式经历了从单细胞到多细胞,从水生到陆生,从卵生到胎生,从荒蛮到文明的过程。

最初的细胞形式可能近似于现在的支原体,又称菌质体。美国学者福克斯曾把加热的多肽水溶液置于水中冷却,然后获得了 $1\sim2$ nm 小球状的微球体。这种微球体与球状细菌的大小及形状相似,并且有很多与细胞相似的性状。

原始细胞最初是从外界吸收有机物质来完成生命活动的。但是随着各种异养的细菌在原始海洋的滋生,它们对营养物质的竞争也日趋激烈,并使有机物质逐渐匮乏,很多原始的细菌不再能够从环境中获得足够的营养,于是它们开始利用二氧化碳和阳光来制造有机物,使细胞的结构日趋完善。光合作用开始形成后,自养生命开始出现。光合作用大约出现在 30 亿年前,它的出现使一些异养的细菌可以以自养的藻类作为食物来源。最早的光合作用产生于与现在蓝藻类似的细胞当中,它最初可能并不使用水作为光合作用的原料。但在这之后,有些藻类还是选择了更容易获得的水,从此氧气开始产生。

氧气的出现改变了大气的成分和原始的气候。一个重要的结果是氧气在大气表层形成了臭氧层,它吸收了对生命有害的紫外线;另一个重要结果是,氧气的形成为海洋生物的登陆提供了基本的环境条件。正是氧气成就了地球生命的辉煌。

1.2.2　生物演化与适应环境

生物在地球上 30 多亿年的漫长演化过程伴随着生物智能不断适应环境的发展。

距今约 36 亿年前到约 20 亿年前是地质发展史中最古老的太古代,生命就出现于这一时期,并以微生物的形态在原始海洋中生存。在这个时期,大气中缺乏氧气,因此生命多数为厌氧型微生物。从约 24 亿年前到约 5.7 亿年前是元古代,随着氧气在环境中的积累,氧气逐渐杀死了大部分早期厌氧细菌,剩余的厌氧细菌找到了适宜的环境幸存下来,演变成了如今的厌氧细菌;而另外一些则适应了有氧的环境,开始利用氧气和有机物来制造能量,成为了好氧菌。与此同时,真核生物开始出现。大约 13 亿年前出现了最早的真核细胞生物——绿藻。之后,真核细胞结构更加复杂,出现了大量的细胞器,如叶绿体等。到了距今约 10 亿年前,真菌、动物和植物等多细胞生物开始出现,形成了菌藻时代。距今约 8 亿年至约 5.7 亿年的震旦纪,海绵、水母等结构简单的多细胞生物十分繁荣,成为这一时期的特点。

早期生物的进化十分缓慢,但在距今约 5.4 亿年前的时候突然出现了大量的物种。从大约 5.7 亿年前到约 2.5 亿年前这段时间称为古生代。其中距今约 5.7 亿年至约 5.1 亿年的寒武纪,在大约 6 千万年里,物种的数量出现了爆炸式的增长,地质学上称之为"寒武纪生命大爆炸"。寒武纪是"三叶虫"的时代,此时,三叶虫等带壳和骨骼的无脊椎动物逐渐繁荣起来。随着捕食者与被捕食者的不断追逐,这场竞赛逐渐升级,许多动物出现了眼睛、触角、爪子、颚、甲壳甚至原始脊椎和肌肉。原始脊椎和肌肉的出现使动物获得了更高的攻击和逃跑的速度。寒武纪末期甚至演化出了具有原始脊椎的鱼类。

奥陶纪大约开始于 5.1 亿年前,结束于约 4.38 亿年前。这一时期气候逐渐变暖,有些内陆的池塘开始干涸,有些鱼类不得不开始逐渐适应缺水的环境。在奥陶纪末期首次出现了可靠的陆生脊椎动物——淡水无颚鱼。而淡水植物的首次亮相应该也是在这一时期。

在约 4.38 亿年前到约 4.1 亿年前的志留纪时期,地壳的运动造成了板块的碰撞,一些板块因褶皱而升起,使得陆地面积扩大。陆地上逐渐出现了陆生的裸蕨植物。另外,鱼类进化出了颚,开始征服水域。距今 4.1 亿年至 3.65 亿年的泥盆纪出现了昆虫,植物变得十分高大,在这一时期发生了第一次大规模的生物灭绝。昆虫的体型在距今 3.65 亿年至 2.95 亿年的石炭纪开始变得巨大。这一时期的大陆板块运动形成了山地、沼泽等,使地球气候差异性更大了,环境多样又促使物种种类更加丰富。裸子植物也在这时出现,并和丰富的蕨类植物形成了广袤的森林。这一时期还产生了适应干燥环境的爬行类动物。

从约 2.95 亿年前至约 2.5 亿年前的二叠纪起,爬行类动物开始逐渐变得活跃起来,它们广泛分布于世界的各个角落,等待着自己的时代到来。在距今约 2.5 亿年至约 6500 万年的中生代,爬行类空前繁荣。中生代的气候逐渐变得湿热,这使得蕨类植物和爬行类得到了迅速的发展,在距今约 2.05 亿年前到约 1.35 亿年前的侏罗纪时期,它们达到了全盛时期。空中是翼龙的天下,水中是鱼龙的领地,陆地上更是有从身长约 60 cm 的微角龙到长达近 60 m 的易碎双腔龙,种类纷杂应有尽有。此时还出现了鸟类的祖先——始祖鸟。

但是,在约 1.35 亿年前至约 6500 万年前的白垩纪晚期却发生了一件匪夷所思的事件,称霸地球 2 亿年之久的恐龙在短短的几百年内全部灭绝了,称为"白垩纪-第三纪灭绝事件"。恐龙灭绝的原因受到人们长期的猜测,比较流行的一种理论是 2004 年的结合多重原因的灭绝理论,该理论融合了火山爆发、海退,以及撞击事件。白垩纪末的大灭绝彻底结束了裸子植物和爬行类缔造的恐龙帝国。同时,一类产生于三叠纪(距今约 2.5 亿年至 2.05 亿年)之初的哺乳类动物幸存了下来。

距今约 6500 万年一直持续至今的新生代,哺乳类和白垩纪时期出现的被子植物成为了进化舞台的主角。当时间扫尽大灭绝的阴霾后,气候环境开始变得温和。具有更强竞争力的被子植物迅速占领了陆地,动物的食物变得丰富。这使得哺乳动物的种群和数量大幅地增加,在距今约 6500 万年至 160 万年的哺乳动物后期,出现了人类的祖先——古猿。

到了大约 160 万年前,发生了两件重大的事件。一件就是约 20 万前出现了智人。人类慢慢进化出现了思维能力,并在短短的几千年中创造了自己璀璨的文明,这一点使得人类可以保持在食物链的顶端而避免其他物种的威胁。另一件是在约 18000 年前的冰川期的物种灭绝。在这次冰河时期中,许多大型的哺乳动物都灭绝了,包括长有獠牙的剑齿虎和体型庞大的猛犸,大多数人认为它们的灭绝与气候的变化和人类的活动有关。

人类的智力为人类解决了很多难题,但是有一个问题始终引发着人类的思考。

宇宙作为一个纯粹的物质世界,竟然能从最基本的运动中演化出生命,甚至出现像人类这样的高级智能生命,令人啧啧称奇。目前我们已经知道,宇宙中生命的诞生需要极其苛刻的条件,地球上的碳、氢、氧、氮、磷、硫通过化学反应生成了氨基酸、甲醛和氰化氢,进而形成了蛋白质、RNA、DNA,终于使生命在地球上诞生。这似乎是偶然的,但偶然中是否隐藏着更为深刻的必然性,我们不得而知。但至少我们知道,生命是宇宙的奇迹,人类更是宇宙物质运动的最终受益者,而所有这一切都离不开生命的摇篮——地球。

以生物大分子中的蛋白质承担生命的活动能量,以核酸作为生命的遗传物质,生命体经历了从单细胞到多细胞、从水生到陆生、从卵生到胎生的演化,实现了物种爆炸后的生物多样性。早期生命从异养到自养,从厌氧到好氧、从海洋到陆地天空,直至人类走出非洲适应全球的环境,表现出如此奇妙的适应能力,都源于生命在不同环境中演化适应过程,这就是生物的智能。只有智能的生物才有可能延续和发展!

1.3 生物的智能

1.3.1 生物智能及其遗传

地球生命起源不晚于 38 亿年前,由于阳光中的紫外线、火山爆发、闪电等各种因素,深海中大量无机物发生化学反应生成简单有机物,此后逐渐合成为复杂有机物,进而构成生命。地球上无生命的物理世界遵循着物理界的定律,而生物却不断执着于 DNA 序列的复制和繁衍。

达尔文认为一切生物开始于一个"温暖的小池塘"。20 世纪 20 年代,科学家们提出原始汤理论,认为很多细菌都生活在液态环境里,它们依赖于从周边环境中吸取糖分作为营养物质才能存活,它们能够感知周边的糖分浓度,如果发现周边的糖分浓度比几秒钟之前少了,就会摇动尾部的鞭毛,像鱼一样游到糖分比较高的地方去。于是,我们就会看到细菌缓慢地游来游去,看上去像是具有某种智能。以上细菌游泳的故事来自于麻省理工学院宇宙学家麦克斯·泰格马克的畅销书 Life 3.0。他在书中认为,生命是一个可以保持其复杂性和复制性的过程,生命体本质是信息的自我复制与进化的处理系统。

生物感知后会做出响应,而做出响应以后,就有物竞天择了。趋利避害就生存,如果做出相反的输出反应,就有可能在自然选择中被淘汰。这就是演化,因为决策之前并不知道是正确的还是错误的,所以只能物竞天择了。此外,相关的知识和决策还要通过 DNA 遗传这些信息,使生物对营养液的感知-响应的行为本能都保存下来。

细菌的这种机制是记录在细胞核内的,也就是记录在与生俱来的 DNA 里,本质是复杂化学反应决定的。经过无数代的进化,不符合这个机制的细菌由于找不到糖吃都会被饿死,这就是达尔文的自然选择理论。我们从细菌生命行为上看到的这种智能表现,实际就是复杂的化学反应加上物种进化的自然选择结果。

　　"细菌觅食"是一种人工智能的算法,通常通过计算机程序实现。算法原理和上面原始汤理论中的细菌很相似。如果在一个培养皿里加几滴营养液,比如食盐溶液或肉汁,于是细菌在原来已经均匀分布的培养液里又变得不均匀了,培养皿里的细菌就会集中到几个培养液浓度高的点上去觅食,这种算法可以用于多参数寻优。

　　现在再来看辞海中的这句话,智能就是"认识客观事物,并运用知识来解决实际问题的能力",以及我们对这句话的简单表述,智能就是"认知周边的环境,并自主地适应环境"。

　　上述的细菌游动就是细菌的"感知-响应",这是一种智能的行为。首先细菌要"感知"糖分或营养液的浓度变化,然后还要做出正确的行为"响应",游到糖分浓度高的位置去。这里知识的获取,来自于生物从 DNA 的遗传信息中获得的。为什么说生物的这类行为是智能的行为呢? 因为如果生物的行为是"趋利避害"的,那就生存。当然它也可能产生了不是"趋利避害"而是"趋害避利"的行为,那么这个响应的行为会导致这种生物死亡,它就不可能生存并繁衍下去,这当然不能称为智能了。

　　如图 1-4 所示的含羞草,这种植物在被触碰时会收起叶子,这种感知-响应是一种自我保护,是"趋利避害"的智能行为。更复杂、更高级如蚊子避雨飞行的感知-响应(或激励-响应、刺激-响应),这是蚊子为了适应潮湿气候时飞行的智能。有人把这个叫神经计算,其实蚊子根本没有计算,是人类把这种感知和响应的方式叫作计算。蚊子很小也很轻,雨滴的重量要比蚊子重得多,一个雨滴足以把蚊子拍在地面上,但蚊子身上有一种疏水绒毛,当雨滴落到蚊子身上时,它只要稍微摆动一下,就可以迅速地甩脱雨滴,如图 1-5 所示,这是一种神经计算的算法。

　　简单生物通常都只能对某种单一的特定环境感知和响应。比如高海拔地区的植物都贴着地面,长得很矮小而且收缩得很紧,因为如果生长得离地面高或者枝叶很大就会被冻死。仙人掌为了保证水分不被蒸发,叶子都退化成一根根刺针。干旱地区植物的肉质茎通常都很肥厚,一旦水分充足时则迅速储水、生长,保存大量的水分,适应干旱缺水的环境。种子埋在土里可以耐旱很久,以等待下次降雨后发芽、生长。

图 1-4　含羞草对触碰的感知与响应

图 1-5　蚊子避雨飞行的神经计算

物竞天择的筛选,使得有智能的生物适应和生存下来。为了适应更复杂的环境,白蚁这种生物群的社会行为,呈现出了更高的智能。也许读者会认为白蚁的大脑还没针尖大,能有什么较高级智能? 实际上,当白蚁群达到很大数量的时候,它们会形成专门负责筑巢、作战、觅食、繁殖和喂养幼蚁的各种分工。所以智能还有一个特点,就是当智能单元的数量非常大的时候,每个单一个体做出的简单行为,其合成的功能可能具有想象不到效果。如白蚁所筑的巢穴功能非常完备,是自然界的建筑大师。

人的大脑也是这样,人脑中一个神经元所能完成的激励-响应极其简单,但是当约 10^{11} 个神经元构成了我们的大脑时,人类大脑呈现的功能是令人惊叹的。

群的智能除了实现如白蚁那样的分工作业以外,也可以体现在某一功能(如感知)的物理空间扩大。如对鱼群来说,当捕食者靠近时,真正与捕食者处于近距离的鱼只是少数,它们会游走,群里大多数的鱼只是跟着游动而已。但对捕食者来说,它"被感知"的区域却大大增加了,因此无论从哪个位置,都很难靠近鱼群。

生物就是这样在趋利避害的过程中不断地演化并不断地发展其智能,这些智能都会由DNA 的遗传信息保持下去,成为生物的本能,且形成了外界刺激与有机体反应之间与生俱来的固定神经联系——无条件反射。

无条件反射也称非条件反射,其反射弧完整。在相应的刺激下,不需要后天的训练就能引起反射性反应。无条件反射或在生物出生后发挥作用,或随着有机体的生长发育而出现。

与非条件反射对应的是条件反射。条件反射理论是俄国生理学家巴甫洛夫的高级神经活动学说的核心内容,此理论指在一定条件下,外界刺激与有机体反应之间建立起来的暂时神经联系,是后天形成的。

如狗在进食时会分泌唾液,这是非条件反射。巴甫洛夫通过实验表明,当喂狗的时候开红灯、打铃,在经过一段时间以后,只要亮红灯或者打铃,狗就会分泌唾液。这种后天建立起来的、临时性的神经联系就是条件反射。实际上,巴甫洛夫实验也是一个认知实验,他开辟了一条通往认知学的道路。首先就是感知环境,如进食、红灯和铃声,然后一个是做出响应行为,分泌唾液,成为一个完整的感知和响应的过程,也就是生物学习到了智能。

这个实验告诉我们,生物在演化过程中,会对环境有某种认知,通过物竞天择作出趋利避害的响应行为。这种非条件反射的先天本能可以通过 DNA 遗传下去,但是还可以通过后天的训练,形成生物的环境认知的条件反射。

在某种情况下,我们需要借助生物的特殊"感知"能力,有些生物的嗅觉和听觉灵敏度,比人造的仪器要高出很多,比如用警犬搜毒品,或者海豚搜寻鱼类。虽然搜毒犬的嗅觉或者海豚的听觉能力很容易完成这些任务,但是生物为什么要去为人类进行这些工作呢?我们已经知道,生物自主决策的核心是"趋利避害",因此在培养狗对毒品和海豹对鱼类的认知过程中,就要奖励其正确的认知,如爱抚或喂食等。此外还要培养动物的各种行为能力,如牛犁地走一条直线,驴拉磨原地转圈,都需要喂养他们。类似地,在机器自学习过程中也会设计认知过程的奖惩算法。

生物有些感知的能力是人类也不一定具有的,响尾蛇眼睛的结构非常简单,视力非常差,但响尾蛇对热的感知有很高的灵敏度和精确度。它是根据猎物的热源在脑里成像,然后再捕食,完成的感知-响应。响尾蛇导弹就是一种对热辐射红外感应的仿生,它是以飞机发动机喷出的热气为热源,响尾蛇导弹就会追随热源方向飞行,做出的感知和响应的行为,最终击落目标飞机。

再如蝙蝠的超声,自然而然地应用了多普勒效应(确切地说是多普勒发现了蝙蝠捕食的原理),可以发现猎物的移动。实际上蝙蝠和它的猎物也在博弈,比如某些虫子能听得到蝙蝠的超声,超声发到它身上它也就要躲,因此有些蝙蝠就会发出另一种频率的超声,这种特殊的感知能力人类做不到。所以人类仿生蝙蝠,就用声呐(因为电磁波对海水的穿透能力很差)识别海底的礁石、鱼群、沉船和潜艇等物体,并测试它们是静止的还是在移动。

用声呐探测潜艇位置和速度,就要知道潜艇移动方向和声波传播方向,以及这两个方向之间的夹角,再根据多普勒原理来计算频差和移动速度,完成多个物理量的测量和计算。人类在解决上述问题时所用的智能,属于"符号链接"。而蝙蝠的这项智能远超人类,它通过两个耳朵听到反射波的频差,就能够判断这个移动物体的大小、位置以及移动方向。此处蝙蝠耳朵的"神经计算"似乎比人类的"符号计算"要强得多。

感知和响应是生物的本能,是先天获得的一种非条件反射。非条件反射就是本能,就是外界刺激和有机体(某种生物)反应之间与生俱来的、固定的某种神经联系,不需要后天训练。生物在水中和空中也演化出了它们各自不同的出色能力。海豚游泳速度可以达每小时 50 km,其摆尾动作对水产生的推力是惊人的。水族馆表演的池子不过几米深,而海豚(有时身上还坐着人)却能从池中加速然后跃出水面,并触碰高挂在空中的标志物,其动作对水的推力功效之高、瞬间所产生的加速度之大,令人惊叹。如果要抛起一个 200 kg 的物体,以我们现有的技术需要设计一个很大的设备,可能真的不如生物进化出来的更合理。

昆虫和鸟类的扑翼飞行方式,蜻蜓飞行时的进退和悬停所表现出的高超技能,候鸟长距离迁徙以及鸽子的归巢等自然生物现象,都是人类羡慕不已的。信鸽在 500~700 km 内可以当天归巢,而消耗是约 50 g 谷物。而大雁、鹤等鸟类在迁徙途中很少进食,但由于其飞行的姿势和队形，后面的鸟利用前面的气流，可以更加节能地飞行。

人类的飞行器采用的是固定翼和旋翼的飞行方式。固定翼的升力来自于机翼的形状，中学物理就讲过，机翼一面是平的，一面是弧形，一侧气流流动快，一侧气流流动慢，而气流快的压力小，气流慢的压力大，于是产生了浮力，这就是数学模型，是数学所表述的知识。而四旋翼的飞行器现在比比皆是，儿童玩具只要几百元一台，虽然在制造和控制方面已经很成熟了，但续航能力却较差，只能飞十几分钟，而鸽子吃一把谷物就能飞 500 km 归巢了。所以和鸟类的扑翼飞行方式相比，人类用机械的螺旋桨的推进方式还有很多地方需要向生物学习。

生物表现出的智能行为给人类产生很多启发，现在越来越多的智能方法是在仿生物。除了生物个体之外，还有如前面提到过的生物群体"细菌觅食"，就是模仿生物群的觅食行为，实现多参数寻优的一种群智能应用。除了白蚁筑巢、鱼群逃避，还有路径优化。蚂蚁怎样找出最有效的道路？这是一个以生物大量无效路径为代价，最后找到了一条高效路径的过程。每个蚂蚁在回巢的过程中都会释放"信息素"，后来的蚂蚁就是从嗅觉上感知自己同类的信息素而选择道路，路径越短走过的蚂蚁就会越多，选择留下信息素最多的路径，从而找到最短的道路。经过对各类生物群（包括细菌、蚁群、蜂群、鱼群和鸟群等）的智能现象的观察、分析和研究，人们提出了一种叫粒子群算法的智能方法。

人工智能一度趋向用物理方案（如电子器件）来解决。例如"感知"和"响应"可以用电子元件、逻辑电路或者计算机来实现。但是通过传感器获取外部信息相对简单，而根据感知的信息，运用先验知识来理解环境，并通过先验知识来决策输出的行为，就不简单了。

智能系统与我们说的控制系统不同，控制系统是靠接受指令做出响应的，但智能系统除了"感知"外部环境（获取和处理环境信息）之外，还要进行自主决策。而这些人工智能的环节都需要根据已有知识来进行信息处理。

之所以说控制系统不够智能，就是因为它是在执行给定的指令，但智能体则不需要人给出指令，而是靠自主决策。因此赋予机器具备处理信息和自主决策的能力，是智能机器的关键。

1.3.2 符号使用与高级智能

普通生物一旦处于它不熟悉的环境中，其智能就变得无法适应环境了。而且，普通生物的智能虽然能代代相传，却是通过 DNA 的先天遗传，以及后天对技能的实践后获得的，因此知识的积累非常缓慢。就这一点来说，人类是具有最高智能的生物了，因为人能认知各种各样的环境和事物，并且通过符号把这些认知不断传承和积累，使我们的智能水平越来越高。而这一切都归功于人的大脑。人类一直生活在大自然的物质世界中，当人脑进化到一定程度时，"了解自然（本体论）"和"认识自然（认识论）"就成为必然的需求。

最初人类与动物一样，只能对客观世界做出直接反应，但从应用火、制作工具，尤其是使用符号开始，就逐渐有了思维的萌芽。人脑与思维对象之间，思维是人脑借助语言对客观事物的概括和间接的反应过程。思维以感知为基础又超越感知的界限,它探索与发现事物的内部本质联系和规律性,是认知过程的高级阶段。

思维对事物的间接反应是指它通过其他媒介作用认知客观事物及借助已有的知识经验和已知的条件推测未知的事物。思维的概括性表现在它对一类事物非本质属性的摒弃和对其共同本质特征的反应。

在距今 8～20 万年的某个时期,人类的大脑获得了(一般由感官刺激而引起的)模拟活动模式的能力,并将思维过程的结果与身体的活动中枢分离(也许这就是继连接主义的神经计算之后,符号计算的起源),人脑开始具备了抽象思维的能力。人脑会对客观物质世界的存在作出反映,形成一个抽象思维的符号系统。思维与存在的关系是哲学的根本问题,而哲学一词指的就是智。

生物的认知是在个体的亲身感受后,形成感知和响应的完整过程。蝙蝠捕食、蚊子避雨飞行、候鸟迁徙,它们都只具备某种相对单一环境的智能。人类也有这种亲身体验的感知响应的认知,比如被火烫了一下,会自然地响应,做出避让动作。这是一种生物的本能,类似于蚊子避雨飞行一样的神经计算。除此之外,人类在演化的过程中还学会使用工具、使用火,最关键的是学会了使用符号。人类可以把它认知到的知识用符号系统来表示,并以符号的形式传递给其他个体,而不必让所有的个体都去体验,更重要的是人类认知的知识可以被积累并且传承下来。能够使用符号是人类区别于其他生物最显著的特点。

人脑抽象思维能力的发展,以及"了解自然"和"认识自然"的愿望和意志,大大激发了人的认知兴趣,拓宽了认知的领域。鸟有翅膀因此能飞,所以希腊神话里的天马也长着翅膀;日月星辰为什么能在天上,也有翅膀吗? 风雷雨电是怎么产生的,是天神的作为? 从最初祭祀的神秘符号,到祭祀集团记录的各类文字,再到希腊理性哲学的思维,直至文艺复兴和科学革命的试验验证,是全人类认知过程的积累。这个过程中的所有成果就是人类的智,而这些都是用符号记录下来的。

发达的人脑和符号系统的作用是,在掌握科学原理后,用数学符号系统可以使看不见的东西变得看得见。飞机为什么能在空中飞? 运用科学知识和数学计算,可以设计和计算出某种机翼形状带来多大升力,因此我们可以设计自然界中不存在的、人造的飞行物。蚊子能避雨飞行是靠生物的本能,但要论知识的符号表达和计算还是得靠人脑。

早期人类与其他生物一样,食物靠采集和狩猎,居住在洞穴,他们的活动与地球表面的空气、水、岩石和土壤接触,分别形成空气圈、水圈和土壤圈,合称"生物圈"。脑和思维帮助人在认知环境、利用工具和社会组织形态等方面得到增强,更适应环境,而这些生产活动和社会活动通常留下符号的痕迹,形成了人类"文化圈"。

随着人口密度的增加,在同一块土地上自然经济已经养不活增长的人口,农耕可以收获更多的粮食,使人类的生存摆脱采集狩猎的自然经济而转向自主生产。因此农业革命是人类史上迈出的重大一步。农业生产除了有关动植物本身的知识外,还需了解动植物生长的环境,如气候、水量、土壤、肥料以及农业生产中使用的工具和水利灌溉工程等,人类认知的领域已经不仅限于躲避自然灾害,而是进一步扩大到了与农业生产有关的更大领域。智能中有了人类意志的指向。

1.4　人类早期智能

1.4.1　了解自然与认识自然

前面提过,人类自古就一直生活在大自然中,所以当人脑进化到一定程度时候,"了解自然(本体论)"和"认识自然(认识论)"就成为必然的需求。

农业革命以前,人类生存在采集狩猎的自然经济状态,此时最基本的知识是哪些植物和动物可以食用。随着人口的增长,人类开始走出非洲,走向欧洲和亚洲大陆,认知了更多的植物和动物,包括它们的种类、生长规律和所需条件,这些知识是培育和驯化这些动植物的基础,也是人类走出采集狩猎经济,进而开始农业革命的基础。由此可见,人类文明是以其"智"为基础发展起来的。人类依靠自身的"智"和"能",在衣、食、住、行等诸多方面摆脱完全依赖自然状态而生存,从而走向文明,所以人类的文明就是人类智能的结果。

古埃及是农业革命最早的地区。埃及的尼罗河定期泛滥,对农业的种植有很大影响,长期的观察和记录使古埃及人发现洪水泛滥的周期是 365 天。古埃及人又注意到太阳和天狼星同时在地平线升起时(每年 7 月),尼罗河都会定期泛滥,于是有了最早的太阳历。洪水泛滥从上游带来大量的有机物和各种稀有元素使土地很肥沃,泛滥的时间刚好和播种期一致。土地被洪水淹没后,古埃及人就在被淹的土地上筑起一道道的土坡,分成一个个的蓄水池,洪水退后池水干涸,肥沃的淤泥留在田里。或许古埃及人筑起来的土坡就是最早的田垄,古埃及尼罗河流域的水利灌溉系统相对简单,有些甚至现在还能用,那么在当时他们最关注的是什么? 显然,因为尼罗河的泛滥和播种密切相关,那时的天文和历法是非常重要的。

在古埃及人的生活中,每年发完水就要重新丈量土地,重新标出土地的边界,所以测量和几何学得到了发展。后来希腊人欧几里得写成了《几何原理》,这本著作以它严谨的逻辑推理,对近代科学的发展有着十分重大的影响,也就是爱因斯坦说的古代希腊时期的"逻辑"。

与埃及不同,两河流域的降水与作物的生长周期不一致,土地虽富饶,但必须建造复杂的水利系统引河水灌溉,以满足农业生产的需要。大约公元前 1800 年,古巴比伦城开凿了运河,兴建了灌溉水渠系统,并诞生了数学史上第一条公式(矩形公式),可根据水渠断面来计算浇灌的水量。修水利工程就需要金属工具,于是从游牧人那里学来了冶炼。开始是用青铜,但青铜太软,之后是用铁器。原始的农业工具的材料是木石,也是直接取自于自然的,冶炼使人类开始自己制造使用工具的材料。这些成就适应了两河流域自然环境的需要。两河流域的农业生产,在当时已经开始详细记录每颗种子播下后能收获多少粮食。古巴比伦还有一个著名的地方就是天文台。但凡农耕的民族都很注重天象,天气的冷热、降水的季节,对农业生产是非常重要的,古巴比伦天文台有长达几个世纪的天文星象的记录。文艺复兴时期,哥白尼等天文学家还去查阅了古巴比伦时期的那些天文记录。

接下来,文明的接力棒传到了伊朗高原的波斯帝国。波斯帝国的农耕自然环境比埃及和两河流域差一些,气候炎热、土地干旱、降雨量少、蒸发量大,农业生产缺水。但是伊朗高原有地下暗河,公元前 1000 年前后,波斯人开始建造从岩石中找水的工程。地质学家和水利工程师们精准测量和施工,打竖井下去与地下暗河相通,并联通竖井构成暗渠引水到地面,形成大面积的灌溉系统,如图 1-6 所示。这种方式避免了明渠引水过程中蒸发量大的问题,但竖井位置的测量,引水渠的坡度计算等有较大的技术难度。我国新疆的一些地方也建造了地下的灌溉暗渠,使水分不被蒸发,实现自流灌溉,这个系统称为坎儿井。坎儿井大体上由竖井、地下渠道、地面渠道和"涝坝"四部分组成。春夏时节有大量积雪和雨水流下山谷,潜入戈壁滩下,当地人们利用山的坡度,巧妙地创造了坎儿井,引地下潜流灌溉农田,如图 1-7 所示。

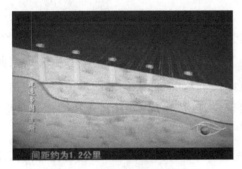
图 1-6　波斯高原的暗河引水

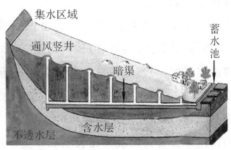
图 1-7　新疆坎儿井

除了农业生产,波斯帝国还引水在首都修建了天堂花园,此花园设计精美,有地下水道和众多蓄水池,至今仍有园艺人员前往学习。在中亚的自然地理环境下,当地人探测地下暗河、打竖井,利用对自然的认知,通过工程技术修建的水利工程的智慧程度相当高。农耕时代因其生产要求,人类根据自身趋利避害意志的需求,在天文、星象、建筑、水利工程、动植物驯化、生产过程、分配管理等方面,极大地发展了其"智能"。

1.4.2　知识的积累及其应用

人类早期的文明从尼罗河传到两河流域,再到波斯高原,最后传到了希腊人的手里。希腊的自然环境很适合小麦、葡萄和橄榄油等农产品的生产,此外他们还掌握航海技术,发展渔业。地中海是内海,适合行船,因此希腊的农产品和渔业产品十分丰富,商业发达。良好的自然环境使希腊人的生活富裕,他们不断吸收周边其他的文明并不断地融合改进,逐渐形成了自身独特的文化和文明。

希腊文明起源于克里特岛的米诺斯,这里的经济基于海上贸易,人民生活富足,而且充分享受着体育和戏剧的休闲。北方游牧民族先后在约公元前 2000 年、公元前 1500 年和公元前 1200 年几次入侵希腊,也带来了冶炼、建筑和车马等不同文明。公元前 8 世纪,希腊人在废墟上进行城邦再造,同时也建立起了一种全新的文化,他们不仅继承了克里特的文明,而且还吸收了来自不同民族的各种文化。

希腊自然环境好,生活条件相对安逸,因此他们不太信神,而更加崇尚理性。希腊人不断吸收周边的发达文明,并且不断地完善和改造,除了对身边一些日常问题的认知,更是对宇宙的认知,对万物的起源这些哲学大问题有讨论。毕达哥拉斯是哲学家和数学家,是第一个注重"数"的人,并认为几何的"形"也是由"数"而来的,希腊哲学从毕达哥拉斯开始,奠定了数学的传统。毕达哥拉斯发现敲击不同物体会发出不同的声音,并发现声音频率与琴弦长短有关系,他还发现,琴弦长度的比为 3∶4∶6 时,声音最和谐,从此,人们便把 3、4、6 称作音乐数。他还认为太阳、月亮、星辰的轨道和地球的距离之比,分别等于三种协和的音程,即八度音、五度音、四度音。

在哲学上,毕达哥拉斯认为事物可分为"可理喻的"和"可感知的"。可理喻的是完美而永恒的,而可感知的则是有缺陷的。后来柏拉图提出"理念"并发扬光大,并从此一直支配着哲学及神学思想。

希腊三贤是师生关系,第一位苏格拉底是哲学家,他认为万物皆"数";而柏拉图师承苏格拉底,当然认同老师的数,但他提出了"理性",并确定了理性地位,是唯心主义的宗师,西方非常注重理性,对理性的追求和尊重也一直流传下来;亚里士多德则是柏拉图的学生,是自然哲学家,特别注重观察各种"客观"的自然现象,以及物理学中的"规律",他也是形式逻辑的奠基人,提出了三段论等。

柏拉图十分赞扬埃及人在长期农业生产过程中的各种测量经验,以及巴比伦的天文、水利的观测与记录,同时也感慨他们未能建立起理论。在这种基础上,希腊的欧几里得、阿基米德和托勒密等汇集了《几何原理》的思想,建立起数学体系(注意毕达哥拉斯的观点,几何的点可用"数"表达,由两点可以构成线、线可以构成面、面可以构成体,以至于"万物源于数"),使后来的天文学家能够把数学应用于天文学,寻找宇宙中"和谐的数学关系"。这个阶段是爱因斯坦说的西方科学发展基础的第一个伟大成就,就是希腊哲学家发明的形式逻辑体系,它体现在欧几里得的几何学。人类的认知和智能在这一时期得到了长足发展。

基督教的信仰和希腊的理性,是西方文明的两大来源。这两个传统原属于彼此独立的两个文化系统,但这两大异质的文化体系逐渐得到了调和。

神学说,世界和人都是由神创造的,知识是天启的,因此人要服从和信仰神。到经院哲学的全盛期,基督教哲学用理性思维的方式研究基督教这个对象,试图借理性来解决上帝的存在,人生的信仰、目的和意义等问题,这是理性方法与信仰对象的结合。此时基督教哲学在内容上既有理性主义的因素,又不排斥或排除信仰的成分。托马斯·阿奎那坚持信仰至上,同时也提出神学是信仰之光,哲学是自然之光,在思想层面上把基督教和古希腊哲学融合起来。

中国古人对自然与人的起源传说是"自从盘古开天地,三皇五帝到如今"。盘古以自己的双眼变成了太阳和月亮,四肢化成了大地上的东、西、南、北四极,肌肤变成了辽阔的大地,血液变成了奔流不息的江河,汗液变成了滋润万物的雨露,而他的气息变成了四季的风和飘动的云,发出的声音化作了隆隆的雷声。而人则是由女娲捏泥人造的。

关于三皇,燧人氏钻木取火,给人类带来光明,叫天皇。炎帝神农氏遍尝百草,教民稼穑,带领先民发展农耕,称之为地皇。伏羲氏是农牧混合氏族的首领,伏羲时期的人处于农牧混合的劳作中,已经明显地摆脱了对自然经济的完全依赖,只是牧业成分还较重。由于伏羲"一画开天地"(一长划和一短划,分别代表"阴"和"阳")创造了无字天书的"符号",所以叫人皇,可见符号的重要!黄帝轩辕氏擅长使用工具并善造车,而炎帝是神农。炎、黄两大部落的联合,是农耕和游牧两种文化、两种智能的融合。五帝是上古时代对五位最具影响力的部落首领的尊称,三皇五帝的具体人物说法不同,他们大多是早期的部落首领,对中华文明的形成起到了关键作用。黄帝之后是夏商周三代,是中华大地多个民族融合的时期,也是核心文化形成的时期。

核心文化形成后,中国的古代文明分成神祇信仰和祖灵信仰两大信仰。神祇源于自然崇拜,而祖灵出于血亲以及死亡恐惧。自然崇拜的神祇信仰发展为老子"道"的哲学思想,进而发展为阴阳五行。道家文化大抵滥觞于伏羲,再到老子"道"的哲学思想形成,加上《庄子》的文学描述,道家越发魅力无穷。老子和庄子一再强调的是顺应自然。中国对自然的态度,讲究的就是顺应自然。

中国大部分地区的气候四季分明,如果仅以阴和阳来分,那就只有冷和热两极,也称为老阴和老阳。最初的方位只有东南和西北,气候也只有冷、热两极;但两极在"阴"和"阳"之间的"生"与"化",就出现了少阴、少阳到阴、阳之间的渐变与循环的关系。中国早在伏羲时期已经有了阴阳八卦,到商代时已经有了四季,西周时增加两分两至,因此中国在商周时候就已经有了两分两至,加上闰月,一年四季大致确定。春秋时候又增加了立春、立夏、立秋、立冬,到了战国时候,二十四节气划分大致明确,如图 1-8 所示。所以说,中国的二十四节气起源于春秋,在战国时发展成熟,对农业生产的指导起了很重要的作用。不同的节气配合相应的行星运行和位置,这是东方农耕民族对天地宇宙的最早认识。

春秋时期,青铜器冶炼达到了极高水平(以楚国和徐国的青铜器为代表),青铜器铸造也是这一时代的特征。青铜器最初用于礼器和兵器,之后铁器农具的出现和牛耕的推广,又进一步推动了农业的大发展。中国传统的精耕农业,在春秋时期走向成熟。

中国的哲学思想属于农业哲学思想,可以追溯到夏、商、周时期。到春秋战国时期,随着农业生产的发展走向成熟,元气论、阴阳说、五行说、循环观、中庸观、天人观等慢慢就形成了。且此时天文、物理、医学等方面也处于当时的世界领先水平。

要想提高农业生产的效率,除了掌握农作物的生长知识和创造先进的农业生产工具外,另一个重要的保障条件就是水利。而修建水利就需要地理、水文和物候方面的知识。公元前 256 年,秦国蜀郡太守李冰父子,在前人鳖灵开凿的基础上组织修建了都江堰水利工程。工程由分水鱼嘴、飞沙堰、宝瓶口等部分组成,充分体现了中国人对自然环境的认知和利用的智慧。春夏季雪山融化,岷江上游众多支流水量丰沛,使岷江春夏季的流量就大,因此就选址修建"鱼嘴"来分水。鱼嘴将岷江分成外江和内江,外江沿着原来的河道走,内江引入成都灌溉农田。如果内江水多了,在"飞沙堰"这里拦了一道坝,让内江多余的水又流回外江,完全是利用水的自然落差,如图1-9所示。

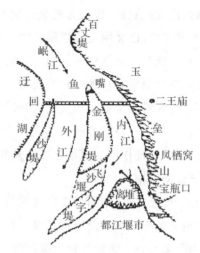

图1-8　二十四节气图　　　　　图1-9　都江堰水利工程示意图

　　都江堰工程充分利用了西北高(岷江上游)、东南低(成都平原)的条件,根据江河出山口后特殊的地形、水脉、水势因势利导、无坝引水、自流灌溉,做到既能分水泄洪,又能排沙控流,尽量借助自然环境而减少人工修建工程,保证了防洪、灌溉、水运和社会用水综合效益的充分发挥。正是由于李冰等先贤对当地的地理环境、气候、岷江的水文的正确认知,以及在决策时对知识的正确运用,才使这项水利工程顺利完成,且直至今日还在发挥作用。

　　希腊人吸收了周边文明,与自身数学和理性结合,形成了西方的知识体系,体现在水利系统建设中,如地下暗河位置的测量、竖井的定位、岩石的开凿、各竖井间的联通以及如何利用竖井的高差引暗河水等,需要大量的知识和技术。而东方文明更多地关注自然环境"顺天而为"。若与都江堰水利工程相比,西方文明注重改造自然,而东方文明更注重顺应自然,这些均为人类智能的典范。早期人类在面对现实世界和自然环境时,进行认知和改造自然所做的尝试,在我们今天理解人类智能、认知世界、试图建造智能实体或系统等方面仍发挥重要的参考价值。

1.5　科学方法促进认知的发展

1.5.1　知识的语言逻辑表达

　　人类在农耕和游牧的时代,经过不断生产和社会实践,获得并积累了大量有关自然和社会的知识,但这些知识是否正确,当时无法验证。人类在对自然的本质和发展规律了解很少的时候,曾试图借助神的力量来得到解释。这些知识是天启的,是超验或先验的,也就神或者先知说了算。例如《圣经》里说的被认为是绝对正确的,所以那时神学的力量很大,且神学把哲学看作是下级和奴仆,是为信仰寻找依据的工具。从这个角度来看,也不能简单地否定神学,说它是迷信,因为这是人类对最初认知世界的表述。

哲学一词的英文表述是"philosophy",指的是智慧。而"philosopher"则是爱智慧的人,即哲学家,希腊哲学家指的就是智者。一般认为哲学是关于世界观和方法论的理论体系。世界观是关于世界的本质、发展的根本规律、人的思维与存在的根本关系的认识,方法论是人类认识世界的根本方法。方法论是世界观的功能,世界观决定方法论。

希腊人提出知识是用语言来表述的。事实上,人类最早的智能都是用语言来表述的,古希腊的哲学家与中国春秋战国时期的诸子百家,都试图探讨正确的思维的表达方式,当然这种表述主要是定性的。希腊哲学家在形式逻辑方面取得了极大成就,形式逻辑是一种用语言表述的规律,是早期人工智能实现的重要基础。现在计算机运算的数理逻辑也是由形式逻辑发展起来的。比如亚里士多德的三段论,即通过大前提、小前提和结论构建形式逻辑体系,通过文字语言表达实现了对人类认知推理过程的模拟。有人问三段论具体是什么意思,亚里士多德举的例子很有趣:"如果你的钱在你的钱包里,而你的钱包在你的口袋里,那么你的钱就在你的口袋里"。还有人举例:"人都是要死的,这是大前提,人人都要死这没问题,苏格拉底是人,这是小前提,所以苏格拉底也要死,这是结论",这就是他用语言方式表述的三段论,是人认知的知识。这种语言的表述,体现了知识的逻辑推理关系,是知识表达的命题逻辑方式。亚里士多德是形式逻辑的奠基人。

一个陈述句称为一个断言,如"人都是要死的""苏格拉底是人"都是陈述句、是断言。当断言有"真"和"假"意义时,断言称为命题,显然上面两个句子都是命题。命题为"真"时记做T,"假"时记为F,这和我们在计算机里编程的语言是一样的。

全体问题涉及对象构成一个非空集合,集合中的个体称为元素。这个非空集合称"论域",所以论域有时也称"个体域"。但是这样对个体的表述所表达的知识极其有限,如果我们要说明张三、李四、王五的情况,都去陈述一次,这个语句就显得有局限性,这些完全独立的语言格式,其实有着相似的结论。如果用谓词演绎再加上"连词"和"量词",就可以用语义网络的命题逻辑来表述知识,体现出对知识的提炼和逻辑的理性,抽象出来就可以把三段论用语言的谓词演绎。

如果所有的 B 都是 A,且所有的 C 都是 B,那么所有的 C 是 A。此处把具体的实体和抽象的概念分开了,在语言表述知识中要注重这个关系。三段论里把一个"个体"抽象成用字母来代替,有点像在代数里用一个字母来代替具体的"数值"。

亚里士多德作为一个"自然哲学家",特别强调观察,地心说就是亚里士多德通过观察得出的。但后来发现有些行星有时存在"逆行"的情况,于是托勒密提出了行星除了围绕地球的大圆轨道运行之外,还有自己运行的小圆轨道,并以此修正亚里士多德的地心说。哥白尼后来又提出了日心说,但轨道是圆的。而哥白尼的学生开普勒提出轨道是椭圆。这些不同的观点,仅通过观察和理性分析,无法验证其正确性。

当现代科学逐渐发展起来后,语言或符号的表达逐渐被应用于现实世界。爱因斯坦在对近代科学的论述中说过,西方科学的发展是以两个伟大成就为基础的,那就是希腊哲学家发明形式逻辑体系(在欧几里得几何学中),以及通过系统的实验发现有可能找出因果关系(在文艺复兴时期)。人类认知自然的现代科学方法是在古希腊哲学家观察、理性和逻辑推理的基础上,以及后来伽利略、牛顿的数学描述和实验验证中成熟起来的。

1.5.2　自然哲学中的数学原理

伽利略最重要的贡献是告诉我们用数学描述科学,用实验验证科学,因此被称为"近代科学方法论的奠基人"。伽利略强调实验验证,提出以实验作为科学的基础,把定性的推理和定量的计算结合在一起,对科学发展起到了极其重要的作用,被称为"现代自然科学之父"。他不但定性、而且准确地定量给出了天体的运行轨道,解决了天体运行的运动学问题。伽利略还发明了天文望远镜等许多实验仪器,并通过观察实验,检验了日心说的正确性。此外他还发现了卫星,并证明卫星不是绕太阳转的。

牛顿巨作《自然哲学的数学原理》中的力学定律进一步说明,因为有万有引力,所以天体才会按自己的轨道而运行。牛顿的(动)力学原理奠定了几百年来物理、数学、天文等学科的基础,为各个学科发展提供了理论体系和研究方法,他的贡献是真正实现了用数学来描述科学,用实验来证明科学,提出了完整的科学研究方法和哲学思想。

牛顿力学的三个定律不但能解释天体的运动,也能解释地球上的苹果为什么会落地。他的力学三定律使人类认知自然世界的方法进了一大步。

伽利略和牛顿都十分注重实验,强调"观察与实验"。还有一位重要人物是笛卡尔,他是数学家,特别强调思维和假说。他认为,人类应该可以使用理性的数学的方法来进行哲学思考。他把古希腊以来一直相对独立的"数"和"形"完美地结合在一起,通过坐标系建立了"数"与"形"之间的联系,创立了解析几何学,为哲学思考的理性方法提供了工具。

从古希腊的自然哲学家开始,对宇宙和自然的认知,开始了理性思维和科学验证,已经不再是"趋利避害"的生物本能,而是要认知自然界并发现真理,因而具有突破和超越的性质。笛卡尔提出灵与肉的二元分离,即"主体"和"客体"的分离。主体是认知客体的具有理性的主动方,把人这个主体置于自然界这个客体之上,而客体是被认知的无理性的被动方,知识不再是神的天启和超验的,而是人的理性思维和科学验证的结果,人要认知客观世界这个"客体",是因为人这个主体的理性使然,并对理性和真理的追求成为永恒,突破和超越了与人类自身直接相关的利益,也突破和超越了人的生命期限。

哲学很久以来就一直在对大范围的问题进行终极思考,提出各种问题,并建立起知识体系。哲学曾经被称为是科学的科学,但现在被科学边缘化了。因为科学可以通过观察与实验来检验和验证知识的正确与否。

伽利略和牛顿建立的现代科学体系(主要就是求真)可以阐述如下:科学的目的是发现

事物本质以及事物发展的规律,并质疑所发现的;科学的性质是可以定量测量和重复再现的,并且其结果是客观的、独立的、不因人而异的;科学的方法是观察、假说、验证。

通过航海和天文观测,科学家们发现了地球运动的轨道和自转,以及行星运动的轨道,因此认为世界就是一部运转的机器,这就是机械论。机械论是一种在近代科学发展中有着高度影响的自然哲学,在它最早和最简单的一个阶段中,这个理论认为自然完全类似于一台机器,像一座精密的钟表,或者就是一部装有齿轮或滑轮那样的装置。笛卡尔在《哲学原理》一书中,把宇宙看成一个机械装置,这个装置依靠机械运动,通过因果过程连续地从一个部分传到另一个部分,使惰性粒子位移,外部对象只是由广延(物质的空间属性)、形状、运动及量值等数量构成。

科学本质上是主观理性,而不考虑客观。唯科学论的盛行,是因为在伽利略、牛顿和笛卡尔确立了自然科学体系的基础之后,越来越多的自然规律被人所认识,科学成了唯一合理的解释,而哲学却逐渐地被边缘化。

机械论作为一种世界观,试图用力学定律来解释一切自然现象和社会现象,把各种各样不同质的过程和现象从物理、化学、生物、心理到社会,都看成是机械的。世界是一台机器形成了机械论的世界观,以至于后来说人也是一台机器(拉·梅特里)。如果世界是一台机器,就会在外部力的作用下,齿轮一个传一个地激励和响应,像钟表一样运行。机械论世界观认为,世界是由外部作用,即物体相互冲撞而引起的物体在空间的机械移动。

就物体的机械运动而言,运动是指物体质点在几何空间位置和持续时间的关系,但是扩展到物理的电学,如电压、电流和电磁场之间的关系,就不是这个意思。电磁场和电压、电流这些物理量的运动,并非几何位置与时间的关系。此时经常形象地引入水来比拟电,并把变量对应起来。如把电压比水压、电流比水流。借助相似原理,即"运动相似是本质的相似"这一原理为根据,仍然用微分方程来描述电子系统的运动。恩格斯有句非常有名的话是"自然界统一于微分方程"。

以牛顿力学三定律为基础的知识体系,在物理学上验证了很多东西,但还有更多内容没有得到验证。运动形式从简单到复杂,是机械的、物理的、化学的、生物的、社会的等,一个比一个更复杂。从事机械电子学科的科技工作者,所接触的系统大多是机械和电子综合一体的系统,或许可以用微分方程描述其运动规律。相对复杂的热力学接触就较少,而对化学的、生物的、社会的运动就更为复杂,认知这些运动规律更为困难。对于内燃机的燃烧过程、金属的冶炼过程、石油的催化裂化过程,这些都很难用微分方程来描述其运动规律。至于一个池塘里的光照、藻类、鱼饵和鱼的数量,很难描述其变化规律,用计算机都很难解算。所以从"自然界统一于微分方程"这句话可以看出那个时候人们对数学方法、微分方程的崇拜。

"符号系统"的使用,是人类智能区别于其他生物智能的一个重大的标志,符号系统可以记录下人类已经获取的知识,得以传播并且传承下去。人类大脑的功能,使我们可以用"符号系统"来描述"物质系统"。古希腊时期使用语言的符号系统表达知识,而笛卡尔在现代科学体系提出,要求理性的思维要用数学的方法来进行。

现代科学体系建立后,人类可以通过自身的智慧来认知世界并获取知识。这使得神学失色,也使哲学被边缘化,用知识来征服和改造自然的欲望空前地高涨。科学方法形成了主观和客观,牛顿提出了观察和被观察,观察者都在光明的主观世界,而被观察的客体处于黑暗之中。世界属于观察者,当观察者发现了世界的客观的规律,就可以运用他的知识去改造世界,具有理性的主体作用就出现了。生物最初的简单智能,只是通过反应、记忆和存储等神经计算来"避开客观存在的危害而趋利",只是躲避自然界的有害环境而保持生存。但知识的力量却可以使我们"改造客观存在的不利而趋利",人类开始根据自身的"自由意志",用知识去创造一个自然界不存在的"新生物",使人的生产和生活更为便利。

人类早期的农业生产对自然的认知,是人操作农具来"出力"而耕种、收获的,主要靠身体的感触。之后感受到风力、水力等自然力,或耕牛拉犁、毛驴推磨等畜力,或者水车、风车出力,开始用人力、畜力和自然力来驱动简单机械,做直线或者旋转运动来"出力"进行农业生产,制作犁、耙、磨等农具,设计用到的知识无非是经验的积累。科学革命后,人类的知识进一步积累,纺织机械的输出动作,蒸汽机的活塞运动,通过机构重现人的动作,用蒸汽动力替代人力、畜力、自然力,制造的机器主要解决"能"的问题。这就是力的激励和动作的响应关系。

法拉第和奥斯特发现电磁现象以后,人们认知到带电导体在磁场中会受力。电动机的出现使这个旋转的机器,在转角、转速,以及出力的"功率"等需求方面,都可以由人根据知识设计和制造出符合人的期望运动的机器。于是人想要让机器在被"激励"后,输出动作的响应能更加进一步符合人类的"期望"。为此,首先提出一个经过人脑思维形成的"概念事物",再利用机械设计的"符号系统"来描述一个自然界不存在的人造物,这是一种几何的仿真表达,然后还要检验其输出动作是否符合人的预期,如运动学和动力学模型检验,这个"概念事物"的物理实体才被人制造出来。此后,为了机器的输出动作符合人的期望,就必须了解机器在激励下会怎样运动,主要用牛顿的力学定律和法拉第的电学知识,建立起系统运行的动力学方程,因此设计过程就需要用到更多的知识。

维纳的"控制论"出现后,钱学森提出了"工程控制论",把维纳的"控制论"思想变成一种可具体实现的方法,主要就是通过微分方程的符号系统来描述系统输入、输出的动力学过程,这个符号系统叫动力学模型。这个方法最早被用在火炮的操纵和控制上,而火炮就是由电动机驱动的。实际上,现代控制论中,对电系统模型的输入、输出的数学描述还是叫动力学方程。现代科学中理性思维用的是数学方法,这些内容都是从牛顿力学的科学体系中来的。

控制系统的输入信号(也叫指令信号)就是人对系统输出行为的"期望",此时又进一步提高了对机器的要求:不管外部环境怎样变化,或者人的期望发生了变化,输出都必须准确地跟随输入的"期望"运行。机械电子系统实行控制的前提就是要有一个微分方程的"符号系统",即系统的输入和输出之间动力学关系的数学描述是一个准确的系统模型。只有当这个模型的符号表达状态与实际物理系统的运行状态是一致的,这个模型才是正确的和有效的。

控制系统的性能指标主要有快速性、准确性和稳定性。为了保证系统运行指标优良,要设计一个良好的控制器。而控制器的性能首先取决于系统动力学模型建立的是否准确。以一台电机为例,就是要看对电机建立的"符号系统"能不能准确地描述电机在不同指令和不同负载下,都保证系统准确地按"期望"值运行。如果用微分方程描述的动力学特性与电机实际运行的动力学特性非常符合,那么就可以用微分方程这个符号系统来描述电机这个物理实体的运行情况。实际上,在工程实践中,微分方程常被用来对各种物理变量进行数学描述。

早期的哲学和科学构建了人类对于现实世界的知识体系和认知方法。亚里士多德提出的形式逻辑体系则为早期智能实现奠定了基础。然而,人类对于世界和自身的这些认知结果仍停留在符号上,还没有真正转化为实际系统。随着现代科学的建立与发展,人的认知逐渐由适应自然转到用知识来征服和改造自然。通过实验验证、工程实践的推动,从蒸汽机和纺织机,到电动机和晶体管,尤其是信息论、系统论、控制论等知识到计算机和传感器等现代技术的发展,推动了人类将自身知识和智能转化到人造系统中,即建造智能的机器。

1.6　机器的智能与智能的机器

1.6.1　机器的智能

感知-响应是生物基本的智能。在外界环境变化时,生物能感知环境信息中的多种物理量的变化,并以此为激励,经过神经计算后做出正确的响应行为。生物和人在自然界长期的演化过程中,一些常用的智能(如反应、记忆、存储、判断、神经计算等)通过 DNA 遗传。但是机器作为人为建造物理实体,是否可以使其具有感知-响应能力,或者说机器有智能吗?

事实上,感知-响应原理的应用在机械系统中广泛存在。对常见的机械系统来说,一般主要是对"力"的感知和响应,可以看作是人工智能"行为主义"学派中的一类。作为生物本能之一,通常人感受到的也是"力"。行为主义虽然后来没有被视为人工智能的主要论题,但是它是更高级智能系统的基础。

如图 1 - 10(a)所示,当有风或水流动时会产生流体的力。风车和水车是一种感知-响应的机械系统,它们能"感知"风和水的流体产生的力,并做出直线或旋转的"响应"行为。如图 1 - 10(b)所示为野兽套夹,也是一种激励-响应的机械系统,这个系统具有"判断"能力,判断是否有野兽来触碰食物诱饵从而产生力,感知到该力后以此为激励,做出捕兽的输出动作。上述两个例子中机器输出的能量是借助自然界的风力、水力,或者是树的弹力等自然力来提供的。

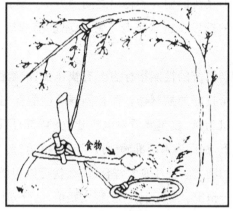

(a)水车   (b)捕兽夹

图 1-10　机械系统的激励响应

　　机械系统除了"反应"以外,也可以有"存储""记忆"和"计算"功能。如图 1-11 所示是一个定时冲水系统,水箱的初始状态是空的,当水流注入时,系统就"记忆"水注入的初始时刻,并对流入水量进行积分(累积)计算,积分值被"存储"在水箱中。当箱内的积水超过了平衡点就翻转,于是就输出"响应"动作——冲水。该系统输入、输出的物理量就是水,感知和响应的都是因水而引起的力,目的是需要大流量地冲水,约束条件要节水,因此允许有一定的时间间隔。设计系统的知识是力学的平衡原理,初始水箱位置不会倒出水,当水流不断冲入且超过平衡点后水箱就要翻转,输出大流量冲水。对外部环境信息的处理和运算是一个对流入水的记忆、积分、存储过程,当水累加超过平衡时,水箱"响应"翻转冲刷。

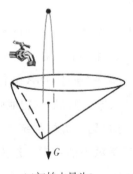
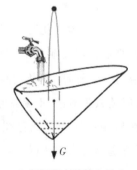
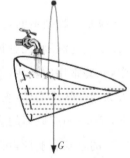

(a)初始水量为0   (b)记忆和存储输入的水   (c)过平衡点后输出翻转响应

图 1-11　定时冲水系统

　　以上举例的系统虽然简单,但是包含了机械系统中"激励-响应"智能的实现过程。这类初级智能利用自然规律实现智能行为,但如果采用严格的形式化描述或者数学计算和符号表达,反而显得繁琐。例如,水车和捕兽夹的工作过程用语言逻辑表达可表示为:如果外部环境有力激励,则输出机械运动做功。定时冲水系统相对而言多了其他环节,用逻辑语言表述其智能会更复杂一些。智能是否必须通过复杂的数学描述和繁琐的计算推导实现,直到计算机的算力已相当发达的今天,这个问题仍然值得我们进行深入思考。

1.图灵机的智能是机器的智能

机器有反应、记忆、存储、判断和神经计算的能力,但机器可以进行数值计算吗? 中国的算盘是最早的计算器,但不是机器。法国的帕斯卡利用齿轮原理,发明了第一台可执行加减法运算的手摇计算机,德国的莱布尼兹对其加以改进后发明了能执行四则运算的手摇计算机,但这些都不算真正用机器实现数字计算。真正的数字计算机,要从英国人图灵提出的图灵机说起。

19 世纪下半叶至 20 世纪初,数学领域中兴起数学逻辑的研究,数学家们都试图将公理化方法应用于整个数学学科,即能够找出一组公理构建出数学学科的全部。当时许多数学家都坚信这种公理化方法是可行的。1900 年,德国数学家希尔伯特提出 23 个重要的数学问题,其中包括"数学是可判定的吗?"换句话说,就是能否能够通过机械化的计算判定某一个数学命题的真与假。希尔伯特坚信这种算法的存在。

图灵对上述问题产生了浓厚的兴趣,并进行了深入研究,于 1936 年发表了论文"论可计算数及其在判定问题中的应用",提出一种抽象计算理论模型,这篇论文成功证明了希尔伯特判定问题的根本缺陷。更重要的是,这篇论文第一次在纯数学的符号逻辑和实体世界之间建立了联系,为现代计算机的逻辑工作方式奠定了基础,开启了计算理论以及计算机科学研究。

图灵当时提出的这种只存在于想象中的机器,很大程度上模仿了人类自身用纸和笔进行数学问题计算的过程。即两种简单的动作:①在纸上写上或擦除某个符号;②把注意力从纸的一个位置移动到另一个位置。

图灵认为任何计算都可以拆分成简单的步骤,这种抽象计算模型就是完成各个步骤的理论机器。图灵机提出的计算模型原理如图 1-12 所示,主要包括 4 部分:

图 1-12　图灵提出的计算模型原理图

(1)类似于人眼和手的读写头,可以在纸带上左右移动,能够读取信息(读取纸带上的符号或信息)以及输出信息(将运算结果写进纸带)。

(2)无限长的纸带,带子由一个个连续的存储格子组成,每个格子可以存储一个数字或符号提供信息以及供输出结果,起着存储的作用。

(3)内部状态存储器,该存储器可以记录图灵机的当前状态,特殊状态是停机状态。

(4)类似于我们大脑的控制器,能够根据问题不同,对收集到的信息进行处理。

根据当前状态以及当前读写头所指的格子上的符号来确定读写头下一步的动作(左移还是右移),并改变状态存储器的值,令机器进入一个新的状态或保持状态不变。控制器中的算法设定,决定图灵机能处理什么问题。例如,如果控制器中设定的逻辑为加法,那么加法图灵机则只能进行加法运算,而无法完成减法、乘法或除法。

2. 通用图灵机

如何通过一套图灵机实现一般性问题的计算?通用图灵机的需求也就应运而生。通用图灵机模型原理如图1-13所示,相比于图灵机,纸带中存储的不仅仅是控制器输入和输出的数据,还包含有修改控制器动作的指令。这样,通过不同的指令就可以实现图灵机按照所读取到的指令进行动作,这样图灵机便能够处理一般问题。

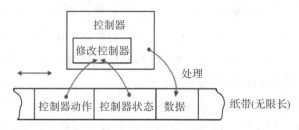

图1-13 通用图灵机模型原理

事实上,在图灵提出图灵机模型之前,人们已经发明了各种各样的计算工具,并且取得了广泛应用,比如中国的算盘、法国的加法器、德国的手摇计算器等。但这些工具仅用于数据的计算,并不具备处理问题的能力。虽然图灵提出的模型非常简单,但深刻地把握住了本质,使得这种设想的机器不仅仅是计算工具,更重要的是,它根据控制器中输入不同的程序,能够处理不同的任务,成为一种"通用计算机"。自图灵机模型提出以来,至今已经历了八十多年时间。人们对图灵机模型进行拓展,诞生了很多改进版图灵机,如双向无限带图灵机、多头图灵机、非确定型图灵机、多维图灵机等。但这些模型,仅是对运算速度等进行了提升,并没有提出超越图灵机的新模型。所有这些改变仍然没有跳出图灵机的模型组成:输入集合、输出集合、内部状态、固定的程序指令。

1923年,德国研制出加密的谜机,采用了大量随机算法进行加密,按下键盘上26个字母的任意一个键,都会产生一个脉冲电流,并通过内部复杂的电路点亮仪表盘上的某个字母。该亮起的字母就是加密后发给收报方的字母。在按下键的同时,还推动转轴上的第一个转轮转动一格,使转轮上的电刷接触位置发生变化,这就改变了下一个字母加密时的电路。使得每发出一个字母,加密规律就改变一次。

标准配置的谜机如图1-14(a)所示,转轴上安装了3个转轮,当第一个转轮转满一圈会推动第二个转轮转动一格,相当于进位,第二和第三个转轮也是同样的关系。带数字的转轮在转轴上的位置还可以通过旋动进行设置,来改变传输线路。这样以几何级数增加的密码数量是惊人的。1929年波兰人拿到了一台谜机,并开始解密。

第二次世界大战期间,图灵改进了波兰人用于解密德国的Enigma加密器的解码机,并将其命名为"Bombe",成为加速猜出(暴力破解)德军密码的"计算机",让二战至少提前两年结束。这是机器自动化解决具体问题的一次成功尝试。Bombe的工作原理是通过成组的转轮(如图 1-14(b)所示)来模拟 Enigma 机器,代替手工译码过程,实现译码过程的自动化。

(a)德国的哑谜机　　　　　　　(b)转轮原型图　　　　　　　　(c)转轮内部

图 1-14　手工哑谜机及自动破译机 Bombe

Bombe 原型机如图 1-15 所示,是一台"机电一体"的机器。转轮是一个机械零件,它表示了字母和数字等符号转轮上电刷的接触位置还可以实现编码,它用物理器件完成了记忆、存储、数字运算和逻辑运算等功能,实现了所提出的抽象计算模型,即图灵机。这些功能后来逐渐被磁芯、电子管、晶体管和集成电路替代。

(a)Bombe原型机正面图　　　　　　　　(b)Bombe原型机内部图

图 1-15　Bombe 原型机

Bombe 虽然不是一台通用计算机,但是针对搜索密钥这一问题可根据人为设定的规则(控制器)进行自动化搜索,并可在出现合理解时停机。该过程体现了机器的智能与高效,为后续真正的通用计算机的出现奠定了基础。

3. 冯·诺依曼计算机

1944 年,美籍匈牙利数学家冯·诺依曼提出计算机基本结构和工作方式的设想,为计算机的诞生和发展提供了理论基础。时至今日,尽管计算机软硬件技术飞速发展,但计算机本身的体系结构并没有明显的突破,当今的计算机仍属于冯·诺依曼架构,这种架构的计算机的硬件设备由输入、存储、运算、控制和输出五个基本单元组成,如图 1-16 所示。

随着大规模和超大规模集成电路的发展,计算机的运算器和控制器被集成到一起,通常称为中央处理器,即我们熟知的 CPU。在第四代大规模集成电路的计算机中,把台式计算机中的 11 片芯片压缩为中央处理单元(CPU)、读写存储器(RAM)和只读存储器(ROM)3 片电路,CPU 承担了控制器和运算器的功能。这 3 片电路必须通过接口电路与必要的输入、输出设备结合在一起,才构成如图 1-17 所示的完整的微型计算机系统,嵌入式微处理器系统也是如此构成的。

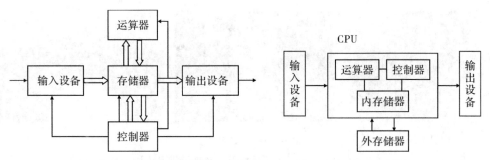

图 1-16 冯·诺依曼计算机硬件设备组成图   图 1-17 第四代计算机硬件组成

冯·诺依曼存储程序思想理论要点是将程序和数据存放到计算机内部的存储器中,计算机在程序的控制下一步步处理。现代计算机做一次加法的运行过程的基本原理如图 1-18 所示。将图灵提出的抽象计算模型和冯·诺依曼计算机工作过程对比,可以发现有很多相似之处:计算机依次从存储器中按地址读取指令和数据并一条条执行。事实上,所有的现代计算机都是存储程序式计算机,数据和程序以完全相同的方式得到处理,这一想法实际上也源自图灵。

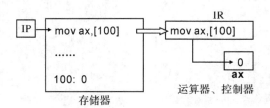

图 1-18 现代计算机加法运算过程

1.6.2 智能的机器

前面介绍过一些以力输入驱动和以力响应输出的简单机械装置,如水车、捕兽夹、冲水设备等,但这些简单装置只能感知"力"。事实上,除了力以外,生物很容易感知的另一个物理量是"光"。比如现有自带动力的小车一台,因为其不能感知外部的环境,所以只是一个简单的机电系统。如果参照某些生物具有的迎光特性,如图 1-19(a)的飞蛾扑火,给小车配置感光元件(如光敏二极管),则当外界环境有光亮信号时,让小车能够感知到光的激励,并做出"迎光"运动的输出响应,此时这辆小车就成为一个能感知光的智能单元。

单独一个小车的迎光运动难以完成什么任务,但如果多个智能单元一起迎光运动,就会形成一个小车的(粒子)群,合起来就能推动一个重物向有光的方向运动,如图 1-19(b)所示。

萤火虫能在光线暗时自行照明,如图 1-20(a)所示,于是人想要制造一种能"感知光"的机电开关系统。这种系统可以在光线暗的时候,点亮灯为人提供照明,如图 1-20(b)所示。这些感知较多的是由电子器件来完成的,比如用光敏二极管的响应或用光敏三极管放大电流驱动继电器开关,这样就使非生物的系统具备了能够感光的"神经系统",这个机电系统就具备了简单的智能,其输出的也不一定是"机械运动"或"力"。

电子元器件组成的电路也具有反应、记忆、存储、判断、推理和计算的功能,可以扩展机电系统的功能。如果对图 1-20(b)所示的灯提出进一步的期望,即在天已经黑了的情况下,只有当有人、或有车经过的情况下,才要求灯被打开,该怎么做?

(a)飞蛾扑火的迎光特性　　　　　　(b)激励-响应:智能小车推箱

图 1-19　生物智能灯和人工智能灯

(a)萤火虫夜间发光　　　　　　(b)光敏元件感知的路灯

图 1-20　生物智能灯和人工智能灯

首先需要再增加一种感知"声"的能力,用以判断是否有人、车通过。由于电压、电流等量相对好处理,故当前各类传感器通常都把各种物理量转换成电量,再由电子电路来处理这些电信息。其次还要进行逻辑运算,其规则为:只有光线暗,并且有声响,即这两个条件均为真的时候,这个灯才打开。也就是说只有当传感器的"光线暗"和"有声音"均为真时,这两个量的逻辑"与"才为"真",这些功能如果用电子电路可以很容易实现。当信息量很大且运算复杂时,可由计算机来处理。

早期的机械电子系统只是机构和动力的组合,这是一种"骨骼"和"肌肉"的结合。如一台电动车,只是车轮和电动机的一种简单组合。机电系统具有感知的能力后,功能将大大增强。比如一台自动驾驶的电动车,能"感知"道路,以及车体当前的位置、速度、方向等信息,这辆车的功能将大大提升,为此要提升电动车辆系统这个机器的智能,就必须提升其对道路信息的感知能力和处理能力,以及驾驶交规的知识和自主决策的能力。

人从环境中经常能够感知到的物理量就是"力",这是人的触觉。除了触觉之外,还有视觉、听觉、味觉等,这些物理量的感知相对更为复杂。在人类获取和利用的各种信息中,视觉尤为重要,有人说视觉占60%甚至占90%以上。人的视神经和脑神经是直接联系的,机器视觉虽然可以通过图像来获取环境信息,但还要从这些图像信息中提取相关知识并理解。因此机器视觉获取的信息,还需经过电脑的信息处理后,才能对外部环境得到正确的理解,然后再运用知识解决问题。

比如一个消防机器人,首先应获取外部环境信息(包括道路信息和火焰信息),并基于信息处理理解环境(如道路是否畅通和火焰是否成灾),机器人要根据对环境的理解进行自主决策(如应用知识避障趋近火灾现场),最后反作用于环境(到现场灭火)。前两步为感和知,后两步是决策和行动。图1-21是一个带机器视觉的巡检机器人,可以按指定的路线巡逻并避障,同时能够识别火焰。当发现火焰后会自主决策,趋近火灾现场并喷水。

(a)机器视觉引导巡检机器人　　　　　　(b)机器视觉的火焰识别

图1-21　消防机器人

本书将在后面的章节中介绍有关机器视觉的内容。人感知外部环境时从视觉获取的信息里包括感觉和理解两个过程。感觉就是获取环境信息,主要是环境信息获取与预处理;理解是经过信息处理后,要与我们的知识相对应。

目前人工智能关于感知器的主要研究有:感知器本体、信息的处理、信息的传输。

1.6.3　追逃博弈

博弈可以理解为两个或者两个以上智能体之间相互作用的过程,其思想在人工智能中使用广泛。追逃博弈的问题经过多年研究,已经取得了丰硕成果并广泛应用。大自然在近40亿年的不断进化、发展过程中,使得生物具有了各自不同的智能,使之适应相应的自然环境而生存。如图1-22所示是典型的生物追逃——猎豹追击羚羊,从仿生学的角度观察猎豹与羚羊追逃博弈过程中的生物现象,研究背后所隐含的策略选择问题,并进一步展开对二维平面的追逃问题研究,为现实生活中的追逃问题提供策略参考和有益借鉴。

图 1-22　追逃博弈问题

追逃对博弈双方的利益是冲突的,具体体现在追方试图以最短的时间捕获逃方,而逃方试图拖延时间以获得更多的逃生机会,并希望最终能脱逃,这往往是一种"零和博弈"的过程。追逃双方各自"趋利避害"的策略也是冲突的,其实就是各自的路径规划问题:在追与逃博弈的过程中,如何选择各自最优的路径使各自利益最大化。

首先对比博弈双方的能:

1)猎豹

(1)能在 3 s 内从 0 加速到 95 km/h;

(2)最高奔跑速度能达到 110 km/h;

(3)耐力差,因此必须在短时间内捕杀到猎物,否则放弃捕食。

2)羚羊

(1)能以 80 km/h 的速度奔跑,非洲草原上奔跑速度仅次于猎豹。

(2)耐力强,连续奔跑 1 h 都不觉得累。

(3)善于急转,一跳可高达 3 m,跨度可达 9 m。

分析对比双方的"能"以后,双方应该各自考虑怎样的决策才算是"智",也就是双方的路径规划。路径规划是指在具有障碍物的环境中,按照一定的评价标准,寻找一条从起始状态到目标状态的无碰撞路径。而广义的路径规划体现的是路径选择的问题,不纯指要从起始点到目标点,体现的是一种动态规划的过程,可以在某一种态势下及时选择下一个路径,最终从整个路径选择时间序列上构成符合设定评价标准的最优路径。此处研究的"捕食"双方的路径规划是一种广义的路径规划问题。

从猎豹与羚羊身体机能的分析可以看出,猎豹速度快,转弯能力相对于羚羊较弱;而羚羊速度虽次于猎豹,但转弯能力强,善于急转。因此,这种各有优势和弱势的追逃博弈,必然很激烈。这一追逃过程呈现的过程如图 1-23 所示,在计算机仿真下的猎豹追击成功率接近 50%,符合自然界的实际情况。也可以对两辆小车分别限定速度和转角来实现物理仿真。

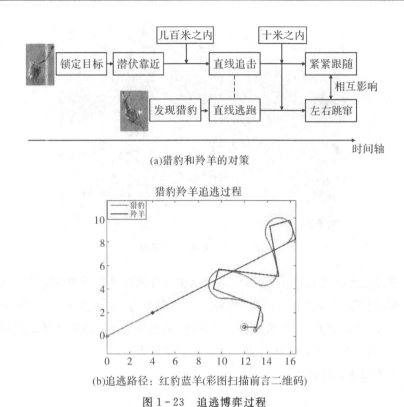

(a)猎豹和羚羊的对策

猎豹羚羊追逃过程

(b)追逃路径:红豹蓝羊(彩图扫描前言二维码)

图1-23　追逃博弈过程

追逃博弈的具体应用范围较广,较多的是军事领域。如导弹与飞机之间的追逃、导弹的拦截和导弹的追击下,飞机最优脱逃策略及拦截最优制导率,对实际导弹制导很有意义。

智能是一种成功地适应环境,有效地找到问题对应满意解的能力。计算机具有反应、计算、判断和记忆等基本功能,能组成人类某些机械性的智力活动,还可以处理符号和算子,实现感知、记忆、学习、推理、知识获取与表达、判断与决策等某些较高级的智能。由于这些功能不是由人的脑器官,而是由机器实现的(如各类计算机),所以是机器的智能。

如果机器能够感知环境、获取环境信息,通过信息处理后能理解环境,做出自我决策,并反作用于环境,它就具有了一定的智能。对机械电子系统来说,电信学科着重于感知、获取、理解环境等信息处理问题,而机械学科更注重的是如何反作用于环境的问题。

思考题与习题 1

1.我们当今的时空和物质能量,是怎样在宇宙爆炸过程中形成的?

2.有哪些观测和测量的结果支持宇宙大爆炸理论?

3.地球及其环境是怎样形成的,生命是怎样出现,又是怎样演化的?

4.为什么说生物只有具备智能才有可能延续生存和演化发展?

5.生物和机器都有哪些"智能"?

6.试讨论科学的目的、特点和方法。

7. 农耕时代的人类,从世界的认知中获得了哪些知识?

8. 生命体靠的什么才经历了从异养到自养,从厌氧到好氧,从单细胞到多细胞,从水生到陆生,从卵生到胎生,并在演化过程中表现出如此奇妙的适应能力,延续和发展至今?

9. 人类与其他生物最大的区别是什么?

10. 试设计一台能体现"行为主义"的机器。

11. 为什么把计算机称为电脑,它能实现人类的哪些智力活动?

第2章 机电系统发展与智能机器

人类自诞生以来就尝试使用和制造机械。最简单的机械装置,如齿轮、滑轮、弹簧及车轮等成为各种工具的基础。第一次工业革命以来,机械工程逐步发展成为重要的基础工业部门,并为其他工业部门提供基本装备。

机械工程可分为两大类,即制造类的机械工程和动力类的机械工程。其中,制造类的机械工程可分为毛坯制造、机械加工和装配三个生产过程;动力类的机械工程主要研究各种发动机,如蒸汽机、内燃机、燃气轮机和喷气发动机等。

迄今为止,电子技术一直被用来提高机械系统的性能,但重点仍放在机械系统上,从来没有如何实现机电一体化的主导计划。过去,机械和电子一体化是通过相互没有直接联系的"块和块"之间的结合来完成的。然而由于在电子学和用它来简化的机械结构方面不断取得了引人注目的进展,机械和电子这两者有机结合的巨大优势逐渐被工业界与学术界重新认识,并获得广泛接受。

机械电子工程或机械电子学(mechatronics)是 20 世纪 70 年代由日本工程师提出来用于描述机械工程和电子工程有机结合的术语,这个词的英文原名是取 mechanics(机械学)的前半部分和 electronics(电子学)的后半部分组合而成的。到了今天,机械电子工程不仅仅已经发展为一门完整学科,而且可以更加广义地理解为是一种解决工程问题的系统化思想方法。这种思想方法将机械工程、电子技术、计算机技术,尤其是随着不断更新的计算机技术而发展起来的检测、控制、诊断等学科及人工智能等进行有益集成,并将之贯穿于整个现代产品和各类工业系统的设计、制造和运行维护的过程中。通过上述集成,可以有效简化、优化和替代繁琐的传统机械结构,提升系统性能和可靠性,使产品及生产过程更加经济、灵活。人们已经逐渐意识到,先进机电系统的设计、制造和运行,将属于那些懂得怎样去优化机械和电子系统之间联系的人。在这些系统中,信息起着至关重要的作用,这是现代机械电子系统的显著特征。信息的获取与处理、人工智能和专家系统等将构成未来机械电子系统的驱动、监测、控制和诊断的主导技术。

机械电子工程的快速发展,不仅出现了以智能机器人、高端数控机床为代表的先进机电系统,而且这些系统从最初的工业领域逐渐涵盖了生产、生活的各个方面。在产品个性化、高性能和快速更新的需求的强力推动下,机电系统的研究和应用面临新的问题。工业生产中对机电系统的生产组织形式、先进制造技术、生产过程管理需要不断升级;信息/物理系统大力发展,智能制造成为国家发展战略,是国家未来竞争力的重要组成部分;机器人在无人条件下自主作业,面对动态变化,未知、复杂的外部环境,智能环境的建立,信息的感知和融合,环境建模、环境信息的理解与学习机制等,是重要挑战;人机系统的深度融合,机器人学与神经科学、脑科学等的结合,为机器人应用提供了更加广阔的空间。机械电子工程领域的这些新的突破、发展和应用,都需要我们站在一个更加全面的视角,重新审视和把握机电系统新的特点和发展方向,以寻求新的突破。

机械电子工程作为一门交叉学科,涵盖的内容较多。本章作为机械电子工程的概述性讨论,主要介绍机械电子工程基本概念、发展过程、主要特点及其设计方法,试图为读者提供一个较为完整的知识框架,希望有利于读者在整体上把握机械电子工程的学科基础与未来趋势。本章包含了与机械电子工程发展相关的工业化整体背景、机电系统的组成及未来趋势,并在第 2.5、2.6 节介绍了人工智能在机电系统应用及智能制造等内容。本书后面的章节中将对具体对象的技术内容或者设计实例分析,以及系统运行的监控进行详细介绍。

2.1　机械电子工程的发展

机械电子工程学科所指的机电系统,主要是以输出动作或动作的传递和转换(并伴随着机械能的利用和转换)及运动控制为其主要功能的,因此,机械电子工程的主体仍是机械工程。虽然工具和机械的使用与制造伴随着人类文明发展的整个时期,甚至可以追溯到石器时代,历史甚为久远,但是机械工程作为一个学科是在机械工业出现后才诞生的。回顾历史,机械电子学科的发展也正是以机械工程学科和机械工业为基础而发展和建立起来的。科学理论和各种技术在自身的发展和完善过程中,也在不断推动工业发展。每一次科技的重大突破都会带来工业的变革,不仅包括生产技术和生产方式的变革,而且对人类生活、社会、人与自然的关系都带来深刻变化。本节结合工业化发展的主线,为读者了解和学习机械电子工程学科的根源提供一个较为全面的背景。从这些历史背景中可以更清楚看出机械电子工程的发展脉络,把握其发展规律和趋势。

2.1.1　机械工程与工业发展背景

最初,工具和简单机械的制作和使用主要是为了解决人类自身的衣食住行问题。例如,自从黄帝轩辕氏造车发明了轮轴后,用于提水灌溉的辘轳成为机械结构中滑轮的原型;对于农耕民族来说,粮食的存储和酿酒需要制造大量的陶罐,制造轮盘是轮子在制造方面的一个重要进步,并演变为今天车床的雏形(见图 2-1)。

这个发展阶段的突出特点是:工具或者手工机械作为人类体力的放大或者延伸,主要动力来源是人力、畜力、水力或者风力等。在这个阶段,人们设计这些工具和简单机械主要是依靠经验和灵感,或者对自然现象的模仿,可以视为机械设计的发端。这些早期的人造系统并没有理论指导,但是作为现代机械的各种雏形的发明,虽然发展缓慢,但从那时就开始累积起来的各种设计和制造经验,为现代机械设计和制造业大发展奠定了基础。杠杆、滑轮、斜面、螺旋等发明成为机械原理中的重要概念。

(a)风力机提水

(b)泥坯制造

图 2-1　最早的机械系统

　　文艺复兴及科学革命以后的一段时期,经典力学和微积分等创立,机械中的一些概念和理论,如机械做功、摩擦、胡克定律等的创立,为机械工程的设计和制造提供了理论支撑。数学和力学体系的建立,为工程设计中知识的表达提供了符号系统。

　　第一次工业革命,蒸汽机的发明标志着人类从农业社会进入到工业社会。在此之前,如纺织工业等工场手工业已经历了长期的发展,但是动力成为制约当时生产效率的关键因素。蒸汽机的发明和改进,使蒸汽动力取代了人力、水力和畜力,并使生产能力和效率大大提升。生产能力大和产品质量高的机器生产取代了手工工场的简单工具和简单机械,大型工厂生产开始出现,取代了分散的手工业作坊。蒸汽机不仅很快用于矿井抽水、纺织机、轮船和机车,而且为机械制造业的发展创造了物质条件。19世纪制造的蒸汽锤已达百吨,陆续发明的各种锻压设备和简单的金属加工机床(如车床、铣床、刨床、钻床、磨床等)可以制造金属零件,并建立了具有一定规模的机械制造业。随着蒸汽机技术的不断完善,还引发了交通运输方式的改变,出现了蒸汽火车、蒸汽轮船,带来交通方式的变革。

　　第二次工业革命,人类社会进入电气时代,电力开始广泛使用,带动了供电产业的发展。用于电厂发电的汽轮机、水轮机由此发展起来,并带动了内燃机的发展。电动机和内燃机取代蒸汽机,成为驱动机器的主要原动力,机械制造业也得到空前发展。约 1900—1920 年,机床开始采用单独的电机驱动。同一时期,随着从蒸汽动力发展到燃油动力和电力,机器的运行速度不断提高,汽车和飞机工业发展很快,由于其各种零部件及发动机的生产对精密化机床提出了相当高的要求,在加工大批形状复杂、对精度及表面粗糙度都有很高要求的零件时,迫切需要精密和自动的铣床和磨床。随后,1920—1950 年,机械制造技术进入半自动化时期,主要表现在液压和电气元件在机床及其他机械上使用。液压传动首先应用于军舰火炮的控制,飞机起落架的收放,襟翼、副翼的操纵,并取得成功,同时也促进了机床和其他机械半自动化的发展。

　　1950 年以后,由于电子计算机的出现,机床的发展开始走向数控和自动化。生产效率和加工精度也大幅度提高,大批量生产模式出现,标准化、系列化逐步完善,机械制造业走向现代化。1951 年,麻省理工学院的伺服机构研究所正式制成了世界上第一台电子管数控机床样机"Hydrotel"铣床,成功解决了多品种小批量复杂零件加工的自动化问题。数控机床是一种运用数控原理,把加工程序、加工要求和更换刀具等操作以数字或文字作为信息进行存储,并按其指令进行控制的机床。

由于数控机床可以一次装卡定位,加工精度高,缩短辅助时间,大大减少人为误差,减轻了体力劳动,特别适用于中小批量、多工序零件的加工。在加工复杂曲面零件时,其生产率比普通机床高几十倍,因此发展很快。1950 年第一台数控铣床诞生后,麻省理工学院的伺服机构研究所又把数控原理从铣床扩展到镗铣床、钻床和车床。20 世纪 50 年代以后,数控机床随着计算机硬件的发展,开始从电子管向晶体管过渡。随着小型计算机和微型计算机的出现,计算机的性能不断提高、价格一再降低,使数控机床向可以更换刀具和多种工序自动加工的综合性数控加工中心发展,并出现了由数控机床组成的自动生产线。

第三次工业革命以计算机、原子能、空间技术和生物工程为代表的发明和应用,是以信息化为中心展开的。信息论、控制论和系统论诞生,计算机的引入对工业领域产生了巨大影响。虽然"第三次工业革命"的说法在 20 世纪 70 年代末就已经提出,但被人们广泛接受则是进入 21 世纪后。特别是 2008 年的金融危机后,各国都在寻找迅速走出金融危机的解决方法和新的经济增长点。虽然当时并未形成明确定义,但第三次工业革命被人们寄予厚望,全球各国都希望借此实现经济的持续增长。2011 年,美国著名经济学家里夫金提出,互联网信息技术与可再生能源的出现将引爆一轮能源产业革命,他强调互联网信息技术与可再生能源。当新能源、通信技术出现、使用并不断融合时,将极大地改变商品的生产方式,进而改变人类的生活方式。

当前,生产方式(而不仅是生产技术)正在发生重要的变化。从大批量生产模式转变为多品种中小批量生产模式,计算机集成制造系统把机器的设计、制造、管理都联合成一个整体。加工过程灵活性的需求,直接催生了柔性制造系统的产生和发展。柔性制造系统包括了许多自动化单元,如数控机床、机器人和物流小车等,用这些单元的组合可以成批加工产品。系统中各个单元之间的信息传递是由局域网络实现的。在生产环境内部,这些相互联系的部分都是作为自动化系统的独立单元使用的。

图 2-2 是一种较为典型的用于生产控制的分层通信系统,在生产过程中起到决定性作用。信息及其通信的重要性,除了在现代生产过程中起到了决定性作用以外,对现代机电产品(如现代的车辆)的设计也产生了重要的影响,如汽车中采用模块化电子控制器来选择不同的系统(如半主动悬挂系统和防抱死锁制动系统)。重要的是,要让模块与数据总线之间有接口,以便进行通信,特别在每个传感器用于不同目的(如各轮子的转速)的情况下尤其如此。车辆中这种复杂技术的广泛使用推动了控制器局域网(controller area network,CAN)技术的发展。CAN 总线协议是一系列标准,每个子系统都必须遵守它。

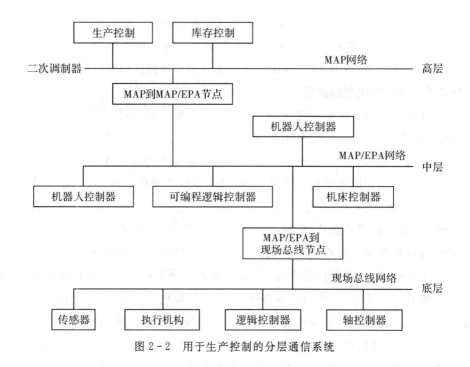

图2-2 用于生产控制的分层通信系统

由于自动化水平的提高和嵌入式处理器的使用,自动生产线上的每个独立单元都成为一台数字化设备,这使自动生产线上各个单元之间的信息交换也随之增加。因此在建立整个加工过程信息交换模型时,使用了制造自动化协议 MAP(manufacture automation protocol)、技术管理协议 TOP(technical office protocol)和开放系统互联 OSI(open systems interconnection)等标准。

正是因为使用了这些通信协议和系统互联标准,才能保证自动生产线能够协调无误地工作。实际上,这些协议和标准的使用,已经嵌入到了每一台自动化设备。每一个机构的运动、每一个物理量的测量结果,都必须使采取统一的数据格式和通信标准,才能使生产线上的每一台自动化设备的数据信息能准确无误地传输。

计算机集成制造系统(computer integrated making system,CIMS)则以信息为主线,实现从市场需求分析到产品销售完全综合。最初阶段,如计算机辅助设计(computer aided design,CAD)和计算机辅助制造(computer aided manufacturing,CAM)这两个部分是分开实施的。计算机集成制造系统不但把这两者之间用数字代码联系了起来,使设计的产品立即形成代码,而且自动生产单元可以立刻用这些代码加工。此外,计算机集成制造系统还进一步把生产信息与市场需求、生产、管理、财务、培训和销售紧密连接(见图2-3)。

第四次工业革命的浪潮正在兴起,人工智能、信息技术给包括机械工程在内的各个领域带来深刻的冲击和影响。智能化成为机械电子系统发展的重要趋势,并产生了智能机器人、智能制造系统等产业。智能机器人从工业领域走入人们生活,如医疗、家居等。新能源、人工智能、物联网、通信技术等必将会使机电系统发展到一个全新的阶段。

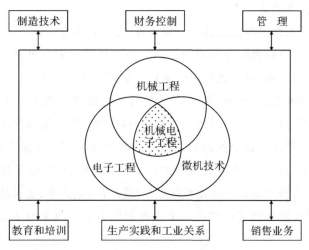

图 2-3　计算机集成制造系统组成及其外围的联系

纵观工业革命各个阶段的发展历程,都伴随着工业领域产生巨大变化。如果说前两次的工业革命都是围绕动力展开的,机械工业是主角;那么第三次工业革命则是信息化的,机械工业虽然不是中心,但是第三次技术革命极大地影响和改变了机械工业。在激烈的竞争中,在对生产率和产品质量不断地追求中,机械进一步向高速化、轻量化、精密化、自动化和大功率化方向发展,并必须满足人们对成本、造型、舒适性、环保等多方面的日益苛刻的要求。与此同时,人类科技探索活动的范围扩大,航天器、机器人等现代机械陆续出现。在计算机技术、信息技术和控制理论的推动下,机械设计、机械制造的面貌为之焕然一新。即将开始或者正在进行的新一轮工业革命,信息技术、人工智能、新能源、物联网等先进科技势必对机械工业产生更加深刻的影响。但是,这些技术中的大部分仍然需要搭载、集成、应用到物理系统上才能发挥价值。而先进机械电子系统也必将引入这些新技术而进一步得到提升。先进的智能机器人、智能制造系统将是重点突破领域。

2.1.2　从机械系统到机械电子系统

机械电子工程的发展,是一个不断把电力、电子、计算机技术及智能控制引入机械工程的过程,并且坚持"以机为体,以他为用"。前面说过,机械电子系统是以输出动作及其运动控制,包括能量的利用和转换的系统,所以,机械电子工程的主体仍然是机械工程。普遍认为,机械电子工程属于机械工程、电子工程和计算机技术的交叉学科。机电系统绝不是简单地将电子系统和机械系统结合得到的,需要将机械、电子、测量、信号处理、控制系统和人工智能等进行优化和融合或"有机结合"。机电系统设计也比简单控制系统复杂得多,机电一体化设计需要遵循一定的方法,要把信息嵌入到机械本体中。这种集成化、学科交叉的设计方法被应用于各种工程领域,例如,先进数控机床、机器人、汽车设计与制造等。要想获得更为经济、性能更好的产品,在产品设计阶段就需要对机械工程、电气工程、电子工程、控制系统等内容进行集成,而不是各个部分分开按照顺序方式设计。因此,机械电子工程是一种系统化和集成化的设计方法。

现在对机械电子系统的看法是：除了"块与块"之间的动力联系之外，更重要的是信息之间的相互联系，并由具有数值运算和逻辑推理能力的计算机来对机械电子系统的所有信息进行智能处理。"信息驱动"是现代机械电子系统最关键的特点之一。

机械电子工程的本质是：机械、电子、技术的规划应用和有效结合，以构成一个最优的产品或系统。在如今的市场中，产品制造和销售的成功，越来越多地取决于将电子技术和计算机技术与产品及其生产过程结合的能力。当前许多产品（汽车、机器人和无人机等）的性能及其制造都依靠工业领域内技术开发的能力，并且在设计初期就要考虑产品的性能及工艺过程。其结果是，与传统产品设计相比，可以实现更经济、更简单、更灵活可靠的产品。在激烈的竞争形势下，以往的机械工程和电子工程的划分逐渐被两者的交叉学科——机械电子工程所取代。

机械电子系统的设计方法使得传统机械系统得到有效简化、优化和替代，得到性能更好、更经济的产品。在新的发展阶段，机电系统的应用不仅仅局限于工业制造。这使得大规模、复杂和不确定性条件下系统自动控制的要求不断提升，传统的基于精确数学模型的控制理论的局限性逐渐显现。智能控制和人工智能技术的引入，使解决机电系统的这些问题成为可能。虽然按照目前的技术发展水平，建造与人的智能相媲美的智能机器仍然无法实现，但是将人工智能技术应用于机械电子系统，通过实现或模拟部分人或生物智能，是十分必要的。这样可以使机电系统或装置实现更高的性能、适应更复杂的环境，某种程度上也可以简化和优化传统的系统结构。机电系统的发展呈现以下几个方面的趋势：

1）模块化

测量系统、控制器和执行器都是机械电子系统的基本组成部分。用于制造机电系统的各种功能模块和电子器件种类繁多，由于产品快速更新和性能要求的不断提高，催生了一系列模块化的机电产品，这些模块作为机电系统实现某种功能的完整模块，以一定的标准化接口可以与其他模块连接，如机械接口、电气接口、通信接口、控制接口等。例如，越来越多出现集电机驱动、减速、调速和控制的驱动单元、专用的图像处理、识别和控制的机器视觉单元、各种执行器等。模块化的优势不仅在于能够快速设计和制造出新的机电系统，还能根据需要更换新的模块。另外在系统性能调试、故障诊断中，也更加便于实现按功能、分级、分模块展开，使得系统的可靠性增加。

2）系统化

当所需完成的任务复杂（如航海、航天、航空等）或任务分布在较广的地域（如化工、冶炼生产等）时，需要组成大型机电系统。系统化的基础是模块化，单一的机电装置很难高效满足目前的生产需求。由于大型机电系统的任务多样，功能各异，因此需将多个机电子系统进行灵活组合与裁剪，寻求实现多个子系统协调控制和综合管理。系统化的表现特征是采用开放式的总线结构，其核心是信息的开放和标准化，并在此基础上实现系统中各组成部分的有效优化、调度、控制，这就出现了很多标准化的总线结构，如 CAN、MODBUS 等。

3）智能化

随着工业 4.0 时代的到来,智能化是机械电子工程发展的重要趋势。在经典控制和现代控制技术中,往往只针对控制系统和受控对象组成的系统内部设计控制器,并未对外部环境的影响进行充分考虑,而通常将其作为扰动。一方面,智能控制技术的引入和应用,扩大了机电系统对于环境和任务的复杂性的适应能力,使机电系统可以更好地实现控制目标;另一方面,机器学习、神经网络、深度学习、强化学习等人工智能技术的引入,使智能机器人不仅能够感知环境,还能够不断进行学习,成为智能实体。智能化的另一个层面的含义是智能系统和多智能体。分散自治的多机器人系统相对于单个复杂的机器人能够完成更复杂的任务。

此外,机电系统还呈现微型化、高精度的特点,如微机电系统的研究进展和应用。随着先进材料、互联网等技术的融入,机电系统在新形态、网络化方面取得很多进展。

2.2　机电系统的动力驱动

机械系统是由各个机械要素组成的,其主要的功能是完成动作及其传递和转换,通过输出机械能来延伸人的体能。驱动的作用是将各种类型的能源转化为机械能。执行机构将这种机械能转换为合适的运动形式,从而实现机械能做功,完成运动的传递、物质或能量的转移。

原始的机械机构用于替代或扩展人的体能,驱动依靠人力、畜力或自然力,工业革命后的机械系统动力逐步升级,采用蒸汽机、内燃机、电动机、电液伺服等来驱动。早期机电系统主要是机构和蒸汽动力的物理连接,第二次工业革命后,出现了内燃机和电动机。19 世纪末,经过改进的内燃机,由于其小型化、高效率、可随时启动等特点迅速在交通运输领域得到广泛使用,产生了以汽车、飞机和内燃机车为代表的现代交通工具。由于电能具有便于传输和控制、易于与其他能源形式进行转化的特性,电动机在很多领域取代了蒸汽机的地位。电动机的广泛应用,使传统机械传动装置大大简化,驱动器、传动装置、执行机构开始成为集成化设计结构。

机械电子装置中,机械部分相当于"筋骨"和"关节"。其中,结构件起支撑、隔离和封装作用,而机构部分则用来输出运动或运动转换。一个机电系统中往往有一个或若干个执行机构有序进行着运动,将力或力矩施加到需要的部位,实现某个动作或改变某个物理状态。

驱动机械部分输出各种运动的动力元件,需要根据系统的性能和功能要求进行选择。动力元件可以选择工业标准型号,也可以根据产品的成本、体积重量、性能等要求进行专门设计,甚至可以与机械、电子系统进行集成化设计。现代机械电子产品的动力系统设计中,主要考虑驱动装置的能源获取是否便利,驱动器所占的空间大小、输出的运动或能量效率等。

信息技术的飞速发展为传统的机械系统注入了新的活力。现代驱动技术可以分为电磁驱动和非电磁驱动两大类,但不论在哪个技术类别中,驱动器和执行机构都在向着一体化、微型化、信息化的方向发展。电磁驱动技术中,电机的速度、能量密度不断提高,调速技术不断完善;直线电动机、无刷直流电机、开关磁阻电机等新型电动机都在极大程度上简化了系统的结构,如直线电机的应用,使传统机械上的丝杠螺母、齿轮齿条等部件都被取代,实现了驱动器和执行器融为一体;工业中控制电机也大多具备各种通信功能并有丰富的总线接口。非电磁驱动技术中,清洁燃料发动机技术、光驱动技术、磁致伸缩技术、形状记忆合金、软体驱动等技术已经被相继开发,有些已经投入使用。这些驱动技术对现代机电系统的发展至关重要。

电气驱动、液压驱动、气压驱动是机电系统的三种主要驱动方式。驱动是决定机电系统动态性能的重要环节,我们希望其响应速度快、动态性能好、系统能量转换和利用率高。在设计机电系统时,一般根据产品开发周期、成本、产品性能要求选用或者自行设计驱动装置。

本节的驱动与执行的内容,主要以液压驱动方式为主。

2.2.1　液压动力驱动

最常见的液压动力装置是液压泵,它可将其他能量形式的动力转换成流体动力。按照结构形式的不同,液压泵可分为齿轮式、叶片式、柱塞式和螺杆式等类型;按照转轴每转一周所能输出的油液体积可否调节,液压泵又分为定量式和变量式两类。

外啮合齿轮泵的结构示意图如图2-4(a)所示,在泵体内有一对外啮合齿轮,齿轮的齿数相同,两端皆由端盖罩住。泵体、端盖和齿轮的各个齿槽形成了多个密封工作腔,同时轮齿的啮合线又将左右两腔隔开,形成了吸、压油腔。当齿轮按图2-4(b)所示方向旋转时,右侧吸油腔内的轮齿相继脱开,密封工作腔容积不断增大,形成部分真空,在大气压力作用下从油箱吸进油液,并被旋转的轮齿带入左侧。左侧压油腔由于轮齿不断啮合使密封工作腔的容积缩小,油液便被压出并输往液压系统。

齿轮泵是液压泵中结构最简单的一种泵,从结构上说齿轮泵可分为外啮合和内啮合两类。内啮合齿轮泵如图2-4(c)所示,通常,内啮合齿轮泵的体积更小。

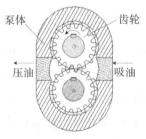

(a)外啮合齿轮泵图　　　(b)外啮合齿轮泵结构示意图　　　(c)内啮合齿轮泵

图2-4　齿轮泵结构示意图

叶片泵的结构示意如图 2-5 所示,叶片泵有双作用泵和单作用泵两种。

双作用泵的结构示意如图 2-5(a)所示,当转子和叶片一起按图中方向旋转时,由于离心力的作用,叶片紧贴在定子的内表面,定子内表面的曲线是由两段长半径圆弧、两段短半径圆弧和四段过渡曲线 8 个部分组成。这样,叶片、定子内表面、转子外表面和两个配流盘形成的空间被分割成多个密封容积。

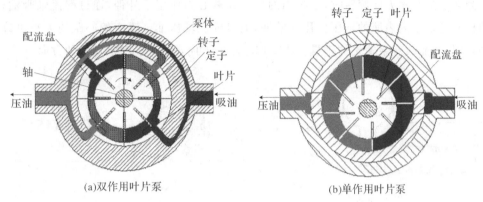

(a)双作用叶片泵   (b)单作用叶片泵

图 2-5　叶片泵的结构示意图

随着转子的旋转,处于定子圆弧部分的密封容积不会增大或缩小,而处于过渡曲线部分的密封容积会周期性地变大和缩小。转子旋转一周,每一叶片往复滑动两次,每相邻两叶片间的密封容积就发生两次增大和缩小的变化,容积增大,通过吸油窗口吸油;容积缩小,通过压油窗口压油。转子每转一周,吸、压油作用发生两次,所以称这种泵为双作用叶片泵。又因其吸、压油口对称分布,转子和轴承所受的径向液压力平衡,所以这种泵又称为平衡式叶片泵。

由图 2-5(b)可知,单作用泵与双作用泵的主要差别在于它的定子是一个与转子偏心放置的圆环。转子每转一周,由定子、转子、叶片和配流盘形成的密封容积只变换一次。可见,双作用叶片泵只能做成定量泵,而单作用叶片泵转子与定子之间有偏心量,一般单作用叶片泵做成定子在泵体内能移动,而改变偏心距可以改变泵的流量,就称为变量泵。

液压柱塞的结构示意图如图 2-6 所示。柱塞与缸体孔之间形成密封容积,即油腔。柱塞靠弹簧压紧在偏心轮上,偏心轮的转动使柱塞做往复运动。液压泵的工作过程分为吸油过程和压油过程。吸油过程:柱塞向右移动,油腔的容积由小变大,形成部分真空,大气压力迫使油箱中的油液通过单向阀进入油腔;压油过程:柱塞向左移动,油腔的容积由大变小,迫使油液从油腔流向系统。偏心轮不断地旋转,泵就不断地吸油和压油。由此可见液压泵是靠密封容积的变化来实现吸油和压油的,因此称为容积式液压泵。

通过液压泵的工作原理可知容积式液压泵正常工作的必要条件是:①应具有一个或若干个能周期性变化的密封容积,如图 2-6 中的油腔;②应有配流装置,保证在吸油过程中密封容积仅与油箱相通,关闭出油通路,而压油过程中只能从泵压出油液而关闭油箱通路,图 2-6 中的两个单向阀就起着配流作用;③吸油过程中油箱必须与大气相通。

柱塞泵是靠柱塞在缸体内作往复运动,使密封容积发生变化而实现吸油和压油的。按柱塞排列方向不同可分为径向柱塞泵和轴向柱塞泵。

如图 2-7 所示为径向柱塞泵的结构示意图。转子上有若干个均匀分布的径向柱塞孔,柱塞可以在柱塞孔中移动,图中省略了定子端盖上的吸油口和压油口。转子轴心和定子轴心之间有一个偏心量 e。配流轴固定不动,上部和下部各有一个缺口,与泵的吸、压油口连通。当转子按图示方向旋转时,上半周的柱塞在离心力作用下外伸,通过配流轴吸油;下半周的柱塞受定子内表面的推压作用而缩回,通过配流轴压油。改变偏心距的大小可改变柱塞的行程,从而改变泵输出的排量。改变偏心距的方向,则可改变吸、压油的方向。

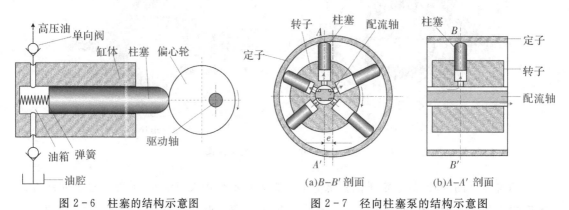

图 2-6　柱塞的结构示意图　　　　图 2-7　径向柱塞泵的结构示意图

如图 2-8 所示为轴向柱塞泵的结构示意图。柱塞轴向均匀分布,柱塞尾有弹簧,作用是使柱塞与斜盘始终保持接触。斜盘和配流盘固定不动,配流盘上有两个窗口,与泵的吸、压油口连通。电动机拖动驱动轴、缸体和缸体内的柱塞一起旋转。当按图示方向旋转时,在下半周内,柱塞逐渐向外伸出,柱塞与缸体孔内的密封容积逐渐增大,形成部分真空,通过配流盘的吸油窗口吸油;缸体在上半周旋转时,柱塞逐渐被压入柱塞孔内,密封容积逐渐减小,通过配流盘的压油窗口压油。改变斜盘倾角的大小,就能改变柱塞的行程,也就改变了泵的排量。如果改变斜盘倾角的方向,就能改变吸、压油的方向,因此柱塞泵很容易被做成变量泵。

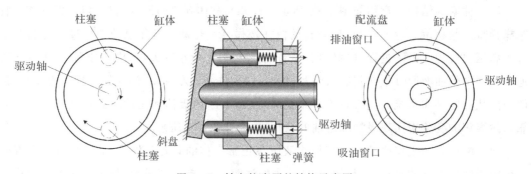

图 2-8　轴向柱塞泵的结构示意图

2.2.2　执行机构与控制

液压执行元件的作用是将液压系统中的流体能转化为机械能,以使工作部件执行预定的动作。常用的液压执行元件有液压马达和液压缸。

液压马达是将液体的流体能转换为连续回转的机械能的液压执行元件。液压马达可以把容积式的泵倒过来使用,即向泵输入压力油,输出的是转速和转矩,其结构与液压泵基本相同。

以柱塞式液压马达为例,参见图 2-8,轴向柱塞液压马达与轴向柱塞液压泵的结构相似,工作时斜盘和配流盘固定不转,但缸体及柱塞可绕缸体的水平轴线旋转。当压力油经配流盘进入柱塞底部时,推动柱塞压向斜盘,这时斜盘对柱塞产生反作用,该力可以分解为垂直于柱塞轴线的分量,该分量会对缸体轴线产生力矩,带动缸体旋转。缸体再通过输出轴向外输出转矩和转速。

除了柱塞马达之外,液压马达按结构还可分为齿轮式、叶片式。需要说明的是,尽管泵和马达在原理上具有可逆性,但由于泵和马达(电机)的功能和工作状况不同,所以在实际结构上存在一定的差别,因此并非所有液压泵都能当作液压马达使用。

液压缸是将流体能转换成直线运动或往复直线运动的机械能的执行元件,下面以图 2-9 所示的柱塞缸为例来说明液压缸的工作原理。柱塞与工作部件相连,缸筒固定在机架上。当压力油从下端进入缸筒时,推动柱塞带动运动部件向上运动,回程要靠自重或其他外力(如弹簧力)来实现。由此可见柱塞缸只能实现单方向运动,因此柱塞式液压缸又称单作用液压缸。为了获得双向运动,柱塞缸常常成对使用。

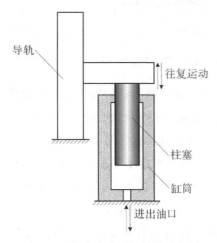

导轨
往复运动
柱塞
缸筒
进出油口

图 2-9　柱塞式液压缸结构示意图

除柱塞缸之外,根据液压缸的结构形式,还可分为活塞式、伸缩式和摆动式等。其中活塞式又分为双杆式液压缸和单杆式液压缸两种。

如图 2-10 所示为双杆活塞式液压缸结构示意图。这种液压缸的特点是活塞两侧都有活塞杆伸出,当两活塞杆直径相同时,由于两腔有效面积相等,如果以同样大小的流量流入缸的左腔或右腔,则活塞往复运动的速度相等,如果以同样大小的压力输入缸的左腔或右腔,则活塞杆向右或向左的推力相同。这种液压缸常用于要求往复运动速度相同的场合。

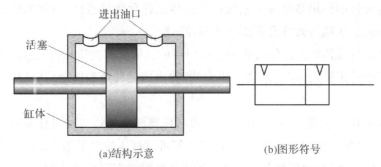

(a)结构示意　　　　　　　(b)图形符号

图 2-10　双杆活塞式液压缸结构示意图及其符号表示

单杆活塞式液压缸只一端有活塞杆伸出,结构示意如图 2-11 所示。两端的两个进出油口都可输入压力油或者回油以实现双向动作。当供油流量和压力不变时,由于两腔有效面积不相等,因而活塞两个方向的运动速度不相等,两个方向的推力不相等。

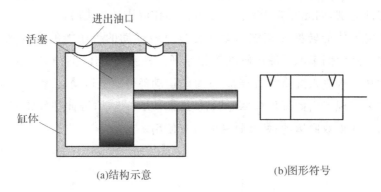

(a)结构示意　　　　　　　(b)图形符号

图 2-11　单杆活塞式液压缸结构示意图及其符号表示

有些设备需要将油液的压力能转换为能回转一定角度的机械能,如翻斗车的翻斗运动,机床的回转夹具,尤其是执行低速大扭矩运动的时候。在这些机构中,摆动式液压缸得到广泛应用。如图 2-12 所示为摆动式液压缸的结构示意图,定子块固定在缸体上,叶片和转子连接在一起,缸体、转子叶片轴、叶片和定子形成两个油腔。当油液从左边的油口进入时,推动叶片顺时针回转;当油液从右边油口进入时,推动叶片逆时针回转,从而使转子叶片轴带动机构摆动。摆动式液压缸也有单叶片和双叶片两种形式。

压力控制阀简称压力阀,是控制和调节液流压力高低或利用液流压力控制其他元件动作的阀。压力阀的基本工作原理是利用作用在阀芯上的液压力和弹簧力相平衡。根据对压力控制的要求,压力控制阀又分为溢流阀、减压阀、顺序阀等。

溢流阀的结构示意如图 2-13 所示,从进油口进入的压力油经阀芯中间的阻尼孔进入阀芯的下端油腔,压力油直接作用在阀芯的底部端面上。当进油压力较小时,阀芯在弹簧的作用下处于下端位置,将两油口隔开。当进油压力升高,在阀芯下端所产生的作用力超过弹簧的压紧力时,阀芯上升,阀口被打开,将多余的油液排回油箱。由此可见,溢流阀是依靠系统中的压力油作用在阀芯上的液压力与弹簧力平衡来控制阀芯的启闭动作。

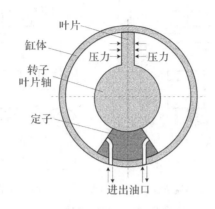

图 2-12 摆动式液压缸结构示意图

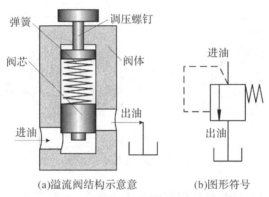

(a)溢流阀结构示意意   (b)图形符号

图 2-13 溢流阀结构示意图及其符号表示

　　用于液压系统中的溢流阀其主要作用是维持系统的压力基本恒定,如图 2-14(a)所示,溢流阀并联在系统中,进入液压缸的流量由节流阀调节。若定量泵的流量大于液压缸所需的流量,油压会升高,从而打开溢流阀,多余的油液经溢流阀流回油箱。

　　用于过载保护的溢流阀一般称为安全阀。如图 2-14(b)所示的变量泵调速系统,正常工作时安全阀关闭,不溢流,只有在系统过载或发生故障时,压力升至安全阀的调整值时,阀口才打开,使变量泵排出的油液经阀流回油箱,以保证液压系统的安全。

　　如图 2-15 所示是二位四通换向阀及其过程示意,它用来改变液压系统中液流的方向或控制液流的通与断。如用其来控制执行机构的油路,可实现执行机构的正向或反向运动。

　　该阀的阀芯内有五个槽,每个槽都有相应的孔道与外部相通,其中 P 口为进油口,T 口为回油口(两侧有两个回油槽),A 口和 B 口分别接执行元件的两腔。当阀芯在外力作用下处于图 2-15(a)的工作位置时,P 口和 A 口相通,B 口和 T 口相通,压力油经 P、A 油口进入液压缸左腔,液压缸右腔的油液经 B、T 油口回油箱,活塞向右运动。反之,若使阀芯左移,如图2-15(b)所示,P口和B口相通,A口和T口相通,压力油经P、B油口进入液压缸右腔,液压缸左腔的油液经A、T油口回油箱,活塞向左运动。

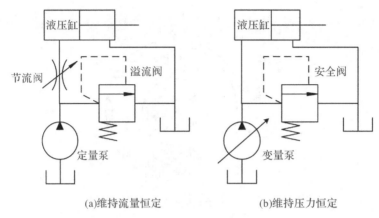

(a)维持流量恒定　　　　　　　　　(b)维持压力恒定

图2-14　溢流阀的作用

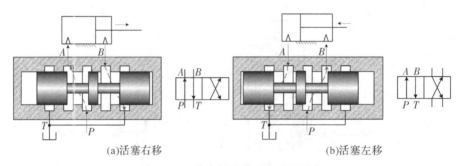

(a)活塞右移　　　　　　　　　(b)活塞左移

图2-15　换向阀及其工作过程示意

从换向阀的工作原理可知,对换向阀的基本要求是:油路导通时,压力损失要小;油路断开时,泄漏要少;阀芯换位,换向要平稳。从上面的讨论知道,换向阀可以控制液压缸做往复运动,如果我们可以控制流量的大小,就可以控制液压缸的运动速度,这就要用到伺服阀,我们会在后面进一步介绍。

2.2.3　直接驱动与模块化

传统机电系统的输出运动由动力系统产生,经传动系统和各类机构的转换,传递到执行机构末端。例如,常用的齿轮箱减速器将电机高速、小扭矩的运动转变为低速、大扭矩的运动,并输出到负载端。这种方式在工业领域应用非常广泛,但是在一些精度和性能要求很高的机电系统中,某些方面仍显不足。首先,齿轮箱内部摩擦引起的电机力矩损失(约10%～50%),造成系统能量浪费,并且占据了较大空间。高减速比的齿轮传动还引入了新的转动惯量,使驱动系统动态特性变差,不利于动特性要求高的场合。此外,齿轮传动齿间间隙、摩擦、弹性等引起系统非线性都成为机电系统在性能、精度、功率密度、体积等要求较高的场合中应用的限制,如高性能机器人、精密机床等。

在这样的背景下,促使了直接驱动技术的产生。即将负载直接连接到伺服驱动电机上,大大简化了机械系统的结构,实现"零传动"。直接驱动解决了上述由于传动系统带来的大多数问题,具有高速、高效、高精度、重量轻、高刚性、噪音小的优势。另外由于其较理想的刚体动力学模型,很适合作为控制方法的研究对象。

直接驱动系统设计的核心实际上是将机电系统从信息到功率输出的一体化。直接驱动系统包含了动力、测量、信息读取,可以直接根据指令信号进行高效执行。直接驱动系统由于其潜在的诸多好处,受到机床、机器人等工业领域的广泛关注和研究。常见的直接驱动系统包括直接驱动旋转电机和直接驱动直线电机。

1. 旋转式直驱电机

旋转式直驱电机应用广泛,最常见的应用实例是如图 2 - 16 所示的电动车轮毂电机。轮毂电机最大特点就是将动力、传动和制动装置都整合到轮毂内,因此将电动车辆的机械部分大大简化。轮毂电机的结构如图 2 - 17 所示,轮毂连同轴部分固定相当于定子,车轮外圈连同永磁体部分相当转子部分,进行旋转。

2. 直接驱动直线电机

直接驱动直线轴的伺服电动机称为直接驱动直线电机,简称直线电动机。一般而言,我们将直线电动机理解为"展开的"(即半径无穷大)旋转伺服电动机,如图 2 - 18 所示。磁悬浮列车就是一种直线电机的典型应用。

图 2 - 16 轮毂电机　　　　　　　　图 2 - 17 轮毂电机工作原理

直线电机的发明和使用,使机械系统不再需要将原来的旋转电机的旋转运动通过连杆机构或滚珠丝杠等机构转换为直线运动,可将其直接应用到需要输出直线运动的系统中。随着电机制造技术的发展和新材料的应用,近些年来,高功率重量比、大扭矩、轻量化的电机被相继研发和制造出来,并且被广泛应用于机器人、航空航天等很多领域。作为机电系统应用最广泛的动力元件,电机的结构也出现很多新形式,如无框电机是一种新型力矩电机,专为需求体积小、重量轻、惯量低、结构紧凑、功率高的应用场合而设计,适配性强,在机器人关节、医疗机器人、传感器万向节、无人机推进和制导系统及其他应用领域具有广泛的应用前景。

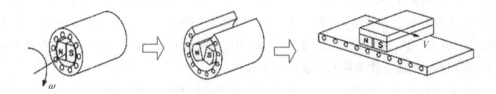

图 2-18 直接驱动直线电机原理

虽然直接驱动有很多优势,但是在机电系统中,由于成本、功率、力、力矩的需求不同,部分机电系统仍然有传动装置。在运动控制中,常见的是伺服驱动系统。伺服驱动系统包括电动、气动、液压等各种类型的传动装置,由微型计算机通过接口与这些传动装置相连接,控制它们的运动,带动工作机械做回转、直线及其他各种复杂的运动。伺服驱动技术主要是指机电一体化产品中的执行元件和驱动装置设计中的技术问题。伺服驱动技术是直接执行操作的技术,伺服系统是实现电信号到机械动作的转换装置与部件,对系统的动态性能、控制质量和功能具有决定性的影响。伺服驱动技术的主要研究对象是执行元件及其驱动装置。执行元件分为电动、气动、液压等多种类型,机电一体化产品中多采用电动式执行元件。驱动装置主要指各种电动机的驱动电源电路,目前多采用电力电子器件及集成化的功能电路构成。

此外,这些伺服驱动模块很多将驱动单元、电机、传动装置、测量单元、控制单元进行集成,留出信息接口,通过给出信息,实现所要求的动作或力的直接输出。常见的伺服驱动系统有液压马达、脉冲油缸、直流或交流伺服电动机等。

2.3 机电系统的信息驱动

2.3.1 系统状态信息的获取

前面我们已经讨论过,本学科所讲的机电系统主要是以输出动作或动作的传递与转换,并伴随着机械能的利用、转换和控制为主要功能。在此基础上,需要进一步考虑当机电系统运行时,如何实现人造系统按照设计者的期望运行,这才是最终的目标。

上述这些工作很大程度上需要与系统选型和结构设计阶段同步进行,在这个阶段就必须充分考虑系统运行过程中如何监控的问题。

机和电的初步结合可以看作是“筋骨与肌肉”的结合,由能源驱动执行机构带负载,也就是图 2-19 中横向箭头构成的物理肢体。而机与电(这里所指的电不仅是驱动力,更重要的是指系统信息,如图 2-19 中虚线的联系)的有机结合,能够优化、简化,甚至替代机构,使系统变得更加经济、性能更好,而且结构、重量得到很大改善,可看成是神经和肢体的“有机”结合。

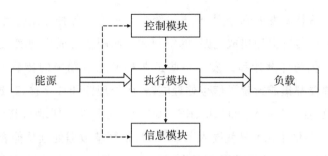

图 2-19　机电系统中信息模块示意图

在产品需求的推动下,机械系统对动力或动作控制的要求越来越高。将电子技术尤其是微处理器技术引入机械系统,对提高其性能起到了很大作用。为了使机电系统能够测量和感知运行状态,并据此来控制系统的运行,人们将测量系统的各类传感器分布式地嵌入到机械本体中,获取系统各个运动机构及各个状态变量的信息,测量系统则对这些信息进行传感、调理、显示和传输。

现代机电系统的组成与功能更加复杂,机电系统需要获取内部运行的状态信息,这些系统的内部变量大多是要对其监测和控制的量,通常要求在经过调理后,在传输和显示的过程中与系统物理量的量纲一致。这种调理相对简单,如型号的放大、衰减、滤波或电平的移动等。有些更复杂的系统,尤其是自主型机器人或智能型机械电子系统,还需要获取和感知系统外部的环境信息,并依据这些环境信息进行决策和控制,为基于传感信息的监测与控制奠定基础。

通信技术的引入,使机电系统内部子系统之间联系到一起,从而实现更加复杂的功能或动作输出。电子系统对信息处理的作用相当于机电系统中的知觉和神经系统。将电子技术引入到机电系统,整个系统机构运动及其状态变化的信息可以通过微处理器进行处理和分析,此时机电系统各组成部分之间的联系可以看作是"灵与肉"的有机结合。

机电系统逐步由动力驱动转变为信息驱动是现代机电系统一个非常重要的特点。机电系统智能的实现也是建立在这些信息的获取和处理基础上。

测量与感知:机电测量系统的任务是获取系统内部运行的状态信息,并根据这些信息来控制系统运行。机电系统的各类状态通常包括位置、速度、加速度、力、温度、流量、压强、力矩等。通过嵌入式设计,将测量、控制、驱动单元嵌入到结构件,甚至执行元件中,来获取机电系统运动或运行中的状态序列,以实现基于传感信息的控制。如图 2-20 所示是内置式集成旋转编码器的电机,图 2-21 是内置式位移传感器和测量电路的液压缸。

图 2-20　内置式集成旋转编码器的电机

图 2-21　内置式位移传感器测量电路的液压缸

电子技术和制造技术发展到今天,机电系统中大量使用各种专用传感器、专用的小型集成电路等,这些"专用传感器加集成电路"的定制和快速制造已成为现实,这大大促进了专用机电系统的非标准化场合设计和开发。一些工业标准化应用中的传感器也显现出新的特点。目前很多传感器都集成封装了信号处理电路、微处理器和数字接口,这样不仅可以通过标准工业通信协议,如 CAN、MODBUS、RS-485 等,还可以方便地与其他微处理器传送传感器的测量值,而且测量单元本身就嵌入了 CPU,自带简单数据处理功能和故障报警功能,为机电系统设计和可靠运行提供非常便利的条件。在一些精度要求较高的测量应用中,测量单元本身还集成了辅助电路,用来补偿由于温度、气压、振动等外部环境造成的被测变量误差。

将一些传感器嵌入到有信号处理计算功能的 CPU 中,即将部分传感器数据运算能力封装在传感器芯片中,以将传感器"智能化"。通过将数据处理过程"前置"至传感器端,系统功能和可靠性分布化,冗余性提高,开发者能够实现更快的数据处理速度、更高的系统效率和更强的数据隐私保护,并降低数据传输延迟、节省系统功耗、减少物联网网络带宽需求及降低系统硬件成本和实现技术保护,从而在传感器端实现物联网的硬件创新。

获取机电系统内部的状态信息只是测量的一部分,只解决了系统被控变量的检测和控制,这些单一的物理量大多不包含其他更深层的信息。有些系统,尤其是自主型机器人或智能型机械电子系统,还需要获取系统以外的环境信息并需要"理解"环境,这部分功能称为"感知"。测量和感知存在一定的差别,如获取人说话的内容,只需要用压/电传感器,测量声波的频率、声压的幅度的大小等,但这只完成了对声波的测量,如果要感知就需要理解声音里的内容,必须对这些信息进行处理,认知是哪种语言,是什么内容。同样,当消防机器人的视觉部分获取了一幅火焰的照片时,虽然获取了环境的图像信息,但是并没有"理解",只有通过图像信息的处理认出这是火焰,再判断是否会引起火灾,并以此来决策,让消防机器人报警,或前往火灾地点实施消防,才感知了火焰的信息。对机械电子系统来说,通常感知信号的处理过程要比测量信号复杂得多。

这些先进的传感技术与嵌入式集成,使信息的获取更加便捷,测量系统的体积更小、成本更低、性能更好、接口更统一,为各种智能机器的建造和使用提供重要支撑。现在,机电系统可以在基于传感信息的基础上对系统进行监测与控制。

2.3.2 计算机技术的嵌入

计算机相当于机电系统的大脑,负责处理所有往来传输的测量信息。计算机根据对系统运行的期望值和系统实际运行状态信息的处理结果给出控制指令,是使整个系统具有"智能"的关键部件。计算机除了可以模拟人的反应、计算、判断、记忆这几个基本的智能外,还具有较高级的信息处理能力,可以在获取系统运行状态信息以后实现信息驱动的系统。信息处理是否正确、及时,直接影响到系统工作的质量和效率。因此,计算机应用及信息处理技术已成为促进机电一体化技术发展和变革的最活跃因素。

计算机技术包括计算机的软件技术和硬件技术、网络与通信技术、数据库技术等。信息处理技术包括信息的输入、识别、变换、运算、存储及输出技术,它们大都是依靠计算机来进行的。因此,信息处理技术与计算机技术密切相关。信息处理技术包括信息的交换存取、运算、判断、优化和决策等,实现信息处理的主要工具就是计算机。机电系统中主要采用可编程控制器、单片机、总线式工业控制机、分布式计算机测控系统等进行信息处理。

1. 嵌入式系统

嵌入式系统是一种以应用为中心、计算机技术为基础,软、硬件可裁剪,适应于应用系统对功能、可靠性、成本、体积、功耗严格要求的专用计算机系统。与通用计算机系统相比,嵌入式系统的设计和应用针对特定的任务和应用场合。嵌入式系统和具体应用紧密结合,具有很强的专用性,它的升级换代一般和产品同步进行。嵌入式系统中的软件代码要求高质量、高可靠性,一般都固化在只读存储器或闪存中,而不是存储在磁盘等载体中。

在研究或工程实际中,经常混淆嵌入式微控制器、嵌入式微处理器和单片机三个概念。微控制器的最大特点是单片化,体积大大减小,从而使功耗和成本下降、可靠性提高,因此称为单片机。这类单片式的电子器件目前在嵌入式设备中仍然有着广泛应用。嵌入式微处理器是嵌入式硬件系统的核心组成部分,是由通用计算机中的 CPU 演变而来的,其特征是具有 32 位以上的处理器,具有较高的性能。与计算机处理器不同的是,在实际嵌入式应用中,只保留和嵌入式应用紧密相关的功能硬件,去除其他冗余功能部分,这样可以用最低的功耗和资源实现嵌入式应用的特殊要求。和工业控制计算机相比,嵌入式微处理器具有体积小、重量轻、成本低、可靠性高的优点。

近年来,在机电系统的设计和应用中,带有数据处理和通信功能的微处理器越来越多地被分布式地嵌入到系统中。工业控制领域(如智能测量仪表、数控装置、可编程控制器、汽车电子设备、现场总线等)都广泛采用微处理器/控制器;日常消费电子产品如智能手机、数字电视、网络通信、数码相机、扫地机器人等,广泛采用嵌入式硬件。

2. 信号处理和信息管理

信号处理:由于计算机的出现,信号处理方面除了数值计算外,还增加了存储等功能,因此使过去的数据计算变为今天的信号处理。计算机技术对传感技术的发展起了巨大的推动作用。传感器能够实现低成本的现场处理功能,使各种补偿得以实现(如对于非线性温度系数的补偿)。现场处理功能还可以把测得的信号变换成便于在通信线路上传输的形式,以便传输给主机进一步处理。有现场处理能力的传感器和换能器还可以作常规的自检和自校,主机甚至可以下放一些决策权给传感器和换能器。

由于应用了先进的信号数据处理技术,发展出了所谓"传感器融合"和"数据融合"的概念,即用来自多个信息源的信息构成复杂系统的整体图解。这种方法与专家系统和人工智能结合,发展前景非常广阔。

信号管理:以先进的信号处理技术为基础,管理信息和提供信息的手段在测量系统中起着非常重要的作用。要能保证任何时候都有适当的人机界面可供使用,任何时候都能提供或显示所需信息。如民用和军用飞机驾驶舱内的显示屏,现代飞机驾驶舱的特点是舱内大量的仪表被少数几个显示屏取代,飞行员可以从显示屏上得到飞机和系统的数据,一旦出现故障而又需得到详细信息时,显示屏会按要求显示所需数据或自动给出有关数据。飞行员也被"传感数据融合"大大解脱了其操作量。比如转弯时副翼和方向舵如何协调不再是飞行员决定,是计算机决定。

2.3.3　信息驱动机电系统

传统的机械产品正在逐渐以各种方式转变为机械电子产品,这一转变主要表现是引入日益精密复杂的控制。从根本没有控制到开环控制,从开环控制发展到由传感器将信号传送给操作者的反馈控制,再发展到闭环控制、自适应控制及智能控制。随着机械电子系统的日益复杂,系统故障的诊断也越来越需要测量技术、传感技术和计算机技术。现在复杂的机电系统从设计到运行、诊断都用到了最新的信息技术和控制技术。

信息驱动是现代机电系统的显著特征。在现代先进机械电子系统中,当测控部分不工作时,机械电子系统的整个系统就无法正常工作。因此,信息具有更重要的地位。一个比较典型的应用实例是固定翼飞机的飞行控制系统。固定翼飞机的飞行姿态是靠调整各个翼面的姿态,并改变机翼受力方向而实现的。早期的飞机采用机械式飞行操纵系统,如图 2-22 所示,这种操纵方式下,翼面与操纵杆之间需要通过一系列的机械传动实现,如滑轮、钢丝绳、连杆等,翼面操纵的角度也取决于操纵者的驾驶经验。20 世纪 50 年代后,计算机控制技术被引入飞机操纵控制系统,如图 2-23 所示。将操纵者的操纵指令转换为电信号,与计算机控制系统结合,实现具有增稳功能的操纵方式,操纵性能和稳定性得到很大提升。

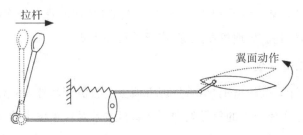

图 2-22　机械式操纵系统图

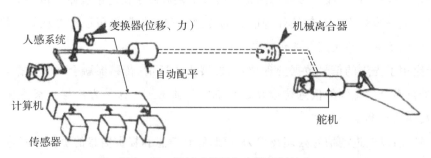

图 2-23　机械式操纵与自动控制结合

　　20 世纪 80 年代,空中客车公司率先开发的电传操纵控制系统改善其飞机产品的操作性,增强了安全性和操作通用性,现已成为航空业的标准。采用的线控飞行系统(fly‐by‐wire)是一种通过电子接口代替飞机的常规手动飞行控制的系统,如图 2‐24 所示。之所以称其为"线控飞行",是因为飞行控制装置的动作是通过电线传输的电子信号而转换的,如图 2‐25 所示。进一步的趋势是转向计算机驱动的数字"电传操纵",其中机翼和机尾上的飞行控制面的偏转不再由飞行员的控制直接驱动,而是通过计算机精确计算出需要哪个控制面偏转才能使飞机按照飞行员的指令做出响应。代替飞行员的控制权的是一个简单的侧杆控制,是通过转换器转变为电信号,经计算机或电子控制器处理,再通过电缆传输到执行机构的一种操纵系统,它省掉了传统操纵系统中的机械传动装置和液压管路。

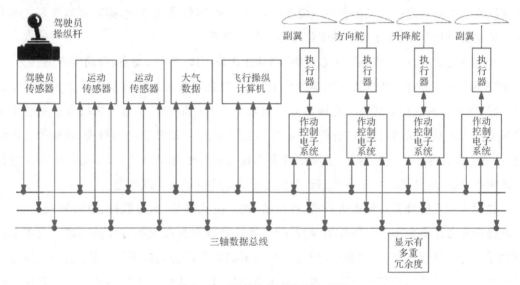

图 2‐24　线控飞行系统的组成图

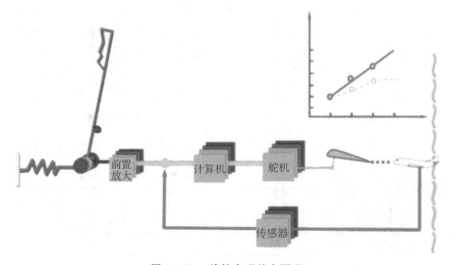

图 2‐25　线控实现基本原理

飞行线控技术的发展也在其他领域得到了应用。汽车的线控技术就是从应用于飞机驾驶控制上发展而来的,该技术利用传感器将驾驶员输入的信号传递到中央处理器,再通过中央处理器的控制逻辑发送信号给相应的执行机构完成相关操作,这样可取代传统的机械结构,实现对汽车的电子线控。近年来,随着汽车电子技术的不断发展和汽车系统的集成化,人们可以不需要传统的机械机构传递控制信号,而是通过电子手段来驾驶汽车。这一电子手段就是(X-by-wire),"by-wire"可称为电子线控,"X"则代表汽车中各个系统,如线控转向(steering-by-wire)、线控制动(brake-by-wire)等。

近年来,利用光纤代替铜导线作为飞行控制或推力控制系统的传输媒介的飞机操纵技术正在被研发和应用,也被称为是继机械操纵、电传操纵之后的第三代操纵系统,是未来飞控系统发展的趋势之一。光传操纵系统在抗电磁干扰、减轻导线重量、提高可靠性等方面有明显的优势,但其本质还是属于基于信息驱动的机电系统。

测量系统的设计:在机械电子系统中,测量往往是在线、实时、动态、自动实现的。另外,测量中不应对被测对象造成任何明显的影响,为此要把尽量减小了体积的敏感器件置于测量现场,并用某种联接方式在一定距离以外接收敏感器件输出的信号。机械电子系统中的测量系统大多是自动测量系统,它把检测、数据处理与显示、故障诊断与报警、校验等技术结合在一起,往往是多个敏感器件、多路信号有机地构成一个测量系统,而不是若干台仪器仪表的简单合并,因此就产生了多传感器和微处理器之间的联接方式问题。

如图 2-26 所示为几种联接方式,有直接联接、链式联接、星形联接、总线联接等,每一种联接都要考虑机电接口元器件的参数匹配、通信协议和标准化等方面的问题。简单系统往往采用直接联接;在链式联接中,任何一个环节的故障都会造成系统无法工作;以星形联接的每两个传感器单元都要经控制器沟通才能通信;以总线联接的各个单元可以互相传送信息而无须控制器介入。总线结构也易于改动、扩展,但通信技术复杂。

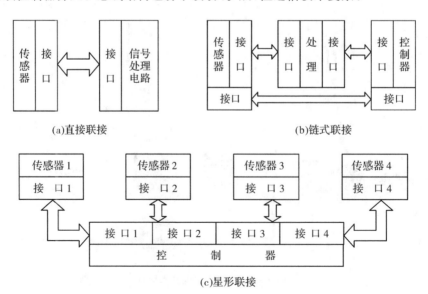

(a)直接联接   (b)链式联接

(c)星形联接

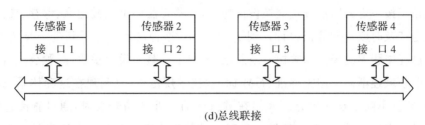

(d)总线联接

图 2 - 26　各类联接方式示意图

通用总线系统主要用于计算机和各种常规外部设备及 I/O 部件,也可用于构成测量控制系统,如 STD、S-100、RS-232 等,这类总线只能在信号级上使各设备接口兼容,因为它们只在信号级上作出了统一规定。很多数字化、智能化测量仪器带有测量用接口,这类测量用接口分为串行和并行两类。串行接口有 RS-232-C、HP-IL 等;并行接口有 IEC-625、CAMAC 等。测量用接口在信号级、命令级甚至程序级上使各个设备接口兼容。

机械电子工程的设计方法是一种基于信息的设计方法,而测量系统的设计是为了保证能够得到所需的信息,因此测量系统是设计中的一个重要环节。设计的高级阶段主要是确定所需测量的信息,这一设计过程完成后,即可着手为每个测量模块选择适当的传感器和信号处理手段。这种设计方法的优点是可以在设计初期就发现不足之处,以便重新考虑整个测量系统的设计或采用新的测量方法。

2.4　现代机电系统的设计

2.4.1　机电系统设计的发展

机电系统本身并不存在于自然界,是人类为了自身需要的特定功能而创造出来的。本质上说这也是人类"趋利避害"的表现:一方面,开发和改善有利于人类自身的生存条件;另一方面还要借助此实现与自然的和谐共存。与自然界已有的"存在"相比,机电系统通常是人类运用已经掌握的知识创造出来的。我们在设计、建造、运行这些人造的机电系统时,总是力图使机电系统的输出行为符合特定的预期功能。这是设计、建造、运行、维护等机电系统各个环节的总目标,并以此进行技术、时间、成本和市场的综合优化。现代设计方法使这一过程效率更高、设计结果更加优化合理,且面向产品的全生命周期。

1.传统设计方法

设计方法的发展,是同科学技术及生产力水平紧密联系、相互促进的。设计实践中最早用的是直觉设计,这个阶段人们大多是根据自然界的启发或者自己的想象来设计、制作工具或简单机械。设计方案存在于设计者的头脑中,没有记录和表达,因此也无法与他人相互交流,这种设计方式的效率较低。生产力及生产工具的发展,出现了需要多个人共同进行的生产活动,这就需要相互之间进行设计和生产的交流。设计图纸的出现对生产过程促进很大,人们可以相互按一定的图形方式交换设计想法,这些想法还可以被记录、保存、交流,人们还可以根据生产及时改进和修正设计。到了 20 世纪,这种设计方法得到进一步拓展,人们将各种生产过程中积累的经验和数据不断总结,形成了一整套设计手册、经验公式、图表,并且在各个工业领域逐渐制定国家标准、行业标准、技术规范等,直到现在这套体系仍然发挥着巨大作用,并且不断更新和扩充。人们在进行新的工业产品开发时,通过查阅这些经验资料、标准,进行类比设计,这个过程很大程度上是基于生产经验的。上述设计方法一般也被称为传统设计方法。

传统设计方法有一些显著特点:①设计上采用串行工作方式,设计和制造过程严格按照固定流程实施,灵活性差、效率低;②经验在设计中占很大的比重,在一些设计中,参数、结构选取没有定量依据,一般通过经验或试凑来确定;③在设计过程中都是静态、孤立地考虑问题,设计变量通常不包含产品的运行、维护、诊断等过程。

2. 现代设计方法

20 世纪 90 年代后,计算机在工程设计中大量使用,出现了动态设计、优化设计及有限元设计等现代设计方法。现代设计方法的产生实际上受到需求的巨大推动,如市场对于产品多样化、个性化的需求,以及不断提升的产品质量、性能的要求。

现代设计不仅是传统设计基础上设计手段的丰富,更重要的是设计理念的转变。现代设计方法将设计对象看作是一个系统,同时考虑系统与外界的联系,利用系统工程的概念进行分析和综合,力求系统整体最优。现代设计方法强调创造能力的全面开发,并力求系统整体性能最优。现代设计方法充分发挥设计人员的创造能力,重视产品的原理方案和设计、系统工程、可靠性理论、价值工程、计算机技术等学科知识,探索多种解决设计问题的科学途径。总之,现代设计方法把经验的、类比的设计观点变成逻辑的、推理的、系统的设计观点,采用动态的、多变量的、多方案的设计思维方式,重视方案设计,考虑多种方案的评价、比较、选优。

现代机械电子工程设计是现代设计的一部分,并且在产品设计中充分发挥机电融合的优势和系统的特点。虽然目前在一些传统设计中采用了计算机辅助设计、优化设计、并行设计等一些现代设计方法,但是这种方法本质上并未完全脱离传统设计的模式。例如,通常在机电产品的传统设计中,机械部分由机械工程师设计,测控系统由电控工程师设计,这种设计方式称为顺序设计,而没有体现设计过程的"机电一体"。此外,一些机电系统的设计是在以往机械系统中引入控制,即在已完成设计甚至已完成制造的机械系统中附加测量和控制装置,这与现代机电系统的设计方法存在本质区别。现代机械电子工程设计方法并不是完全排斥和取代传统设计,相反,传统设计积累的大量机构设计经验对机电系统机构的简化、优化和替代仍然起着至关重要的作用。

现代机电产品并不是简单地将机械系统和电子系统结合,而是设计时的基本出发点就是将机械工程、电子学、控制工程及计算机技术等学科进行整合与统筹设计,是一种多学科和系统性设计(工程实践中常称之为机电一体化设计)方法。现代机电设计根据产品功能需求,会先提出概念产品,再对概念产品建模与仿真,通过模型与仿真系统的运行检测和分析,检验系统的运行功能及系统的静、动态特性,然后按照预期的目标对系统提出优化和改进设计。

当今,在机电系统智能化的研究中,我们不仅仅试图理解和揭示人和自然界生物的智能及其认知规律、模拟其智能行为,还试图建造智能机器的实体或系统。就机械电子工程学科发展来说,目前对后一部分的关注可能更多。机械电子工程不仅研究如何设计和建造先进机电系统及装置,还希望将人工智能技术应用于这些物理系统,构成智能的机器或系统。在此,机电系统的动力驱动和信息驱动是其重要基础,没有这个良好的基础,再先进的人工智能技术都无法很好地应用。

2.4.2　机电系统设计的一般过程

机械电子工程发展到现在,其主要产品和对象针对的是自动化或者智能化应用,设计这样的人造系统需要从多个角度进行综合分析,以充分发挥机电系统的优势,如简化和优化机构结构、提升性能。一般来说,机械电子系统的设计过程可以分为以下几个阶段。虽然机电系统的一般设计过程大都类似,但还需要根据不同的设计需求有所侧重。

1. 系统功能的需求分析

机电系统的所有设计都是由需求推动的。了解所设计产品的使用要求和开发目标,包括功能、性能等方面的要求,不仅要考察机械电子产品的技术可行性,还必须考察产品的经济性。目标过高会造成系统开发困难,造成浪费;目标过低则使开发的系统很快失去先进性,无法满足设计要求。

2. 可行性研究、设计任务的详细说明

了解企业现状与系统开发的内外环境、资料等。通过对这些技术资料的分析比较,了解现有技术发展的水平和趋势,这是确定产品技术构成的主要依据。然后据此确定机电产品的功能、性能指标,包括运动参数、动力参数等主要性能指标。

3. 初步设计

在初步设计阶段,应为每一项功能提出若干种不同实现方案以供挑选,通过对这些方案的评价和适当组合可得到最合适方案。预选各环节结构在性能指标分析的基础上,初步选出多种实现各环节功能和满足要求的可行的结构方案,通常根据经验或者类比确定,必要时也可以通过部分实验确定最佳方案。

4. 分析与建模仿真

系统及其组成部分的分析和建模仿真有助于方案挑选,在具体设计阶段,系统分析和建模仿真可以决定工作特性和零件尺寸等参数,通过计算机辅助工艺设计,对不同模型及方案进行测试,使传统方法中的设计样机、研制样机的循环过程大大简化,从而可以使产品开发时间缩短,成本降低。需要强调的是,建模还应包括系统的动力学模型。

5. 详细设计和优化

一旦确定了某个方案,设计人员便希望进入详细设计阶段。但为了设计出最优的产品或者系统,还应对所选方案中零部件的几何尺寸、材料、各种量和比率等参数作一定的改变,了解这些改变对所要求的性能的影响。这样便有可能确定系统性能指标的最大值与最小值对应的参数。

6. 设计中应考虑的若干问题

虽然以上设计方法和流程是大多数机电系统的共同相似点,但必须说明的是,机电系统应用广泛,即使到目前为止,仍然不断有新的机电系统或产品被开发出来。正因为系统化的思想能够灵活运用,所以机电系统的设计也很难以一概全。成功的机械电子工程设计方法应在设计一开始就树立起机电系统一体化设计的思想。

人机工程学是现代机电系统设计的一个重要因素,现在虽然已经出现一些无人系统,如无人机、无人驾驶等,但是归根结底,包括无人系统在内,都是由人进行设计、管理、维护和操纵的,都是为人类服务的。人机工程学是一门综合性学科,其研究内容是把人-机-系统环境作为研究的基本对象,运用生理学、心理学和其他有关学科知识,根据人和机器的条件和特点,合理分配人和机器承担的操作职能,并使之相互适应,从而为人创造出舒适和安全的工作环境,使工效达到最优。只要是人们使用的产品,都应在人机工程方面加以考虑,产品的造型与人机工程无疑是结合在一起的。我们可以将它们描述为:以心理为圆心、生理为半径,用以建立人与物(产品)之间和谐关系的方式,最大限度地挖掘人的潜能,综合平衡地使用人的机能,保护人体健康,从而提高生产率。若将产品类别区分为专业用品和一般用品,专业用品在人机工程上则会有更多的考虑,它比较偏重于生理学的层面;而一般性产品则必须兼顾心理层面的问题,需要更多符合美学及潮流的设计。

2.4.3 机电系统的智能化发展趋势

20世纪末,机械电子系统已经发展到了信息驱动的阶段。在工业生产领域,机电系统在恒温恒湿的环境、精确布置的机床工位、定时准确的物流传送中,每个机电单元借助自身的动力学模型都能保证在内部状态和外部负载发生变化时,系统维持稳定运行而不受干扰。而在机电产品方面,最有代表性的是家用轿车,如无级变速发动机、电子监控制动、四轮驱动、主动悬挂、底盘升降等。但这些体现出的还是一个自动控制的系统,因为随时都有人在给出系统的操作指令。

面对复杂的被控对象、环境、任务,仅依靠经典控制理论和现代控制理论很难解决。首先,经典控制理论和现代控制理论都建立在精确数学语言描述的基础上,往往只讨论控制系统和被控对象组成的系统,忽略环境影响或者将其作为某种扰动。从实际问题到数学描述映射过程中,一般都做了很多简化,这个过程也丢失了很多信息。而面对智能机器人、柔性和集成制造系统,很难用数学语言去描述,环境因素也必须纳入系统进行考虑。其次,经典控制和现代控制理论输入信息比较单一,而一些复杂系统以各种形式输入,包括图形、文字、语言、声音和传感器获取的物理信号等,都可能是系统的输入,需要将各类信息进行融合、分析、推理,并采取相应的行动。而经典控制理论和现代控制理论对上述要求无能为力。

21 世纪初,机械电子工程的发展取得新突破,开始逐渐向智能化发展。机械电子产品或者装置不仅仅主要应用于生产、汽车、航天等工业领域,也开始在日常生活中广泛使用,如清洁机器人、服务机器人等,甚至穿戴于人体外部,用于人体运动康复、老年人步行辅助等。在这些新的应用中,机电系统产品更主要的是适应外部环境的不确定、不可预测和动态变化的扰动,并且没有人类为其提供和下达指令。

机电系统只有能感知或理解外部环境,才能应对外部环境带来的扰动和变化,在变化或不确定环境及无人干预的系统中,机器为了提高完成任务的能力,还必须具备自主性,这样的机电系统就具备了智能,智能或者智能控制也正是在这样的背景下引入到机电系统的。在机电系统向智能化发展的趋势中,对机电系统更多的考虑是:设计建造一台物理机器,它是否能够感知环境、自主决策,是否能够智能地运行和行动,以满足我们的设计需求。

智能有不同的程度,低级智能表现为感知环境、作出决策、控制行为;较高级的智能表现为能认识对象和事件,表达环境模型中的知识,对未来作出规划和推理;高级的智能表现为具有理解和觉察能力,能在复杂环境中作出理性决策,以获得生存。

2.5　人工智能中的知识表达与智能机器

2.5.1　人工智能中的知识表达

智能的发生、生命的本质、物质的本质和宇宙的起源,被称为自然界的四大奥秘。智能一直是哲学家、神经科学及脑科学家讨论和研究的课题。虽然近些年来,随着脑科学、神经心理学研究的发展,人们对人脑的结构和功能有了较为初步的认识,但是整个神经系统的内部结构和作用机制,特别是对脑功能原理还没有认识清楚。到目前为止,人们对于智能还缺乏全面的认识,也没有形成对智能的统一定义。

在自然界里,人类的智能活动主要是获取并运用知识以适应自然环境;而在工程实践中,机电系统中的人工智能则是利用机器实现人的部分智能以适应自身的生产生活。一般认为,人工智能的概念是在 1956 年达特茅斯会议上提出来的。经过半个世纪多的发展,在当今互联网时代的背景下,人工智能已经与生产、生活的方方面面紧密结合起来。人工智能是一个非常大的领域,由知识工程、机器学习、模式识别、自然语言处理、智能机器人和神经计算等诸多内容组成。

知识是在长期的生活及社会实践中、在科学研究及实验中积累起来的对客观世界的认识与经验。知识反映了客观世界中事物的本质、事物发展的规律,以及事物之间的关系,不同事物或者相同事物间的不同关系形成了不同的知识。知识是智能的基础,人类的自然语言、数学语言、物理模型、化学公式及绘画、雕塑的创作等都是人类知识的表达和传承形式,但这样的知识表达形式并不能直接移植到计算机支持其开展推理等操作。

机电系统中涉及的人工智能,主要是生产实践和日常生活中的知识获取、知识表达及知识的应用。为了使机器具有智能、模拟人类的智能行为,就必须使它具有知识。在智能系统中,知识通常是特定领域的。这些领域知识需要用适当的模式表示出来才能存储到计算机中去。为了能让智能系统理解、处理知识,并完成基于知识的各类任务,首先得对知识构建模型,即知识表达。因此,知识表达就成为人工智能的一项基础任务。知识表达是将人类的知识形式化或者模型化,且易于被计算机处理。

按照知识的类别,可以将其划分为:①事实性知识("……是……");②规则性知识("如果……,则……");③结构性知识(如某种事物的分类和分组,描述了概念或对象之间存在的关系);④启发性知识(领域或学科中某些专家的知识);⑤元知识(描述知识的知识)。由于不同类型知识的存在,根据不同的任务、不同的知识类型,会有不同的知识表示方法。对于同一问题可以有多种不同的表示方法,问题表示的优劣直接影响问题的求解过程和求解效率。常见的知识表示方法有谓词逻辑表示法、产生式表示法、语义网络等。

一阶谓词逻辑表示:人工智能中用到的逻辑可划分为两大类。一类是经典命题逻辑和一阶谓词逻辑,其特点是任何一个命题的真值或者为"真",或者为"假",也被称为二值逻辑。另一类是泛指经典逻辑之外的,如三值逻辑、多值逻辑、模糊逻辑等,统称为非经典逻辑。命题逻辑和谓词逻辑是最先应用于人工智能的两种逻辑,在知识的形式化表示方面,特别是自动定理的证明上,发挥了重要作用,在人工智能的发展史中占有重要地位。

所谓一阶谓词,即直接刻画个体属性的谓词。例如,用"红色"来形容个体的颜色概念,而再用"鲜艳"来刻画"红色"的属性,属于刻画属性的属性,属于高阶谓词。

命题、谓词和谓词公式:命题是一个非真即假的陈述句,如"天空是蓝色的"就是一个命题,通常用字母 P(proposition)表示。命题逻辑表示的最大局限性在于仅从其表述上无法将所描述对象的结构和逻辑特征反映出来,也无法表达不同事物之间的共同特性。

谓词逻辑是基于命题中谓词分析的一种逻辑。一个谓词可分为谓词名和个体两部分。谓词名主要用于描述个体的性质、状态或者个体间的关系,个体表示某个独立的事物或者某个抽象的概念。

谓词的一般形式为

$$P(x_1, x_2, \cdots, x_n)$$

其中,P 是谓词名;$x_1, x_2, \cdots, x_n$ 是个体。谓词中包含个体的数目被称为谓词的元数。如与一个个体变元相联系的谓词叫作一元谓词;与多个个体变元相联系的谓词叫作多元谓词。

若 $x_1, x_2, \cdots, x_n$ 均为个体常量而不是谓词,称为一阶谓词;如果 x_i 本身又是谓词,称为二阶谓词。

例如,利用一阶谓词表示"老李是一名教师",可以表示为 Teacher(Li),Teacher 描述了 Li 是教师这一特征;"2>1"可以表示为:Greater(2,1),Greater 刻画了"大于"这一特征。

此外,谓词公式还定义了连接词:如用符号"∧"称为"合取"表示关系"与";符号"∨"称为"析取",表示关系"或";符号"—"表示"否定"或者"非"逻辑;符号"→"称为"蕴含"或者"条件",P→Q 可以表示"如果 P,则 Q"。利用符号"∀"全称量词表示"任意",符号"∃"存在量词表示"存在"。以这些定义好的连接词和量词为基础,能够表示更为复杂的知识。

一阶谓词逻辑表示是人工智能中知识表示的基础方法,是一种接近自然语言的形式语言,表示知识比较直观、容易理解,而且也很容易转化为计算机内部形式。而且由于谓词逻辑是二值逻辑,谓词公式的真值只有"真"和"假",可以用来表示精确的知识,并保证演绎和推理所得的结论的精确性。一阶谓词逻辑的最大局限性在于不能表示不确定、不精确和模糊性的知识,使其表示知识的范围受到一定限制。

谓词逻辑表示方法建立在数理逻辑基础之上,是目前为止能够表达人类思维及推理的最精确的形式语言。谓词逻辑既可以表示事物的状态、属性、概念等事实性知识,也可以表示事物之间具有因果关系的规则性知识。

一阶谓词逻辑将推理过程和知识含义分开,抛弃了知识包含的语义信息,往往使推理过程冗长,降低了系统效率。此外,在推理过程中,随着事实数据的增大,有可能出现组合爆炸。

1. 产生式表示法

产生式表示法又称为产生式规则表示法,是利用规则序列形式描述问题并进行问题求解的方法。产生式通常用于表示事实、规则及它们的不确定性度量,适合表示事实性知识和规则性知识。产生式系统运行时将一组产生式放在一起,互相配合,协同作用。

确定性规则知识的产生式一般可以表示为基本形式:

$$IF \quad P \quad THEN \quad Q$$

或者

$$P→Q$$

其中,P 是产生式的前提,用于指出该产生式是否可用的条件;Q 是一组结论或操作,用于指出当前前提 P 所指的条件满足时,应该得出的结论或者应该执行的操作。对于不确定规则知识,产生式中的 Q 表示置信度。

确定性事实性知识的产生表示形式为三元组形式:

$$(对象,属性,值)$$

或者

$$(关系,对象 1,对象 2)$$

例如,老李的年龄为 40 岁可以表示为(Li,Age,40);A 和 B 是朋友,可以表示为(Friend,A,B)。

对于不确定性事实,增加了置信度:

$$(对象,属性,值,置信度)$$

或者

$$(关系,对象 1,对象 2,置信度)$$

例如,老李的年龄很可能是为 40 岁可以表示为:(Li,Age,40,0.8),A 和 B 应该不是朋友,可以表示为(Friend,A,B,0.1)。

2. 产生式知识表示法

产生式知识表示法的组成如图 2-27 所示,通常由规则库、推理机、综合数据库三部分组成。规则库用于描述相应领域内知识的产生式集合。综合数据库是用于存放问题求解过程中各种当前置信度的数据结构,如问题的初始状态、原始证据、推理中得到的中间结论及最终结论。当某条产生式的前提可与综合数据库的某些已知事实相匹配时,该产生式就被激活,并把它推出的结论放入综合数据库中,作为后面推理的已知事实。显然,综合数据库的内容是在不断变化的。

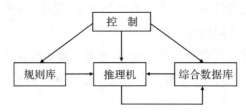

图 2-27　产生式知识表示法的基本结构关系

产生式知识表示方法采用"如果……,则……"的形式,与人类的判断性知识基本一致。规则是规则库中最基本的知识单元,各规则之间只能通过综合数据库发生联系,而不能相互调用,从而增加了规则的模块性。

产生式知识表示法既可以表示确定性知识,又可以表示不确定性知识,既有利于表示启发性知识,又有利于表示过程性知识。规则库中的所有规则都具有相同的格式,并且综合数据库可被所有规则访问,因此规则库中的规则可以统一处理。主要缺点是各规则之间的联系必须以综合数据库为媒介,并且其求解过程是一种反复进行的"匹配—冲突消解—执行"过程。这样的执行方式将导致执行的低效率。不便于表示结构性知识。由于产生式表示中的知识具有一致格式,且规则之间不能相互调用,因此那种具有结构关系或层次关系的知识则很难以自然的方式来表示。

3. 框架表示法

框架理论是明斯基在 1975 年作为理解视觉、自然语言的对话及其他复杂行为的一种基础提出来的。它认为人们对现实世界中各种事物的认识都是以一种类似框架的结构存储在记忆中的,当遇到一个新事物时,就从记忆中找出一个合适的框架,并根据新情况对其细节加以修改、补充,从而形成对这个新事物的认识。框架表示法是一种结构化的知识表示方法,可表示多类型的知识。

框架:是人们认识事物的一种通用的数据结构形式。即当新情况发生时,人们只要把新的数据加入到该通用数据结构中,便可形成一个具体的实体(类),这样的通用数据结构称为框架。

实例框架:对于一个框架,当人们把观察或认识到的具体细节填入后,就得到了该框架的一个具体实例,框架的这种具体实例被称为实例框架。

框架系统:在框架理论中,框架是知识的基本单位,把一组有关的框架连起来便可形成一个框架系统。

框架系统推理:由框架之间的协调完成。

以描述"大学教师"的一个框架为例:

> 框架名:＜大学教师＞
>
> 类属:＜教师＞
>
> 学位范围:(学士,硕士,博士)
>
> 缺省:硕士
>
> 专业:＜学科专业＞
>
> 职称范围:(助教,讲师,副教授,教授)
>
> 缺省:讲师
>
> 水平范围:(优,良,中)
>
> 缺省:良

框架表示法善于表示结构性知识,能够较为清楚地表示知识的内部结构关系,直观易于理解。但是框架表示法不便于表示过程性知识。

4. 语义网络

语义网络通过结构化图解表达知识,是一种通过概念及其语义联系(关系)来表示知识的有向图。该有向图由节点(如鹦鹉、鸟、动物、运动等)和有向弧(箭头)组成。节点用来表示事物的名称、概念、属性、状态、事件及动作等。有向弧(箭头)有方向和标注,表示事物之间的关系,即语义关系。

语义网络中最基本的语义单元称为语义基元,可简记为＜节点 1,关系,节点 2＞。如图 2-28 所示,以语义基元"鹦鹉是一种鸟""鸟是一种动物"举例,图中"鹦鹉""鸟""动物"作为语义基元的节点,有向弧(箭头)上方标注了语义关系。在图 2-28 中,首先将"鹦鹉是一种鸟"与"鸟是一种动物"两个语义基元合并,即通过"鸟"的节点将两个语义基元进行了关联。然后在以上基础上关联"动物是可以运动"的语义基元等,可进一步丰富语义网络内容。依此类推,当把多个语义基元用相应的语义关联在一起时,就形成语义网络。

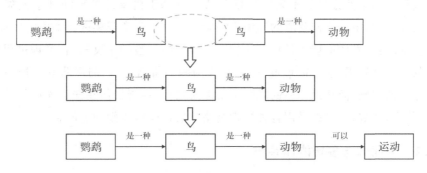

图 2-28　语义网络构建过程及其与语义基元关系

语义网络把事物的属性及事物间的各种语义联系显式地表现出来,是一种结构化的知识表示方法。在这种表示中,下层节点可以继承、新增和修改上层节点的属性。事实上,语义网络着重强调的是事物之间的语义联系,体现人类思维的联想过程。但语义网络无公认的形式表示体系,具体知识完全依赖处理程序的解释形式。与此同时,语义网络表示知识的手段多种多样,虽然灵活性很高,但同时也由于表示形式的不一致使得对其处理的复杂性增加,对知识的检索也就相对复杂,要求对网络的搜索有强有力的组织原则。

本节以上部分介绍了人工智能领域中经典的知识表达方法。近年来,随着相关领域的快速发展,特别是数据驱动、深度学习等方法的兴起,知识图谱、自然语言处理等知识表达方法与应用已经不断取得突破,有兴趣的读者可以查阅、学习相关材料。

5. 智能推理

本节介绍的知识表示方法是问题求解必备的基础,知识表达的目的是进一步利用智能方法进行问题求解。通常,在设计智能系统时表示的知识是非常有限的。因此,基于知识的智能系统需要通过对知识进行推理来决策和判定应采取的行为。

人类利用掌握的知识在对各种事物进行分析、综合并最后做出决策时,通常是从已知事实出发,通过运用已掌握的知识,找出其中蕴含的事实,或者归纳出新的事实。由此可见,所谓推理,即从初始证据出发,按某种策略不断运用知识库中的知识,逐步推出结论的过程。

在人工智能系统中,推理是通过程序实现的,称为推理机。已知事实(证据)和知识是构成推理的基本要素。按照不同角度分类,推理可以分为演绎推理、归纳推理、默认推理、确定性推理、不确定性推理、启发性推理等。

演绎推理是从一般性知识推理出适合于某一具体情况的结论,即从一般到个别的推理。最常见的形式是三段论,如凡人都会死(大前提),苏格拉底是人(小前提),所以苏格拉底会死(结论)。归纳推理是从足够多的事例中归纳出一般性结论的过程,即从个别到一般的推理。如直角三角形内角和是$180°$,锐角三角形内角和是$180°$,钝角三角形内角和是$180°$,所以三角形内角和是$180°$(结论)。默认推理又称缺省推理,它是在已知知识不完全的情况下假设某些条件已经具备所进行的推理。

确定性推理时所用的知识和证据都是确定的,推出的结论也是确定的,其真值非真即假。不确定性推理所用的知识和证据不都是确定的,推出的结论也是不确定的。经典逻辑推理就是典型的确定性推理。不确定性推理通常有基于概率的推理和基于模糊逻辑的推理。在现实世界中,由于人们获取的知识不完全、不精确,常常需要进行不确定性推理。

启发性推理:启发性推理就是对以往相同或类似的经验举一反三,在推理过程中运用与推理有关的启发性知识,加快推理过程,如解决问题的策略、技巧与经验等。推理时要反复用到知识库中的规则,而知识库中的规则又很多时,就存在着如何在知识库中寻找可用规则的问题(代价小,解好)。可以采用各种搜索策略有效地确定规则的选取。

2.5.2 智能体与多智能体系统

虽然现代机电系统在结构、元件和制造上有很大提升,但是很多结构复杂、体积庞大的机电系统却未必智能。智能体（或称智能单元，Agent）通过获取环境信息、感知环境或外部激励并作出一定反应对环境产生影响。智能单元可以把感知到的信息与其行动联系起来，用于实现某些目标。到目前为止，人们对智能单元或者智能体有多种不同的定义和认识。

被多数人普遍接受的是，智能体是处在某种环境中的计算机系统，该系统具有在该环境中自动行动以实现其设计目标的能力。如图 2-29 所示是智能单元与环境的交互作用示意图。在人工智能领域，Agent 可以是一个程序或者一个智能实体。在机械电子学科中，我们设计和研究的对象是机电系统，如机器人等。智能体能够在没有人或者其他智能体干预的情况下持续运行，以特定的方式响应环境的要求和变化，并能够根据其内部状态和感知到的环境信息自主决策并控制自身的状态和行为。

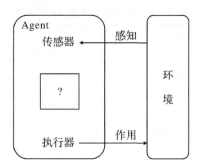

图 2-29　智能单元与环境的交互作用示意图

1. 基于反射的智能体和基于知识的智能体

基于反射的智能体的智能相对较低，一般通过从感知状态到行动的映射表，即在感知到状态后通过查表得到应该采取何种动作。一般采用 If-Then 规则的形式将感知和动作联系起来。查表的过程其实是搜索从感知状态到输出动作的过程。相对来说，基于反射的 Agent 能够快速对感知到的环境信息做出反应。但这种智能体的最大问题在于，在有些情况下这种映射表可能非常庞大，导致占用储存空间或者查表困难而无法使用。

基于知识的智能体更加符合人的智能，是建立在基于内部的知识表示进行推理的基础上的。基于知识的智能体的核心是知识库，知识库是语句的集合，这些语句用知识语言表达，表示了关于外界环境的某些断言。这里的"语句"是作为技术术语使用的，它与我们通常语言中的语句不同，但有一定关系。基于知识的智能体一般要求预先对环境进行建模，在未知环境下的应用挑战很大。

在实际应用中，经常将基于反射的智能体和基于知识的智能体方法组合运用，既能够实现对环境的快速响应，还能够对环境信息充分分析，达到适应环境的目的。

以一个经典的真空吸尘器问题为例来进行讨论。如图 2-30 所示是假设的真空吸尘器工作示意图，它只能在方格 A 和 B 两个地点工作。吸尘器可以感知它处于哪个方格中，该方格是否有灰尘，它可以选择向左移动、向右移动、吸尘或者什么也不做。由此，我们可以写出非常简单的 Agent 函数：如果当前有灰尘，那么吸尘；否则移动到另一方格。

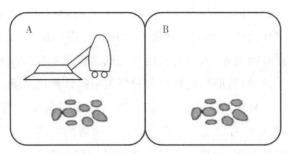

图 2-30 真空吸尘器工作示意图

真空吸尘器的 Agent 函数见表 2-1。

表 2-1 真空吸尘器的 Agent 函数

感知序列	动作序列
{A,地板干净}	向右
{A,地板脏}	吸尘
{B,地板干净}	向左
{B,地板脏}	吸尘
{A,地板干净},{A,地板干净}	向右
{A,地板干净},{A,地板脏}	吸尘
……	……
{A,地板干净},{A,地板干净},{A,地板干净}	向右
{A,地板干净},{A,地板脏},{A,地板脏}	吸尘
……	……

从表 2-1 中可以看出,真空吸尘器根据感知序列的不同有不同的动作序列。那么怎样的动作是最好的? 或怎么决定智能体的动作是好的? 我们有必要通过性能度量评价智能体的行为。性能度量不是一成不变的,需要根据具体问题进行分析。如果我们以一定时间内清理灰尘的总量来度量真空吸尘器的性能,那么一个吸尘器可能一边吸尘,一边又把灰尘倒回地面,再吸尘,如此进行下去,它可以达到性能度量最大化。但这不是我们想要的结果。更适合的性能度量是奖励保持干净地面的智能体,如在每个时间步,每个清洁的网格奖励一分,甚至考虑消耗的电力和产生的噪声都放到性能度量当中。一般来说,我们更多的是以期望达到的结果来评价,而不是依据智能体的行为。

智能机器人是一种物理 Agent,虽然我们上面讨论的真空吸尘器实例很容易根据对环境的感知序列得到 Agent 的动作序列,但是这对于真实的物理系统却十分困难。首先,机器人通常面对的是部分可观察的、随机的、动态的和连续的环境。机器人无法感知全局信息,运动指令的执行也因为齿轮的打滑、摩擦、系统的动态性能等诸多因素而无法准确执行。因此,实际的智能机器人通常需要包含一些先验知识,例如机器人本身的运动学、动力学特性,环境信息及任务信息等。在这些先验知识的基础上进一步地学习,最终完成任务。自主性是智能体的一个重要特点,如果智能体主要依赖于设计人员的先验知识,而不是其自身的感知信息,就缺乏自主性。智能体通过自主学习,弥补不完整的或者不正确的先验知识。当智能体没有或者有很少经验时,其行为往往是随机的,除非设计人员提供一些帮助。因此,就像进化动物提供了足够的内建的反射,使它们能够生存足够长的时间进行学习,给人工智能体提供一些初始知识以及学习能力是合理的。

2. 多智能体系统

随着计算机网络和信息技术的发展,智能体技术得到广泛应用。但是由于受感知和动作能力限制,依靠单个智能体往往无法解决现实中复杂的大规模问题。一个应用系统中往往包含多个智能体,这些智能体不仅自身具备感知和动作能力,而且能够与系统中其他智能体进行协作,以共同实现系统目标。多智能体系统不仅具备自身问题的求解能力和行为目标,而且能够相互协作,达到共同的整体目标,因此,能够解决现实中广泛存在的复杂的大规模问题。多智能体系统是自然界生物广泛存在的组织形式,如鸟群、鱼群、蚁群等。在由生物组成的系统中,个体之间相互影响,形成集群行为。生物多智能体以其普遍性和对多样的自然环境极强适应性,引起人们的关注并在人造系统中进行模仿和学习。

多智能体的概念最初是在人工智能领域的研究中提出的,通常指由多个分布和并行工作的智能体,通过协作完成某些任务或建立某些目标的计算系统。这是因为单个智能体的能力是有限的,但是可以通过适当的体系结构把智能体组织起来,从而使整个系统的能力超过系统中任何单个智能体。在多智能体系统中,特别强调智能体之间是如何进行交互的,智能体通过相互合作和竞争行为来完成系统总任务或表现出整体行为。它们可以具有不同的问题求解方法、知识、能力、结构及目标。

多智能体系统的内部既存在合作,又存在竞争。在专门的多智能体语言和通信的基础上,建立多智能体之间的协作模型。按照多智能体系统中智能体的个体是否相同,可以划分为同构多智能体系统或异构多智能体系统。

多智能体方法具有较强的直观性、可拓展性和灵活性。这些多智能体系统适合解决根据时间、空间和功能进行划分的复杂问题,更适合解决经典方法难以妥善解决的、有大量交互作用的复杂问题。多智能体方法还有速度快、可靠性高、容错能力强的特点。因此已有不少多智能体系统被应用于制造系统的研究中,用来解决复杂的、动态的及多目标的车间调度问题。面对那些自然演化而成的复杂多智能体系统,如人类社会、生态系统等,这些系统并不是面向任务的,因此完成某一任务的效率或效果并不是最好,但其层次性、动态复杂性、学习能力都使这些系统的适应性、容错性和进化能力突出。

随着智能化的机电系统(如智能机器人)越来越多地应用于不确定性、复杂任务中,是设计和建造功能完备、结构复杂的单一机电系统,还是将功能和结构相对简单的多个机电系统通过适当体系结构组织起来共同完成任务,是两种完全不同的设计思想,需要认真思考。

2.6 工业 4.0 与智能制造

2.6.1 从工业 1.0 到工业 4.0

"工业 4.0"最早在 2013 年由德国提出,我国在 2015 年提出制造强国战略《中国制造 2025》,此后美国等国家也相继制定以智能制造为核心的工业发展战略。按照我国工信部发布的《智能制造发展规划 2016—2020》中的表述,智能制造是基于新一代信息通信技术与先进制造技术深度融合,贯穿于设计、生产、管理、服务等制造活动的各个环节,具有自感知、自学习、自决策、自执行、自适应等功能的新型生产方式。在我国的制造强国战略研究报告中,认为智能制造是制造技术与数字技术、智能技术及新一代信息技术的融合,是面向产品全生命周期的具有信息感知、优化决策、执行控制功能的制造系统,旨在高效、优质、柔性、清洁、安全、敏捷地制造产品和服务用户。智能制造的内容包括制造装备的智能化、设计过程的智能化、加工工艺的优化、管理的信息化和服务的敏捷化/远程化等。

以大数据和深度学习为代表,新一代人工智能发展迅猛,对制造业正在产生变革性影响。本章的前几节中已经介绍了机电系统的发展及其相关的工业化进程背景。从工业 1.0 到工业 4.0 的发展过程可以看出,每一次工业革命都会给工业、生活等各个领域带来深远影响。在新的工业背景下,机械制造业也面临着巨大挑战和机遇。一方面,产品的个性化、快速更新,同时绿色环保、成本、性能的要求却越来越高;另一方面,新一代通信技术、人工智能技术也开始逐步与制造技术融合,给制造业带来新的理念和发展模式。

从工业 1.0 到工业 2.0 变化的主要特征是:工业从依赖工人技艺的作坊式机械化生产走向产品和生产的标准化与简单刚性自动化。标准化表现在零件设计、制造工序、检验与质量控制等的标准化。刚性自动化的目的是提高制造过程的速度,同时考虑过程的可重复性。刚性自动化系统最大的不足是在设计中不关注工艺的柔性,即一旦自动化系统完成并投入生产,不能再改变其设定的动作或生产过程。如 1908 年福特 T 型车的生产线,其中最重要的革新是以标准化的流水装配线大规模作业代替传统个体手工制作。

从工业 2.0 发展到工业 3.0,则产生了相对复杂的自动化、数字化和网络化生产。这个阶段相对于工业 2.0 具有更复杂的自动化特征,追求效率、质量和柔性。先进的数控机床、机器人技术、工业控制系统可以实现敏捷的自动化,从而允许制造商以合理的响应能力和精度质量,适应产品的多样性和批量大小的波动,实现变批量柔性制造。工业 3.0 的另外一个特点是在制造装备(如数控机床、工业机器人等)上开始安装各种传感器和仪表,以采集装备状态和生产过程数据,用于制造过程的监测、控制和管理。此外,工业 3.0 具有网络化支持,通过联网使机器与机器、工厂与工厂、企业与企业之间能够实现信息互联。

从工业 3.0 到工业 4.0,制造技术发展将面临四大转变:从相对单一的制造场景转变到多种混合型制造场景;从基于经验的决策转变到基于证据的决策;从解决可见的问题转变到避免不可见的问题;从基于控制的机器学习转变到基于丰富数据的深度学习。为了适应上述转变,工业 4.0 的制造技术将呈现出新的技术特征:一是从基于先验知识和历史数据的传统优化发展为基于数据分析、人工智能、深度学习的具有预测和适应未知场景能力的智能优化;二是面向设备、过程控制的局部或内部的闭环将扩展为基于泛在感知、物联网、工业互联网、云计算的大制造闭环;三是在大制造闭环系统中的数据处理中,不仅含有结构化数据,而且包括大量非结构化数据,如图像、自然语言,甚至社交媒体中的信息等;四是基于设定数据的虚拟仿真,按给定指令进行的物理生产过程,将转向以不同层级的数字孪生、信息物理生产系统的形式,将虚拟仿真和物理生产过程深度融合,从而形成虚实交互融合、数据信息共享、实时优化决策、精准控制执行的生产系统和生产过程,使之不仅能满足工业 3.0 时代的性能指标(如生产率、质量、可重复性、成本和风险),而且能进一步满足诸如灵活性、适应性和韧性(能从失败或人为干预中学习和复原的能力)等新指标。

1.智能制造及其内涵

智能制造就是要利用现有的人工智能技术、虚拟交换技术、传感技术、网络技术、自动化技术将原有的产品生产流程全面信息化。通过人工智能的感知技术、人机交互传感技术、人工智能分析决策和人工智能执行技术实现企业产品设计论证、生产制造和制造组装全面智能化。智能制造是将信息技术、人工智能技术与原有的装备制造技术的全面、高效地融合。它将原有的制造自动化概念更新、升级、扩展到高度智能化和全面集成化。智能制造具有以全新的智能工厂为载体,以制造环节全面智能化为核心,以点到点的数据交互为基础,以网络技术为支撑等特点,制造企业如果能够实现全面智能化制造,可以大大缩短产品开发周期、减少资源消耗、降低生产成本、提高生产效率、提升产品质量。

智能化制造有 3 个突出特征:实时感知、优化决策、动态执行。产品信息数据的实时感知决定了制造企业能第一时间掌握市场动向,基于产品信息大数据的汇总,再高效地采集、汇总、分类分析,并将产品信息反馈到智能处理系统;智能制造的优化决策,通过前面产品信息数据的采集、汇总、分类分析,预测结果,形成决策;制造行为的动态执行,根据智能处理系统的决策指令改变当前制造过程的状态,实现快速、平稳、高效的生产制造动态调整。

2.智能制造系统的层级划分

智能制造系统的水平主要从系统的技术基础、实施规模等方面进行评定,主要划分为装备级、生产线级、车间级、工厂级及联盟级 5 个层级,如图 2-31 所示。

最上层的联盟级面对市场客户的需求、商业广告、产品评价等;工厂级的规划既要适应市场的需求又要安排车间生产;车间级考虑较多的是生产管理、生产节奏和效益;生产线负责如何安排多个生产单元的协同生产;装备级则要求装备自身的控制、智能化程度和人机接口性能良好。几个分层的不同信息可分别用广域网、局域网和现场总线的方式,构成一个分层的网络系统。

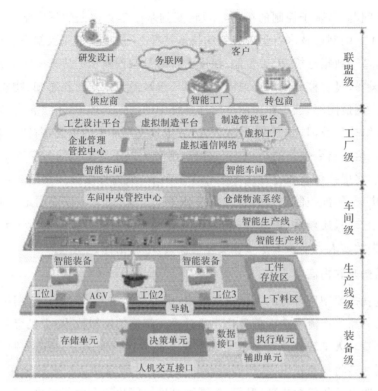

图 2 - 31　智能制造系统层级模型

2.6.2　智能制造装备

智能制造装备能够对其制造过程进行智能辅助决策、自动感知、智能监测、智能调节和智能维护,从而支持制造过程的高效、优质和低耗的多目标优化运行。支撑智能制造装备的技术体系可分为以下几部分。

1. 智能数控系统

智能数控系统主要负责设备的自主分析和智能决策。其接收智能传感器采集到的数据,通过对数据的分析实时控制与调整设备的运行参数,使设备在加工过程中始终处于最佳的效能状态,实现设备的自适应加工。同时,通过传感器对设备运行数据的采集与分析,还可以实现对设备健康状态的监控与故障预警。智能数控系统的技术体系主要包括开放式软硬件系统平台、大数据采集、传输与存储平台、云计算与云平台系统。其中,开放式软硬件系统能够支持对各种类型元器件的控制,使制造设备具有更多的硬件选择;软件系统基于开放式体系架构,在运动控制、逻辑控制等方面均具有良好的二次开发接口,便于第三方智能应用程序的开发。大数据采集、传输与存储平台能够实时从设备中提取其运行数据。运行数据一方面包含机床内部的主轴转速、进给量、加工质量等数据,还包含嵌入传感器所采集的数据,如振动、切削力、加速度等。云计算与云服务平台基于计算资源虚拟化的技术,使单台智能设备的计算能力获得了无限提升。对于比较复杂、实时性要求不高的智能化计算任务,可以将其直接部署到云端服务器中,达到充分利用服务器高性能计算能力的目的。这种分布式计算通过"任务分解和结果合并"使计算负载均衡,数据处理同步。

2. 智能生产线

智能生产线是在专业化与自动化生产线的基础上,将大量的智能设备、智能元器件应用于产品加工关键环节,在其他生产活动环节采用智能识别、自动搬运与装夹等技术,实现物料、加工设备、刀具、工装等的自动识别、匹配与装夹,这不仅提升智能设备的利用率,使其充分发挥其功能,而且还使整条生产线具有柔性,能够快速地按需要生产出不同类型的产品。智能生产线除了可实现加工与物流配送的自动化外,还具有智能管控能力,能够根据生产任务与设备、原材料、工装等资源情况,优化生产作业计划,形成自主决策的工作指令。

智能生产线通常由集成控制系统、物料传输系统、工件存储系统、加工单元与其他外围防护等部分组成。根据产品加工工艺的不同,生产线可采用直线式布局、环形布局以及 U 形布局。

集成控制系统主要包括生产管理系统、网络化检测系统、物流控制系统等。生产管理系统接收由车间中央管控中心传来的生产任务,制定出生产线的作业计划,并向加工设备、物料系统等发送制造指令与制造数据。此外,生产管理系统还以可视的形式实现对生产线计划调度、运行状态、生产进度、质量信息、设备信息等与生产线运行相关信息的全面管理;网络化检测系统通过大量采用二维码、射频识别等识别技术,在物料配送与机床运行过程中,通过扫描二维码或借助射频识别技术对物流的运行状态、必要的位置信息、机床运行数据等进行实时监测。

物料传输系统包括输送轨道、AGV/RGV 系统、移动工作台的交换动力装置等。物料传输系统主要完成各工序间的移动工作台的自动传送、调运等工作。AGV/RGV 系统中主要包括自动小车、车载控制系统、地面控制系统及导航系统。其中,自动小车在工件存储区与机床工作台之间完成物料的自动装卸和传输,根据上下料的需求,自动小车上配有相应的自动上下料机构。车载控制系统需要负责自动小车单机的导航、路径选择、车辆驱动、装卸操作等。地面控制系统是 AGV 系统的核心,主要需要解决任务分配、车辆管理、交通管理、通信管理等问题。目前的导航技术主要包括直接坐标导引技术、电磁导引技术、光学导引技术、惯性导航技术及 GPS 导航技术等。

工件存储系统主要包括上下料站区、工件缓冲区等。上下料站区主要由上下料交换台组成。考虑到工人操作的安全性,人工上下料区应独立于物料小车的自动上下料区域;工件缓存区主要是为了满足生产线在一定时间内无人值守的需求,同时也实现零件在不同工序之间传送的缓冲。

加工单元指的是智能生产线上的各类加工机床和机器人,包括搬运机器人和机械手。在智能生产线上,人和上述加工单元的协作,即"人机协作"的加工过程逐渐发展起来,安全和防护在当今变得越来越重要,传统的划定警戒区域防护已不能满足需求,要关注智能单元在"人机协作"中的动作可能对人造成的伤害,并应该在设计智能生产线的开始就充分考虑。

3. 智能车间

智能车间包含各种不同种类的智能设备及各种不同形态的生产线。为了使这些智能装备、智能化生产线发挥最佳效能,智能车间的软硬件基础设施和车间中央管控系统的智能管控尤为重要。

软硬件基础设施是这些智能装备、生产线之间畅通的数据传递、物料传输的基础条件,包括硬件设施及软件环境两大类。硬件设施方面,智能车间中需要根据车间中产品、工艺流程的特点,综合物流传输、工件存放等因素,做出合理的车间布局;各种设备、工装、物料应遵循统一的机械、电气接口标准。在软件方面,智能车间中需要搭建数据传输总线,对于不同形式、不同来源的数据,需要建立统一、高效的数据交换协议与数据接口,进而明确各种数据的封装、传输与解析方法,实现车间中各智能实体之间的信息传递。通过软硬件环境的建设,车间中的各智能体实现互联互通,并使新的智能加工单元可实现插拔式接入。

车间中央管控系统是智能车间最核心的组成部分。中央管控系统全面负责车间中的制造流程、仓储物流、毛料与工装等的管理,其中制造过程的智能调度以及制造指令的智能生成与按需配送是车间中央管控系统的重要职能。中央管控系统面向生产任务,通过对生产线加工能力与产品工艺特性的综合分析,实现生产任务的均衡配置。同时,通过对生产线运行状态、设备加工能力等的分析,自动生成制造指令,并基于此对工件、物料等制造资源进行实时按需调配,从而使设备的综合利用率获得大幅提升。

4. 智能工厂

工厂的全部活动大致可以从产品设计、生产制造及供应链等维度上进行描述。智能工厂中的业务流程主要涉及产品的智能加工与装配,面向智能加工与装配的设计、服务与管理。在智能工厂中,上述业务流程将在赛博物理系统中得到全面的优化,实现高度自动化、柔性化的智能制造。相较于传统的数字化工厂、自动化工厂,智能工厂体现出系统集成化、决策智能化、制造自动化、服务主动化等特征。

在智能工厂的构建过程中,首先需要在物理系统中完善智能制造所需的硬件基础设施,即构建出智能化实体工厂;其次在赛博空间中构建基于数据的虚拟工厂,虚拟工厂与实体工厂之间进行深度交互,并实现对实体工厂的管控;最后建立工厂的智能决策与管理系统,实现对整个工厂的营销、制造、销售及服务等各环节的智能化控制。

智能工厂通过信息技术、网络化技术的应用,可为用户提供产品在线支持、实时维护、健康监测等智能化功能。这种服务与传统的被动服务不同,在于其能够通过对用户特征的分析,辨识用户的显性及隐性需求,主动为用户推送高价值的服务。例如,通用电气公司通过在航空发动机上嵌入各种传感器,能够在飞机运行过程中远程采集到发动机的运行数据,如转速、温度、油耗、推力、振动等。这些数据通过卫星传递到通用电气公司的地面发动机大数据挖掘与云计算中心,可以精确地检测发动机的运行状态,分析发动机的健康状况,并能够对发动机的潜在故障进行提前预警与维护,进而延长发动机的使用寿命,降低用户的维护成本。

5. 智能联盟

智能联盟作为全新的企业间协作模式,涉及制造企业中组织模式、体系结构、管理流程、运作方式、协同方式、质量控制、安全策略等全方位转变,其目的是满足企业间跨地域、跨行业的协同,实现资源共享,密切协作。随着信息物理系统、工业互联网、物联网与务联网等一系列概念的提出,业界对智能联盟的认识也逐渐清晰。智能联盟以物联网和务联网为依托,成员企业具有独特性、分散性、动态性等特点,而联盟的运作具有灵活性、动态性等特点。目前来看,智能制造联盟的运作模式包括供应链式、插入兼容式及虚拟合作、合资经营式、转包加工式等多种模式。在智能联盟中,首先需要解决的是联盟企业之间的协同问题。智能联盟协作平台不仅应支持单个企业内部的物料、资源和信息的管理,更重要的是能够支持企业之间业务的协同,进而实现在全价值链中的端到端集成。目前,波音、通用电气等先进制造企业均对智能企业联盟进行了深入研究,这种全新的企业组织模式正在促进制造领域的结构变革和商业模式的转变。

2.6.3 信息物理系统

2016 年 5 月,国务院发布的《关于深化制造业与互联网融合发展的意见》提出"强化制造业自动化、数字化、智能化基础技术和产业支撑能力,加快构筑自动控制与感知、工业云与智能服务平台、工业互联网等制造新基础",并首次提出"新四基"(即一硬、一软、一网、一平台,分别指感知与自动控制的智能硬件、工业软件、物联网、工业云和智能服务平台),如图 2 - 32 所示。

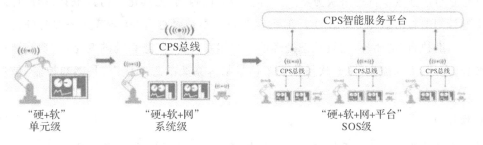

图 2 - 32 "新四基"示意图

信息物理系统(cyber - physical systems,CPS)是智能制造的有一个核心概念。其内涵是信息世界与物理世界相融合,通过集成先进的感知、计算、通信、控制等信息技术和自动控制技术,构建物理空间与信息空间中的人、机、物、环境、信息等要素相互映射、实时交互、高效协同的复杂系统,实现系统内资源配置和运行的按需响应、快速迭代、动态优化。CPS 系统的本质是通过构建一套信息空间与物理空间之间基于数据自动流动的状态感知、实时分析、科学决策、精准执行的闭环赋能体系,解决生产制造、应用服务过程中的复杂性和不确定性问题,提高资源配置效率,实现资源优化。智能制造以 CPS 系统为基础构建生产体系。信息物理系统有四大核心技术要素。

1. 智能硬件

智能硬件用于状态感知和自动控制。状态感知是对外界状态的数据获取，生产过程中蕴含着大量的隐性数据，这些数据暗含在实际过程的各方面，如物理实体的尺寸、运行机理、外部环境的温度、液体流速、压差等。状态感知通过传感器、物联网等数据采集技术，将蕴含在物理实体背后的数据不断地传递到信息空间，使数据不断"可见"，变为显性数据。状态感知是对数据的初级采集加工，是数据流动闭环的起点，也是数据自动流动的原动力。与人体类比，可以把感知看作是人类接收外部信息的感觉器官，提供视、听、嗅、触和味这"五觉"。

自动控制是在数据采集、传输、存储、分析和挖掘的基础上做出的精准执行，精准执行是对决策的精准物理实现。在信息空间分析并形成的决策最终将会作用于物理空间，而物理空间的实体设备只能以数据的形式接受信息空间的决策。因此，执行的本质是将信息空间产生的决策转换成物理实体可执行的命令，进行物理层面的实现，输出更优化的数据，使物理空间设备运行更可靠，资源调度更加合理，实现企业高效运营，各环节智能协同效果逐步优化。与人体类比，根据指令信息完成特定动作和行为的骨骼和肌肉可以看作是控制的执行机构。

2. 工业软件

工业软件是工业知识、经验积累、技术的载体，对工业研发设计、生产制造、经营管理、服务等全生命周期环节规律的代码化和模型化，是实现工业智能化和网络数字化的核心。工业软件也是对产业现实问题解决方案（即"算法"）的代码化、工具化。仿真工具、排产计划和企业资源计划的核心就是一套算法。工业软件的本质是要打造"状态感知→实时分析→科学决策→精准执行"的闭环，构筑状态处理的规则体系，应对制造系统的变化，实现制造资源的高效配置。与人体类比，工业软件代表了信息物理系统的思维认识，是感知控制、信息传输、分析决策背后的价值观和方法论。

3. 物联网

物联网是连接工业生产系统和工业产品各要素的信息网络，通过工业现场总线、工业以太网、工业无线网络和异构网络集成等技术，能够实现工厂内各类装备、控制系统和信息系统的互联互通，以及物料、产品与人的无缝集成。物联网主要用于支撑工业数据的采集交换、集成处理、建模分析和反馈执行，是实现从单个机器、生产线、车间到工厂的工业全系统互联互通的重要基础工具，是支撑数据流动的通道。与人体类比，物联网构成了神经系统，可以像神经系统一样传递信息。

4. 工业云和智能服务平台

工业云和智能服务平台是高度集成、开放和共享的数据服务平台，是跨系统、跨平台、跨领域的数据存储、数据分析和数据共享中心。与人体类比，工业云和智能服务平台构成了决策器官，其作用类似于人类的大脑，可接收、存储、分析数据信息并形成决策。工业云和智能服务平台，向下整合硬件资源、向上承载软件应用。

可见,智能制造是一个广域网范围的人-信息-物理系统,如图 2-33 所示,可以调动全球资源来规划和完成任务。图 2-34 为信息世界与物理世界交互作用示意。目前一些国际知名跨国公司正加快全球战略资源的整合步伐,抢占规则制定权、标准话语权、生态主导权和竞争制高点。

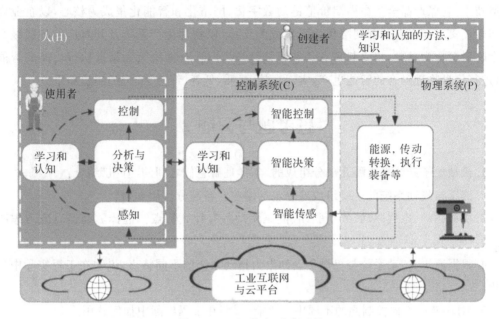

图 2-33　人-信息-物理系统

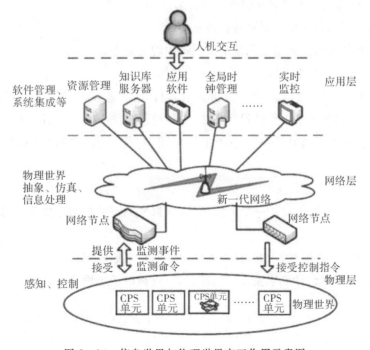

图 2-34　信息世界与物理世界交互作用示意图

智能制造中包含智能工厂、智能生产、智能物流、智能服务等。基于对工业革命与现代制造概念形成及发展的分析,以及对制造业和制造技术发展目标的认识,并进一步分析工业4.0时代的特征,我们对工业4.0时代的智能制造内涵有了进一步的认知,即智能制造是先进制造技术与新一代信息技术、新一代人工智能等新技术深度融合形成的新型生产方式和制造技术,它以产品全生命周期价值链的数字化、网络化和智能化集成为核心,以企业内部纵向管控集成和企业外部网络化协同集成为支撑,以物理生产系统及其对应的各层级数字孪生映射融合为基础,建立起具有动态感知、实时分析、自主决策和精准执行功能的智能工厂,进行信息物理融合的智能生产,实现高效、优质、低耗、绿色、安全的制造和服务。

思考题与习题 2

1.机械电子系统是由哪几部分组成的,怎样理解它们之间的"有机"结合?

2.液压与气动系统的主要组成部分包括哪些?各部分作用如何?

3.机械驱动、电气驱动、气动驱动、液压驱动各有什么特点?选择驱动器时应考虑哪些因素?

4.根据液压、气动系统与机械传动和电力拖动系统的不同特点,说明在工程实际中如何选用。

5.对比液压方向控制阀的不同中位机能,说明在工程实际中如何选用。

6.结合具体的液压回路,说明溢流阀和安全阀的区别。

7.液压驱动与气动驱动的应用场合有什么区别?

8.为什么要把执行机构和驱动器合为一体?

9.试阐述测量和感知系统在机械电子系统中的重要性。

10.信息与控制在机电系统中可以起到什么作用?

11.以现代注塑机为机电一体的工业系统,设计其测量方法,并简要说明设计思路。

12.简要叙述机械电子工程的设计方法,并讨论该方法有什么优点。

13.讨论信息在机械电子系统中的主要应用,并举例说明"知识"对"智能机器"的重要性。

14.机电系统向智能化发展,主要面临哪些新背景,要解决哪些问题?

15.试为图2-31系统设计一个多层网络,并根据不同网络的通信范围对应智能制造系统的层级。

16.研读图2-32和图2-33,试阐述你对这两幅图的理解。

17.根据你的课程设计或毕业设计的题目,与机械电子工程的设计方法做比较。

第3章 物质世界的符号描述

3.1 模型是思维对象的符号表达

人类生存于物质世界，物质世界客观存在，人类的大脑具有思维能力，人类能够用自己的思维和意识来表达物质世界中某个对象的存在。存在与思维的关系是哲学的根本问题。人类最初与动物一样，只能对客观世界做出直接反应，但从制作工具开始，就有了思维的萌芽。随着人类进化，大脑获得模拟活动模式的能力，并将思维过程的结果与身体的活动中枢分离，使人类具备了使用符号和思维的能力，并开始采用各种符号来表达他所生存的物质世界。思维有具体的对象：如花、木、山、石、日、月、水、火等。人类用一套结构化的符号系统来表述客观存在的物质世界，就是我们的知识。这套符号系统就是用"思维"来表达"存在"，就是物质世界的"模型"，也可以说是最早的"建模"。

3.1.1 符号是思维的载体

我们可以用文字符号来描述一片花瓣的色彩、形状、气味等，也可以用一幅图画来描绘一棵树的高矮、外观、树叶的颜色及其几何形状，但却无法表达它的质量、触觉等，因此，任何一种符号所表达的"模型"，都只是表达物质存在的局部特征。对自然界中的任何物质或事物，如果要想认知它的全部细节并表述出来是十分困难的。

16世纪到17世纪科学革命以后，人类提出了新的认识客观世界的原则，并且认识到物质的第一属性是运动。伽利略第一个把对物质世界的哲学思维和数学描述通过观察与实验的科学方法结合了起来，对物体运动规律进行了描述，这种科学的描述与天体的运行十分吻合；牛顿创建动力学的研究结果揭示了物质为什么会动；笛卡儿则强调了理性的方法是数学。用爱因斯坦的话说："西方科学的发展是以两个伟大的成就为基础的，那就是希腊哲学家发明形式逻辑体系（在欧几里得几何学中），以及通过系统的实验发现有可能找出因果关系（在文艺复兴时期。）"

由于运动是物质的基本属性，运动轨迹又是用数学的精准方式来描述的，因此与前面提到的对花瓣、树叶的描述相比，前者用语言、绘画等建立静态模型，是相对次要、粗略的描述；而后者用数学手段对物质运动的描述建立的动态模型，是本质的、精准的描述。用数学符号描述物质存在的特性被称为数学模型。

但是对于某个具体的研究对象描述,无论是我们前面提到的花瓣的色彩、形状、气味,树的高矮、外观,以及树叶的几何形状,还是行星运行的轨迹,它们自身的组织和结构及它们与外部事物之间的联系都有着难以想象的复杂性。因此,要想认识对象的全部细节十分困难,甚至是不可能的。所以无论用什么符号(如语言、图形、数学)来描述,都只是物质存在的部分属性。当我们要对某一事物进行研究时,都只能描述出对象部分的简化和综合特性。

实际上人们都是通过对物质存在的简单化概念来完成对事物的认知和操作的。所以说,模型就是对真实物理世界的简化。

1. 实物模型与相似系统

现有的数学工具有时仍缺乏对物质世界有效的描述手段。比如,若想要对某地区降雨引起的水土流失状况进行研究,却缺乏有效而准确的数学解析式来描述雨水对该地区冲刷后的影响。此时,可以按照该地区的地貌,做一个如图3-1所示缩小的相似物理模型,再用人工模拟降雨的方法,获取降雨量与水土流失的关联数据。

如果想要研究飞机在发动机不同推力下的升力,由于飞机整体机身的不规则形状及空气流动时不同的边界条件,很难给出一个精准的解析数学关系,此时我们可以造一架缩小的飞机模型,如图3-2所示,即相似的物理模型,并通过在风洞中做实验来获取需要的数据。

图3-1 人工降雨的地貌水土流失　　　　图3-2 飞机在风洞中的空气动力学

上述是两个关于实物模型的例子。实物模型在实验中扮演着十分重要的角色。通常,在缺乏现成的物理定律来建立数学模型时,会采用物理建模的方法,搭建一个实物模型。实物模型是实际系统某种特性的简化,或进行尺度的缩放变化后得到的理想化对象。当然物理建模也会带来一些其他问题,如人造的地形地貌缩小后,雨滴是否也应该缩小,而同样的土质对缩小的雨滴是否处于同样的水土流失?又如,飞机在风洞中的空间是有边界的,与飞机在无限大的空间中飞行,获得的数据是否准确等。因此,建模要点是模型的有效性和准确性。

如果上述实验获取了降雨量与水土流失或飞机速度与升力的关联数据,并找到相对精准的数值描述表示方法,实际上也是建立数值模型的手段。如果能够找到数学上的解析表达式,数值模型就能够用一系列数学公式组成,可以用来描述系统功能,或者对系统行为进行定量预测,常规的还可用列表的方式来描述。

如上所述,通过借助符号系统或者建立物理实体模型来描述物质世界中客观存在及其因果关系的方法称为系统的建模。所建的模型可以是物理模型或数学模型。

2. 数学模型与先验知识

数学模型是对物质世界一个特定的对象为了特定的目的,根据系统内在的规律,进行一些必要的简化假设,然后运用适当的数学工具,得到一个数学结构。如前面提到的天体运行,反映天体位置与时间的关系。又如通过地貌的物理模型得到的水土流失和降雨量的定量关系,以及气流速度与飞机所受浮力之间的定量关系,都属于数学模型。这些模型来自于已经验证了的自然界的运行规律。

不同的是,机械电子系统不是自然物,而是工业社会中人的创造物。这些人造系统在设计之初就确定了对系统某种预期的运行规律。因而这些由机械、电气或液压组成的物理系统,大多遵从微分方程。所以系统在某种激励下,通过求解激励乘以系统自身的微分方程就可以得到响应。或者说当系统接收到某种输入信号的激励作用时,可以得到系统的输出响应。我们称这类模型为解析的数学模型。

建立微分方程形式的数学模型,一般步骤如下:

(1)从系统的输入端开始,依据各变量遵循的物理学定律,依次列出各元件、部件的微分方程。

(2)消去中间变量,得到描述系统输入量与输出量之间关系的微分方程。

(3)有时将某些小参数或轻微的非线性忽略掉,可以降低方程的阶次,简化分析而保持满意的精度。

借助模型,我们可以估计系统历史,预测系统未来的状态,也可以了解系统的内部变化。

实际上,对物质世界的实际系统,还可以建立多种形式的模型,如实物相似模型、语言模型等,这些都是根据具体问题和不同背景而采用不同手段得到的。但更重要的是提出一个能够解决问题的思路,即提出一个概念模型。

概念模型是关于一个系统及其组成部分以及各部分之间相互作用的智力想象图。一个概念模型提供了一个框架,并在该框架中思考系统的运行或者通常要解决的问题。概念模型的形成经常会比实际操作方案的形成更重要。概念模型的限制条件或前提假设错误将会产生错误的推理结果。

3.1.2 原型、模型与仿真

仿真是在建立了实际系统的模型后,用模型来代替实际系统,即用模型来进行实验研究的过程。按所用模型的类型(物理模型、数学模型、物理-数学模型),仿真分为物理仿真、计算机仿真(数学仿真)、半实物仿真。

仿真建立的模型是否准确,表明我们对客观世界运行规律的认知是否正确,这需要通过比较实际系统和模型的接近程度来确定,即需要对模型检验后,才能确认模型是否有效、可信。

当所研究的系统造价昂贵、实验的危险性大,或需要很长时间才能了解系统参数变化引起的后果时,仿真是一种特别有效的研究手段。仿真与数值计算、求解方法的区别在于它首先是一种实验技术。仿真的过程包括建立仿真模型和进行仿真实验两个主要步骤,仿真的重要工具是计算机。

仿真系统:仿真系统是以信息技术、系统建模、相似性原理、控制理论、计算机技术及其应用领域的专业技术为基础,以计算机和各种物理效应设备为工具,利用系统模型对实际或设想系统进行动态实验研究的一门综合性技术。

仿真作用:此前已经介绍过,提取一个实际物理系统中所感兴趣的特征,并通过某种符号来描述,这个过程称为建模。模型建立之后,还要检验该模型是否能准确地表现出原物理系统的特性,这是仿真的第一步。而更重要的第二步是要把对原物理系统某个特性的研究转化为用原型系统的模型来代替,而对模型的特性进行研究。因此,当一个物理系统相当复杂或相当昂贵时,构建系统需要花费大量的时间、经费及工作量。此时,由于仿真系统具有良好的可控性、无破坏性、可多次重复、经济、安全,受场地环境等条件限制少等优点,使其成为科学研究中的重要方法。

仿真分类:按照模型的类型可以分为物理仿真、数学仿真和半实物仿真。物理仿真就是以实物或半实物系统进行实验,并用实验结果来研究系统的特性。而数学仿真则是对实际系统进行抽象,并将系统的数学模型进行模拟实验,对实验结果用数学方法来描述系统的特性。

物理仿真:如果系统的特性及因果关系难以用数学方法来表达和描述,常采用物理仿真的方法。所谓物理仿真是指用物理模型(实际系统在尺寸上放大或缩小后的相似体)实现的实物仿真,如图 3-1 和图 3-2 中讨论的雨水冲刷地貌模型、风洞气流中的飞机模型及图3-3(a)所示的汽车碰撞的实物模型等。

数学仿真:数学仿真又可分为数字仿真和模拟仿真。数字仿真是纯用数学方法建立的模型,这种情况只适用于能够用精确地解析数学来表达的模型,如图 3-3(b)所示汽车碰撞时的有限元计算的数字计算机仿真;而模拟仿真则是由模拟计算机来描述系统模型的方法,即通过电子器件和电路来实现系统的特性描述。借助相似原理,这种仿真还可以建立具有相同的动力学特性的机械系统模型。

(a)物理仿真   (b)数学仿真

图 3-3　汽车碰撞实验

半实物仿真:半实物仿真根据研究工作的要求,把物理仿真和数学仿真结合起来,对能够采用数学方式精确描述的,或相对不那么费时、费力、费钱的,相对次要的系统,采用数学仿真;而对那些主要的核心部分,则对实际物理系统进行研究。

实验通常都需要有一个实验环境,所以半实物仿真实验,既可以用仿真的实验环境和实物对象进行研究,也可以真实的实验环境和研究对象模型来进行研究。因此,仿真的模型又可以分为环境效应模型和对象模型。

半实物仿真的概念是指仿真回路中有实物参加。所谓仿真回路就是指整个仿真系统,其实质是为物理部件创造一个模拟实际环境的仿真环境,用物理部件的实物进行仿真的技术,如图 3-4 所示就是一个半实物仿真系统。其优点是可使无法准确建立模型的部件直接进入仿真回路,通过模型与实物之间的切换,进一步校验模型,验证实物部件对系统性能的影响。

半实物仿真系统中的模型可分为对象模型与环境效应模型,而无论是对象模型和环境效应模型都可以采用物理模型与数学模型的形式。建议采用尽量多的物理模型保证实验效果的真实程度。

研究对象模型的数学建模适用于仿真系统中规律清楚、能建立准确的数学模型,并能通过数学模型在计算机上实现仿真过程。对象模型的物理模型适用于仿真对象的规律不清楚、难以建立数学模型的研究。为确保系统能更加接近实际情况,在半实物仿真中,在满足实物仿真条件下尽量用实物参与仿真回路。而对于相对复杂的机械系统,则可以采用相似原理,用具有同样数学结构的电路半实物模型代替。

环境效应模型的数学建模:图 3-4 中的实验对象汽车采用实物,而驾驶环境的仿真规律清楚、能建立准确的数学模型,并能通过数学模型在计算机上实现仿真过程。环境效应模型的物理建模是指各种物理环境的建模技术,包括声场、压场、电磁场、光学、空间运动学和动力学等物理模型建立。

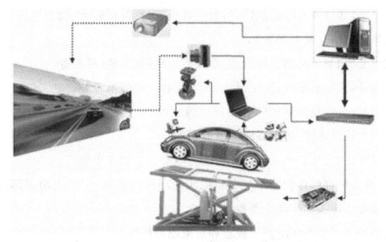

图 3-4 半实物仿真系统(对象采用汽车实物,而实验环境采用模型来仿真)

环境效应模型的物理模型基本分类如下：

(1)运动环境：飞行模拟器(转台、平台)视觉环境(视景系统)；

(2)听觉环境：声场模拟器(鱼雷、噪声)；

(3)力环境：负载模拟器(发动机、舵机、起落架)；

(4)光学环境：激光、红外、电视目标模拟器；

(5)电磁环境：射频目标模拟器(雷达导引头、雷达)；

(6)压力环境：大气压(高度计)、水压(深度计)、压力(地雷)。

检验控制器可将控制器(实物)与在计算机上实现的控制对象的仿真模型(见数学仿真)连接在一起进行试验。在这种试验中，控制器的动态特性、静态特性和非线性因素等都能真实地反映出来，因此它是一种更接近实际的仿真试验。这种仿真技术可用于修改控制器的设计(即在控制器尚未安装到真实系统中之前，通过半实物仿真来验证控制器的设计性能，若系统性能指标不满足设计要求，可调整控制器的参数或修改控制器的设计)，同时也广泛用于产品的修改定型、产品改型和出厂检验等方面。

半实物仿真的特点如下：

(1)能实时仿真，即仿真模型的时间标尺和自然时间标尺相同。

(2)需要解决控制器与仿真计算机之间的接口问题。例如，在进行飞行器控制系统的半实物仿真时(本书将在后面有关章节详细介绍)，在仿真计算机上解算得出的飞机姿态角、飞行高度、飞行速度等飞行动力学参数会被飞行控制器的传感器所感受，因而必须有信号接口或变换装置。这些装置是飞行驾驶装置的实物仿真、动压-静压数值仿真、负载力的仿真，以及它们之间的信息接口。

(3)半实物仿真的实验结果比数学仿真更接近实际。

半实物仿真系统是由实物和各类模型组成的仿真系统，包括以下几部分：

(1)仿真设备：如各种目标模拟器、仿真计算机、飞行模拟转台、线加速度模拟器、负载力矩模拟器、卫星导航信号模拟器等。

(2)参试设备：如制导控制计算机、陀螺仪、组合导航系统、舵机等。

(3)接口设备：模拟量接口、数字量接口、实时数字通信系统等。

(4)试验控制台：监视控制试验状态进程的装置。包括试验设备、试件状态信号监视系统、设备试件转台控制系统、仿真试验进程控制等。

(5)支持服务系统：如显示、记录、文档处理等事后处理应用软件。

半实物仿真为物理部件创造了一个模拟实际环境的仿真条件，用物理部件实物进行仿真的技术，更接近实际工况。其主要特点有：

(1)半实物仿真系统由环境效应模型和对象模型组成；

(2)系统的模型可以是物理模型和数学模型；

(3)可使无法准确建立模型的实物部件直接进入仿真回路；

（4）借助相似原则和相似方法，通过模型与实物之间的切换进一步校验模型；

（5）验证实物部件对系统性能的影响等优点。

3.2　物质的运动相似是本质相似

3.2.1　不同物理系统运动的数学描述

图 3-5 是几种自然界中的"物理存在"的画面，这些是我们以图像信息的方式为自然界存在的景观建立的静态的、艺术的模型。从画面上看，它们并无"相似"之处。但是对自然界，这几个不同的真实物理系统的存在，如果从物质的本质来看，这些系统都含有物质和能量，而且其中的能量都存在势差。因此在能量势差的作用下，系统都会出现"质"或"能"的流动，并且高势能流向低势能，即都是沿着势能减小的方向流动。

　　(a)高山瀑布　　　　　　　　(b)冰原上的太阳　　　　　　　　　　(c)闪电

图 3-5　自然界的"物理存在"

如图 3-6 所示，水、热和电荷都是从高势能流向低势能的。如果我们称液位高处为高势能，液位低处为低势能，液体从高势能处流向低势能处，从高势能到低势能的差称为液位差。液体在流动中遇到的阻力称为液阻，液体流量的大小与液位差的大小成正比，与液阻的大小成反比。质、能抵抗阻力流动会做功，反过来说，驱动质和能流动需要能量。

图 3-6　物质或能量从势能高处流向势能低处

若定义 h_H 为高水位，h_L 为低水位，q_1 为水的流量，R_1 为液阻。那么水流的数学表达式见式（3-1）

$$q_1 = \frac{h_H - h_L}{R_1} = \frac{\Delta h}{R_1} \tag{3-1}$$

类似地,可以得到热流量 q_t 的数学表达式为

$$q_t = \frac{T_H - T_L}{R_t} = \frac{\Delta T}{R_t} \qquad (3-2)$$

式中,T_H 为高温度处的势能;T_L 为低温度处的势能;R_t 为热阻。

而电流量 q_e 的数学表达式为

$$q_e = \frac{V_高 - V_低}{R_e} = \frac{\Delta V}{R_e} \qquad (3-3)$$

式中,V_H 为高电位处的势能;V_L 为低电位处的势能;R_e 为电阻。

下面来考察当有"质"或"能"流入(或流出)时,这些物理容器的"充(或放)"过程,以及流动过程中阻性和容性元件表现出的特征。显然,对于不同的物理量的流入,容器内势能将会发生变化。

对于图 3-5 所示的几个自然界的大系统,相对而言,水的流动与水位变化最容易观察,也最直观。因此,为了分析方便,把高山瀑布简化成如图 3-7 所示的局部容器的水流量模型。在此以水的容器为例,如果水容器的横截面积 s 和高 h 为常数,且水的流入量也是常数,则容器内水的总量 Q_l 的表达式是流量与时间的乘积,如下

$$Q_l = V \cdot \rho = hs\rho = q_l \cdot t \qquad (3-4)$$

阻性元件通常是一个常数,因此只要势能差不变,输入的水流量就保持一个常量。

更普遍的情况是,势能差是随时间变化的,因而流量也随之变化。因此对式(3-1)、式(3-2)、式(3-3)来说,只要能量的势能存在差别,就会有物理量流动。类似地,热容器的温度和电容器的电压也有相似的特性,即液容器的液位随水流的流入量升高、随水流的流出量降低;热容器的温度随热流的流入量升高、随热流的流出量降低;电容器的电压随电流的流入量升高、随电流的流出量降低。

一个装水的容器在没有水流出(即 $q_o = 0$)时,若流入的水流量恒定,则容器内的水位将随着水流量的"充"入而升高,且是一个时间的线性函数,此时容器内的水位高度为

$$h = \frac{q_l}{s\rho} \cdot t \qquad (3-5)$$

此时水位的变化和时间是线性函数,这个过程被称为完全积分的过程。

由图 3-7(a)所示的系统可以看出水位会随着流入、流出的水量变化而发生变化。我们定义一个参数液容 $C = Q/h$,它反映了液位差(水头)变化对容器内水这种物质量变化的影响,则容器内水的质量为

$$Q_l = Cdh = (q_i - q_o)dt \qquad (3-6)$$

对式(3-6)两边同除以 dt,当流入水量等于流出水量即 $q_i = q_o$ 时,可以看出

$$C\frac{dh}{dt} = q_i - q_o = 0 \qquad (3-7)$$

水位势能差的导数为 0,即水位保持不变,此时流出的水量亦恒定不变。

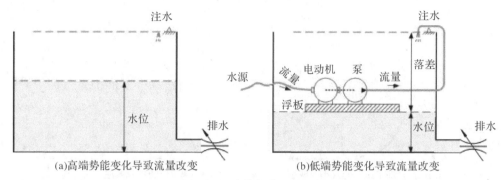

(a)高端势能变化导致流量改变　　　　　　(b)低端势能变化导致流量改变

图 3-7　水位势能差的变化

当 $q_i \neq q_o$ 时,由式(3-1)可得到流出水量 $q_o = h/R$。假定该系统的液阻相等,将此带入式(3-7),等式两端同乘液阻 R,得到

$$RC \frac{dh}{dt} + h = R q_i \qquad (3-8)$$

如果流入的水流量 $q_i = 0$,即式(3-8)的右边等于 0,则该微分方程是一个齐次方程,其解为

$$h(t) = A e^{-\frac{t}{RC}} \qquad (3-9)$$

式中,$A = h_o$,是初始条件 $t = 0$ 时的水位高度,其变化曲线如图 3-8(a)所示。

如果 $q_i \neq 0$,则对该系统来说,容器内势能的变化是由于流入、流出的水量在容器内积聚而引起的,即如果水的流入、流出量不相等,则容器内的水面位置 h 就会变化。水流入流出容器的总量是输入原因,而容器内的液位是输出结果。若流入的水流量 q_i 是常数,根据我们已经掌握的有关微分方程解的知识可以得到这个非齐次一阶微分方程的解

$$h(t) = A e^{-\frac{t}{RC}} + B \qquad (3-10)$$

式中,当 $t = 0$ 时,水位为初始高度 H_o;而当 $t = \infty$ 时,水位会在某一个时刻达到一个高度 H_∞,使 $q_i = q_o$。可以根据上述初始条件解出 A 和 B 的值。

再来考察图 3-7(b)所示系统,如果注入的水如该图中所示,由一台电机和水泵保持一个恒定的流量,则容器中水位是一个如式(3-5)的线性函数。

假定电机水泵不工作,且图 3-7(a)中的容器流入量也为 0,图 3-7(b)所示系统的流量只是图 3-7(a)流出的流量,此时水的流量平衡方程为

$$C \int_0^{h(t)} dh(t) = \int_0^t \frac{h_0}{R} e^{-\frac{t}{RC}} dt \qquad (3-11)$$

式(3-11)的左边是水流入图 3-7(b)所示容器时液容对高度的积分;式(3-11)的右边是图 3-7(a)所示系统排出的水流 $= h/R$ 对时间的积分后,即排出的总水流量。对该式求解得

$$h(t) = h_0 (1 - e^{-\frac{t}{RC}}) \qquad (3-12)$$

图 3-7(b)所示系统的水位变化过程曲线见图 3-8(b)。

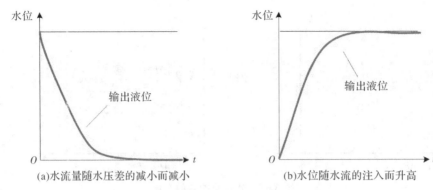

(a)水流量随水压差的减小而减小　　　(b)水位随水流的注入而升高

图3-8　液阻液容系统及其液位的充放过程

由直流电源、开关，以及一个电阻和一个电容组成如图3-9(a)所示的系统，如果电容的初始电位为零，当把开关掷向 a 时，相当于电源通过阻性元件向电容器充电，电压如图3-9(b)所示；当开关掷向 b 时，此时电容器通过电阻对地放电，电压如图3-9(c)所示。

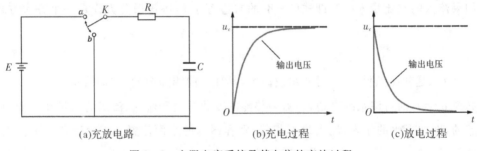

(a)充放电路　　　　(b)充电过程　　　　(c)放电过程

图3-9　电阻电容系统及其电位的充放过程

在此我们定义一个参数电容 $C = Q/u$，它反映了电压变化对容器内电荷变化的影响。电压差等于电源电压与电容器电压之差。充电时，电容器初始电压为零，电容器电压升高会使电压差减小，电流也将随之减小，直至充到等于电源电压 E。当电容充满电，即电容电压等于电源电压时，若断开开关，则完成放电过程。

无论是"充"还是"放"，对电流列出的平衡方程为

$$\frac{E-u_C}{R} = C\frac{\mathrm{d}\,u_C}{\mathrm{d}t} \tag{3-13}$$

两边同乘 $\mathrm{d}t$，得电荷平衡方程

$$C\mathrm{d}\,u_C = \left(\frac{E}{R} - \frac{u_C}{R}\right)\mathrm{d}t \tag{3-14}$$

式(3-14)中的 E/R 和 u_C/R 分别是流入和流出电容器的电流 i_i 和 i_o，于是有

$$C\frac{\mathrm{d}\,u_C}{\mathrm{d}t} = i_i - i_o \tag{3-15}$$

对照式(3-14)和式(3-1)，这两个微分方程的形式完全一样，而这个"充"与"放"的物理过程可以同样叙述为：流入、流出的电荷在电容器内的积聚对电容器 C 中电压势能的影

响。如果我们把 i_i 和 i_o 与前面水流 q_i 和 q_o 对应起来，可以得到与之相应的解。与液体充入和流出容器的式(3-9)和(3-12)相对照，可以得到电容器充电和放电过程的表达式(3-16)和式(3-17)。

$$u(t) = u_0 e^{-\frac{t}{RC}} \tag{3-16}$$

$$u(t) = u_0 \left(1 - e^{-\frac{t}{RC}}\right) \tag{3-17}$$

3.2.2　运动是事物的根本属性

以上这两个物理系统虽然不同，但由于存在势能差而引起"质"或"能"的流动，以及阻性、容性元件的特性，"充"和"放"的物理过程都是极其相似的。两者的微分方程中输入、输出的关系，液阻和电阻、液容和电容等元件参数，以及微分方程的初始条件，都可以对应起来，在数学描述上极其相似。

图 3-7(a)所示的流体系统，其"充"与"放"是不完全积分过程。如果关闭流出阀门使 q_o 为 0，同时保持流入量 q_i 为恒定值，此时充水恒定，可以使液位线性上升，从而实现完全积分。但在现实情况中，要做到这一点并不容易。

图 3-9(a)所示是一个阻容电路的不完全积分系统，在充电过程中，随着电压上的电位升高，电阻两端的电位差会减小，充电电流随之减小，电位上升减缓。对比图 3-8 和图 3-9 可以看出，电流充放过程的电压曲线与液流充放过程的液位曲线非常相似。如果构建一个如图 3-10(a)那样用运算放大器构成阻容电路，此时输入电阻的一端电位恒为 0，当输入电压 u_i 恒定时，充电的电流就能恒定，此时电容电压的充、放过程就成为一条直线，如图 3-10 (b)、(c)所示那样，是一个完全积分的过程。

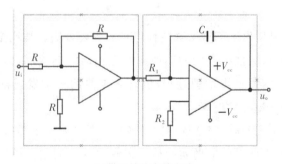

(a)带运放的充放电路

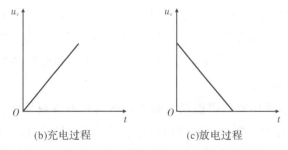

(b)充电过程　　　　　(c)放电过程

图 3-10　运算放大器组成的阻容积分电路及其充放过程

可以看出,建一个图 3 - 10(a)的电路系统比搭建一个图 3 - 7(b)的流体系统容易。因此,用电阻、电容系统来表达液阻、液容系统相似的动态过程会较方便,而反过来用液阻、液容系统来表达电阻、电容系统相似的动态过程会相当麻烦。

实际上,热阻、热容和热流量等热物理参数都有同样的概念,但热力学系统相对更为复杂,可分为开放式、半封闭和封闭式等,要建立一个能够存储热的热容器相当困难,且热在"流动"过程中泄漏量较大,也不像电流和水流那样容易沿指定的线路走。

完全不同的自然过程,却有着相似的数学描述,这就是系统的相似性。我们可以通过分析不同对象的特性,借助相似原理来简化系统模型。

因此,在掌握了系统的相似原理后,对于较复杂的物理过程,可以寻找具有相似解析数学结构的、相对简单的物理模型去替代。当然,这个系统还需要通过"仿真"来检验模型是否有效和准确。

3.3　相似性原理、类比推理及仿真设计

3.3.1　机械与电气系统的相似

模型是对原型的一种相似的逼近。由于事物的复杂性,模型只能在一定程度上反映实物原型简化后的本质,所以建模本身就是相似原理的一种应用。

此外,由于结构、组成或性质、逻辑关系的相似,不同事物之间也可以具备相似性。解析模型具有相同的结构是一种本质的相似性,不同类别的事物由于这种相似性会表现出类似的运行规律。

类比推理和假说是启发人们产生创造性思维的重要方法。类比推理是根据两个或两类对象有部分属性相同,从而推出它们的其他属性也相同的推理,简称类推、类比。类比推理具有或然性,并不是严密的逻辑推理过程,但许多重要的科学发现都是通过类比推理实现的,如波粒二象性、海王星的发现等。

对于复杂的实际工程问题,完全依靠数学解析方程在求解上是极其困难的,同时模型的描述能力也备受质疑,因此需要借助实验研究来解决这类问题。设计这些实验时必须注意研究对象及其简化模型之间的相似性,做到机理与影响因素的"全息保真"。因此要在几何(空间相似);运动(时间相似);动力(内在机理相似)等几个方面都相似。

严格的相似:相似原理是指对于两个具有相似的单值条件(几何形状、初始状态、边界条件)的体系,其中一个体系中的所有参数可以从另一体系中相应的参数乘以一定的换算系数(或称相似系数)而得到。

相似第一定理:彼此相似的物理现象必须服从同样的客观规律,若该规律能用方程表示,则物理方程式须完全相同,而且对应的相似准则必定数值相等。相似第一定理又称为相似正定理,可描述为"彼此相似的现象,同名准则数必定相等"。相似第一定理指出了实验时

应该测量哪些量的问题。

相似第二定理：凡同一类物理现象，当单值条件相似且由单值条件中的物理量组成的相似准则对应相等时，则这些现象必定相似。相似第二定理是判断两个物理现象是否相似的充分必要条件。相似第二定理又称为相似逆定理，可描述为"凡同一种类现象（即可用同一微分方程组描述的现象），若单值性条件相似，并且由单值性条件中的物理量组成的相似准则在数值上相等，则这些现象就必定相似"。相似第二定理指出了模型实验应遵守的条件。

几何相似是指原型和模型的几何形状相似，有

$$长度比例尺：\lambda_l = \frac{\lambda_n}{\lambda_m} \tag{3-18}$$

$$面积比例尺：\lambda_A = \frac{A_n}{A_m} = \frac{l_n^2}{l_m^2} = \lambda_l^2 \tag{3-19}$$

$$体积比例尺：\lambda_V = \frac{V_n}{V_m} = \frac{l_n^3}{l_m^3} = \lambda_l^3 \tag{3-20}$$

式中，n 是原型；m 是模型。

严格的运动相似是指原型和模型的运动具有成比例的速度和加速度，有

$$时间比例尺：\lambda_t = \frac{t_n}{t_m} \tag{3-21}$$

$$速度比例尺：\lambda_v = \frac{V_n}{V_m} = \frac{l_n/t_n}{l_m/t_m} = \lambda_l \lambda_t^{-1} \tag{3-22}$$

$$加速度比例尺：\lambda_a = \frac{a_n}{a_m} = \frac{v_n/t_n}{v_m/t_m} = \lambda_l \lambda_t^{-2} = \lambda_v \lambda_t^{-1} \tag{3-23}$$

严格的动力相似指原型和模型对应瞬时作用在对应空间点上的同名力，方向相同、大小比值相等，有

$$力的比例尺：\lambda_F = \frac{F_n}{F_m} = \frac{M_n a_n}{M_m a_m} = \lambda_\rho \lambda_l^3 / \lambda_l \lambda_t^{-2} = \lambda_\rho \lambda_l^2 \lambda_v^2 \tag{3-24}$$

实际工作中，要求模型与原型的单值性条件全部相似很困难，在保证一定精度的情况下，可允许单值性条件部分相似或近似相似。

相似第一和第二定理的要求过于严格，在数学上较难保证，使得构造仿真用的模型十分困难，可以适当放宽条件，构造具有相同解析表达式结构、阶次或主要趋势的仿真模型。

虽然这些模型不能够完全反映原型系统的所有特性，但可以从一些方面为研究原型的性质提供帮助。

在工程实际中，自然界许多现象的相似特性也可以得到相似的应用。

容性特性的相似应用：当有"质"或"能"流入容性元件时，随着流入的"质"或"能"的增加，势能会随之升高；而当"质"或"能"流出时，势能会随之降低。

如果容性元件的容量相对较大，而流量的流入、流出在不断变换，则容性元件的位能会在某一个均值附近波动，这就是"滤波"作用。

直流电源的滤波:如图 3-11 所示是一个交流变直流的电源滤波。220 V 的交流电压经过变压器后,输出 9 V 的交流电,再经过整流二极管,得到交流信号的正半波,相当于对后面的阻容电路不断充电、放电。从前面的分析可知,只要电容器的容量足够大,滤波电路将脉动较大的电压(势能)变成"直流+纹波"。而且电容越大,纹波的峰值就越小。

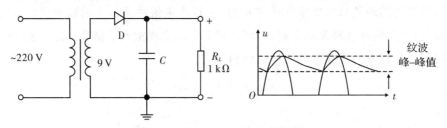

图 3-11　交流-直流电源的滤波

空压机的滤波:对如图 3-12 所示的气泵,当活塞向上运动时,吸气阀门打开,压气阀门被弹簧顶死;当活塞向下运动时,气压把吸气阀门关死而把压气阀门打开。当活塞往复运动时,压气口输出的气体压力(势能)呈现出很大的波动。

在该系统中的输出管路上加一个容性元件气囊(气容),经过气囊的容性作用,出气口输出气压脉动减小,形成一个"恒定+波动"的气压输出。

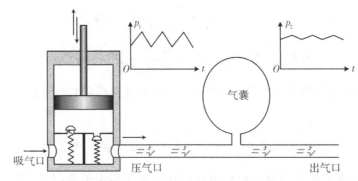

图 3-12　往复式空气压缩机

液压泵的滤波:如图 3-13 所示是一个径向柱塞泵,通过定子与转子的偏心安装,转子转动时柱塞会产生一个往复式的运动。往复的行程与偏心度有关,因此我们可以通过调节偏心量来改变柱塞的行程,并以此达到调节泵的排量。

图 3-13 中的转子每转一圈,柱塞就完成一次吸油和排油过程,因为一般会设计多个柱塞,该图中为 5 个,因此每转一圈,会完成多个柱塞的吸油和排油过程。一般情况下,液压系统的压力要比空气压力大得多,因此"液容"在一个可变容积的软囊外会有一个起保护作用的钢外壳,这就是通常所说的液压蓄能器,它也可对液压泵输出的流体压力起到滤波的作用。

从上述几个例子可以看出,如果我们掌握了建模、仿真和相似原理,就可以对一个较复杂的物理系统进行抽象和简化,为研究它的主要特性提供较为真实可靠的模型,并为在工程实际中的应用提供有益的参考。

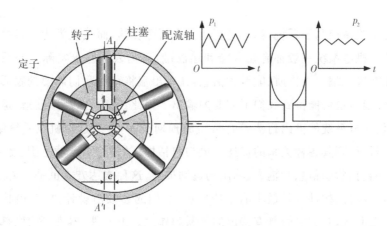

图 3-13　液压径向柱塞泵

3.3.2　相似性原理是机电系统的设计基础

工业革命以后,人类创造的自然界中原本不存在的事物越来越多,机电系统就是一大类"人造事物"。机械电子工程学科所指的机械电子系统,是指以输出位移、速度、加速度等机械运动,或运动动作的传递、转换及运动控制,包括系统的能量利用和负载能力为主要功能的系统。

随着科学技术的发展,其他学科的最新成果不断地被引入机械系统,并按照"以机为体,以他为用"的理念,逐渐发展形成了"机械电子工程"学科。比如我们为运动机构增加了驱动装置,使最初被动的机械部分变成了"自动"的机器。为了使这台机器能按照预期的方式运动,我们又引入测量和控制部分,使机器能按照希望的轨迹运动。而当环境和机器本身参数变化时,我们希望该机器能适应环境而维持正常运行,又赋予了机器对系统状态信息的获取和处理的能力,使之具有智能。因此,现代的机械电子系统是由机械工程、电子工程和计算机技术三个部分有机组成的系统。

在工程实际中,机电系统通常分为两类,一类称为"装置",另一类称为"过程"。为了便于一般表述,把被控制的装置和过程统称为"对象"。所谓"装置",是由一些零件、部件或机器组合在一起的,能够完成特定的动作,典型例子有各种原动机、车辆、船舶、飞行器、机床、机器人等。而"过程"指的是连续的物理、化学或生物化学反应过程,这些过程通常在一定温度、压力等条件下进行,在物质和能量转换、传递的同时还可能伴随着相变,如各种冶炼、化工、制药、核工业、电力等工业中的过程,机械工业中的金属热处理也是过程。

机电系统可以按照功能单元划分成"子系统"。例如,电源单元是很多工业系统中都有的子系统;测量系统也是很多工业系统都有的一个子系统,由传感器、信号调理电路和传输导线等组成;发动机是车辆、船舶或飞行器的一个子系统,而发动机有燃油供应系统和点火控制系统等子系统;生物、化工生产等过程中有反应器,往往还有供热、供气、供料等子系统;

汽车生产线上有工业机器人、自动物流车和数控机床等子系统;高炉和轧机是钢铁联合生产线的子系统。

所有上述这些系统和子系统,都不是自然界中所存在的,而是人类为了自身的需要和特定功能创造的。机电系统一般都有输入端和输出端,而输入和输出实际上是系统运行的原因和结果。如在输入端输入物质、能量和信息,在输出端将获得我们需要的物质、能量、信息(包括运动及转换),也可能得到我们不需要的输出。因此,我们在设计、建造、运行这些系统时,总是力图使机电系统的输出行为符合特定的预期功能,并通过对机电系统结构、机构和运行机理的分析,得到其各种关系的描述。最初包括如几何外形、运动范围、受力分析等,这是一类模型;还包括状态信息和输入、输出的运动描述,这种表达方式也是一类模型。

元件、器件、零件、构件等是最小的制造单位,它们的参数由设计决定、由特定的材料以特定的工艺制造而成,它们之间具有特定的关联和作用。由元件、器件、零件、部件、构件、模块、总成之类的单元装配成的整体,被称为设备。把每台设备看作一个子系统,由若干个子系统就可以构成一个大系统。

机械电子工程学科既要研究从元器件到系统之间的外观的设计和分析(即机构设计的外观和材料的模型),也要研究系统的输入和输出之间的运动特性,即动力学模型。

一个机电系统的结构可以划分成若干层次,如图 3 - 14 所示。在机电产品设计中,建模和仿真可以分为系统级、子系统级和组件级三个层次。

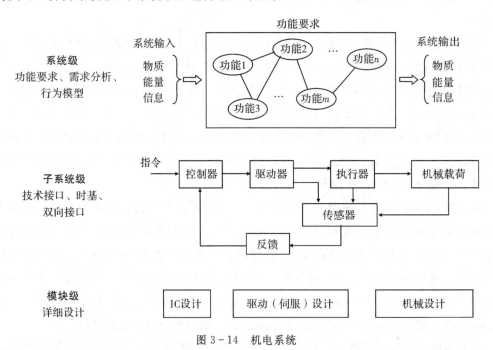

图 3 - 14 机电系统

系统级的描述用于进行产品的定义、需求的分析,保证产品实现所有主要功能,形成了产品的行为模型,并在行为层描述了产品的功能、需求、输入、输出等性能和特性的要求。

子系统级的模型用于明确产品的细分功能的实现、模块划分及模块之间接口,包括软件接口和硬件接口。

组件级的模型将每个功能具体化,描述产品的微观功能实现。

基于仿真技术的设计可以摆脱了传统设计只有在产品生产出来之后才能进行综合分析的局限。通过仿真可以在计算机上建立虚拟样机,对产品的外形、结构、强度、动力学等进行分析和优化。在满足技术要求后再生产实物样机,可以有效地减少产品缺陷、缩短产品研制周期、降低开发成本。同时,虚拟样机的建立,也使并行设计有了实施的基础。

机器设计阶段的建模与仿真,首先要根据理念提出一个预期的机电系统,也就是对一个还不存在的实物提出一个概念模型,并设计出它的几何形状和外观,然后对这个待制造的实物进行运动仿真,即验证功能,并反复修改。这一部分的工作就是机构设计,是制造机电系统前的模型建立和模型检验。

制造出的机器将在动力驱动下运行,为了使机器的运行能满足我们的期望,掌控系统运行的输出行为,即让系统按照我们的意图实现运动及其传送或变换,就要对系统进行监测和控制。为此,在制造前的设计阶段就必须嵌入式地设计各类传感器,为该系统在未来运行时进行基于传感信息的控制奠定基本基础。

与传统的机械系统相比,机械电子系统除了骨骼(机构)和肌肉(驱动)的联系之外,更强调神经(信息)的联系。

机电系统的工作环境会影响系统的运行,一些会直接造成系统偏离预期工作状态的环境因素被称为扰动或干扰。如强风可使天线的定位发生偏离,气流变化对于飞行器的飞行轨迹形成扰动,系统内外的传热造成系统内的温度波动,扭矩负载变动会影响发动机的转速等。有的环境因素可能造成系统功能障碍,直至瘫痪或崩溃,如外界电磁场、电磁波、各种射线、电源波动、电力网中的一些信号可使某些敏感元器件不能正常工作或误动作,高温或低温可使某些材料性能改变而引起元器件参数漂移,潮湿可能使系统内发生电火花或表面漏电,雷电可能击毁系统,磁暴可使太空飞行器通信中断,核辐射可导致某些电子设备无法工作,过大的应力会造成构件疲劳甚至断裂等。

工业系统也对环境有输出作用。例如,向环境放出各种气态、液态或固态的有害排放物,放出热量、强光,有电磁辐射、放射性辐射,向电力网输出电噪声,振动或冲击发出噪声,产生的静电荷积累造成放电,运行中大量消耗矿物燃料、水资源等。

未来运行的建模与仿真:动力学模型是关于系统运行状态的原因与结果的数学描述,反映系统的外部环境及自身参数的变化对机器运行的影响。与前述机械设计阶段的建模与仿真相比,此处系统模型的重点是机电系统投入运行后的监测与控制。机械学科的读者已经掌握了机构设计和原理零件的内容,因此本章后几节主要介绍和讨论动力学模型,即机电系统运行时的输入、输出因果关系,并包括系统运行环境变化导致系统参数和特性变化的模型。它主要以数学形式描述,与机构设计的几何形状机器运动的建模与仿真相比,更加反映了机器的运动属性。

系统的动力学特性由系统的状态信息描述。在当代机电系统中,信息的作用越来越重要。信息的形式是各种可用信号,信息表达的内容是系统中各种量值,这些信息也是系统智能化的前提,智能机器的"自主决策"就是根据所获得的各种信息和已有的知识做出的。

3.4 一阶系统的特性及其相似

工程实践中,很多机械、电气或液压系统的运动规律都可以用微分方程来进行描述。建立系统的微分方程模型,就掌握了系统输入/输出间的动力学特性,可以得到系统在特定输入信号作用下的输出响应。微分方程中的自变量是时间,系统方程的解表示的是系统随时间变化的动态特征。对稳定系统,在输入和环境不变、而时间趋于无穷时系统趋于稳定,就是系统的静态特性。因此,用微分方程形式的系统模型既可以分析系统的动态特性,也可以分析稳态和静态特性。

3.4.1 典型机械元件、电器元件及其特性

1. 典型机械元件及其特性

机械系统中三个最基本的元件是弹簧、阻尼器和质量,这些元件代表了机械系统各组成部分的运动本质。其中,弹簧的能量来自于弹簧变形所产生的力,并以势能的形式被存储;阻尼器由于其自身的运动速度而消耗能量,即阻尼器的力取决于运动速度的大小;质量的能量来自于运动时的惯性,并以动能的形式被存储。机械系统的基本元件及其特性见表 3-1。

表 3-1 典型元器件及其特性

元器件	符号	参数	特性
弹簧	$f_i(t)$ $kx(t)$ $f_k(t)$	k	$f_k(t) = kx(t)$
阻尼器	$f_i(t)$ $B\dot{x}(t)$ $f_B(t)$	B	$f_B(t) = B\dot{x}(t)$
质量	$f_i(t)$ $m\ddot{x}(t)$ $f_m(t)$	m	$f_m(t) = m\ddot{x}(t)$

2. 典型电气元件及其特性

与机械系统一样,描述电气系统时,通常用一组理想元件来代替实际的电气系统中的器件,这些元件基本反映电系统各组成部分的电磁特性,主要有电阻、电容和电感。其中,电阻反映器件对电流呈现的阻力,体现能量的消耗,取决于构成电器材料的电阻率和电流强度;电容反映电流流过器件时在带电导体上电荷的聚集产生电场的效应,体现电场能量的存储;电感反映电流流过器件时产生磁场的效应,体现磁场能量的存储;电气系统理想元件的符

号、参数及特性见表 3-2。

表 3-2　理想元件及其特性

元器件	符号	参数	特性
电阻	$i(t)$　R $+$　$u(t)$　$-$	R	$u(t)=Ri(t)$
电容	$i(t)$　C $+$　$u(t)$　$-$	C	$u(t)=\dfrac{1}{C}\displaystyle\int i(t)\,\mathrm{d}t$
电感	$i(t)$　L $+$　$u(t)$	L	$u(t)=L\dfrac{\mathrm{d}i(t)}{\mathrm{d}t}$

3.4.2　机/电系统的一阶模型

1. 机械系统的一阶模型

建立机械系统数学模型的理论基础是牛顿力学定律。

如图 3-15(a)所示是一个串联的机械式闭门缓冲器,它是一个由弹簧和阻尼器串联组成的机械系统,其简化模型如图 3-15(b),其中,K、B 分别表示弹簧刚度和阻尼系数。

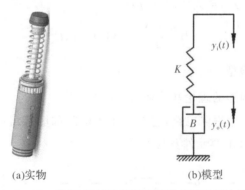

(a)实物　　　　　　(b)模型

3-15　弹簧-阻尼器串联的机械式闭门缓冲器

通过简化模型上的受力分析可知,当从上方给系统施加力时,将产生系统的输入位移 $y_i(t)$ 及输出位移 $y_o(t)$,该系统的动态平衡方程为

$$K\left[y_i(t)-y_o(t)\right]=B\frac{\mathrm{d}y_o(t)}{\mathrm{d}t} \qquad (3-25)$$

上式可变形为

$$\frac{B}{K}\frac{\mathrm{d}y_o(t)}{\mathrm{d}t}+y_o(t)=y_i(t) \qquad (3-26)$$

如图 3-16(a)所示是一个并联的机械式闭门缓冲器,它是一个由弹簧和阻尼器并联组

成的机械系统,其简化模型如图 3-16(b)所示。与上例相同,K、B 分别表示弹簧刚度和阻尼系数。

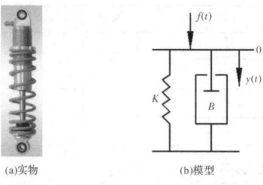

(a)实物   (b)模型

图 3-16　弹簧-阻尼器并联的机械式闭门缓冲器

通过对简化模型的分析,系统的输入为力 $f(t)$,输出为位移 $y(t)$。该系统的动态平衡方程为

$$f_K(t) + f_B(t) = f(t) \tag{3-27}$$

式中

$$f_K(t) = Ky(t) \tag{3-28}$$

$$f_B(t) = B\frac{\mathrm{d}y(t)}{\mathrm{d}x} \tag{3-29}$$

把式(3-28)、式(3-29)带入式(3-27)得

$$B\frac{\mathrm{d}y(t)}{\mathrm{d}t} + Ky(t) = f(t) \tag{3-30}$$

2. 电气系统的一阶模型

建立电气系统数学模型的理论基础是基尔霍夫定律。

如图 3-17 所示是一个串联电路,它是一个由电阻和电容组成的电气系统。图中的 R 和 C 分别表示电阻元件和电容元件及其参数。

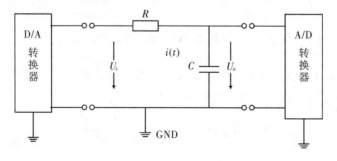

图 3-17　RC 串联电路系统

系统的输入量是电压 $u_i(t)$,由计算机 D/A 通道给出;输出量是电容两端电压 $u_o(t)$,由计算机 A/D 通道采集和记录。

根据基尔霍夫定律,有

$$u_i(t) = u_R(t) + u_o(t) \qquad (3-31)$$

式中

$$u_R(t) = Ri(t) = RC \frac{\mathrm{d}u_C}{\mathrm{d}t} \qquad (3-32)$$

$$u_o(t) = u_C(t) \qquad (3-33)$$

把式(3-32)、式(3-33)带入式(3-31)得

$$u_i(t) = RC \frac{\mathrm{d}u_o}{\mathrm{d}t} + u_o(t) \qquad (3-34)$$

3. 拉普拉斯变换

微分方程的解析一般比较困难,在数值计算水平(主要是计算机技术)比较低下时,拉普拉斯变换法是一种解线性微分方程的简便方法。因此,拉普拉斯变换也成为分析研究线性动态系统的有力数学工具。

设时间函数为 $f(t)$, $t \geqslant 0$,则 $f(t)$ 的拉普拉斯变换记为:$\mathcal{L}[f(t)]$ 或 $F(s)$,并定义

$$\mathcal{L}[f(t)] = F(s) = \int_0^\infty f(t) \times e^{-st} \mathrm{d}t \qquad (3-35)$$

式中,s 为复数。

并不是所有 $f(t)$ 的拉普拉斯变换都存在,只有当式(3-35)的积分收敛于一个确定的函数值时,$F(s)$ 才存在。在满足必要的条件时,式(3-26)、式(3-30)和式(3-34)的拉普拉斯变换分别为

$$\frac{B}{K}s \cdot Y_o(s) + Y_o(s) = Y_i(s) \qquad (3-36)$$

$$Bs \cdot Y(s) + KY(s) = F(s) \qquad (3-37)$$

$$U_i(s) = RCs \cdot U_o(s) + U_o(s) \qquad (3-38)$$

拉普拉斯变换将时域的微分方程变为复数域的代数方程,可使系统的运算、分析和求解大为简化(如果把拉普拉斯算子 s 换成 $j\omega$,这就是系统在频域中的数学模型)。经典控制理论借助拉普拉斯变换直接在频域中研究系统的动特性,对系统进行分析、综合并完成控制器设计。相关内容请参阅有关经典控制理论的书籍和文献。

总之,系统的数学模型准确与否,直接决定了经典控制理论和现代控制理论中控制器的设计成败。虽然有些智能控制方法减小了控制器设计受模型的影响,但是为系统模型提供合理精准的先验知识仍然十分重要。

3.4.3 一阶模型的结构相似性与机电参数相似原理

1. 一阶系统的解及其特性与相似原理

弹簧-阻尼器串联的机械式闭门缓冲器数学模型为

$$G(s) = \frac{Y_o(s)}{Y_i(s)} = \frac{1}{\frac{B}{K}s + 1} \qquad (3-39)$$

弹簧-阻尼器并联的机械式闭门缓冲器数学模型为

$$G(s) = \frac{Y(s)}{F(s)} = \frac{1}{Bs + K} \qquad (3-40)$$

电阻-电容的电气系统的数学模型为

$$G(s) = \frac{U_o(s)}{U_i(s)} = \frac{1}{RCs + 1} \qquad (3-41)$$

通过对比发现,这三个系统无论是机械的或电气的,其传递函数都可以用同一形式的数学解析式表达

$$G(s) = \frac{K}{Ts + 1} \qquad (3-42)$$

参数 T 和开环增益 K 的取值不同。根据相似原理,数学解析模型具有相同的结构是一种本质的相似。因此,上述三个系统具有相似性。

上述三个一阶系统的开环增益在归一化处理后,当时间趋向于无穷时,即 $t \to \infty$ 时,系统响应的幅值均趋向于1,此时式(3-42)代表的系统中,参数就只有时间常数 T,而参数 T 由不同的元件参数值决定,如机械缓冲器的时间常数 $T = B/K$,而阻容电气系统的时间常数 $T = RC$。时间常数的大小反映了一阶系统响应的快慢,是决定一阶系统性能的重要参数。

2. 一阶系统的参数和性能

对式(3-42)代表的一阶系统,常采用单位阶跃函数作为其输入。因为在单位阶跃函数中,既包含了时间在零时刻的快速变化瞬态,也包含了时间趋于无穷时的稳态。因此从系统输出的响应信号中,可充分获取对系统稳态和瞬态的时间特性的了解。

对于一阶微分方程

$$T\frac{dy(t)}{dt} + y(t) = x(t), t \geq 0 \qquad (3-43)$$

当输入单位阶跃信号 $X(t) = 1(t)$ 时,得到阶跃响应函数为

$$y(t) = 1(t) - e^{-\frac{t}{T}}, t \geq 0 \qquad (3-44)$$

解函数以指数的规律上升,若取时间 t 分别等于 $1T$、$2T$、$3T$ 和 $5T$,则微分方程解的值分别为 $1-e^{-1}$、$1-e^{-2}$、$1-e^{-3}$、$1-e^{-4}$。这几个时刻解函数的数值分别等于 0.632、0.865、0.950、$0.993\cdots$,当时间趋向于无穷,即 $t \to \infty$ 时,$y_o(t)$ 无限趋向于1。

把上述数值与相应时刻的斜率一同列表见表 3-3。

表 3 - 3　输出量、斜率随时间变化情况

时间 t	0	$1T$	$2T$	$3T$	$4T$	$5T$	∞
输出量	0	0.632	0.865	0.950	0.982	0.993	1.000
斜率	$1/T$	$0.368/T$	$0.135/T$	$0.050/T$	$0.018/T$	$0.007/T$	0.000

　　如图 3-18(a)所示是一阶系统对阶跃输入的响应曲线,当时间 t 等于三倍时间常数时,即 $t=3T$ 时,系统响应已进入 5% 的误差带,且随着时间的增长,输出函数将无限逼近于稳态值 1。

　　综合上述分析,如果以这两个不同系统的"电压"和"位移"互相替代,由相似原理可知,它们所构成的一阶系统(无论是一阶的机械系统还是一阶的电气系统)不仅有着完全相似的微分方程数学结构,对单位阶跃输入也有着完全相似的响应曲线。决定响应曲线形状的则是机械系统元件弹簧、质量和阻尼器的参数,电器元件电阻、电容和电感的参数。

　　此外,从表 3-3 可以得:一阶系统对阶跃输入的响应曲线的形状与阶跃输入的幅度无关,只和系统的时间常数有关。这给设计控制器带来一点启发,如果系统参数不变,为加快系统的响应行为,可以给出如图 3-18(b)中那样的输入,既先给出期望值的两倍阶跃幅度,待响应到达期望值后,立即回到期望的幅度。显然,输入函数的这种变化能够有效提高系统的响应时间。

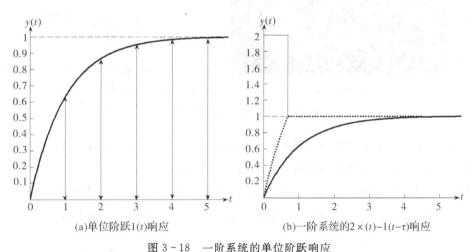

(a)单位阶跃 $1(t)$ 响应　　　　　　　(b)一阶系统的 $2 \times (t) - 1(t-\tau)$ 响应

图 3 - 18　一阶系统的单位阶跃响应

3.5　二阶系统的特性及其相似

　　无论对机械系统还是电气系统来说,其组成部分还是前面已经提过(机或电)的典型元器件。二阶系统是常见的典型系统之一,对该系统的建模及对系统特性的分析都十分重要。

3.5.1 机械系统与电气系统的二阶数学模型

1. 机械系统的二阶数学模型

机械系统的基本元件是质量、弹簧和阻尼器,机械系统的理论知识基础是牛顿的力学定律。

如图 3-19(a)所示是一个汽车底盘及悬挂实物系统。实现减震的实物系统是一个弹簧-阻尼器。与前面一阶系统不同的是,汽车底盘有一个很大的质量,这种减震的悬挂方式被称为汽车底盘的被动悬挂系统,由质量、弹簧和阻尼器组成,有兴趣的同学可以自行查阅主动悬挂和半主动悬挂的方式。本例中我们关心的系统特性是汽车行驶过程中的震动特性及悬挂系统对震动的衰减作用。

如图 3-19(b)所示是该机械系统简化后的模型,由典型元件质量、弹簧和阻尼器组成。这里与表 3-1 列出的机械系统典型元器件一样,质量和弹簧是储能元件,分别存储动能和势能,阻尼器又称为缓冲器,可以吸收系统在能量转换过程中的能量。

 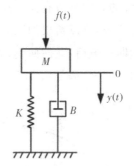

(a)被动悬挂系统　　　　　　(b)质量–弹簧–阻尼器系统的力学模型

图 3-19　汽车悬挂系统及其模型

对图 3-19(b)所示系统,如果受到一个力的输入 $f(t)$,则系统将沿着该输入力的方向,有一个位移输出 $y(t)$,此时的输出位移 $y(t)$ 即质量块的位移。

若式中质量块的质量为 M,弹簧系数为 K,阻尼系数为 B,则弹簧位移产生的力 $f_k(t)$,阻尼器运动产生的力 $f_B(t)$,均与施加的输入力 $f(t)$ 和质量运动 $y(t)$ 的方向相反,力的平衡方程为

$$M \frac{\mathrm{d}^2 y(t)}{\mathrm{d} t^2} = f(t) - f_k(t) - f_B(t) \tag{3-45}$$

此时弹簧产生的力为

$$f_k(t) = K y(t) \tag{3-46}$$

阻尼器产生的力为

$$f_B(t) = B \frac{\mathrm{d} y(t)}{\mathrm{d} t} \tag{3-47}$$

将三个式子联立,把式(3-46)和式(3-47)带入式(3-45),并把输出项都移到左端,整

理后得

$$M \frac{d^2 y(t)}{d t^2} + B \frac{d y(t)}{d t} + K y(t) = f_i(t) \tag{3-48}$$

对上式进行拉普拉斯变换,有

$$G(s) = \frac{Y(s)}{F(s)} = \frac{1}{M s^2 + B s + K} \tag{3-49}$$

式(3-49)即汽车底盘被动悬挂系统的传递函数。

2. 电气系统的二阶数学模型

电路系统的基本元件是电阻、电感和电容器,电路系统的理论知识基础是基尔霍夫电流定律和电压定律。

如图 3-20 所示是一个 $R-L-C$ 电路系统,由基本元件电阻、电感和电容组成。这里与表 3-2 列出的电气系统典型元器件一样,电容和电感是储能元件,分别存储电场能和磁场,电阻是消耗能量的元件,可以吸收系统在能量转换过程中的能量。

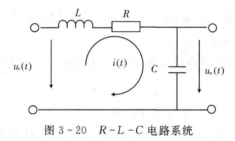

图 3-20　$R-L-C$ 电路系统

根据基尔霍夫电压定理可得

$$u_i(t) = L \frac{d i(t)}{d t} + R i(t) + \frac{1}{C} \int i(t) d t \tag{3-50}$$

$$u_o = \frac{1}{C} \int i(t) d t \tag{3-51}$$

$$i(t) = C \frac{d u_o(t)}{d t} \tag{3-52}$$

将式(3-51)、式(3-52)带入(3-50)并整理化简,可得

$$LC \frac{d^2 u_o(t)}{d t^2} + RC \frac{d u_o(t)}{d t} + u_o(t) = u_i(t) \tag{3-53}$$

对上式进行拉普拉斯变换,有

$$G(s) = \frac{U_o(s)}{U_i(s)} = \frac{1}{LC s^2 + RC s + 1} \tag{3-54}$$

式(3-54)就是该 $R-L-C$ 电路的传递函数。

从上述两个例子中可以看出,尽管一个是机械系统,另一个是电路系统,但它们的动态特性都具有二阶微分方程的形式。因此我们说这两个不同物理性质的系统传递函数相同,且数学模型的结构相同。

3.5.2 二阶系统的机电相似原理

汽车悬挂系统的数学模型为

$$G(s) = \frac{Y(s)}{F(s)} = \frac{1}{Ms^2 + Bs + K} \tag{3-55}$$

R-L-C 电路系统的数学模型为

$$G(s) = \frac{U_o(s)}{U_i(s)} = \frac{1}{LCs^2 + RCs + 1} \tag{3-56}$$

通过对比分析,发现这两个系统都是二阶系统,其传递函数也有同样的数学解析表达。把这两个系统的传递函数转化成典型的二阶形式有

$$G(s) = \frac{\omega_n^2}{s^2 + 2\zeta\omega_n s + \omega_n^2} \tag{3-57}$$

式中,ω_n 称为二阶系统的无阻尼振荡频率或自然频率;ζ 称为阻尼系数。可以看出,ω_n 和 ζ 取决于汽车悬挂系统中质量、阻尼和弹簧的参数,或者电气系统中的电阻、电感和电容的参数。

ω_n 和 ζ 是二阶系统的重要参数,ω_n 反映了系统响应的快速性,类似于一阶系统的时间常数。下面重点讨论阻尼系数 ζ。

和一阶系统一样,在此仍以阶跃函数作为系统的输入。由传递函数可以得到典型二阶系统的特征方程为

$$s^2 + 2\zeta\omega_n s + \omega_n^2 = 0 \tag{3-58}$$

式(3-58)是关于复变量 s 的二次代数方程,其特征根(也称为系统极点)为

$$s_{1,2} = -\zeta\omega_n \pm \omega_n\sqrt{\zeta^2 - 1} \tag{3-59}$$

当 ζ 的取值不同时,系统特征根的在复平面上的位置也不同。不论是根据传递函数,还是根据在高等数学里已经学过的知识,都可以解得在 $t \geqslant 0$ 时的微分方程为

$$y(t) = 1 - e^{-\zeta\omega_n t}\left(\cos\omega_n\sqrt{1-\zeta^2}\,t + \frac{\zeta}{\sqrt{1-\zeta^2}}\sin\omega_n\sqrt{1-\zeta^2}\,t\right), t \geqslant 0 \tag{3-60}$$

下面讨论参数阻尼 ζ 的作用。

如果式(3-60)中 $\zeta = 0$,称无阻尼,则可得无阻尼时微分方程的解为

$$y(t) = 1 - \cos\omega_n t, t \geqslant 0 \tag{3-61}$$

此时式(3-61)中的 $y(t)$ 在做一个等幅振荡运动。其物理解释是:如果机械系统没有阻尼时,质量运动时动能做功,使弹簧产生位移,变为势能存储;弹簧恢复形变时势能做功,使质量运动起来存储势能。弹簧存储的势能和质量存储的动能在交互地释放并被完全贮存起来。由于阻尼系数等于零,系统的能量没有被吸收,理想状况下幅度可以不衰减地一直振荡下去。

如果电气系统没有阻尼时,电容存储的电场能和电感存储的磁场能交互地释放和转换,由于没有电阻吸收和消耗能量,这种能量的转换在理想状况下可以一直持续进行。

如果式(3-60)中 $0 < \zeta < 1$ 时,称欠阻尼,由式(3-60)可得欠阻尼时微分方程的解为

$$y(t) = 1 - \frac{e^{-\zeta \omega_n t}}{\sqrt{1-\zeta^2}} \sin\left(\sqrt{1-\zeta^2}\,\omega_n t + tg^{-1}\frac{\sqrt{1-\zeta^2}}{\zeta}\right), t \geq 0 \qquad (3-62)$$

$y(t)$ 将呈现出一个减幅振荡运动,这是由于在能量转换的过程中,阻尼器吸收能量而带来的损失使振荡的幅度不断地减小。

如果式(3-60)中 $\zeta = 1$ 时,称临界阻尼,则此时微分方程的解为

$$y(t) = 1 - e^{-\omega_n t}(1 + \omega_n t), t \geq 0 \qquad (3-63)$$

系统到达临界阻尼时已经震不起来了。过阻尼时微分方程的解为

$$y(t) = 1 + \frac{T_1}{T_2 - T_1}e^{-\frac{t}{T_1}} + \frac{T_2}{T_1 - T_2}e^{-\frac{t}{T_2}} = 1 + A e^{-\frac{t}{T_1}} + B e^{-\frac{t}{T_2}}, t \geq 0 \qquad (3-64)$$

式中

$$T_1 = \frac{1}{\omega_n(\zeta - \sqrt{\zeta^2 - 1})} \qquad (3-65)$$

$$T_2 = \frac{1}{\omega_n(\zeta + \sqrt{\zeta^2 - 1})} \qquad (3-66)$$

$$A = \frac{T_1}{T_2 - T_1} \qquad (3-67)$$

$$B = \frac{T_2}{T_1 - T_2} \qquad (3-68)$$

ζ 的取值与系统特征根的分布以及对应单位阶跃响应的关系见表 3-4。

表 3-4　不同阻尼系数时二阶系统特征根和对应的单位阶跃响应曲线形式

阻尼系数	特征根	极点位置	单位阶跃响应
$\zeta = 0$,无阻尼	$s_{1,2} = \pm j\omega_n$	一对共轭虚根	等幅周期振荡
$0 < \zeta < 1$,欠阻尼	$s_{1,2} = -\zeta\omega_n \pm \omega_n\sqrt{1-\zeta^2}\,i$	一对共轭复根	衰减振荡
$\zeta = 1$,临界阻尼	$s_{1,2} = -\omega_n$,重根	一对负实重根	单调上升
$\zeta > 1$,过阻尼	$s_{1,2} = -\zeta\omega_n \pm \omega_n\sqrt{\zeta^2-1}$	两个互异负实根	单调上升

3.5.3　二阶系统的性能指标

评价一个系统的性能指标就是看系统的输出是否能跟上系统的输入,并且跟随的过程是否稳、准、快。显然,无阻尼($\zeta = 0$)时响应的稳和准都是很差的;过阻尼($\zeta > 0$)时,虽然系统能准确、稳定地跟随输入,但快速性却很差。

通过前面的讨论已知,在阶跃输入的激励下,当阻尼系数取值不同时,二阶系统的响应曲线也不同,如图 3-21 所示。

在单位阶跃函数的激励下,二阶系统瞬态响应的性能指标有上升时间 t_r、峰值时间 t_p、超调量 M_p、调整时间 t_s 和振荡次数 N 等,上述指标对二阶系统性能的含义见图 3-22。各参数定义如下:

（1）上升时间：单位阶跃响应第一次达到稳态值的时间。

（2）峰值时间：单位阶跃响应超过其稳态值达到第一个峰值所需的时间。

（3）超调量：单位阶跃响应偏离稳态值的最大值。

（4）调整时间：当输出与稳态值之间误差达到规定的允许值时，且以后再也不超过此值所需的最小时间。

（5）振荡次数：在调整时间之前，单位阶跃响应穿越稳态值次数的一半。

从图 3－22 所示二阶系统的响应曲线可以看出性能指标的重要性。如果设计系统时选择适当的参数，使系统的自然频率 ω_n 高，则可以对阶跃输入的跟随快，而选择合适的阻尼系数 ζ，可以使超调量不会过大、震荡的幅度快速衰减，并很快地进入误差带。

在上述讨论的一阶和二阶系统中，我们采用的输入信号都是阶跃，事实上，常用的典型输入激励信号还有其他一些形式。

选取测试信号时必须考虑以下各项原则：首先，所选取输入信号的典型形式应反映系统工作时的大部分实际情况；其次，选取的输入信号的形式应尽可能简单，易于在实验室获得，以便数学分析和实验研究；最后，应选取那些能使系统工作在最不利情况下的输入信号作为典型的测试信号。

基于上述原则，在工程中通常采用脉冲信号、阶跃信号、斜坡信号、加速度等信号形式。

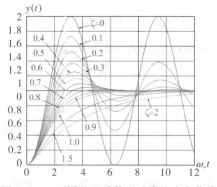

图 3－21　不同阻尼系数下系统的响应曲线

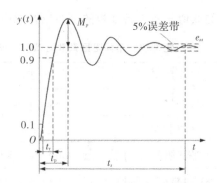

图 3－22　二阶系统响应的性能指标

（1）理想脉冲与实际脉冲。理想单位脉冲信号的定义为

$$\delta(t)=\begin{cases}0, t\neq0 \\ \infty, t=0\end{cases} \tag{3-69}$$

同时要满足

$$\int_{-\infty}^{+\infty}\delta(t)\mathrm{d}t=1 \tag{3-70}$$

理想脉冲信号见图 3－23(a)。理想脉冲信号 $\delta(t)$ 是一种纯数学的描述，在工程实际中很难实现。工程上一般用近似脉冲信号来代替理想脉冲信号，实际单位脉冲信号可视为一个持续时间极短的信号，其数学表达式为

$$\delta_\Delta(t) = \begin{cases} 0, & t<0 \text{ 或 } t>\Delta \\ \dfrac{1}{\Delta}, & 0<t<\Delta \end{cases} \tag{3-71}$$

实际单位脉冲信号的脉冲强度为

$$\int_{-\infty}^{+\infty} \delta_\Delta(t)\,\mathrm{d}t = \frac{1}{\Delta}\Delta = 1 \tag{3-72}$$

式(3-72)中的 Δ 应远远小于系统的响应时间,实际脉冲信号见图 3-23(b)。

　　(2)阶跃信号。阶跃信号的定义为

$$r_s(t) = \begin{cases} 0, & t<0 \\ A\cdot 1(t), & t\geqslant 0 \end{cases} \tag{3-73}$$

式中,A 为阶跃幅度。阶跃输入信号表示一个瞬间突变的信号,如图 3-23(c)所示。

　　(3)速度信号。速度信号定义为

$$r_v(t) = \begin{cases} 0, & t<0 \\ At, & t\geqslant 0 \end{cases} \tag{3-74}$$

式中,A 为速度强度。速度输入信号的特点是信号的大小由零开始随时间增加而线性增加,见图 3-23(d)。

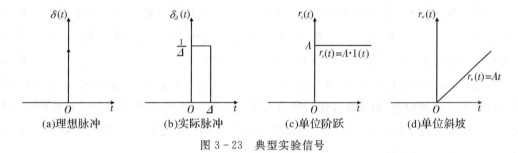

图 3-23　典型实验信号

　　如果把描述的一阶系统和二阶系统的模型式(3-42)和式(3-57)作为研究对象,分别以图 3-23(b)、(c)、(d)作为输入的激励信号,观察输出响应。本例中,脉冲宽度 $\Delta=0.1$ s;脉冲幅度为 10。

　　对于一阶系统($R=20$ kΩ,$C=10$ μF,即时间常数 $T=0.2$ s),三种激励信号的三条响应曲线如图 3-24(a)所示。单位脉冲响应曲线为单调下降的指数曲线。系统时间常数 T 越大,响应曲线下降越慢,表明系统受到脉冲输入信号作用后,恢复到初始状态的时间越长;反之,曲线下降越快,恢复到初始状态的时间越短。

　　单位阶跃响应是单调上升的指数曲线。时间常数 T 反映了系统的惯性,时间常数越大,系统的惯性越大,响应速度越慢,系统跟踪单位阶跃信号越慢,单位阶跃响应曲线上升越平缓;反之,惯性越小,响应速度越快,系统跟踪单位阶跃信号越快,单位阶跃响应曲线上升越陡峭。

　　一阶系统在输入单位速度信号时总存在位置误差,并且位置误差的大小与系统的时间常数 T 有关。T 越大,位置误差越大,跟踪精度越低;反之,位置误差越小,跟踪精度越高。

位置误差的大小随时间增大,最后趋于常数 T。

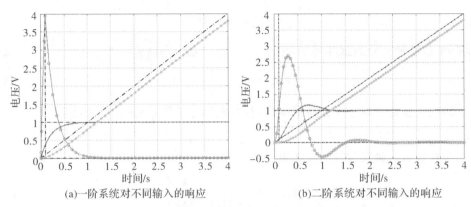

(a)一阶系统对不同输入的响应   (b)二阶系统对不同输入的响应

图 3-24 不同输入信号下的响应

对于二阶系统($\zeta=0.5$,$\omega_n=5$),三种激励信号的三条响应曲线如图 3-24(b)所示。

当 $0<\zeta<1$ 时,二阶系统的单位脉冲响应是以阻尼振荡频率 ω_d 为角频率的衰减振荡,随着 ζ 的减小,其振荡幅度加大。当 $\zeta>1$ 时,系统的脉冲响应曲线为单调下降的指数曲线,ζ 越大,响应曲线下降越慢,反之曲线下降越快。

二阶系统的单位阶跃响应在前面已经详细叙述,这里不再赘述。

二阶系统在输入单位速度信号时,总存在位置误差,并且位置误差的大小随时间增大,最后趋于常数 $2\zeta/\omega_n$。同时,当 $0<\zeta<1$ 时,随着 ζ 的减小,其振荡幅度加大。显然,二阶系统的瞬态性能由系统阻尼 ζ 和自然频率 ω_n 这两个参数决定。

总之,一阶系统的稳定性好,其快速性取决于它的时间常数 T,对脉冲输入信号和阶跃输入信号没有位置误差,而对速度信号的位置误差与时间常数 T 有关。二阶系统的快速性取决于频带的宽度(即截止频率 ω_c),稳定性和精确性都与阻尼系数 ζ 和自然频率 ω_n 有关。表 3-5 是上面讨论结果的归纳。

表 3-5 一阶、二阶系统对不同激励的响应

一阶系统	二阶系统
快速性:取决于时间常数 T	取决于频带宽度(截止频率) ω_n
稳定性:稳	根据阻尼系数 ζ 而不同
准确性:脉冲响应=0;阶跃响应=0;斜坡响应=T	准确性:脉冲响应=0;阶跃响应=0;斜坡响应=$2\zeta/\omega_n$

从上面的讨论中我们得知,系统的性能指标可以通过在输入信号作用下系统的瞬态和稳态过程来评价。系统的瞬态和稳态过程不仅取决于系统本身的特性,还与外加输入信号的形式有关。一阶系统和二阶系统都是典型的系统,其模型也是重要的应用基础。但在实际的工程应用中,还有各种高阶系统及其模型,在对这些高阶系统的抽象、简化和建模中,模型参数对系统性能的影响以及各类输入函数激励下不同的响应曲线特征给系统的分析和评

价带来诸多不便。

　　大多数情况下，系统的输入信号是无法预先知道的，只有在一些少数特殊情况下，才能确定系统输入信号的形式。而且其输出也很难求解出时间解析函数的表达形式，因此在分析和设计系统时，需要确定一个对各种系统性能进行比较的基础，这个基础就是预先规定一些具有特殊形式的测试信号作为系统的输入信号，然后比较各种系统对这些输入信号的响应。

3.6　系统的频率特性分析

3.6.1　频率特性的概念

　　在前两节中，我们对一阶、二阶系统的时域模型（微分方程）进行了分析。这些分析主要是在以时间 t 为自变量的空间内，针对系统的时间响应所做的。系统的性能不仅包括瞬态特性（快和稳），还要求准确性，即系统的性能指标包括快速性、稳定性和准确性。

　　在时域对一阶、二阶系统进行分析时，是通过给系统脉冲 $\delta(t)$、阶跃 $r_s(t)$ 和速度 $r_v(t)$ 等输入信号来观察系统瞬态和稳态的输出特性。同时，我们给一阶、二阶系统定义了如时间常数、上升时间等性能指标。但是，如果系统是高阶的，在时域中又应该怎样分析呢？工程实践中常用的方法是将高阶系统简化为一阶或二阶系统的线性叠加，或者直接将高阶系统简化为一阶或二阶系统。这样做会降低分析的准确性，且过程繁琐。

　　由傅里叶变换可知，时间函数可以分解为 k 次正弦波叠加的形式，即

$$x(t) = \sum_{k=-\infty}^{+\infty} a_k \mathrm{e}^{jk\omega_0 t} \tag{3-75}$$

式中，ω_0 为基波频率。

　　所以，我们可以通过给系统输入不同频率的正弦波，在以频率 ω 为自变量的空间内观察系统的响应。这就是本节将要介绍另一种系统分析的方法——频率特性分析。

1. 频率特性分析的输入——正弦信号

正弦信号定义为

$$r(t) = \begin{cases} 0, & t < 0 \\ A\sin\omega t, & t \geqslant 0 \end{cases} \tag{3-76}$$

式中，A 为正弦信号的幅值；ω 为正弦信号的角频率。正弦信号波形如图 3-25 所示。

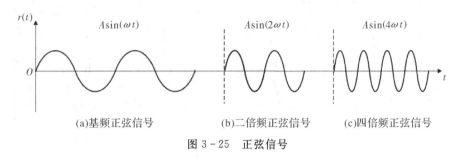

(a)基频正弦信号　　　(b)二倍频正弦信号　　　(c)四倍频正弦信号

图 3-25　正弦信号

2. 频率特性的含义

若我们给定一阶系统的时间常数为 0.2 s($R=2$ kΩ、$C=100$ μF),给系统输入一个正弦信号,如下

$$x=\sin(\omega t) \tag{3-77}$$

且角频率 ω 分别取 0.25 rad/s、0.5 rad/s、1.0 rad/s、2 rad/s 和 5 rad/s,观察系统的响应。由图 3-26 可以看出,随着输入信号角频率 ω 的增加,系统输出响应的幅值逐渐衰减,而滞后的相位逐渐增加。

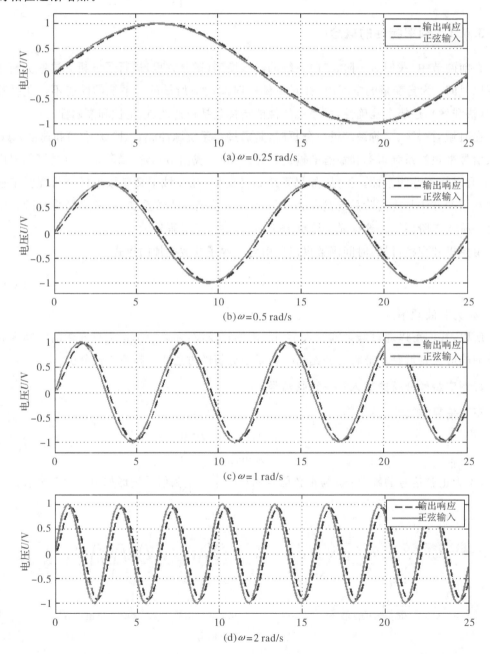

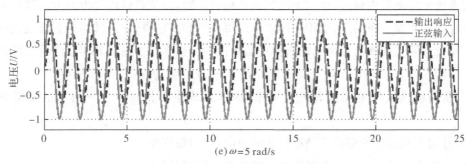

(e) $\omega=5$ rad/s

图 3-26　一阶系统的正弦信号响应

这就是我们讨论的系统频率响应特性。这时分析的不是某一频率的正弦波输入时系统的跟随过程,而是当频率由低到高,多个频率分量的正弦输入时系统的跟随过程,是系统在一定频宽内对多个频率分量跟随的综合性能考虑。所以,利用频率响应曲线分析系统性能的频率特性分析也是一种系统动特性分析的方法。而且它不需求解系统的微分方程就可以直接根据系统特性曲线分析系统性能。用时域特性来表示系统性能虽然直观,但对系统不同的阶数、不同的输入信号,会有多种不同的性能参数。这一点频率特性则显得较为方便。

系统的频率响应定义为:在正弦函数作用下,系统稳定响应的振幅和相位与所加正弦输入函数之间的依赖关系。

通常线性定常系统的传递函数可表示为

$$G(s)=\frac{b_m s^m+b_{m-1}s^{m-1}+\cdots+b_1 s+b_0}{s^n+a_{n-1}s^{n-1}+\cdots+a_1 s+a_0} \tag{3-78}$$

此时的 s 算子是一个复数,如果 s 是一个纯虚数 $j\omega$,即在系统拉普拉斯变换的 $j\omega$ 轴上求值,得到的就是傅里叶变换,也就是系统的频率响应(傅里叶变换与拉普拉斯变换的关系可参考相关资料文献)。

令 $G(j\omega)=G(s)|_{s=j\omega}$,定义系统稳态响应的幅值与正弦输入信号的幅值之比为系统的幅频特性,如下

$$\frac{Y}{X}=A(\omega)=|G(j\omega)| \tag{3-79}$$

稳态响应与正弦输入信号的相位之差为系统的相频特性,如下

$$\varphi(j\omega)=\angle G(j\omega) \tag{3-80}$$

式(3-79)和式(3-80)组成的就是系统的频率特性。

频率特性 $G(j\omega)$ 还可以表示为如下复数形式

$$G(j\omega)=P(\omega)+jQ(\omega) \tag{3-81}$$

式中, $P(\omega)=\mathrm{Re}[G(j\omega)]$ 和 $Q(\omega)=\mathrm{Im}[G(j\omega)]$ 分别称为系统的实频特性和虚频特性。

频率特性分析和利用传递函数的时域法在数学上是等价的,因此在系统分析和设计时,其作用也是类似的,但频域分析法有其独特的特性。其优势之一在于它可以通过实验测量

来获得系统的频率特性曲线,这对于那些内部结构未知,以及难以用分析的方法列写动态方程的系统尤为重要。事实上,当传递函数难以用分析的方法得到时,常用的方法是利用对该系统频率特性测试曲线的拟合来得出传递函数模型。频率特性曲线的实验法绘制的具体步骤是:

(1)保持输入信号的幅度并改变频率,测量系统输出相对于输入信号的幅值衰减和相移。

(2)作出系统输出的幅值随频率变化的曲线,即幅频特性。

(3)作出系统输出的相位随频率变化的曲线,即相频特性。

除此之外,还可以验证推导出的传递函数的正确性,用它对应的频率特性同测试结果进行比较和判断。

优势之二在于频率特性可以用图形来表示,增加了分析过程的可视化,这在系统的分析和设计中有非常重要的作用。

3. 频率特性的表示方法

频率特性可在极坐标和对数坐标中表示。

1)对数坐标图

对数坐标图也称伯德图,由对数幅频特性和对数相频特性两条曲线组成。自变量是角频率 ω,单位是 rad/s。对数坐标图的横坐标(频率坐标)是按频率 ω 的对数 $\lg\omega$ 进行线性分度的,对数幅频特性的纵坐标按 $20\lg|G(j\omega)|$ 线性分度,单位是分贝,并用符号 $L(\omega)$ 表示,即

$$L(\omega)=20\lg|G(j\omega)| \tag{3-82}$$

对数相频特性的纵坐标为 $\varphi(\omega)=\angle G(j\omega)$,按度(°)或弧度(rad)线性分度。

由此构成的坐标系称为"半对数坐标系"。通常将对数幅频特性和对数相频特性曲线画在一起,使用同一个横坐标,这样便于观察同一频率下幅值和相位的变化关系。值得注意的是,对数坐标图的横坐标虽然是按频率的对数 $\lg\omega$ 均匀分度的,但为了便于观察仍标以频率 ω 的值,因此横坐标对 ω 而言不是线性分度,而是按对数分度的。

在对数分度中,当 ω 每变化十倍时,坐标间距离变化一个单位长度,这一个单位长度被称为十倍频程或十倍频,用 dec 表示。类似地,频率 ω 每变化一倍,横坐标变化 0.301 单位长度,被称为"倍频程",用 oct 表示。

采用对数坐标的优点如下:

首先,拓宽了频率表示范围。频率采用对数分度后,可以使高频部分横坐标相对压缩,而低频部分相对展开,从而可以在图上画出较大的频率范围。

其次,简化运算。采用对数坐标后,可以化幅值的乘除运算为加减运算,这将使运算得到简化。另一方面,传递函数中典型环节的乘积关系变为对数坐标图上的加减运算后,能够明显地反映出各典型环节对总的对数坐标图的影响,给分析工作带来了很大的方便。

最后,方便绘制。在对数坐标图上,对数幅频特性可用分段直线近似表示,易于绘制且具有一定的精确度。

2)极坐标图

极坐标图又称为奈奎斯特图或幅相频率特性。若将频率特性表示为复指数形式,则极坐标图就是在复平面上当参变量频率 ω 从 $0 \to \infty$ 变化时,矢量 $G(j\omega)$ 的端点轨迹形成的几何图形。该矢量的幅值为 $A(\omega) = |G(j\omega)|$,相角为 $\varphi(\omega) = \angle G(j\omega)$。通常规定相角从正实轴开始按逆时针方向为正。若将频率特性表示为实频特性和虚频特性之和的形式,则极坐标图是以实部为直角坐标的横坐标,虚部为纵坐标,以 ω 为参变量的幅值与相位之间的关系。由于幅频特性是 ω 的偶函数,而相频特性是 ω 的奇函数,所以当 ω 从 $0 \to \infty$ 变化时的频率特性曲线和 ω 从 $-\infty \to 0$ 变化时的频率特性曲线是对称于实轴的。因此一般只绘制 ω 从 $0 \to \infty$ 变化时的极坐标图。

3.6.2 典型环节的频率特性

系统的频率特性往往是由典型环节的频率特性组合而成的。因此,为了绘制和研究实际系统的频率特性,应当熟悉典型环节的频率特性。

1. 比例环节

比例环节的频率特性为

$$G(j\omega) = K \tag{3-83}$$

其幅频特性为

$$A(\omega) = K \tag{3-84}$$

相频特性为

$$\varphi(\omega) = 0 \tag{3-85}$$

实频特性为

$$P(\omega) = K \tag{3-86}$$

虚频特性为

$$Q(\omega) = 0 \tag{3-87}$$

比例环节的对数频率特性为

$$L(\omega) = 20\lg|K| = 常数 \begin{cases} >0, |K| > 1 \\ =0, |K| = 1 \\ <0, |K| < 1 \end{cases} \tag{3-88}$$

$$\varphi(\omega) = \angle K = \begin{cases} 0°, & K \geq 0 \\ -180°, & K < 0 \end{cases} \tag{3-89}$$

比例环节的奈奎斯特图如图 3-27(a)所示,由图可知比例环节的极坐标表示为实轴上的 K 点,而比例环节的伯德图如图 3-27(b)所示。

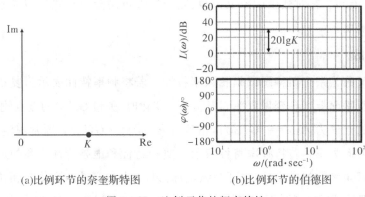

(a)比例环节的奈奎斯特图   (b)比例环节的伯德图

图 3 - 27   比例环节的频率特性

2.积分环节

积分环节的频率特性为

$$G(j\omega)=\frac{1}{j\omega} \tag{3-90}$$

其幅频特性为

$$A(\omega)=\frac{1}{\omega} \tag{3-91}$$

相频特性为

$$\varphi(\omega)=\arctan\left(-\frac{1}{\omega}/0\right)=-\frac{\pi}{2} \tag{3-92}$$

实频特性为

$$P(\omega)=0 \tag{3-93}$$

虚频特性为

$$Q(\omega)=-\frac{1}{\omega} \tag{3-94}$$

对数频率特性为

$$L(\omega)=20\lg\left|\frac{1}{j\omega}\right|=-20\lg\omega \tag{3-95}$$

$$\varphi(\omega)=\angle\left(\frac{1}{j\omega}\right)=-90° \tag{3-96}$$

积分环节的奈奎斯特图如图 3 - 28(a)所示,当频率 ω 从 $0^+ \rightarrow +\infty$ 变化时,特性曲线由虚轴的 $-\infty$ 趋向原点,即与负虚轴重合。积分环节的伯德图如图 3 - 28(b)所示,由于对数坐标图的横坐标是以 $\lg\omega$ 进行线性分度的,因此 $L(\omega)$ 与 $\lg\omega$ 是直线关系,直线的斜率为 -20 dB/dec,即每当频率增加 10 倍时幅值下降 20 dB。由图 3 - 28(b)可知,积分环节对数幅频特性是过点(1,0)、斜率为 -20 dB/dec 的直线。积分环节的相频特性是相角为 $-90°$ 的直线,与频率无关。

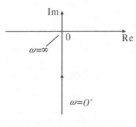
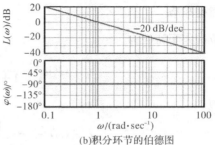

(a)积分环节的奈奎斯特图　　　　　(b)积分环节的伯德图

图 3 - 28　积分环节的频率特性

3.微分环节

微分环节的频率特性为

$$G(j\omega)=j\omega \tag{3-97}$$

其幅频特性为

$$A(\omega)=\omega \tag{3-98}$$

相频特性为

$$\varphi(\omega)=\begin{cases}\dfrac{\pi}{2}, & \omega\geqslant 0 \\[2mm] -\dfrac{\pi}{2}, & \omega<0\end{cases} \tag{3-99}$$

实频特性为

$$P(\omega)=0 \tag{3-100}$$

虚频特性为

$$Q(\omega)=\omega \tag{3-101}$$

对数频率特性为

$$L(\omega)=20\lg|j\omega|=20\lg\omega \tag{3-102}$$

$$\varphi(\omega)=\angle(j\omega)=90° \tag{3-103}$$

微分环节的奈奎斯特图如 3 - 29(a)所示,由图可知微分环节的极坐标,当 ω 从 $0^+\rightarrow$ $+\infty$ 变化时,特性曲线由原点趋向正虚轴的无穷远处,与正虚轴重合。

微分环节的伯德图与积分环节一样,也可用直线表示,只是两者对称于横坐标轴。如图 3 - 29(b)所示。

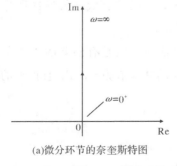
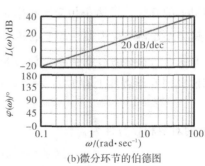

(a)微分环节的奈奎斯特图　　　　　(b)微分环节的伯德图

图 3 - 29　微分环节的频率特性

4. 一阶惯性环节

惯性环节的频率特性为

$$G(j\omega) = \frac{1}{1+jT\omega} \tag{3-104}$$

其幅频特性为

$$A(\omega) = \frac{1}{\sqrt{1+(T\omega)^2}} \tag{3-105}$$

相频特性为

$$\varphi(\omega) = -\arctan T\omega \tag{3-106}$$

实频特性为

$$P(\omega) = \frac{1}{1+(T\omega)^2} \tag{3-107}$$

虚频特性为

$$Q(\omega) = -\frac{T\omega}{1+(T\omega)^2} \tag{3-108}$$

当 $\omega=0$ 时，$A(\omega)=1$，$\varphi(\omega)=0$；$P(\omega)=1$，$Q(\omega)=0$。

当 $\omega=\frac{1}{T}$ 时，$A\left(\frac{1}{T}\right)=\frac{1}{\sqrt{2}}$，$\varphi\left(\frac{1}{T}\right)=-45°$，$P\left(\frac{1}{T}\right)=\frac{1}{2}$，$Q\left(\frac{1}{T}\right)=-\frac{1}{2}$。

而当 $\omega\to\infty$ 时，$A(\omega)=0$，$\varphi(\omega)=-90°$，$P(\omega)=0$，$Q(\omega)=0$。

由此可绘制惯性环节的奈奎斯特图如图 3-30(a)所示，由图可知，当 ω 从 $-\infty\to+\infty$ 变化时，一阶惯性环节的奈奎斯特图是在第四象限的半圆。

一阶惯性环节的对数幅频特性为

$$L(\omega) = 20\lg\left|\frac{1}{1+jT\omega}\right| = -20\lg\sqrt{1+(T\omega)^2} \tag{3-109}$$

可近似表示为

$$L(\omega) \approx \begin{cases} -20\lg\sqrt{1+0} = 0, & \omega \ll 1/T \\ -20\lg\sqrt{(T\omega)^2} = -20\lg T\omega, & \omega \gg 1/T \end{cases} \tag{3-110}$$

上式表明，$\omega \ll 1/T$ 时，$L(\omega)$ 是一条斜率为 0 的水平线，而当 $\omega \gg 1/T$ 时，$L(\omega)$ 是一条斜率为 -20 dB/dec 的直线。这两条相交于频率 $\omega_0=1/T$ 处的直线称为惯性环节对数幅频特性的渐近线，其交点处频率称为惯性环节的转折频率。

实际上，由渐近线表示的对数幅频特性与精确曲线之间是有误差的。最大误差出现在转折频率 ω_0 处，此时在渐近线上有 $L(\omega_0)=0$，而 ω_0 的精确值为 -3 dB，且误差的分布对称于转折频率。

惯性环节的对数相频特性为

$$\varphi(\omega) = -\arctan T\omega \tag{3-111}$$

当频率为 0 时，相位角为 0；转折频率处相位为 $\varphi(1/T)=-\arctan 1=-45°$；当频率趋于无穷大时,相角为$-90°$。$\varphi(\omega)$曲线在半对数坐标系中对于$(\omega_0,-45°)$点是斜对称的,这是对数相频特性的一个重要特点。

另外值得注意的是,当时间常数 T 变化时,对数幅频特性和对数相频特性的形状都不变,只是根据转折频率 $1/T$ 的不同整条曲线向左或向右平移。

一阶惯性环节的频率特性如图 3-30(b)所示。

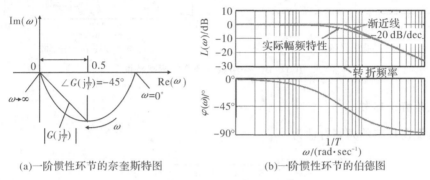

(a)一阶惯性环节的奈奎斯特图　　(b)一阶惯性环节的伯德图

图 3-30　一阶惯性环节的频率特性

5.一阶微分环节

一阶微分环节的频率特性为

$$G(j\omega)=1+jT\omega \tag{3-112}$$

其幅频特性为

$$A(\omega)=\sqrt{1+(T\omega)^2} \tag{3-113}$$

相频特性为

$$\varphi(\omega)=\arctan T\omega \tag{3-114}$$

实频部分为

$$P(\omega)=1 \tag{3-115}$$

虚频部分为

$$Q(\omega)=T\omega \tag{3-116}$$

其奈奎斯特图如图 3-31(a)所示,由图可知,当频率 ω 从 $0\to\infty$ 变化时,特性曲线相当于纯微分环节的特性曲线向右平移一个单位,即为过点$(1,j0)$平行于虚轴的直线。

对数频率特性为

$$L(\omega)=20\lg A(\omega)=20\lg|1+jT\omega|=20\lg\sqrt{1+(T\omega)^2} \tag{3-117}$$

$$\varphi(\omega)=\arctan T\omega \tag{3-118}$$

比较一阶微分环节与惯性环节的对数频率特性表达式可知,两者的函数关系几乎相同,只是符号相反。因此,两者的对数频率特性曲线形状完全相同,只是对数幅频特性对称于横坐标轴 0 dB 线,相频特性对称于 0°线。

一阶微分环节的伯德图如图 3-31(b)。

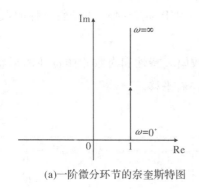

(a)一阶微分环节的奈奎斯特图

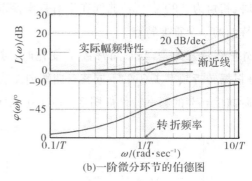

(b)一阶微分环节的伯德图

图 3-31　一阶微分环节的频率特性

6.二阶振荡环节

二阶振荡环节的频率特性为

$$G(\mathrm{j}\omega)=\frac{1}{(1-T^2\omega^2)+\mathrm{j}2\zeta T\omega} \tag{3-119}$$

其幅频特性为

$$A(\omega)=\frac{1}{\sqrt{(1-T^2\omega^2)^2+(2\zeta T\omega)^2}} \tag{3-120}$$

相频特性为

$$\varphi(\omega)=-\arctan\frac{2\zeta T\omega}{1-T^2\omega^2} \tag{3-121}$$

实频部分为

$$P(\omega)=\frac{1-T^2\omega^2}{(1-T^2\omega^2)^2+(2\zeta T\omega)^2} \tag{3-122}$$

虚频部分为

$$Q(\omega)=\frac{-2\zeta T\omega}{(1-T^2\omega^2)^2+(2\zeta T\omega)^2} \tag{3-123}$$

当 $\omega=0$ 时,$A(\omega)=1$,$\varphi(\omega)=0$,$P(\omega)=1$,$Q(\omega)=0$。

当 $\omega=1/T$ 时,$A(1/T)=1/2\zeta$,$\varphi(1/T)=-90°$,$P(1/T)=0$,$Q(1/T)=-1/2\zeta$。

而当 $\omega\to\infty$ 时,$A(\omega)=0$,$\varphi(\omega)=-180°$,$P(\omega)=0$,$Q(\omega)=0$。

当 $\omega\gg0$ 时,虚频特性 $Q(\omega)\ll0$,则频率特性曲线位于第三和第四象限。于是可绘制二阶振荡环节的奈奎斯特图,如图 3-32(a)所示。

对数幅频特性为

$$L(\omega)=20\lg A(\omega)=-20\lg\sqrt{(1-T^2\omega^2)^2+(2\zeta T\omega)^2} \tag{3-124}$$

可近似表示为

$$L(\omega)=\begin{cases}-20\lg\sqrt{1+0}=0,& \omega\ll1/T\\-20\lg\sqrt{(T\omega)^4},& \omega\gg1/T\end{cases} \tag{3-125}$$

上式表明,对数幅频特性 $L(\omega)$ 可用两条以 $\omega_0=1/T$ 为转折频率的直线构成的渐近线来近似。当频率 ω 大于 ω_0 时的渐近线的斜率为 -40 dB/dec。对数幅频特性的渐近线和阻尼系数 ζ 无关,但精确的对数幅频特性曲线在 ω_0 处的值为 -20 lg2 ζ,因此在 ω_0 附近的渐近线的误差将随不同的 ζ 可能有很大变化。

二阶振荡环节的相频特性为

$$\varphi(\omega) = -\arctan \frac{2\zeta T\omega}{1-T^2\omega^2} \tag{3-126}$$

二阶振荡环节的频率特性曲线如图 3-32(b)所示。

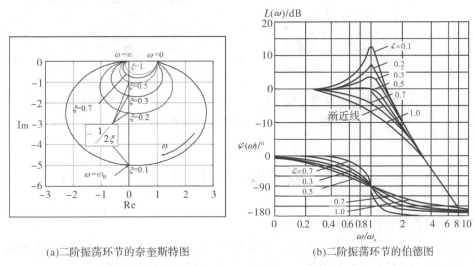

(a)二阶振荡环节的奈奎斯特图　　　　(b)二阶振荡环节的伯德图

图 3-32　二阶振荡环节的频率特性

7. 二阶微分环节

二阶微分环节的频率特性为

$$G(j\omega) = (1-T^2\omega^2) + j2\zeta T\omega \tag{3-127}$$

其幅频特性为

$$A(\omega) = \sqrt{(1-T^2\omega^2)^2 + (2\zeta T\omega)^2} \tag{3-128}$$

相频特性为

$$\varphi(\omega) = \arctan \frac{2\zeta T\omega}{1-T^2\omega^2} \tag{3-129}$$

实频部分为

$$P(\omega) = 1-T^2\omega^2 \tag{3-130}$$

虚频部分为

$$Q(\omega) = 2\zeta T\omega \tag{3-131}$$

对数频率特性为

$$L(\omega) = 20\lg A(\omega) = 20\lg \sqrt{(1-T^2\omega^2)^2 + (2\zeta T\omega)^2} \tag{3-132}$$

$$\varphi(\omega) = \arctan \frac{2\zeta T\omega}{1-T^2\omega^2} \tag{3-133}$$

比较二阶微分环节与振荡环节的对数频率特性,两者表达式的函数关系几乎相同,只是符号相反。所以二阶微分环节与振荡环节的对数幅频特性对称于 0 dB 线,相频特性对称于 0°线。

二阶微分环节的奈奎斯特图如图 3-33(a)所示,伯德图如图 3-33(b)所示。

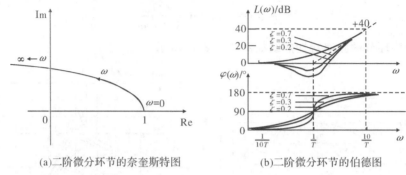

(a)二阶微分环节的奈奎斯特图　　　　(b)二阶微分环节的伯德图

图 3-33　二阶微分环节的频率特性

思考题与习题 3

1. 什么是建模? 什么是仿真?

2. 建模与仿真的目的是什么? 机械系统与电子系统的建模与仿真有哪些相似和差别。

3. 自然界都有哪些"阻性"和"容性"的系统,他们都有哪些相似性?

4. 什么是物理仿真和数字仿真,试比较它们的特点。

5. 什么是环境模型,什么是对象模型?

6. 什么是相似原理,机、电系统的相似指什么?

7. 根据相似原理,试举例说明两个相似的系统,并说明满足哪个相似定理。

8. 以汽车为例,试叙述系统级、子系统级和组件级三个层次的建模和设计。

9. 典型的机械元件和电气元件有哪些,其特性是什么?

10. 机电系统的设计中,怎样运用建模、仿真与相似原理。

11. 对阶跃输入来说,一阶系统和二阶系统时域响应的指标有哪些?

12. 为什么将时域中的微分方程变换为复频域中的代数方程?

13. 什么是频率特性? 频率特性和传递函数的关系是什么? 与时域分析的关系是什么?

14. 常见的频率特性表示方法有哪些,分别说明其横纵坐标的含义。

15. 你所观察到的一阶和二阶系统有哪些,试举例说明。

16. 查找日历上夏至、小暑、大暑、冬至、小寒、大寒的时间,试回答,为什么气温变化滞后于日照的最长时间和最短时间?

17. 为什么海边的温差相对平稳,而沙漠中会"早穿棉、午穿纱,围着火炉吃西瓜"?

附:机电系统常用仿真方法和软件

Matlab 具有友好的工作平台和编程环境、简单易学的编程语言、强大的科学计算和数据处理能力、出色的图形和图像处理功能、能适应多领域应用的工具箱、适应多种语言的程序接口、模块化的设计和系统级的仿真功能等诸多优点和特点。

Simulink 是 MATLAB 最重要的组件之一,它提供一个动态系统建模、仿真和综合分析的集成环境。在该环境中,无须大量书写程序,只要通过简单直观的鼠标操作,就可构造出复杂的系统。Simulink 具有适应面广、结构和流程清晰及仿真精细、贴近实际、效率高、灵活等优点,已被广泛应用于控制理论和数字信号处理的复杂仿真和设计。同时有大量的第三方软件和硬件可应用于或被要求应用于 Simulink。

PROTEUS 是英国 Labcenter electronics 公司研发的多功能电子设计自动化软件,它有功能很强的中间系统到中间系统智能原理图输入系统,非常友好的人机互动窗口界面,丰富的操作菜单与工具。在中间系统到中间系统编辑区中,能方便地完成单片机系统的硬件设计、软件设计、单片机源代码及调试与仿真。

PROTEUS 有三十多个元器件库,拥有数千种元器件仿真模型,有形象生动的动态器件库、外设库。特别是有从 8051 系列 8 位单片机直至 ARM7 32 位单片机的多种单片机类型库,它们是单片机系统设计与仿真的基础。

PROTEUS 有多达十余种的信号激励源,十余种虚拟仪器。还有用来精确测量与分析的 PROTEUS 高级图表仿真。它们构成了单片机系统设计与仿真的完整的虚拟实验室。

ADAMS,即机械系统动力学自动分析(automatic dynamic analysis of mechanical systems),该软件是美国 MDI 公司(mechanical dynamics Inc.)开发的虚拟样机分析软件。目前,ADAMS 已经被全世界各行各业的数百家主要制造商采用。

ADAMS 软件使用交互式图形环境和零件库、约束库、力库,创建完全参数化的机械系统几何模型,其求解器采用多刚体系统动力学理论中的拉格朗日方程方法,建立系统动力学方程,对虚拟机械系统进行静力学、运动学和动力学分析,输出位移、速度、加速度和反作用力曲线。ADAMS 软件的仿真可用于预测机械系统的性能、运动范围、碰撞检测、峰值载荷以及计算有限元的输入载荷等。

ADAMS 一方面是虚拟样机分析的应用软件,用户可以运用该软件非常方便地对虚拟机械系统进行静力学、运动学和动力学分析。另一方面,又是虚拟样机分析开发工具,其开放性的程序结构和多种接口,可以成为特殊行业用户进行特殊类型虚拟样机分析的二次开发工具平台。

MAXWELL 2D,工业应用中的电磁元件,如传感器,调节器,电动机,变压器,以及其他工业控制系统比以往任何时候都使用得更加广泛。由于设计者对性能与体积设计封装的希望,因而先进而便于使用的数字场仿真技术的需求也显著增长。在工程人员所关心的实用性及数字化功能方面,Maxwell 的产品遥遥领先其他的一流公司。Maxwell 2D 包括交流/

直流磁场、静电场以及瞬态电磁场、温度场分析,参数化分级;以及优化功能。此外,Maxwell2D 还可产生高精度的等效电路模型以供 Ansoft 的 SIMPLORER 模块和其他电路分析工具调用。

MAXWELL 3D,向导式的用户界面、精度驱动的自适应剖分技术和强大的后处理器使得 Maxwell 3D 成为业界最佳的高性能三维电磁设计软件。可以分析涡流、位移电流、集肤效应和邻近效应具有不可忽视作用的系统,得到电机、母线、变压器、线圈等电磁部件的整体特性。功率损耗、线圈损耗、某一频率下的阻抗(R 和 L)、力、转矩、电感、储能等参数可以自动计算。同时也可以给出整个相位的 磁力线、B 和 H 分布图、能量密度、温度分布等图形结果。

第4章 系统动力学特性及控制性能

4.1 机器的感知-响应

4.1.1 感知与响应

第1章我们曾讨论过生物这个行为主体的"感知-响应",现在把注意力从生物转向机器,即把机器当作"行为主体",希望它们除了对"力"具有感知能力之外,对其他的物理量也具有"感知-响应"的能力,以使机器在更广泛的场合得到应用。

S(stimulus,刺激)-R(response,反应)理论即刺激-反应理论,和前面提到的感知-响应的意思基本一致。这种理论是一种"把作为某种刺激(S)与某种反应(R)结合起来考虑"的学习理论。在生物界的"行为主体"体系中,S-R(刺激-反应)是解释一切行为的基础。S-R理论将人类的复杂行为分解为刺激和反应两部分,人的行为是受到刺激的反应,通过对行为的客观研究,既可以预测已知刺激引起的反应,也可以预测引起反应的刺激,这是生物的智能,也是人的基本智能。通过把行为降低到S-R水平,人类与动物的行为都能有效地理解、预测和控制。

S-R理论的简易表达如下:

刺激→动机(需求、不满足状态)→行为1→动机减弱→加强S-R联结(反馈)

→行为2→动机增强→削弱S-R联结(反馈)

赫尔学习理论又称为内驱力降低说(drive redution theory)。赫尔学习理论的基本观点是:有机体是借助对环境的适应而生存的。有机体对环境的适应依靠两种S-R的联结:一种是神经组织中固定下来的不学而能的S-R联结,它是有机体在面对经常发生的紧迫情境自动作出适当行为的机制,是学习的起点;另一种是进化过程中最引人注目的成就,是后天确立的、通过学习得来的S-R的联结,是在一定需要及内驱力水平下发生的。

赫尔认为,学习的根本目的在于降低内驱力和满足需要,使有机体与环境保持平衡。他认为某种生物需要触发一种强烈的唤醒状态,这就是驱力,这种未分化的驱力状态为随机活动提供能量,当某种随机活动达到消除驱力紧张的目标时,机体便停止随机活动。消除紧张作为一种强化,增强了目标刺激和有效反应之间的联系。

例如,对"空腹"有"具有要求状态"的动物,进行某种反应来解决问题取得了成功,即当给予作为报酬的食物时,则要满足要求的动机就降低了。下次再给予同样的刺激条件时,产生特定反应的倾向就会被强化,也就是特定的 S-R 联结被专门强化了,这种反应倾向可以作为习惯而累积起来。

学习就是这种习惯的获得,而必要的条件是引起动机减低的强化。赫尔理论的特征是把这些基本原理作为公理,推演出必然的结果,由此构成体系,并对这一点尽可能用数学来描述,而且在量上还表现为函数关系。

赫尔认为驱力(D)、习惯强度(H)和抑制(I)共同决定了个体的有效行为潜能(P),它们之间的关系可表示为

$$P=D×H-I \tag{4-1}$$

根据赫尔学习理论,有机体对环境的适应有两种 S-R 的联结:前一种是神经组织中固定下来的无须学习的 S-R 联结;后一种是通过后天学习得来的 S-R 的联结,是在一定需要及内驱力水平下发生的。

1. 使用内驱力减少理论对急中生智等奇怪行为的解释

驱力理论提出后得到许多行为主义者赞同,但也有很多人提出这种理论无法解释人类行为中的一些现象,如急中生神力、急中生智、人可以通宵达旦地工作等。因为在这些行为中,人的驱力没有减少,而是增加了。

也有人觉得,驱力和动机需求有很多种,在累、紧张状态消除的需求驱动与完成紧急迫切任务的需求驱动相比时,后者更重要的情况下,会选择增加前者的驱力以减少后者的驱力。这里的选择与个人的价值观、性格、习惯有关。而这种短时间增加的内驱力可能会更好地刺激自己产生一种超越平时极限的能力以试图解决问题,使得极大减少内驱力,满足需求。

2. S-R 理论不是万能的,但却是人工智能一个很好的起步

通过把人类复杂行为降低到 S-R 水平,人类与动物的大多行为就都能有效地加以理解、预测和控制。这种方法更容易将人类的行为决策应用到人工智能行为控制与智能决策中去。但是如果想用 S-R 理论和内驱力降低说来解释,还有欠缺,因为人类的智能发展是多样且复杂的,导致人类的行为很多,有些能够很容易解释,有些却不能,所以简单的大一统理论可能无法正确解释所有的人类行为。

上面的 S-R 理论是关于生物和人的,机器不具备这样的复杂心理和内驱力及同样复杂的行为。但如果拥有一个简单的模式,能够掌握大多数行为决策规律,就是人工智能很好的起步。

4.1.2 激励-响应和输入-输出

牛顿描述物体"受力-运动"间的关系被称为动力学关系。这是一种因果关系,在控制工程中又被称为输入和输出的关系,即输入是激励,输出是响应。

一般来说,控制系统可分为开环和闭环两大类。

通常说的开环控制,是指机器这个"行为主体"在接受某种物理量的激励时,能够以特定的物理量来响应该激励,且这些物理量都是以"有""无""开""关"等状态给出的。

作为行为主体的机器,对哪类物理量具有感知能力及响应哪种行为,并非其自身有适应环境的内驱力,而是由人赋予它的。这就是前面讲过的设计过程,是人类运用对自然界认知的知识来设计和制造智能的机器,因此该机器具有前面介绍的激励-响应类的智能。

1. 开环控制系统

如图 4-1 所示是一个开环控制系统的例子。考察一个系统性能的优劣标准是该系统能否跟随指令信号。如果系统只有"工作"或"停止"两种状态而没有其他的性能指标,那么只需能够控制系统的工作状态即可。比如,当满足某个条件时就"工作",否则就"停止",这种控制被称为开环控制。

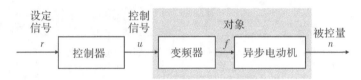

图 4-1　交流异步电动机转速开环控制系统

在图 4-1 所示的系统中,灰色部分的变频器/异步电动机是被控对象,即一个机器的"行为主体"。控制器根据输入信号 r 的有无,给出控制输出 u,这是一个能够感知多种物理量的、具有感知-响应的"物理生命体"。如果控制信号 u 的响应只有开或关状态,且变频器频率固定,则电动机输出转速 n 只有"转"或"停"两种状态。或者说,无论环境或者负载发生什么变化,电机转速 n 即使发生了偏离,控制器也不会去调整变频器的频率,这相当于固定的 S-R 联结。虽然我们的被控对象是一个无机体,但却具备了生物的感知-响应特性,这种情况就是开环控制系统。

开环控制只关心系统是否有输出,如电机是否转、电炉是否开启;而不在意输出量的"度",如电机转的快慢、电炉温度的高低等。开环控制在许多场合下得到了广泛的应用,比如把相关的机器设备按满足一定的时间和条件来控制。

顺序控制:顺序控制器根据应用场合和工艺要求,划分各种不同的工步,然后按预先规定好的"时间"和"条件",依次序完成各工步。各工步动作需要的持续时间因产品类型或生产过程的不同而不同,时间通常可以通过操作员或调整定时器的时间常数来设定;"条件"是指被控装置中运动部件移动到一个预定的位置,管道、容器中的液体或气体压力达到了某个预定值,或加热部件的温度达到了某个预定点。

顺序控制器把"时间"和"条件"是否满足作为本工步动作的持续或结束信号,而这些条件一般通过定时器、行程开关(或限位开关)、压力开关、温度开关等传感器的输出信号而获取,然后微处理器通过程序进行检测、等待,直到条件满足为止。

以发泡成型机为例,其加工过程可以综合为:合模→填料→返排料→模子预热→加热→预冷→冷却→启模→退出产品等。其中,合模、启模等由行程开关决定动作是否完成;加热是使已填入模中的原料发泡、膨胀、成型,因此在模中要产生一定的压力,还要有一定的持续时间;退出产品可利用液压或气压方法顶出模中的成品;其他工序均可用时间来控制。顺序控制中,相邻的加工步骤都依次形成"激励-响应"关系。

2. 闭环控制系统

如图4-2所示是一个闭环控制系统的例子,对象仍然是变频器/异步电动机,但系统引入了比较环节并以此产生偏差。测量装置所在的部分称为反馈通道,转速测量系统把被控量转速 n 的信息以信号 y 的形式反馈到比较环节,从比较环节中求得反馈量 y 与设定值 r 的差称为偏差 e,$e=r-y$。

如图4-2所示的系统中,反馈通道的作用是把被控量信号送到比较环节,比较器的作用是求取偏差 $e=r-y$,把偏差送入控制器,由控制器改变控制量来消除偏差。

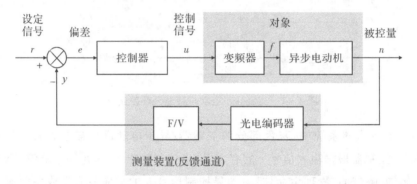

图4-2 交流异步电动机转速闭环控制系统

回顾赫尔学习理论,其基本观点认为:有机体是借助对环境的适应而生存的。对于一个如图4-2所示的机电系统,闭环控制就是希望机器也能够适应环境的变化。如机器长时间运行后,由于器件老化、损耗或磨损,系统自身的一些参数会发生变化,而由此带来的系统偏差则可以通过闭环系统的检测与控制消除。

当负载增大使转速 n 降低时,反馈信号 y 随之降低,偏差 e 增大,控制器根据偏差 e 给出控制信号 u,变频器输出的频率 f 升高,转速 n 随之上升,偏差消除;反之则使转速下降并消除偏差。总之,只要反馈信号 y 偏离设定值 r,就有偏差 $e=r-y \neq 0$,控制器就会根据偏差 e 产生控制信号 u 来减小偏差。

工程实际中越来越多地采用计算机作控制器组成自动控制系统。闭环控制系统常以位置、速度、加速度、温度、压力、流量等连续的模拟量作为被控量。如图4-3所示为模拟量的计算机闭环控制系统的一般组成。

图4-3中,设定值 r 通过设定装置送到比较环节,设定值 r、被控量 y 和控制信号 u 都是模拟量,但是在计算机中都用数字量表示。D_0、A_0 是数字和模拟量输出通道,D_1、A_1 是数字和模拟量输入通道。图中对模拟量和数字量用了相同的字母,只是为了简化叙述。

计算机具有学习能力,因此无论在开环控制还是闭环控制中,都被广泛地使用。

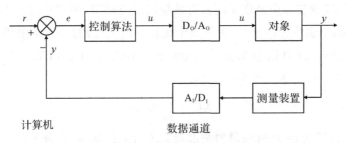

图 4-3　模拟量计算机闭环控制系统的一般组成

数字程序控制以系统状态的逻辑为控制对象,理论基础是数字逻辑或布尔代数,最常见的是顺序控制和数值控制。顺序控制是指以预先规定好的时间或条件为依据,使机械电子系统按正确的顺序自动"运动"或"停止"。顺序控制不仅适合多数中小企业,使加工、装配、检验、包装等工序实现自动化,而且在大型计算机控制的高度自动化工厂中也不可缺少。数值控制是利用计算机把输入的数字值按一定的程序处理后,转换为控制信号去控制一个或几个被控对象,使被控量按要求的轨迹运动。利用数值控制原理实现控制的加工设备、测量设备和绘图设备很多,如数控机床、数字绘图仪等。

模拟控制以模拟量作为控制对象,理论基础是自动控制理论。主要以时域分析、频域分析和 PID 调节器为基础的经典控制理论在 20 世纪 50 年代就已经相当成熟,20 世纪 60 年代发展、成熟起来的现代控制理论和近几年正在发展、形成的智能控制中,仍在大量使用 PID 的方法和思想。按偏差的比例、积分、微分控制是过程控制中应用最广泛的一种控制规律。实际运行经验及理论分析充分证明,这种控制规律在对相当多的工业对象进行控制时能够得到较满意的结果,在计算机控制系统中首先采用的控制算式也是这种形式。在各类 PID 控制系统中,简单 PID 调节器(如 P、PI、PD 等)占相当大的比重。

随着控制理论和计算机技术的不断发展,计算机控制系统的功能不断提升,相应的控制算法逐渐增多(如自适应 PID 和智能 PID 等),充分发挥了计算机运算功能强大、速度快、精度高、存储容量大、逻辑判断功能强的优点,控制功能早已超出了早期 PID 控制的范围。

4.1.3　控制系统的品质和性能

控制器能够起到的作用,就是对系统固有动力学特性的完善和提高,而提高的程度要由性能指标来评价。

衡量控制系统性能的品质有快速性、准确性和稳定性三个方面:快速性是希望被控量迅速达到设定或跟随设定值变化;稳定性是指被控量不发生大幅度、长时间的振荡,即使有小幅振荡也应尽快衰减至零;准确性是指若系统被控量与设定值之间的静态偏差较小,则系统的准确性较好。

控制系统品质可以用典型设定信号下的性能指标来表示,阶跃信号是最常用的典型设定信号之一。对于二阶系统,上升时间 t_r 和峰值时间 t_p 可以表示系统的快速性,稳态误差 e_{ss} 可以表示系统的准确性,而稳定性可以用超调量 M_p 以及进入误差带前的振荡次数表示。

一般情况下,工程实际中经常无法获得系统确定的模型,因此常用偏差 e 表示系统的性能(稳态时的偏差 e_{ss} 也称为静差)。为了便于比较不同系统的品质,常采用综合性能指标表示控制系统的品质。绝对误差积分(integral of absolute error,IAE)是常用的综合指标之一。

$$IAE = \int_0^T |e| \, dt \qquad (4-2)$$

IAE 包含了系统从 $t=0$ 时刻起的全部偏差绝对值的累积(积分上限 ∞ 可以选择足够大的 T 来取代)。快速性、稳定性、准确性中任何一项性能不好,都会使 IAE 增大。IAE 越小,控制系统的品质越好。

图 4-4 表示了系统品质的各种情形及其评价,IAE 的几何意义是图中阴影的面积。图(a)中的曲线响应快,但超调较大且振荡时间过长;图(b)中的曲线响应慢,但无超调和振荡;图(c)中的曲线响应快且无振荡,但存在较大的静态误差;图(d)中的曲线响应快,且超调和振荡均较满意。在系统设计和调试中,要选取适当的系统参数和合理的控制策略,使综合性能指标达到最优或者满意。

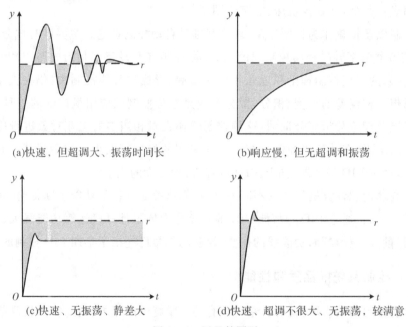

图 4-4　IAE 的图示

绝对误差积分是最容易应用的一项误差性能指标,尤其当系统具有适当的阻尼和比较满意瞬态响应的时候。但对于过于欠阻尼和过阻尼的系统,应用这种准则却不一定能达到满意的效果。为此,可以选用平方误差积分(integral of square error,ISE),如下

$$ISE = \int_0^T e^2(t) \, dt \qquad (4-3)$$

ISE 指标着重考虑大的偏差而不太考虑小的偏差信号。还有时间乘绝对误差的积分(integral of time weighted absolute error,ITAE)和时间乘平方误差的积分(integral of time weighted square error,ITSE),如下

$$ITAE = \int_0^T t \mid e \mid dt \qquad (4-4)$$

$$ITSE = \int_0^T te^2(t)dt \qquad (4-5)$$

ITAE 和 ITSE 两项指标较少考虑系统单位阶跃响应中的大的初始误差,而主要考虑瞬态响应后期的误差。

一些文献中还提出过各种不同的误差性能指标,但本书只介绍上述四种常用的误差性能指标。

4.2　机器"能"的描述方法

4.2.1　机器的动力学模型

在第 3 章中讨论过,如果已经掌握了自然界物理对象的有关知识,就可以通过相似原理建立起实物或半实物的模型。而对机电系统这个非自然界的人造系统,也可以运用已经掌握的知识通过相似原理来制造。第一步,设计和制造出实物或半实物外观模型,并通过机构分析来修改原设计;第二步,对需要研究的局部系统测试其动力学特性,以检验该系统是否满足设计系统时的预期指标。动力学特性的测试,最好建立对象的实物或半实物模型,这样可以最接近真实的工程实际情况,第一步是检验系统外观及其运动,第二步是检验系统动作是否满足要求。第一步的内容为机械专业读者所熟知,本节主要强调系统动力学模型的重要性。

1.通过模型掌握机器的动力学特性

当一个系统遇到设计困难(制造代价过高,系统结构过于复杂,系统参数难以获得等),如建立实物或半实物建模型困难,可以根据已知的系统知识,采用数学方法,通过建立系统的动力学模型来获取系统的动态特性,并以数值计算的方法,以数学模型来代替实物系统进行试验,进行数字仿真研究。

计算机及其相应的软件提供了专门的数字仿真方法,这既减少了搭建实物系统所需的人力、物力、财力以及消耗的时间,又简化了实验设备。计算机仿真不但提供了用于机械设计和机构分析的工具,如 MATLAB 的机器人工具箱、Adams、Solidworks 等,而且提供了分析动力学系统运动特性的工具,如 MATLAB 的控制系统工具箱、Simulink 等。

如图 4-5 所示,数学模型可以描述系统的外部特性(输入/输出关系),也可以描述系统内部的状态信息,因此系统模型又可分为外部模型和内部模型。

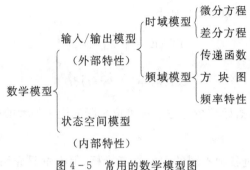

图 4-5 常用的数学模型图

通常,把只关注建立系统输入/输出关系的数学模型称为外部模型,包括时域模型(微分方程、差分方程)、复域和频域模型(传递函数);把着眼于建立系统内部信息与输入/输出之间关系的数学模型称为内部模型,相应的数学描述称为系统的状态空间方程。

外部模型着重描述的是系统的外部特性,并没有反映系统的内部变量和内部结构,是一种不完全描述;内部模型既描述了系统的内部特性,又描述了外部特性,是对系统所有动力学特征的完全描述。

对于动力学系统而言,系统输入的改变,会导致系统输出随之改变,这种变化遵循自然界的各种物理定律(最初是力学定律)。能够精确地描述这种变化规律,最常用的数学工具就是微分方程。因此对于动力学系统来说,物理对象的模型常用微分方程来描述。通常,建立系统数学模型的方法有分析法和实验法。

分析法就是根据系统各部分遵循的物理规律、化学规律以及其他自然规律,在系统的结构和参数已知的情况下,建立系统相应运动方程的方法。这种由解析数学表达的模型形式简单、描述清晰,但有些物理系统的因果关系很难用解析数学方法来描述。如第3章中讲述的当输入是雨水的冲刷,而输出是地貌的变化时,其因果关系就难以用数学描述。

实验法就是对因果关系不清楚或特性难以准确描述的系统的建模方法。它是通过给系统输入某种测试信号,观察记录其动态响应的变化曲线,根据响应曲线的特征确定系统的阶数和参数,并以此建立数学模型。

2. 模型的准确性

无论是用分析法还是实验法,建立的数学模型都存在着一个精确性的问题。图 4-6 中,用同样的输入信号去激励实际物理系统和它的模型,系统的输出 y 和模型的输出 y' 经过比较后,得到它们之间的偏差 e。偏差 e 越小说明模型越逼近真实的物理系统。但过度追求精度也会付出一些代价,特别是对于高阶系统,系统的微分方程的阶数越高,数学模型就越接近实际系统,精度也相应较高。但此时其复杂程度会大大增加,微分方程的求解困难,系统分析和设计也愈发困难。一般在工程上,总是在满足一定精度的要求下,尽量使数学模型简单。为此,在建立数学模型时常做许多假设和简化,最后得到具有一定精度的近似的数学模型。

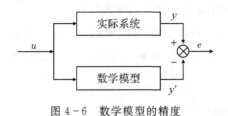

图 4-6　数学模型的精度

通过以上讨论可知,如果想对某个系统的部分特性进行研究,可以简化这个系统,并提取该系统的特性来描述,这样就建立起了一个简化模型,便于后续分析和运算。如果能够用解析数学描述系统最好,因为这样的系统模型既简洁又准确。建模的目的是用模型来替代系统进行试验研究,因此我们必须检验模型的特性与系统的特性相差有多大,这就是仿真的第一步——模型检验,然后才用模型来取代试验研究。因此模型的精准性是能否用于仿真的重要前提。

需要注意的是,当试验研究的目的发生变化时,也就是当拟研究的特性发生变化时,原系统模型的准确性很可能也会发生变化。

线性与非线性系统:如果系统的数学模型方程是线性的,称该系统为线性系统。线性系统最重要的性质是满足叠加原理,即不同的作用函数同时作用于一系统的响应,等于各作用函数单独作用的响应之和。借助这一原理,可以方便地对复杂线性系统进行分析。

如果系统的数学模型方程是非线性的,称该系统为非线性系统。虽然许多物理关系常以线性方程表示,但多数情况下,实际关系并非如此。非线性是系统的本质,而线性只是非线性的特例,即使对所谓的线性系统而言,也只是在一定工作范围内保持线性关系。叠加原理不能用于非线性系统,因此对非线性系统的分析往往都比较复杂。实践中常常采用线性化、忽略非线性因素等处理方法,引入“等效”线性系统来替代非线性系统,完成系统的分析。

线性系统又可以分为线性定常系统和线性时变系统。如果描述线性系统的微分方程的系数是常数,则称这类系统为线性定常系统;如果描述线性系统的微分方程的系数是时变的,则称这类系统为线性时变系统。在机电系统控制中,对一些条件加以限制,如弹簧限制在一弹性范围内,忽略温度对电阻的影响,弹簧-质量-阻尼器等机械系统,电阻-电感-电容等电系统可以被认为是线性定常系统。航天飞机控制系统则可以看成是一个时变系统,因为随着燃料的消耗和飞行高度的变化,飞机的质量和重力也在随时间变化。

动力学模型是钱学森在工程控制论中提出来的,因为当时主要分析的对象是机械系统,所以大量地用到了动力学的理论和方法。动力学的物体受力分析中,通常把物体质量简化成一个质点,但工程实践中,运动物体都有一定的体积,且质量是分布在整个物体上而不是集中在一个质点上,因此模型会产生一定的偏差。

应当指出的是,对于给定的系统,数学模型不是唯一的,一个系统可以用不同的方式表示,也就是说,一个系统可以具有许多种数学模型,不同的系统(机械、电气、热力)也可能具有相同的数学模型。所以,数学模型的建立应根据不同的需求确定形式。通常在分析数学模型时,会避开系统不同的物理特性,只关注一般意义下的系统普遍规律,同时在分析系统的普遍规律时,切不可忘记回到系统本身的物理特性。

连续系统的特点是系统中各环节间的信号均是时间 t 的连续函数。所以,连续时间系统的运动规律可用微分方程描述。下面将介绍连续系统数学模型,这些模型也都是在微分方程的基础上展开的。

4.2.2 常用数学模型

1. 时域模型

微分方程是描述各种系统最基本的数学工具,表达了系统输入与输出之间的关系。在建立系统微分方程时,首先应对实际的物理系统做一些理想化的假设,忽略一些次要因素,如一个电子放大器可以看成理想的线性放大环节,而忽略它的非线性因素。然后从输入端开始,按照信号的传递顺序,根据各变量遵循的物理(或化学等)定律列写动态关系式,一般为一个方程组。最后选定系统的输入量和输出量,消去中间变量,得到输出量与输入量之间的关系,就是系统的微分方程。

对于单输入单输出(SISO)的 n 阶线性定常系统,其微分方程为

$$a_n\frac{\mathrm{d}^n y(t)}{\mathrm{d}\,t^n}+a_{n-1}\frac{\mathrm{d}^{n-1} y(t)}{\mathrm{d}\,t^{n-1}}+\cdots+a_0 y(t)=b_m\frac{\mathrm{d}^m x(t)}{\mathrm{d}\,t^m}+b_{m-1}\frac{\mathrm{d}^{m-1} x(t)}{\mathrm{d}\,t^{m-1}}+\cdots+b_0 x(t)$$

$$(4-6)$$

式中,$y(t)$ 和 $x(t)$ 分别为系统的输出和输入;n 和 m 分别为系统输出、输入函数导数的阶数,通常 $n \geqslant m$;$a_i(i=1,2,\cdots,n)$、$b_j(j=1,2,\cdots,m)$ 为各阶导数项的系数,与实际物理系统的参数(如机械系统的质量、弹簧,电气系统的电阻、电容)有关。

线性定常系统可以从线性和定常两方面来说明其性质。线性表明该系统能够同时满足叠加性和均匀性(也叫齐次性)。叠加性是指当几个输入信号同时作用于系统时,系统的响应等于输入信号单独作用于系统时产生的响应之和,如已知某系统对应输入信号 $x_1(t)$ 时的系统响应为 $y_1(t)$,对应输入信号 $x_2(t)$ 时的系统响应为 $y_2(t)$,则当系统的输入信号为 $x_1(t)+x_2(t)$ 时,系统的响应为 $y_1(t)+y_2(t)$。均匀性是指当输入信号按倍数变化时,系统响应也按同一倍数变化,如已知某系统对应输入信号 $x(t)$ 时的系统响应为 $y(t)$,则当输入信号为 $kx(t)$ 时,系统响应为 $ky(t)$。

定常表明系统的阶数 n、m,以及参数 a_i、b_j 都不随时间变化,均为常数。这类系统的特点是系统的响应特性只取决于输入信号的形式和系统的特性,而与输入信号施加的时刻无关。也就是说,如果系统在输入信号 $x(t)$ 作用下的响应为 $y(t)$,当输入延迟一段时间 t_0 作用于系统时,系统的响应也延迟同一时间 t_0,且形状保持不变。

2. 传递函数模型

连续系统的时域模型是用微分方程来描述的。但微分方程本身的求解过程困难,特别是当描述的系统阶数越高时,微分方程的求解过程也就越复杂。这时,在时域中分析系统就更加困难。

如果把微分方程中的导数 dy/dx 用算子 s 替换，通过拉普拉斯变换就可以将时域中的微分方程变换为复频域中的代数方程，这个复频域中输入、输出关系的数学模型就是传递函数。

线性定常系统的传递函数定义：在零初始条件下，输出量（响应函数）的拉普拉斯变换与输入量（驱动函数）的拉普拉斯变换之比。

线性定常系统若由式（4-6）中的 n 阶线性微分方程描述，则由传递函数的定义可得线性定常系统的传递函数为

$$G(s)=\frac{\mathcal{L}(输出量)}{\mathcal{L}(输入量)}\Big|_{零初始条件}=\frac{Y(s)}{X(s)}=\frac{b_m s^m+b_{m-1}s^{m-1}+\cdots+b_1 s+b_0}{a_n s^n+a_{n-1}s^{n-1}+\cdots+a_1 s+a_0} \qquad (4-7)$$

式中，$Y(s)=\mathcal{L}[y(t)]$；$X(s)=\mathcal{L}[x(t)]$。

对于传递函数，有以下几点说明：

（1）传递函数只适用于描述线性定常系统。

（2）传递函数是在初始条件为零时定义的。系统的初始条件为零有两个含义：一是指输入量是在时间 $t=0^-$ 以后才作用于系统的，因此，系统输入量及其各阶导数在 $t=0^-$ 时的值均为零；二是指输入量作用于系统之前，系统是相对静止的。因此，系统输出量及其各阶导数在 $t=0^-$ 时的值也为零。

（3）传递函数是复变量 $s(s=\delta+\mathrm{j}\omega)$ 的有理真分式函数，它具有复变函数的所有性质。其分子和分母多项式的系数均为实数，都是由系统的物理参数决定的。分子多项式的阶次 m 也总是低于或等于分母多项式的阶次 n，即 $n\geqslant m$，这是因为系统（或元部件）具有惯性。

（4）传递函数是描述系统（或元部件）动态特性的一种数学表达式，它只取决于系统（或元部件）的结构和参数，而与系统（或元部件）的输入量、输出量的形式和大小无关。传递函数只反映系统的动态特性，不反映系统物理性能上的差异。对于物理性质截然不同的系统，只要动态特性相同（如相似系统），它们的传递函数就具有相同的形式。

（5）传递函数的拉氏反变换是系统的脉冲响应 $g(t)$。

（6）传递函数可以表示为零、极点和时间常数形式。这就是接下来将要提到的零极点增益模型。

3. 零极点增益模型

闭环系统特征方程的根（即闭环极点）决定了系统的稳定性和时间响应的形式（如过阻尼、欠阻尼等），而系统的闭环零点和闭环极点共同决定了时间响应的快慢。因此研究闭环特征根在 s 平面上的分布对于分析系统的性能有重要的意义。也就是说，通过系统的闭环零点和极点的分布，可以间接研究系统的性能。

通常以二阶系统为例，来观察当增益 K 变化时系统根轨迹的变化。实际上，对于高阶系统来说，即使用手工求解闭环特征方程的根也较困难。尤其是当系统的开环增益、开环零点和开环极点等参数发生变化时，难以看出这些系统参数变化对闭环特征根分布的影响，且闭环特征根需要重新计算。所以系统的设计者通常希望借助某种较简单的方法来分析系统

性能,即当已知开环系统某个参数发生变化时,可以方便地观察到闭环特征根的变化趋势,从而判断系统稳定性,预测闭环系统的性能。

由于这些研究都是基于系统的开环零点和极点,所以我们需要建立一种模型以完成相应的分析,这种模型就是零极点增益模型。零极点增益模型可以看作是传递函数模型的另一种形式,它是通过对开环传递函数因式分解得到的,如下

$$G(s) = \frac{b_m(s+z_1)(s+z_2)\cdots(s+z_m)}{a_n(s+p_1)(s+p_2)\cdots(s+p_n)} = K^* \frac{\prod\limits_{i=1}^{m}(s+z_i)}{\prod\limits_{j=1}^{n}(s+p_j)} \qquad (4-8)$$

式中,$-z_i$ 是分子多项式的零点,称为传递函数的零点;$-p_j$ 是分母多项式的零点,称为传递函数的极点;K^* 是系统的根轨迹增益。

根轨迹在不对系统求精确解时,能方便地观察到系统参数变化引起的性能变化。

4. 状态空间模型

本章前面已经提到,系统的数学模型通常有两种基本类型。一种是系统的输入、输出模型,它描述的是系统的外部特性,即输入与输出之间的关系,如前面介绍的微分方程和传递函数都属于这种模型。但是这种模型只反映了系统外部变量即输入和输出变量间的因果关系,而没有给出系统内部变量以及内部结构的任何信息,因此,这种模型是对系统的一种不完全描述。

例如,用电枢电压 $u(t)$ 控制的直流电动机的传递函数为

$$G(s) = \frac{\Omega(s)}{U(s)} = \frac{C_m}{(L_a s + R_a)(Js + f) + C_\xi C_m} \qquad (4-9)$$

它只描述了输出转速 $\omega(t)$ 和电枢电压 $u(t)$ 之间的关系,并不涉及系统内部变量如电枢电流等的信息;另外具有完全不同内部结构的两个系统(如相似系统),也可以具有相同的外部特性——传递函数。因此,这种输入输出模型不是对系统的完全描述。

系统的另一种数学模型是状态空间模型,它不仅描述了系统的外部特性,而且也给出了系统的内部信息。这种模型分两段来描述输入、输出之间的信息传递。第一段描述系统输入对系统内部变量(即状态变量)的影响,第二段描述系统的输入和内部变量对输出变量的影响。这种模型将系统的内部信息映射到系统的输入、输出,表征了系统的所有动力学特征,是对系统的一种完全描述。而且,状态空间模型不仅可以描述单输入、单输出系统,还可以描述多输入、多输出系统。

在介绍状态空间模型之前,先说明几个基本概念:

(1)状态。动态系统的状态是完全描述系统时域行为的最小一组变量。在这个定义中,"动态系统"是指有动态过程的系统,也就是有储能元件的系统;"完全描述"的含义是指一旦知道了在 $t=t_0$ 时的一组变量和 $t \geqslant t_0$ 时的输入量,就能够完全确定系统在任何时间 $t \geqslant t_0$ 时的行为;"最小变量组"是指这组变量之间是相互独立的。也就是说,系统状态所表示的是系统的一组变量,只要知道了这组变量的当前取值情况、输入信号和描述系统动态特性的方程,就能完全确定系统未来的状态和输出响应。这组变量的个数是完整描述系统特性需要

的最少变量个数。

应当指出,状态这个概念不限于在物理系统中应用,它还适用于生物学系统、经济学系统、社会学系统和其他一些系统。

(2)状态变量。上述最小变量组中的变量被称为动态系统的状态变量。如果至少需要 n 个变量 $x_1,x_2,\cdots,x_n$ 才能完全描述动态系统的行为(即一旦给出 $t\geq t_0$ 时的输入量,并且给定 $t=t_0$ 时的初始状态,就可以完全确定系统的未来状态),则这 n 个变量就是一组状态变量。

状态变量未必是物理上可测量的或可观察的量。某些不代表物理量的变量既不可测量,又不可观察,但是却可以被选为状态变量。这种在选择状态变量方面的自由性,是状态空间法的一个优点。但是从实用角度来讲,选择容易测量的量作为状态变量比较方便。

(3)状态向量。如果完全描述一个给定系统的行为需要 n 个状态变量,那么这 n 个状态变量就可以看成是向量 x 的 n 个分量,该向量就称为状态向量,一般写作 $\boldsymbol{x}=[x_1\ x_2,\cdots,x_n]^{\mathrm{T}}$。状态向量是这样一种向量,一旦 $t=t_0$ 时的状态给定,并且给出 $t\geq t_0$ 时的输入量 $u(t)$,则任意时间 $t\geq t_0$ 时的系统状态 $x(t)$ 便可以唯一地确定。

(4)状态空间。设 $x_1,x_2,\cdots,x_n$ 为状态变量,那么由 x_1 轴,x_2 轴,$\cdots,x_n$ 轴组成的 n 维空间称为状态空间。任何状态都可以用状态空间中的一点来表示。

有了以上概念,下面来介绍状态空间模型。

状态空间模型中涉及三种类型的变量,它们被包含在动态系统的模型中。这三种变量是输入变量、输出变量和状态变量。对于一个给定的系统,其状态空间表达式不是唯一的,但对于同一系统的任何一种不同的状态空间表达式而言,其状态变量的数量是相同的。

状态空间模型包括状态方程和输出方程两段。

状态方程是描述状态变量与输入变量之间的一阶微分方程组,表征系统的输入引起的内部状态的变化,其矩阵形式为

$$x=\boldsymbol{A}(t)\dot{\boldsymbol{x}}+\boldsymbol{B}(t)\boldsymbol{u} \tag{4-10}$$

式中,$\boldsymbol{x}=\begin{bmatrix}x_1\\x_2\\\vdots\\x_n\end{bmatrix}$ 为 n 维状态向量;n 为系统阶数;$\boldsymbol{u}=\begin{bmatrix}u_1\\u_2\\\vdots\\u_n\end{bmatrix}$ 为 r 维输入向量;r 为输入变量的阶

数;$\boldsymbol{A}(t)=\begin{bmatrix}a_{11}(t)&a_{12}(t)&\cdots&a_{1n}(t)\\a_{21}(t)&a_{22}(t)&\cdots&a_{2n}(t)\\\vdots&\vdots&\cdots&\vdots\\a_{n1}(t)&a_{n2}(t)&\cdots&a_{nn}(t)\end{bmatrix}$ 为 $n\times n$ 维方阵,它表明了系统内部状态变量之间

的联系,称为系统矩阵(或状态矩阵);$\boldsymbol{B}(t)=\begin{bmatrix}b_{11}(t)&b_{12}(t)&\cdots&b_{1r}(t)\\\vdots&\vdots&\cdots&\vdots\\b_{n1}(t)&b_{n2}(t)&\cdots&b_{nr}(t)\end{bmatrix}$ 为 $n\times r$ 维矩阵,

称为输入矩阵(或控制矩阵)。

输出方程式是描述输出变量、状态变量和输入变量之间关系的代数方程组。用矩阵形式表示为

$$y = C(t)x + D(t)u \qquad (4-11)$$

式中，$y = \begin{bmatrix} y_1 \\ y_2 \\ \vdots \\ y_m \end{bmatrix}$ 为 m 维状态向量；m 表示输出变量的个数；$C(t) =$

$\begin{bmatrix} c_{11}(t) & c_{12}(t) & \cdots & c_{1n}(t) \\ \vdots & \vdots & \cdots & \vdots \\ c_{m1}(t) & c_{m2}(t) & \cdots & c_{mn}(t) \end{bmatrix}$ 为 $m \times n$ 维矩阵，称为输出矩阵（或观察矩阵）；$D(t) =$

$\begin{bmatrix} d_{11}(t) & d_{12}(t) & \cdots & d_{1r}(t) \\ \vdots & \vdots & \cdots & \vdots \\ d_{m1}(t) & d_{m2}(t) & \cdots & d_{mr}(t) \end{bmatrix}$ 为 $m \times r$ 维矩阵，称为前馈矩阵（或直接传输矩阵）。

状态方程和输出方程的组合称为状态空间表达式或动态方程，也就是状态空间模型。

对于线性时变连续系统，式(4-10)和式(4-11)中矩阵 $A(t)$、$B(t)$、$C(t)$、$D(t)$ 的元素是时间 t 的函数，因此时变连续系统的参数是随时间变化的。

而对于线性定常连续系统，系统的参数不随时间变化，因此在定常系统中，这些矩阵的元素均为实常数，可表示为

$$x = A\dot{x} + Bu \qquad (4-12)$$
$$y = Cx + Du \qquad (4-13)$$

系统可简记为$\{A,B,C,D\}$或$\Sigma = (A,B,C,D)$。

对于单变量即单输入、单输出线性定常系统，其状态空间表达式为

$$x = A\dot{x} + bu \qquad (4-14)$$
$$y = cx + du \qquad (4-15)$$

式中，b 为列向量；c 为行向量；d 为标量。

4.3 半实物系统的仿真控制

4.3.1 实物系统的建模仿真

第3章的半实物仿真中曾讨论过，为了检验被控对象和控制器，可将控制器实物与控制对象的仿真模型连接在一起完成试验。下面讲解一个液压阀控缸的控制系统。

1. 电液伺服系统

电液伺服是机械工程中常用的技术，液压执行机构由于体积小、输出功率大、控制精度高等优点，在工程实际中被广泛应用。液压缸是一种典型的实现直线位移输出的机械执行

元件,伺服阀控制液压缸的行程大、精度高、输出力大,在冶炼、化工、航空、航海等方面有着不可取代的作用。

液压缸的工作原理是将流体能转换为机械能,并做往复直线运动。如图 4 - 7(a)所示为双杆活塞式液压缸,这种液压缸的特点是活塞两侧都有活塞杆伸出,当两活塞杆直径相同时,由于两腔有效面积相等,如果以同样大小的流量流入缸的左腔或右腔,则活塞往复运动的速度相等,如果以同样大小的压力输入缸的左腔或右腔,则活塞杆向右或向左的推力相同,这种液压缸常用于要求往复运动速度相同的场合。

若活塞的面积为 A_p,活塞的位移为 X_p,则液压缸内流量变化的微分方程为

$$\Delta q_{in} = A_p \frac{dX_p}{dt} \tag{4 - 16}$$

液压伺服阀在液压伺服系统中起着信号转换和功率放大的作用,它控制着输出到执行元件中油液的流量和压力。下面以应用最普遍的滑阀为例,说明伺服阀的工作原理。

滑阀按工作边数(起控制作用的阀口数)可分为单边滑阀、双边滑阀和四边滑阀。限于篇幅,在此只介绍四边滑阀。

如图 4 - 7(b)所示为四边滑阀,它有四个控制边,开口 X_1 和 X_2 分别控制液压缸两腔的进油,开口 X_3 和 X_4 分别控制液压缸两腔的回油。当阀芯向右移动时,进油开口 X_1 和回油开口 X_4 增大,进油开口 X_2 和回油开口 X_3 减小,使 p_1 增大, p_2 减小,使液压缸活塞向右移动;反之,活塞向左移动。与双边滑阀相比,四边滑阀同时控制液压缸两腔的压力和流量,故调节灵敏度更高,控制精度也更高。

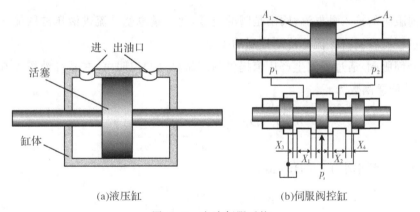

(a)液压缸   (b)伺服阀控缸

图 4 - 7 电液伺服系统

常用伺服阀有喷嘴挡板阀和射流管阀等。喷嘴挡板阀的喷嘴和挡板之间的距离由一套电磁系统控制。电磁线圈的输入电流可使挡板发生位移,位移大小与电流强度成比例。挡板靠近喷嘴时将使压力大大升高,而挡板离开喷嘴时则压力大大降低。

若如图 4 - 8 所示把挡板置于一对喷嘴的正中间,则挡板的微小偏移将带来两个喷嘴间很大的压力差,从而造成流体流动而拨动图 4 - 7(b)的阀芯,这实际上是一级前置放大器。挡板由线圈绕组驱动,由于挡板的质量很小,故其响应很快,频率可达数十赫兹,且只需几十

毫安即可驱动挡板运动。工业中普遍应用的伺服阀都是这种电液方式驱动的,因此称电液伺服阀。

电液伺服阀是一个重要的液压控制元件,阀芯位移可以用来控制流向液压缸的流体流量,其增益和精度很高,且响应很快,通常厂家在设计电液伺服阀时采用了各种技术上的措施来保障伺服阀的电流与输出液压油的流量呈线性关系。注意:图 4-7(b)和图 4-8 的 P_s 不是同一油源的压力。

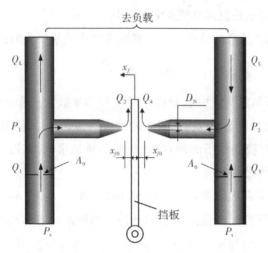

图 4-8　双喷嘴挡板

2. 伺服阀传递函数

电液伺服阀的输入是电流,输出是阀的流量,此流量也就是流进液压缸的输入流量。详细的推导过程可参阅有关流体传动控制的书籍。

某型号伺服阀,通过查阅生产厂家提供的产品目录和说明书,在系统液压固有频率大于 50 Hz 时,其传递函数为

$$K_{sv}G_{sv}(s)=\frac{q_L}{i}=\frac{K_{sv}}{\dfrac{s^2}{\omega_{sv}^2}+2\,\zeta_{sv}\dfrac{s}{\omega_{sv}}+1} \tag{4-17}$$

当系统液压固有频率小于 50 Hz 时,有

$$K_{sv}G_{sv}(s)=\frac{q_L}{i}=\frac{K_{sv}}{Ts+1} \tag{4-18}$$

式中,i 为输入电流;q_L 为伺服阀输出流量;ω_{sv} 为伺服阀固有频率;ζ_{sv} 为伺服阀阻尼比;T 为伺服阀时间常数;K_{sv} 为伺服阀流量增益。

当整个系统的频率很低时(这里指的是液压缸的工作频率),令

$$K_{sv}G_{sv}(s)\approx K_{sv} \tag{4-19}$$

于是,伺服阀的传递函数 $G_{sv}(s)$ 可简化为比例环节。

如果一个系统由几个环节组成,那么系统响应的速度取决于最慢的那个环节。伺服阀的快速性相当高,通常可以被看成是比例环节。

3. 阀控缸的传递函数模型

液压缸的输出是缸的行程 x_P，输入是流入缸的 q_L 流量，带入式(4-16)有

$$G_p(s) = \frac{x_p}{q_L} = \frac{\dfrac{1}{A_p}}{s\left(\dfrac{s^2}{\omega_{h1}^2} + 2\zeta_{h1}\dfrac{s}{\omega_{h1}} + 1\right)} \approx \frac{1}{A_p s} \qquad (4-20)$$

式中，x_p 为液压缸活塞杆的输出位移；A_p 为活塞有效面积；ω_{h1} 为阀控缸的固有频率；ξ_{h1} 为阀控缸的阻尼比。由于活塞及运动的部件质量非常小，缸内的油液体积也很小，与泵控马达液压固有频率 ω_{h1} 相比，上式分母括号中的第一项、第二项可以忽略不计，简化为积分环节。故液压缸的传递函数 $G_P(s)$ 可以由三阶系统简化为积分环节。

4.3.2　半实物系统的仿真

研究分析真实系统的主要目的是掌握系统的动力学特性。根据相似原理，由弹簧-阻尼组成的机械系统和由电阻-电容组成的电路系统可以有完全相似的微分方程数学结构，且对阶跃输入有着完全相似的响应，因此，可以用仿真模型来替代真实系统进行研究。

但即便是对一个相对简单的系统，如机械的弹簧-阻尼这样的一阶系统，如果要通过计算机测试它的动力学特性，也需要加一个机械的驱动装置来对系统产生力（或位移）输入，还需要把输出的位移通过传感器转换成电量，再进行信号调整后连接成实物系统。而且，在如图 4-9(a)所示的一阶机械系统中，需要设计、加工、装配、调试，工作量较大。而采用电阻-电容的一阶电气系统（见图 4-9(b)）组成半实物仿真来代替一阶机械实物系统就简单得多。但即使是简单的一阶系统，也会因为参数的不准确带来系统误差，因此要做到准确的仿真，要注意相似第一定理的条件：彼此相似的物理现象必须服从同样的客观规律，若该规律能用方程表示，则物理方程式必须完全相同，而且对应的相似准则必定数值相等。

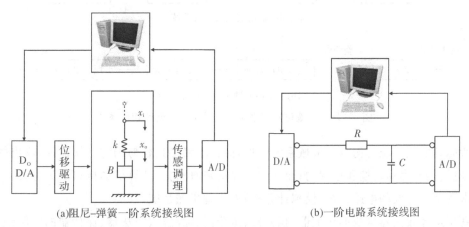

(a)阻尼-弹簧一阶系统接线图　　　　　　(b)一阶电路系统接线图

图 4-9　机电相似的一阶系统

液压系统虽然有许多优点，应用广泛，但其元件精密、价格高（尤其是伺服阀价格较贵），要求有辅助油源、蓄能器，还有泄漏污染等问题，因此在实验室条件下搭建电液伺服系统来

验证控制性能存在诸多困难,故我们也可以用电路系统来仿真。

下面,我们拟利用相似原理,根据上面这个电液伺服的实例,建立液压阀控缸系统的传递函数模型,并把系统简化成一个基于运算放大器的半实物系统。

阀控缸系统由电液伺服阀和液压缸组成,控制元件伺服阀的输入为电流,输出为液体流量,传递函数见式(4-17),简化见式(4-19);执行元件液压缸的输入是流量,输出是活塞杆的位移,传递函数及其简化见式(4-20)。

图4-10是电液伺服系统的原理框图。环节1是一个比例环节,K_a为电流比例系数,其作用是把所需的位移偏差转换为伺服阀线圈的电流i;环节2是电液伺服阀,是一个二阶环节;环节3是液压缸,是一个积分环节。该系统是一个自闭环系统,从图中可以看出,如果位移的指令与反馈存在偏差,阀就一直工作,液压缸对流量不断积分,直到位移偏差等于零。

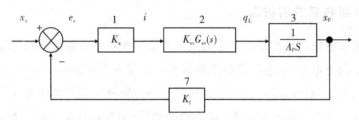

图4-10 电液伺服系统的原理框图

如果把液压系统的各个机械环节都用运算放大器来逐级模拟,并在确定各环节的输入、输出关系之后,把机械系统的变量都与电路系统的变量一一对应起来,则可以得到用运算放大器组成的相似系统。图4-11(a)是电液伺服系统的工作原理及其相应的输入、输出变量,图4-11(b)是根据相似原理用运算放大器建立的半实物电路系统。

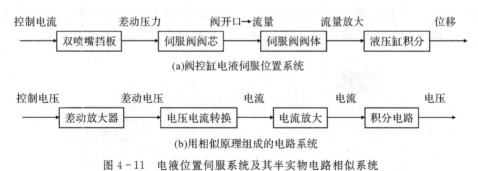

图4-11 电液位置伺服系统及其半实物电路相似系统

考虑到电气系统的构成比机械系统简单,而且电路参数容易调整。从输入、输出的能量来看,电量是最容易转换和控制的;而从测量要求来看,它与计算机的接口最为方便。因此,我们常用基于运放的电路系统(模拟计算机)来代替机械系统。

利用运算放大器构成的比例器、积分器、微分器、加法器、减法器、保持器的电路组合,在已知系统传递函数的前提下,可以十分方便地与计算机(装有 A/D、D/A 板卡)构成半实物仿真系统平台。

图4-10所示的电液伺服系统框图中,有比例环节、积分环节、二阶环节等。在此主要

讨论如何基于运算放大器,用电阻和电容构建二阶环节,而比例和积分等环节也包含在其中。

前面曾经讨论过如何用电阻、电感和电容构成一个二阶电路的系统。但一般情况下,电阻和电容元件较容易找到,而电感元件较少使用。为此,可以搭建如图4-12所示的以运算放大器(简称运放)、电阻和电容组成的二阶电路系统。

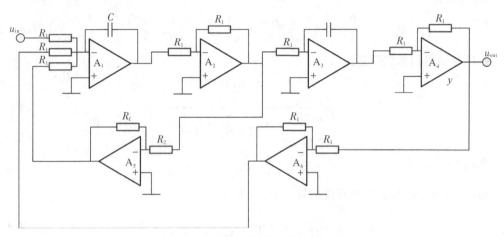

图4-12　基于运放的二阶电路系统

图4-12中,运放 A_2、A_4、A_5、A_6 均为反向输入,运放 A_1、A_3 为积分环节。若指定系统输入为 u_{in}、输出为 u_{out},并指定第 i 个运放 A_i 的输出为 Y_i,从电路系统图中可得

$$y_1 = -\frac{1}{R_1 C}\int (u_{in} + y_5 + y_6)\mathrm{d}t \tag{4-21}$$

$$y_2 = -y_1 \tag{4-22}$$

$$y_3 = -\frac{1}{R_1 C}\int y_2 \mathrm{d}t \tag{4-23}$$

$$y_4 = -y_3 \tag{4-24}$$

$$y_5 = -\frac{R_f}{R_2}y_2 \tag{4-25}$$

$$y_6 = -y_4 \tag{4-26}$$

由式(4-22)、式(4-23)和式(4-24)可得

$$y_4 = -y_3 = \frac{1}{R_1 C}\int y_2 \mathrm{d}t = -\frac{1}{R_1 C}\int y_1 \mathrm{d}t \tag{4-27}$$

所以

$$y_1 = -R_1 C \frac{\mathrm{d}y_4}{\mathrm{d}t} \tag{4-28}$$

由式(4-22)和式(4-25)得

$$y_5 = -\frac{R_f}{R_2}y_2 = \frac{R_f}{R_2}y_1 \tag{4-29}$$

将式(4-28)式代入式(4-29)得

$$y_5 = \frac{R_f}{R_2} y_1 = -R_1 C \frac{R_f}{R_2} \frac{dy_4}{dt} \tag{4-30}$$

将式(4-21)、式(4-26)、式(4-28)、式(4-29)代入式(4-22)得

$$-R_1 C \frac{dy_4}{dt} = -\frac{1}{R_1 C} \int \left(u_{in} - R_1 C \frac{R_f}{R_2} \frac{dy_4}{dt} - y_4 \right) dt \tag{4-31}$$

整理后得

$$\frac{d^2 y_4}{dt^2} + \frac{1}{R_1 C} \frac{R_f}{R_2} \frac{dy_4}{dt} + \frac{1}{R_1^2 C^2} y_4 = \frac{1}{R_1^2 C^2} u_{in} \tag{4-32}$$

拉氏变换得到系统传递函数

$$\frac{Y_4(s)}{U_{in}(s)} = \frac{\dfrac{1}{R_1^2 C^2}}{s^2 + \dfrac{1}{R_1 C} \dfrac{R_f}{R_2} s + \dfrac{1}{R_1^2 C^2}} \tag{4-33}$$

令 $\omega_n = \dfrac{1}{R_1 C}$，则 $\qquad\qquad\qquad \xi = \dfrac{R_f}{2R_2}$

由图中可以看出，y_4 就是系统的输出 U_{out}，所以

$$\frac{U_{out}(s)}{U_{in}(s)} = \frac{\omega_n^2}{s^2 + 2\xi\omega_n s + \omega_n^2} \tag{4-34}$$

在半实物相似系统的建模、仿真与控制中，微处理机起着非同寻常的角色。

首先，微处理机是获得系统动态特性的有力测量记录工具。比如，二阶系统欠阻尼的响应曲线通常是求解微分方程后绘制出来的。而对半实物系统来说，在模型尚未检验之前，还没掌握系统的模型的真实程度，因此要通过测量特性曲线来检验和研究模型。通过微处理机的数据通道可以采集、记录下特性曲线，以便我们对所研究的系统特性进行对比、分析和研究，以保证模型的可靠程度。

其次，在控制器设计一节中，对于连续系统，用运算放大器不仅可以设计 PID 类的简单控制器，还可以实现积分分离、微分先行等相对复杂的控制器，甚至能实现一些带智能的控制器。工程实际中，有些控制算法十分复杂，如果完全靠采用运算放大器来实现这些复杂的算法，将花费大量的工作来设计这些运放电路。如果使用计算机，则可以用编程使控制器通过计算机中的程序实现，这个过程会变得十分简洁、高效。

最后，系统的理想模型是数学模型，此时在仿真试验中能够通过计算获得研究结果，既简单又准确。计算机本是用于科学计算的，用数学模型来替代实际系统的试验研究可以直接在计算机中实现，但必须先把连续的数学模型转化为离散的模型，即把微分方程形式转化为差分方程形式。关于系统离散模型的内容，我们将在 4.6 节介绍。

在本节的最后再次重复强调，模型是对系统的动态特性进行抽象和简化，并将该简化特性表达出来。数学解析式是最精确和简洁的表达。

4.4　时域连续系统的控制

4.4.1　闭环系统及其 PID 控制

动力学特性是系统的重要的特性,而控制的作用就是要完善和提高响应的动态过程,包括在跟随指令信号的过程中,要稳、准、快地实现指令的跟随。从第 3 章对图 3－18(b)的讨论中可以看出,如果想让一阶系统的输出 $y(t)$ 更好地跟随输入 $r(t)=1(t)$,可以通过给出 $u(t)=2\times 1(t)-1(t-\tau)$,当输出 $y(t)$ 的值在 τ 时刻达到 1 时,指令快速地切换到 1,从而改善系统跟随速度,同时又不失其稳和准。在这里,$u(t)$ 就是通常所说的控制信号,问题是对其他一般的系统怎样才能找到 $u(t)$。

系统的输出信号直接或经过中间变换后全部或部分对控制作用有影响的系统称为闭环系统。典型的闭环控制系统结构如图 4－13 所示。显然,闭环系统借助输出信号的反馈,能够得到输入指令和输出响应之间的偏差。因此当系统的输出信号偏离了指令信号时,通过减小系统的偏差,就可以提高系统的性能。闭环系统控制器的工作也正是基于这一原理(消除偏差)进行的。

按偏差的比例(P)、积分(I)、微分(D)实施控制(即 PID 控制),是闭环控制中应用最广泛的一种控制规律。

1. 常规 PID 调节器

图 4－13 中,控制器根据偏差 e 生成控制信号 $u=f(e)$,使系统的性能指标达到某种要求。图 4－14 所示的 PID 控制器是最常用的根据偏差 e 生成控制信号 u 的策略。

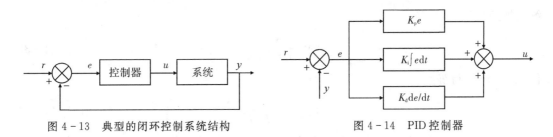

图 4－13　典型的闭环控制系统结构　　　　　　图 4－14　PID 控制器

PID 控制器的输出是控制信号 $u(t)$,输入是偏差信号 $e(t)$

$$e(t)=r(t)-y(t) \tag{4-35}$$

式中,$r(t)$ 为系统的设定输入;$y(t)$ 为被控量,即系统的输入和输出。

偏差信号 $e=r-y$ 为调节器的输入,控制量 u 为调节器的输出。在实际工业过程中,调节器的性能主要靠整定增益 K_p、积分时间常数 T_i、微分时间常数 T_d 这三个参数来完成。因此,模拟 PID 调节器的数学表达式为

$$u(t)=K_p\left\{e(t)+\frac{T}{T_t}\int e(t)\mathrm{d}t+\frac{T_d}{T}\frac{\mathrm{d}e(t)}{\mathrm{d}t}\right\} \tag{4-36}$$

式中,T 是采样周期;K_p、K_i 和 K_d 是非负的实数,K_p 是对偏差 $e(t)$ 进行比例运算的系数;$K_i = K_p T / T_i$,是对偏差 $e(t)$ 进行积分运算的系数;$K_d = K_p T_d / T$,是对偏差 $e(t)$ 进行微分运算的系数。式(4-36)表明,PID 控制的比例、积分和微分三种运算都是针对偏差 $e(t)$ 进行的。PID 控制策略归结为这三个参数的选取。

式(4-36)中,$r(t)$、$y(t)$ 和 $e(t)$ 都是模拟量。用运算放大器可以实现加法器、比例器、积分器和微分器,基于模拟电子技术可以实现式(4-36)的模拟控制器。但是,模拟控制器的参数 K_p、K_i 和 K_d 不便调整,系统的数据无法进行存储和通信,因此,模拟控制器在很多场合已被基于计算机技术的数字控制器取代。

2. 比例控制的作用

比例控制的作用是对当前的偏差信号 $e(t)$ 进行比例运算后作为控制信号 $u(t)$ 输出。比例控制的特点是,只要偏差 $e(t)$ 存在,比例控制器就能即时产生与偏差成正比的控制信号。比例系数 K_p 越大,比例控制作用越强。在阶跃响应早期,偏差 $e(t)$ 很大,所以控制信号 $u(t)$ 很大,可以使被控量 $y(t)$ 上升加快,改善系统的快速性。但是,被控量上升过快可能产生较大的超调,甚至引起振荡,使系统的稳定性劣化。

比例控制对系统准确性的改善主要是在稳态时段。无论系统的传递函数 $G(s)$ 如式(4-7)那样的多项式,还是如式(4-8)那样的因式的乘积,当时间 $t \to \infty$ 时,传递函数 $G(s)$ 中的 $s \to 0$,此时系统进入稳态,此时的输出值为系统的增益 K。

系统进入稳态后只有静差 e_{ss},控制信号 u 与偏差成比例

$$u = K_p e_{ss} = K_p (r - y) \tag{4-37}$$

被控量 y 成为

$$y = K u = K_p K e_{ss} = K_p K (r - y) \tag{4-38}$$

解出被控量

$$y = \frac{K_p K}{1 + K_p K} r \tag{4-39}$$

代入 $y = r - e$ 得静差

$$e_{ss} = \frac{1}{1 + K_p K} r \tag{4-40}$$

由以上推导可见,如果增大比例控制参数 K_p,可以使静差 e_{ss} 减小,但仅有比例控制 K_p 无法消除静差 e_{ss}。如果 K_p 过大,使 $u(t) = K_p e(t)$ 超出控制器的允许范围,不能输出更大的控制信号 $u(t)$。$u(t)$ 超出控制器允许范围这一现象称为控制器饱和。当控制器饱和时,无法起到减小偏差的作用,偏差可能很大并且在控制器退出饱和之前继续存在,因此,比例系数 K_p 必须适当。

3. 积分控制的作用

积分控制可以累积系统从 $t = 0$ 时刻到当前时刻的偏差 $e(t)$ 的全部过程。系统进入稳态后,静差 e_{ss} 往往很长时间不变,如果控制器引入积分项,则经过一段时间对静差 e_{ss} 积分,就

能够输出足够大的控制信号 u 来消除静差 e_{ss}。因此,引入积分控制的目的是消除静差。但是,如果对象的响应较慢,在阶跃响应早期,可能出现大偏差且长时间符号不变,产生过大的偏差积分值 $K_i \int e(t) dt$,导致控制器饱和。因此,要适当选取积分控制参数 K_i。

4. 微分控制的作用

微分控制正比于偏差信号 $e(t)$ 的当前变化率 de/dt,由当前的偏差变化率能够预见未来的偏差,决定控制信号的符号和大小。微分控制只对偏差 $e(t)$ 的变化率敏感,对于固定不变的偏差 $e(t)$,微分控制不起作用。对于设定值的阶跃变化,微分控制能减小超调,抑制振荡,改进系统的稳定性。但是当系统受到高频干扰时,对于快速变化的偏差 $e(t)$,微分控制的作用可能过于强烈,不利于系统的稳定性。如果 $u(t)$ 中的微分项过大,还可能使控制器饱和,系统阶跃响应可能很迟缓。因此,运用微分控制应十分谨慎,参数 K_d 取值不宜过大。

需要说明的是,PID 控制有能力对闭环传递函数产生影响,通过极点的配置实现满意的系统响应。不过,在某些情况下,不一定需要采用完整的 PID 控制器,只需有 PI 或 PD 功能的校正就能满足要求。比例加积分(PI)控制器主要用在保证控制系统稳定的基础上提高系统的精度,从而改善系统的稳态性能。PD 控制器能够提高系统的相对稳定性,从而间接提高系统的稳定性,就改善大惯量系统的控制性能而言,只有 PD 控制规律才能奏效,其主要作用表现在增加控制系统的阻尼比,使系统由不稳定变成稳定,改进系统动态性能。由 PID 控制器的传递函数发现,PID 控制规律除可使系统的精度增加以外,还能提供两个负实数零点。这与 PI 控制规律相比较,除了保持提高系统稳态性能的优点外,由于多提供一个负实数零点,所以在提高系统动态性能方面具有更大的优越性,这便是 PID 控制规律在控制系统中得到广泛应用的根本原因。

5. 分离式 PID 调节

在阶跃扰动下,系统在短时间内会产生很大的偏差,此时往往引起积分饱和、微分项急剧增加的现象,控制系统很容易产生振荡,此时的调节性能很差。为克服这一缺点,可采用分离式的 PID 控制方法。即当偏差很大时减小积分与微分的加权系数,这样既能迅速减小偏差,又能保持调节过程平稳,具体的做法是判断偏差 e 是否大于临界值 e_m,并使

$$e > e_m 时, K_i = K_1 \times K_i, K_d = K_2 \times K_d \tag{4-41}$$

$$e < e_m 时, K_i = K_i, K_d = K_d \tag{4-42}$$

式中,$0 < K_1 < 1$;$0 < K_2 < 1$。

分离式的 PID 也可以用运算放大器电路来实现。采用运算放大器的比较电路,并以 e_m 作为比较电压,选择合适的电阻参数,构成 K_1、K_2 等系数,根据偏差 e 的大小确定控制参数。

6. PID 控制参数整定

1)采样周期

数字 PID 通常应当先确定采样周期。响应快或信号变化较快的系统一般采样周期应当较小。但是,采样周期受到 A/D、D/A 通道速率和计算机处理速度的限制。必须保证应用

程序在一个采样周期内能完成所需要的运算和输入、输出操作,为此,除了选用适当的硬件外,我们通常还希望数据通道和控制算法高效,程序简洁。

对于响应慢或信号变化较慢的系统,不必用过小的采样周期。如果采样周期过小,相邻两次采样信号数值过于接近。A/D、D/A 和计算机的分辨能力受数字量位数的限制,可能无法分辨相邻两次采样信号数值,反而不能起控制作用。

2)PID 参数

为了达到良好的控制性能,PID 控制器的参数可以根据系统模型用解析法求解。但解析法常面临着无法获取精确的模型或参数时变求解困难等诸多问题。因此,工程技术人员通过反复试验调整 K_p、K_i 和 K_d 三个参数值,使系统的品质达到满意,或者使某个综合指标达到最优(如使 IAE 最小),这个过程称为 PID 参数整定。常用的试验方法有调试法和经验法,以及近年来发展了多种仿生物智能的寻优算法。

3)调试法

调试通常在阶跃设定下进行。调试步骤大致如下:

(1)K_i 和 K_d 置为 0,只将比例控制系数 K_p 逐次由小变大,每一次观察系统的阶跃响应,兼顾上升快、超调小、振荡衰减快、静差小。如果静差已在允许范围内并且被控量能在衰减到最大超调的 1/4(称为 1/4 衰减度)时就已进入允许的静差范围内,此时的 K_p 就较满意。通常认为 1/4 衰减度能兼顾快速性和稳定性。

(2)如果比例控制不能使静差达到要求,必须加入积分控制来消除静差。调试积分控制系数 K_i 时,先给一个不大的 K_i 值,再将第一步所得的 K_p 值略微减小,譬如减小到原来值的 80%,然后逐步减小 K_i,直到消除静差同时保持良好的动态品质。这一步骤中还可以反复微小调整 K_p 予以配合。过大的 K_p 和 K_i 可能造成后续所述的饱和现象,使动态性能劣化。

(3)如果加入积分控制后动态品质劣化,可以加入微分控制。应先给一个很小的微分系数 K_d,视动态品质的改善情况渐次增大 K_d,还可兼顾微调 K_p 和 K_i,直到动态和静态品质都满意。

能够达到满意的参数组合不是唯一的,调试工作常常要靠经验,在一个系统上满意的参数值一般不能照搬到另一个系统上。

在工程实际中,应兼顾系统品质的快、准、稳三个方面,视系统的用途、结构特点和具体要求有所侧重。控制信号不当可能造成系统损坏,如过大的控制信号输出会使执行器动作过猛,造成某些零部件受力过大,调试中应避免盲目大幅改变任何参数值。因此,往往不允许在真实的工业系统上用调试法整定 PID 控制器参数。

4)经验法

经验法也称为工程法。工程界已总结出一些经验方法,有扩充临界比例度法、扩充响应曲线法、归一参数法等。不同的方法适用于不同类型的工业系统,必须正确选择使用。这些经验方法在实用中仍不能完全摆脱现场调试,但是可以减少盲目性和试验次数,提高参数整定和调试工作的效率。

K_p、K_i 和 K_d 三个参数的值不依赖系统的数学模型,可以用于得不到数学模型的对象,因此 PID 控制是应用最广泛的一种控制策略。

4.4.2　PID 控制的改进

由前述所知,无论比例、积分或微分,PID 控制器都可能计算出很大的控制信号 u,可能在一段时间内超出 D/A 转换器的输出电压范围 $[u_{min}, u_{max}]$,这种现象称为控制器饱和。

当电动机拖动大惯性负载启、停时或温度系统中要求温度迅速升、降时,设定值往往要大幅度地增、减,初期会出现很大偏差。当系统遇到较大的尖峰扰动时,会出现很大偏差,且偏差变化率也很大。这些情形下,PID 控制器容易出现饱和现象。

控制器饱和时段内无法正常地依照控制策略输出控制量,可能造成系统的品质严重劣化。因此,参数整定中,应避免盲目使用过大的 K_p、K_i 和 K_d,以防出现控制器饱和现象。为了避免控制器饱和,可采取以下办法改进 PID 控制,这几种改进不难在控制程序中实现。

1. 防止控制器饱和的措施

控制信号限幅:对控制信号 $u(k)$ 限幅,可以防止任何原因引起的控制器饱和。如果 PID 计算得到的 $u(k)$ 超出 D/A 转换器的输出范围 $[u_{min}, u_{max}]$,就将 $u(k)$ 限制在此范围内。限制 $u(k)$ 值如下:

(1)当 $u(k) < u_{min}$ 时,取 $u(k) = u_{min}$;

(2)当 $u(k) > u_{max}$ 时,取 $u(k) = u_{max}$。

积累补偿法:如果 PID 计算得到的 $u(k)$ 超出 D/A 转换器的输出范围 $[u_{min}, u_{max}]$,将那些因控制器饱和而未能执行的增量控制信号 $\Delta u(k)$ 积累起来,一旦控制器退出饱和,立即补充执行这些未能执行的增量控制信号 $\Delta u(k)$。

2. 积分项的改进

1)积分分离法

积分分离法是在 $e(k)$ 较大的时段,取消积分控制作用,而在 $e(k)$ 较小的时段,投入积分控制作用。这样既可以避免对大的动态偏差进行积分,又能发挥积分控制消除静差的作用。此时需要确定一个积分分离阈值 E,使得:

(1)当 $|e(k)| > E$ 时,取消积分控制,只采用 PD 控制;

(2)当 $|e(k)| \leqslant E$ 时,投入积分控制,采用 PID 控制。

要注意阈值 E 的选取。如果积分分离阈值 E 过大,达不到积分分离的目的;如果 E 值过小,可能进入不了 $|e(k)| \leqslant E$ 区间,永远没有投入积分控制的机会,系统静差将无法消除。

2)逾限削弱积分法

为克服积分分离法的上述缺点,当 $u(k)$ 逾限以后,应有条件地取消积分控制。做法是:在计算 $u(k)$ 前,先判断先前一次的控制信号 $u(k-1)$ 是否逾限,若 $u(k-1)$ 已逾限,应判断逾上限还是逾下限,再判断偏差是正还是负,采用以下策略:

(1)若 $u(k-1) \geqslant u_{\max}$，但 $e(k) < 0$，积分可减少 $e(k)$；

(2)若 $u(k-1) \geqslant u_{\max}$，而 $e(k) > 0$，取消积分；

(3)若 $u(k-1) \leqslant u_{\min}$，但 $e(k) > 0$，积分可减少 $e(k)$；

(4)若 $u(k-1) \leqslant u_{\min}$，而 $e(k) < 0$，取消积分。

3. 微分项的改进

1)微分先行法

很多工业对象具有较大惯性，被控量 $y(t)$ 的变化经常是缓慢的。当设定值 $r(t)$ 大幅度改变时或当系统遭遇高频干扰，就会在短时段内引起偏差 $e(t) = r(t) - y(t)$ 的大幅度变化，变化率 $\mathrm{d}e(t)/\mathrm{d}t$ 会很大，引起 PID 控制的 $u(t)$ 中微分项大幅增加，造成控制器饱和。在图 4-15 中，在被控量 $y(t)$ 进入比较环节之前先单独对 $y(t)$ 求微分，不至于计算出很大的变化率 $\mathrm{d}y(t)/\mathrm{d}t$。不对偏差 $e(t)$ 求微分，也就是不对设定信号 $r(t)$ 求微分。这对于设定值 $r(t)$ 频繁大幅度改变的系统，可以显著地改善动态品质。

2)不完全微分法

对于快速变化的偏差，微分控制反应强烈，造成控制器饱和，不利于系统的稳定，因此直接使用微分控制应十分谨慎。为兼顾这两个方面，可以在 PID 控制器输出端串联一个一阶惯性环节，如图 4-16 所示。一阶惯性环节的低通滤波作用可以滤除高频信号，仅允许低频信号通过。当一个短时快速变化的偏差发生期间，微分控制幅度先急剧增大，随后又急剧减小。信号 $u'(t)$ 中含有丰富的高频成分，此成分被一阶惯性环节滤除，这样 $u(t)$ 中的微分控制作用可以适中而且持续，这种办法称为不完全微分法。

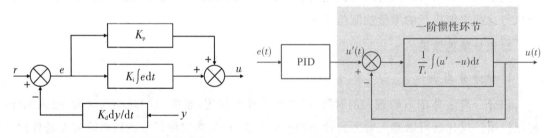

图 4-15　微分先行 PID 控制器　　　　　图 4-16　不完全微分的 PID 控制器

图 4-16 是不完全微分法原理的框图，其中一阶惯性环节的输出为

$$u(t) = \frac{1}{T_i} \int_0^t (u' - u) \mathrm{d}t \qquad (4-43)$$

对式(4-43)求导、移项得

$$T_i \frac{\mathrm{d}u}{\mathrm{d}t} + u = u' \qquad (4-44)$$

而此时

$$u'(t) = K_p e(t) + K_i \int_0^t e(t) \mathrm{d}t + K_d \frac{\mathrm{d}e}{\mathrm{d}t} \qquad (4-45)$$

所以

$$T_f \frac{\mathrm{d}u}{\mathrm{d}t} + u = K_p e(t) + K_i \int_0^t e(t)\mathrm{d}t + K_d \frac{\mathrm{d}e}{\mathrm{d}t} \tag{4-46}$$

从式(4-46)与图 4-16 中可以看出,偏差信号在经过了控制器的 PID 运算后输出,又经过了一次一阶惯性的滤波,有效地滤除了控制信号中的高频。

4.5　计算机软件对控制算法的改进

4.5.1　位置算法与增量算法

上一节中,对图 4-13 所示的连续系统,我们给出了如式(4-36)的 PID 控制算法,若用微处理器来实现控制器,则需将控制器方程(式(4-36))离散化,则有

$$u(k) = K_p \left\{ e(k) + \frac{1}{T_i} \sum_{n=1}^{k} e(n)T + T_d \frac{\Delta e(k)}{T} \right\} \tag{4-47}$$

式中,K_p 为比例系数;T_i 为积分时间常数;T_d 为微分时间常数;T 为采样周期;$e(k)$ 为第 k 次采样所获得的偏差信号;$\Delta e(k)$ 为本次和上次测量值偏差的差。式(4-47)称为 PID 控制的位置式算法。

在给定值 r 不变时

$$\Delta e(k) = e(k) - e(k-1) = y(k-1) - y(k) \tag{4-48}$$

位置算法需要计算机对 $e(k)$ 不断地进行累加计算,不能进行递推,故用于计算机控制的 PID 算法常作如下处理。考虑 $k-1$ 时刻的控制输出

$$u(k-1) = K_p \left\{ e(k-1) + \frac{1}{T_i} \sum_{n=1}^{k-1} e(n)T + T_d \frac{\Delta e(k-1)}{T} \right\} \tag{4-49}$$

将式(4-47)和式(4-49)相减得到控制器增量

$$\Delta u = u(k) - u(k-1) \tag{4-50}$$

将式(4-47)和式(4-49)带入(4-50)得

$$\Delta u = K_p \left\{ e(k) - e(k-1) + \frac{1}{T_i} e(k) + \frac{T_d}{T} [e(k) - 2e(k-1) + e(k-2)] \right\} \tag{4-51}$$

式(4-51)称为增量算法。式中,令 $K_i = \dfrac{K_p T}{T_i}$ 为积分系数;$K_d = \dfrac{K_p T_d}{T}$ 为微分系数。

将式(4-51)进一步简化为

$$\Delta u(k) = Ae(k) + Be(k-1) + Ce(k-2) \tag{4-52}$$

式中,$A = K_p + K_i + K_d$;$B = -K_p - 2K_d$;$C = K_d$。

式(4-52)虽然大大简化了控制增量的算法,但系数 A、B、C 已经失去了比例、微分和积分的意义。因此最好还是输入系数 K_p、K_i、K_d,然后再通过这几个系数计算 A、B 和 C,这样可以在分析试验结果时较容易调整控制器的参数。

数字式的闭环控制系统框图如图 4-17 所示。

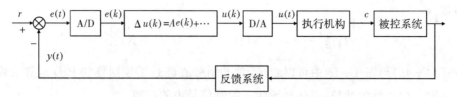

图 4-17 数字式的闭环控制系统框图

用数字 PID 控制器代替模拟 PID 控制，系统的性能品质会有所提高。但如果进一步发挥计算机的编程灵活和逻辑判断能力的优势，数字 PID 控制可以发展出多方面的改进，使控制效果更好。在以往的控制实验中，作者常使用如图 4-18 所示的数字 PID 控制程序流程图，建议读者可以根据自己的习惯和喜好改进后使用。

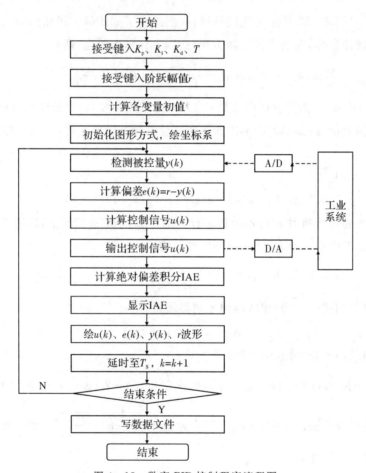

图 4-18 数字 PID 控制程序流程图

PID 控制也受到一些限制，如为了满足控制系统的性能要求，设计 PID 控制器需要系统各组成部分的数学模型，并且要求模型在控制过程中保持不变。此外，PID 控制器只能用于固定参数的系统，且在某一条件能达到稳定的系统可能在另一种操作条件下完全无法使用。

机电液伺服系统的参数对油温、系统压力、阀的开口量等变化非常敏感，所以其参数随时间变化，且在系统的工作点也时常改变，因此参数常呈现出时变性。故在许多情况下，PID

控制方法不能得到令人满意的结果。

最优控制用状态变量对系统进行了完全描述，由于采用了状态反馈，比起经典控制理论中采用的输出反馈方法能得到更多的系统信息，因此使系统的响应更快，控制品质最优。但实际系统中的有些状态很难观测，因此要设计相应的状态观测器（这也是现代控制理论的内容之一）。此外，对机电液系统来说，建立系统的精确数学模型已经够复杂了，为了使用最优控制，还得花费大量的精力去掌握线性代数、变分法、泛函分析等数学内容，而且最优控制中的一些定理（如极大值原理）又引申出更多、更深的数学内容，这会令人望而生畏。

自适应控制在一定程度上解决了非线性和时变问题，但它要求在控制过程中获得较多的相关系统信息。近年来，学者们在不断研究减少在线计算工作量的方法，因此不断有新的自适应控制算法提出，但证明一种算法比其他算法更优是一大课题，建立算法的收敛条件也是一个难点。所有这些问题可以归结为一点：自适应控制的计算量大、算法复杂。解决这个问题是自适应控制取得更广泛应用的先决条件。另外，自适应控制方法在具体应用时有许多条件，如持续激励条件和慢时变条件等。对电液转速伺服系统的试验表明：在对确定性信号（即不满足持续激励条件）进行跟随控制时（如在负载阶跃扰动下），自适应控制方法的效果不如 PID 控制方法。

综上所述，PID 控制虽然算法简单、所用存储量少、计算量小，占用嵌入式微处理器的资源少，但仍需解决参数自适应的问题。自适应控制虽能解决参数变化的问题，但需满足一些数学上的约束条件，且算法复杂、计算量大，需有很高的运算速度和很大的存储容量，这是大多嵌入式微处理器较难满足的。

20 世纪 70 年代，智能控制得到了全面发展，可以有效解决上述种种问题。模糊控制是较简单且很实用的一种智能控制。

4.5.2　智能 PID 控制算法

PID 控制由于其算法简单、容易实现等优点，已被相关人员熟练掌握，在实际工程应用中也较为稳定和可靠。因此 PID 在控制理论和技术飞速发展的今天，在许多应用场合仍有其强大的生命力。将自适应控制与 PID 控制调节器相结合，形成自适应 PID 控制技术，它具有自适应控制与常规 PID 调节器两方面的优点，既有自动辨识被控过程参数、自动整定控制器参数、能适应被控过程参数的变化等一系列优点，又具有常规 PID 调节器结构简单、工作稳定、相关人员熟悉的优点。

20 世纪 60 年代中期，一些学者把人工智能技术引进控制系统，规则控制自 1965 年扎德创立模糊集合论并被用于过程控制以来，逐渐形成智能控制的一个重要分支。傅京孙首先提出"人工智能控制"的概念，1967 年首次正式使用"智能控制"一词。上节中的分离 PID 控制就是在不同条件下选择不同的控制规则。二模式（即开关模式与 PID 模式）PID 控制的效果比普通 PID 控制的效果有较大提升，二模式 PID 的两种控制模式是根据两种不同的条件来确定的,也是一种控制规则。

智能(或仿智能)型 PID 控制器的优点是既不需要在线辨识被控系统的精确模型,且对系统模型阶数没有严格的限制,又能进行比较满意的在线控制。该方法的核心:根据控制器输入信号(即系统误差)的大小、方向及变化趋势等特征而作出相应决策,选择适当的控制模式进行切换。本节将着重讨论智能型自适应 PID 控制器。

与智能控制相比,经典控制和现代控制理论着力研究被控对象而不是控制器,它们要求能够在常规理论规定的框架下,用数学模型严格刻画被控对象,其控制性能依赖于被控对象数学模型的精确程度,以及控制算法的有效程度。因此,当系统复杂性增加而难以建立模型时,或者模型的阶数和参数时变,大大增加了控制算法的复杂程度,很难达到有效的控制需要。

傅京孙在 20 世纪 70 年代提出了智能控制的理论,这是一种将以知识表示的非数学广义模型和传统的数学模型表示相结合的混合控制理论,为解决用传统方法难以解决的复杂系统的控制问题提供了新的更有效的方法。作为自动控制的高级形式,智能控制无论在理论上还是实践上都还很不成熟、不完善,需要进一步探索相关理论,对现有的理论进行补充修正,使智能控制得到更快更好的发展。

对如图 4-19 所示的响应曲线,即使我们没有系统的精确模型,或缺乏有关系统的先验知识,或没法给出动力学特性的精确数学描述,但只要知道这是系统对某种输入函数的响应,就能设计一个大致"满意"的控制器。如表 4-1 所示的控制算法,根据系统当前输出的状态,就能大概推断应该给一个什么样的控制量,已经表现出了一定的智能。

这些控制规则即使对一个未知系统来说也能成立,如当系统输出位于图 4-19 中曲线的某个点时,若偏差和偏差变化率反号,即

$$e \times \Delta e < 0 \qquad\qquad (4-53)$$

说明此时输出曲线正在趋近指令,应采用较小的控制量或维持控制量不变(保持模式),如

$$u_0(n) = u_0(n-1) \qquad\qquad (4-54)$$

而当系统的偏差和偏差变化率同号时,即

$$e \times \Delta e > 0 \qquad\qquad (4-55)$$

说明此时输出正在快速偏离指令,应取较大的控制。

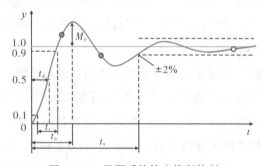

图 4-19　根据系统输出推断控制

根据以上的分析,整理出若干条规则,把条件和控制模式组成表 4-1,就构成具有一定智能的自适应 PID 控制。

表 4-1 控制规则表

序号	条件	控制输入	控制模式
1	$e_n > M_1$	全"0"或全"1"	开关
2	$e_n \Delta e_n > 0$,且 $e_n > M_2$	$U_o(n) = U_o(n-1) + K_1 K_p e_n$	比例
3	$\Delta e_n = 0$,或 $\Delta e_n \neq 0$,且 $e_n < M_2$	$U_o(n) = U_o(n-1) + K_p e_n$	比例
4	$e_n \Delta e_n < 0, \Delta e_n \Delta e_{n-1} > 0$ 或 $e_n = 0$	$U_o(n) = U_o(n-1)$	保持 1
5	$e_n \Delta e_n < 0$,且 $e_n \geqslant M_2$	$U_o(n) = U_o(n-1) + K_1 K_2 K_p e_{m-n}$	保持 2
6	$e_n \Delta e_{n-1} < 0$,且 $e_n < M_2$	$U_o(n) = U_o(n-1) + K_2 K_p e_{m-n}$	保持 2

表中,$e(n) = r(n) - y(n)$ 为系统的偏差;$r(n)$ 为系统的给定值;$y(n)$ 为系统输出;$\Delta e(n) = e(n) - e(n-1)$;$e(n-m)$ 为偏差 e 的第 n 个极值;K_p 为比例增益;K_1 为系统增益,$K_1 > 1$;K_2 为控制系数,$0 < K_2 < 1$;M_1、M_2 为设定的误差界限,且 $0 < M_2 < M_1$;$U(n)$ 为采样时刻 n 的控制输出。

从表 4-1 中可知:

(1)若满足 $|e(n)| > M_1$ 的条件,则采用开关模式(非线性控制)进行控制,使偏差迅速减小;

(2)若误差趋势增大,则加大控制量以便迅速纠正偏差,此时应采用比例模式;

(3)若误差经过极值而减小,则减小控制量,采用保持模式 2;

(4)若误差为零或很小(在允许的误差带内),系统已处于平衡状态,则保持原有的控制输出,即保持模式 1。

实际上,上述这些"如果……则采用……"的表达,是一种数理逻辑的推理表达方式,这种算法语句在计算机中很容易用"IF……THEN……"来实现,这属于人工智能的推理逻辑运算,同时又包括了 $U_o(n) = U_o(n-1) + K_1 K_2 e(n)$,$U_o(n) = U_o(n-1) + K_1 K_2 K_p e(n)$……数学的解析运算,控制功能早就超出了一般的 PID 控制规律的范围,充分发挥了计算机速度快、精度高、存储信息容量大和逻辑判断功能强的优点。但从中仍可以看到常规 PID 控制中的思想:除比例模式外,保持模式具有类积分的功能;在判断中用误差的差分含有对误差微分的作用。因此虽然其内容和形式都远远超出了常规 PID 调节器的范围,仍采用了(智能)PID 的名称。

智能或专家 PID 控制是目前国际上较热门的研究课题之一,它只需要少量的先验知识和在线参数整定工作,就能对系统进行调节或整定,是智能控制中一个很有前途的方向。

4.6 离散系统和差分方程

随着科学技术的发展,人们对自动化设备性能的要求越来越高。控制理论也相应的由经典控制、现代控制发展到智能控制,图 4-20 给出了控制理论随系统复杂性而发展的变化过程。

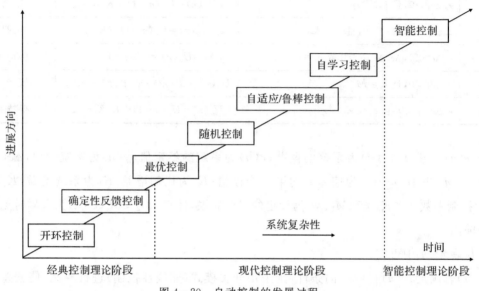

图 4-20 自动控制的发展过程

由于系统日趋复杂,对控制器算法和运算能力的要求也越来越高,因此在控制器设计上越来越多地采用数字计算机,这就需要了解和掌握一些离散系统的基本知识。本书关于离散系统控制算法内容的介绍还远远不够,有兴趣的读者还需阅读更多的相关文献。

4.6.1 连续系统与离散系统

如图 4-21 所示是一个计算机控制系统,虽然该系统中的计算机及其过程通道部分是离散化的,但被控制对象仍旧是以连续系统方法描述的。

下面要讨论的是如何对一个连续系统的被控对象做相应的数学变换,即把一个连续系统的 $G(s)$ 转换成一个离散的 $G^*(s)$。这个离散化的过程联系叫作 z 变换,变换后得到的离散传递函数为 $G(z)$。

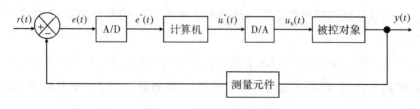

图 4-21 计算机控制系统

前面在介绍计算机增量式 PID 算法时,已经有了一些离散化的基本概念,就是用差分方程来代替微分方程。实际上,对光滑曲线进行采样保持后,其结果就是用一条阶梯状的线条来替代原曲线,这也就是数学上的离散化效果。关于 z 变换和离散化系统,有兴趣的读者可以阅读相关著作,此处由于篇幅所限,不做赘述。

1. 脉冲传递函数

对图 4 - 21 的连续系统来说,被控对象的传递函数为 $G(s)$,传递函数的输入和输出分别记为 $X(s)$ 和 $Y(s)$。若令输入 $x(t)$ 为单位脉冲信号,z 变换后,系统输入 $X(s)=1$,此时系统输出 $Y(s)=Y(s)/X(s)=G(s)$,由此方便地获取系统的脉冲传递函数 $Y(s)=G(s)$。

对图 4 - 21 所示系统,当输出为连续信号 $Y(t)$ 时,可在系统输出端设置一个虚拟的采样开关,如果系统的采样频率足够高,且系统的实际输出 $y(t)$ 比较平滑,则可用 $y^*(t)$ 近似描述 $y(t)$。也就是说,如果采用一个计算机对连续系统进行采样,当采样频率足够高时,就可以用离散的输出曲线来近似代替连续系统单位脉冲输入的传递函数响应。

若系统两端加采样开关,则被控对象转换成如图 4 - 22 所示的离散系统。

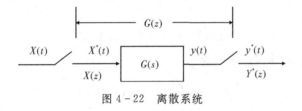

图 4 - 22　离散系统

线性定常系统的离散传递函数定义:在零初始条件下,系统输出离散信号 $Y^*(t)$ 的 z 变换 $Y(z)$ 与输入离散信号 $X(t)$ 的 z 变换 $X(z)$ 之比,记作

$$G(z) = \frac{Y(z)}{X(z)} = \frac{\sum_{n=0}^{\infty} Y(nT)\, z^{-n}}{\sum_{n=0}^{\infty} X(nT)\, z^{-n}} \qquad (4-56)$$

所谓零初始条件,是指在 $t<0$ 时,输入脉冲序列各采样值以及输出脉冲序列各采样值均为零。

如果取输入 $X(t)$ 为单位脉冲信号 $\delta(t)$,查表可得 $\delta(t)$ 的 z 变换为 1(大多数常用函数的 Z 变换都可在有关书籍中查表得到),有

$$G(z) = \frac{Y(z)}{X(z)} = \frac{\sum_{n=0}^{\infty} Y(nT)\, z^{-n}}{\sum_{n=0}^{\infty} X(nT)\, z^{-n}} = \sum_{n=0}^{\infty} Y(nT)\, z^{-n} \qquad (4-57)$$

即在此情况下,式(4 - 57)简化为 $G(z)=Y(z)$。可见单位脉冲传递函数有助于系统简单地辨识。

因此,对于一个未知的离散系统,可以对其输入一个单位脉冲信号,然后测量这个系统

的输出,则得到的输出信号就是这个系统的脉冲传递函数。注意,这个方法对简单的低阶系统可能有效,而当系统为较复杂的高阶系统时,不一定有效。

2.串联环节的脉冲传递函数

离散系统中,计算串联环节的脉冲传递函数需要考虑环节之间有无采样开关。

1)串联环节之间有采样开关

如图 4-23 所示,当串联环节 $G_1(s)$ 和 $G_2(s)$ 之间有采样开关时,由脉冲传递函数定义可知 $D(z)=G_1(z)X(z)$,$Y(z)=G_2(z)D(z)$。

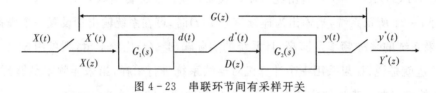

图 4-23 串联环节间有采样开关

若上式中的 $x(t)$ 和 $d(t)$ 都采用 $\delta(t)$ 的话,则 $G_1(z)$ 和 $G_2(z)$ 分别为 $G_1(s)$ 和 $G_2(s)$ 的脉冲传递函数,于是有

$$Y(z)=G_2(z)\,G_1(z)X(z) \tag{4-58}$$

则可得到串联环节的脉冲传递函数为

$$G(z)=\frac{Y(z)}{x(z)}=G_1(z)G_2(z) \tag{4-59}$$

式(4-59)表明,当串联环节之间有采样开关时,脉冲传递函数等于两个环节脉冲传递函数的乘积。同理可知,若 n 个串联环节间都有采样开关时,脉冲传递函数等于各环节脉冲传递函数的乘积。

2)串联环节之间无采样开关

如图 4-24 所示,当串联环节 $G_1(s)$ 和 $G_2(s)$ 之间无采样开关时,系统传递函数为 $G(s)=G_1(s)G_2(s)$。

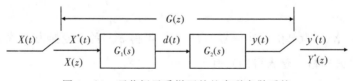

图 4-24 环节间无采样开关的串联离散系统

由脉冲传递函数的定义可知

$$G(z)=\frac{Y(z)}{R(z)}=Z[G_1(s)G_2(s)]=G_1G_2(z) \tag{4-60}$$

式(4-60)表明,当串联环节之间没有采样开关时,脉冲传递函数等于两个环节的连续传递函数乘积的 Z 变换。同理可知,若 n 个串联环节间都没有采样开关时,脉冲传递函数等

于各环节的连续传递函数乘积的 z 变换。

显然，$G_1(z)G_2(z) \neq G_1G_2(z)$，从上面的分析我们可以得出结论：在串联环节之间有无采样开关，脉冲传递函数是不相同的。

4.6.2　差分与 Z 变换

离散时间系统的动态过程可以利用差分方程来描述。通过对差分方程的求解，可以得到已知输入下的输出响应。与拉普拉斯变换可以将线性定常微分方程变成与关于 s 变量的代数方程类似，z 变换将线性定常差分方程变成了关于 z 变量的代数方程。运用 z 变换方法，差分方程的求解实际上被转化成代数运算。

以下简要介绍差分与差分方程的定义，以及差分方程的求解方法。

1. 差分的定义

设连续信号函数 $y=y(t)$ 经过采样后，其离散信号函数为 $y=y(kT)$，其中 T 为采样周期，k 为常数。为简化起见，常将 $y=y(kT)$ 简记为 $y(k)$，则称 $y(k)$ 在点 k 的一阶向前差分（简称为 $y(k)$ 的一阶向前差分）为

$$\Delta y_k = y(k+1) - y(k) \tag{4-61}$$

若令 $y_{k+1}=y(k+1)$，$y_k=y(k)$，则 $y(k)$ 的一阶向前差分可记为

$$\Delta y_k = y_{k+1} - y_k \tag{4-62}$$

同样地，$y(k)$ 的一阶向后差分可记为

$$\Delta y_k = y_k - y_{k-1} \tag{4-63}$$

$y(k)$ 在点 k 的二阶向前差分为

$$\Delta^2 y_k = \Delta(\Delta y_k) = (y_{k+2} - y_{k+1}) - (y_{k+1} - y_k) = y_{k+2} - 2y_{k+1} + y_k \tag{4-64}$$

$y(k)$ 在点 k 的二阶向后差分为

$$\Delta^2 y_k = \Delta(\Delta y_k) = (y_k - y_{k-1}) - (y_{k-1} - y_{k-2}) = y_k - 2y_{k-1} + y_{k-2} \tag{4-65}$$

称 $\Delta^n y_k = \Delta(\Delta^{n-1} y_k)$ 为 $y(k)$ 的 n 阶差分。

2. 差分方程的定义

对于连续时间系统中，输入信号 $u(t)$ 与输出信号 $y(t)$ 之间的关系在时域中可以用微分方程来描述，如下

$$a_n y^{(n)}(t) + a_{n-1} y^{(n-1)}(t) + \cdots + a_1 y'(t) + a_0 y(t)$$
$$= b_m u^{(m)}(t) + b_{m-1} u^{(m-1)}(t) + \cdots + b_1 u'(t) + b_0 u(t) \tag{4-66}$$

在零初始条件下对微分方程的两边同时进行拉氏变换得

$$a_n s^n Y(s) + a_{n-1} s^{n-1} Y(s) + \cdots + a_1 s Y(s) + a_0 Y(s)$$
$$= b_m s^m U(s) + b_{m-1} s^{m-1} U(s) + \cdots + b_1 s U(s) + b_0 U(s) \tag{4-67}$$

提取等式左边的 $Y(s)$ 和等式右边的 $U(s)$，整理后得

$$(a_n s^n + a_{n-1} s^{n-1} + \cdots + a_1 s + a_0) Y(s)$$
$$= (b_m s^m + b_{m-1} s^{m-1} + \cdots + b_1 s + b_0) U(s) \tag{4-68}$$

得到连续系统的传递函数

$$G(s) = \frac{Y(s)}{U(s)} = \frac{b_m s^m + b_{m-1} s^{m-1} + \cdots + b_1 s + b_0}{a_n s^n + a_{n-1} s^{n-1} + \cdots + a_1 s + a_0} \tag{4-69}$$

式(4-69)中，$n \geqslant m$。

类似地，在离散时间系统中，输入信号由连续信号 $u(t)$ 变为离散序列 $u(k)$，输出信号也由连续信号 $y(t)$ 变为离散序列 $y(k)$。则二者之间的关系在时域中要用差分方程来描述，以 k 时刻为当前时刻，则差分方程可写成降序方式

$$y(k) + a_1 y(k-1) + \cdots + a_{n-1} y(k-n+1) + a_n y(k-n) \tag{4-70}$$
$$= b_0 u(k) + b_1 u(k-1) + \cdots + b_{m-1} u(k-m+1) + b_m u(k-m)$$

在零初始条件下，对差分方程的两边同时进行 Z 变换可得

$$Y(z) + a_1 z^{-1} Y(z) + a_2 z^{-2} Y(z) + \cdots + a_n z^{-n} Y(z) \tag{4-71}$$
$$= b_0 U(z) + b_1 z^{-1} U(z) + b_2 z^{-2} U(z) + \cdots + b_m z^{-m} U(z)$$

即

$$G(z) = \frac{Y(z)}{U(z)} = \frac{b_0 + b_1 z^{-1} + b_2 z^{-2} + \cdots + b_m z^{-m}}{1 + a_1 z^{-1} + a_2 z^{-2} + \cdots + a_n z^{-n}} \tag{4-72}$$

由此可得离散系统的传递函数 $G(z)$，其中 $n \geqslant m$。差分方程可写成如下形式

$$y(k) = \sum_{i=0}^{m} b_i u(k-i) - \sum_{j=1}^{n} a_j y(k-j) \tag{4-73}$$

上式表明，当 $b_0 \neq 0$，$n > m$ 时，离散系统 k 时刻的输出值，等于此前 n 个时刻的输出值及此前 m 个时刻的输入值的线性相加。

当 $m = n$ 时，表明当前时刻的输入会直接影响当前时刻的输出，称为"直传"。

3. 差分方程求解

在介绍了离散系统及其描述方式之后，接下来讨论如何求解差分方程。常用求解差分方程的方法有迭代法和 Z 变换法。

(1)迭代法：迭代法是将给定的初始条件代入差分方程式，依次迭代而得到方程的解。使用迭代法得到的解是一个数字序列，它是系统的输出信号在采样时刻的幅值。

(2)Z 变换法：利用超前平移定理得

$$Z(x(n+1)) = z X(z) - z X(0) \tag{4-74}$$
$$Z(x(n+2)) = z^2 X(z) - z^2 X(0) - z X(1) \tag{4-75}$$
$$Z(x(n+3)) = z^3 X(z) - z^3 X(0) - z^2 X(1) - z X(2) \tag{4-76}$$

由此可以计算出系统采样输出信号的解析表达式。

上述的求解方法中，迭代法解差分方程虽然只能根据前时刻来求后时刻的值，但是这种方法比较适合用计算机来处理。Z 变换法常用于理论计算，而且很多情况下很难求出通解，

故一般不在实际系统中使用。

本节只对离散系统做一些简单介绍,有兴趣对计算机控制进行深入研究的读者,可以参考相关著作和文献。

思考题与习题 4

1.思考与讨论赫尔的 S-R 理论。

2.试设计一种具有"激励-响应"的简单智能的机器。

3.建立机器的模型需要机器哪方面的知识?

4.通过机器的模型可以得到机器的哪方面的知识?

5.常见的数学模型有哪些基本类型? 它们各自的特点和应用场合有哪些?

6.将传递函数模型转换为零极点模型的目的是什么? 试解释零点、极点对系统特性的影响。

7.简述状态空间模型的特点。

8.开环也是一种控制吗? 试叙述什么是顺序控制?

9.什么是开环控制,什么是闭环控制?

10.试对图 4-10 的电液位置伺服系统用运放电路搭建其半实物电路相似系统。

11.试比较模拟控制器与数字控制器的优缺点?

12.什么是位置式 PID 和增量式 PID 数字控制算法? 试比较它们的优缺点。

13.PID 控制器的参数 K_p、K_i、K_d 对控制质量各有什么影响?

14.试对比 PID 控制器,说明模糊控制器及其特点。

15.模糊控制器设计的主要步骤是什么? 请以一个实际工程控制为例,按照模糊控制算法的步骤画出程序流程图。

16.查阅有关资料,总结图 4-20 中所示的各种控制策略的特点。

17.在采用 PID 和模糊的"二模式"控制时,请探讨两种模式各自的作用是什么?

18.模拟信号转换为数字信号的步骤有哪些? 请简述过程。

第5章 果园机器人的设计、建模与控制

5.1 果园机器人的概念设计

5.1.1 工业生产环境与果园生产环境

在前面讨论"S-R"的基础上,本章拟把果园机器人当成一个"行为主体",希望这个主体能够感知果园环境中的各种作业场景,并做出自主决策进行作业。

工业生产在经历很长一段时间后,通过对工业生产环境以及作业对象的大量案例积累,使工业机器人"行为主体"在工业生产中获得成熟的应用。

1798年,伊莱·惠特尼拿到了美国政府的一项订单,要求在两年内生产一万支步枪。由于他采用了标准件方法使这项任务及时完成,因此他也被称为"标准件之父"。1911年,泰勒首创了一种生产管理制度,挑选出最熟练、最强壮的工人,以秒为时间单位使他们高强度工作,并在19世纪中叶提出了"科学管理的目的是最高效率"的观念,因此留下了备受争议的动作研究和定时法。1913年,亨利·福特运用当时企业推广"泰勒制"的技术成果,创建了世界上第一条流水生产线。原先用旧方法组装一台T型车至少需要12小时,而标准件、流水线和"泰勒制"的引入,把组装一台车的时间大幅度压缩到了93分钟,实现每40秒下线一辆汽车,生产效率提升了775%。

随着计算机技术和生产管理方式不断发展,计算机集成制造系统的生产方式于20世纪90年代被提出。计算机集成制造系统是通过计算机软硬件,综合运用现代管理技术、制造技术、信息技术、自动化技术、系统工程技术,将企业生产全部过程中相关的人、技术、经营管理三要素及其信息与物流进行有机集成并优化运行的复杂大系统。

工业革命以来,随着机器、动力以及各种生产技术和管理方式的不断提升,逐渐形成了一种标准化和结构化的生产环境,以保证在固定的生产工位和流动的待加工工件之间,在时间和空间关系上得到了统一安排。各工位按照统一的时间节拍进行高精准的加工和装卸作业,保证了工业生产的极高效率。但果园生产与工业生产相比,作业的环境与作业对象自身都存在着很大差别。

目前,对于果园生产的种植规模化、管理规范化、高效和自动化机械作业的要求日益提高。和工业生产一样,果园生产过程包括了很多自动化作业的要求,水果生产中常见的果园

机器人如图 5 - 1 所示,这些机器人分别可以完成除草、喷洒、监测、采摘、运输等作业任务,是目前已获得应用的农业机器人。

(a)采摘机器人

(b)喷灌机器人

(c)除草机器人

图 5 - 1　果园机器人

但与工业生产不同的是,果树的株植以及生长在株植上的果实是不能移动的。在农业生产区域无法安排果树的株植和水果等作业对象在流水线上移动,果园机器人必须自主移动到作业对象前,所以果园机器人首先必须具有自主移动的能力。

实际上,解决果园机器人与作业对象工位之间距离的问题,是果园机器人作业的根本性问题。既然在果园生产环境下没法实现果园物流,就必须考虑果园机器人能够在果树的行列中自主行走,以此实现果园机器人达到各作业位置,只要搭载各种专用的作业设备,就能够实施各种专项作业。因此,机器人在果园环境内自主移动是一个基础功能。本章拟解决的问题之一是果园机器人在作业对象之间如何自主行走。

与工厂车间的标准化和结构化的地面不同,果园生产环境的地面是非标准和非结构化的,如图 5 - 2(a)和图 5 - 2(b)所示,即果园生产环境下的地面常常是未硬化且大多是不平整的或坡地。在不同的气候和生产季节,果园地面还会发生各种变化。

(a)坡地的果园

(b)不平整地面的果园

图 5 - 2　果园的地形

工业机器人通常固定在工位上对生产对象进行分工作业,如图 5 - 3 所示。果园生产为了适应这种作业方式,也进行了相应的规划和布置。如现代化果园的果树品种矮化、树冠收拢,果实生长集中,植株整齐地按行列种植,如图 5 - 4 所示。

图 5-3　固定工位的机器人作业　　　　图 5-4　现代半结构化果园

虽然现代化的果园在整体上呈现出较规则的行、列布局,但由于植株种植的误差,行列间距仍存在一定偏差,且生长状态会呈现出动态不确定;此外,由于果实生长方位不一,而且姿态各异,加上果园地面不平整等原因,果实的位置和姿态具有极大的不确定性,远不如工业生产的标准化和结构化环境。果实形状和位姿的非标准,给作业对象的定位和操作带来困难,导致果园无法像标准化、结构化的工业生产环境一样精确高效地进行作业。这些都对果园机器人提出更高的要求。

5.1.2　果园环境的感知

工业生产的结构化环境,车间地面上不同功能的区域以及线条的颜色都有具体的规定,一目了然。因此生产过程中的物流可以事先安排,通过激光、地磁或直接在地面上标记引导线来导航,准确识别当前位置并将作业对象送到工位。

与工业机器人和服务机器人的工作环境相比较,农业机器人有其独特之处。工业机器人的工作环境是被精心安排妥当的;服务机器人主要工作在室内,但环境要差于工业机器人;农业机器人的工作环境最为恶劣。

对服务机器人来说,室内环境是非结构化的,且存在家具挪动和人员行走等问题,如何实现移动机器人在不确定环境中的导航一直是机器人研究领域的重点和难点。服务机器人也面临着非结构化和非标准化环境感知的问题。智能空间是指嵌入了计算、信息设备和多模态的传感装置的工作或生活空间,具有自然便捷的交互接口,以支持人们方便地获得计算机系统的服务。普适计算使计算和信息服务以适合人们使用的方式普遍存在于我们周围,以往相互隔离的信息空间和物理空间将相互融合在一起。国际上对智能空间的研究相当广泛,表明了智能空间在普适计算研究中的重要作用。也就是说,我们可以在服务机器人活动的空间里,对要感知的位置和导航的各类信息事先进行布置,以便机器人自主行走。

“精准农业”是当今世界农业发展的新潮流,是未来解决农业粗放管理的有效途径。“精准农业”主张对果园中的每棵果树都能精准管理,要求能够显著节约资源,提高优质果率。在“精准农业”的概念下,如何根据自主感知的果园环境信息识别每一棵果树,建立具有每一棵果树位置信息的果园地图,是果园机器人自主导航的核心问题。

如我们前面已经讨论过的,果园生产过程的机器人要在广阔的果园中自主行走到植株附近,且作业对象果实的具体位置和姿态还需进一步识别。为了使机器人能够在果园环境中进行自主作业,机器人必须具备感知果园环境的能力,以便实现在果园内自主行走,以及进一步完成除草、喷洒、监测、采摘、运输等任务。因此,自主导航是农业机器人研发中的关键技术。果园机器人通过对环境信息的获取和感知,是实现智能农业装备定位、导航,以及自主作业的关键。

对于果园作业对象的位置信息,目前半结构化果园能够提供的只有果树行列的方向和行列间的距离。但是由于果树生长动态不确定的特点,我们无法获得果树植株精准的位置信息,因此只能由果园机器人在自主移动中动态规划行走到作业对象前并进行作业。此外,果园自然环境存在光照变化、枝叶遮挡、植株生长随机分布且姿态不规律、存在强背景干扰(天空、杂草、土壤、阴影、支撑杆、电线杆、障碍物等)等随机因素。这些因素增加了机器人适应半结构化果园环境的难度,因此要求选择适当的传感工具和信息处理方法来适应果园环境下果树和果实的更为准确的位置。

综上,果园环境作业机器人的作业要求主要可以归纳为以下几点:

(1)果园环境种植面积大,且因果树和果实等作业对象难以安排生产物流,相对容易实现的是由果园机器人自主移动进行作业。

(2)半结构化果园的植株呈等距离栽种的行列形式,可以预先得知果树行列的方位,但果树和果实等作业对象的位置信息不准确,需进一步精准定位。

(3)植株和果实的位置处于动态不稳定的状态,需对探测和采集到的信息进行处理,实时获取作业对象的具体位置后再作业。

(4)对同一果园而言,根据不同的生产阶段和不同的作业要求,机器人将多次在同一环境中反复作业,因此有必要建立果园的地理信息图。

(5)果园环境的地面松软不平整,果园机器人应具有减振能力,并搭载测量与作业单元在地面上平稳行走(本章在此只介绍简单的被动减振,关于主动减振的内容将在后面的章节具体讨论)。

基于上述对半结构化果园环境的了解,果树植株的行列及其方位已知,植株的行与列(栽种和生长)间距误差已知,但尚需对环境信息的实时采集与处理,供机器人导航。为此需要设计一个机器人能够识别果树的植株与果实,能够在不平整的地面上自主移动到作业对象跟前进行作业,并且识别和记忆已经完成作业的和尚未经过作业的区域和果树,实现精准管理。

5.1.3 果园机器人的"概念产品"设计

根据上述几点的讨论,对果园机器人的功能需求进行分析,可从中归纳出四个基本功能,并据此进行初步设计获得一个"概念产品",以实现在果园环境下具有自主决策与作业能力的机器人。

1.机器人运动平台设计

由于本机器人的工作环境是半结构化果园环境,果园中虽然果树基本按照行列种植,但是地面普遍存在坡地以及凹凸不平的地形。为了提高果园机器人在这种复杂地形下的通过能力,本章的移动平台机器人将采用差速式的底盘,如图5-5所示。差速移动平台可以用于搭载测量与作业的设备,通过对两个主动轮的转速控制,进退方便、转弯半径小,适合于果园环境。图5-6所示的履带车也属于差动式驱动,履带车具有与地面接触面积大、压强小、抓地力好、爬坡性能好等优点,在潮湿泥泞或松软土壤上行驶不易打滑下陷,具有良好的牵引附着性能。

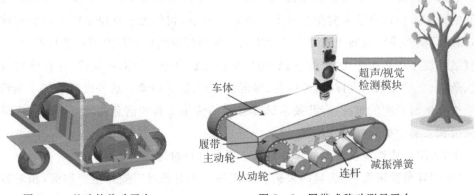

图5-5　差速轮移动平台　　　　　图5-6　履带式移动测量平台

2. 环境感知系统设计

由于果树树干及其行列是半结构化果园中最重要的特征之一,也是果园机器人需要定位的对象,因此果园移动机器人上需搭载电子罗盘和GPS,以识别果树行列的方位、果树相对于果园的绝对坐标位置。而对拟识别的果树树干,在感知和测量时,可以用视觉扫描来确定方位,用超声测距确定果树位置,来解决果园机器人在未知环境运动时的定位与地图构建问题,这就是常说的同步定位与建图(simultaneous localization and mapping,SLAM)。

激光雷达是移动车体自主导航中较为常见的一种传感器,其基本原理是通过对环境进行360°扫描确定周围物体的距离,然后通过其他传感器确定待测物体的方向,进而从测得的点云数据中选择待测物体的距离。这种方式主要存在两个缺点:其一,激光雷达传感器较昂贵,不适合我国农业自动化装备的发展和推广;其二,采用先测量后选择的方式会增大整个系统的计算量,效率较低。

本章介绍的机器人将采用成本较低的视觉/超声传感器。两个传感器的方位安装一致,因此采用先根据视觉感知方位,再对准果树植株超声测量距离的方式,如图5-6所示,精准测出树干相对于机器人的方位与距离,大大降低了计算量,提升运算效率。在低成本的条件下达到了与使用激光雷达传感器基本相当的测量精度。

3. 果树植株位置的记录与建图

把GPS作为果园地图的绝对坐标,再辅之以机器人行走过程中测到的果树植株位置进行修正,可以得到相对准确的果树位置平面地图。进而,为了能够记录机器人在果树间移动的距离,可在果园机器人的轮毂上安装角位移传感器。将角位移的数值乘以轮子的半径,就是行走的距离。通过这样边走、边记录、边进行线性拟合的方法,既可实时地修正果树位置的测量误差,又可以拟合果树行列的方向,来对照机器人上电子罗盘的方向,修正机器人的移动方向。

4. 果树行间自主行走方案设计

设果园机器人的自主行走整体方案如图 5-7 所示,在半结构化果园环境中,果园机器人通过自身搭载的感知与测量系统获取树干的位置信息;电子罗盘预先标定果树行中心线的正方向,并在移动机器人移动过程中实时获取航向角信息,最后综合树干的位置信息与移动机器人的航向角信息提取移动机器人的位姿偏差,即横向距离偏差和航向角偏差,从而实现移动机器人的局部自主定位。导航控制器可以使移动机器人在线、实时计算位姿偏差,并以此位姿及偏差为输入信息进行自主决策。自主决策后给出移动机器人位姿调整的控制量,即移动机器人的两轮速度差,并将该速度差分解给左、右两轮,从而对移动机器人的位姿进行调整,最终实现果园移动机器人的自主导航,即行间的自主行走。

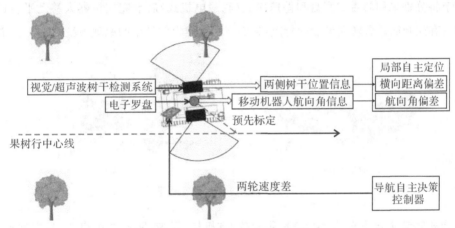

图 5-7　果园机器人及其工作原理

5. 主动悬挂系统设计

果园环境下地面不平整,会给机器人上搭载的传感器和作业设备带来振动扰动,此扰动比起硬化的地面和公路要严重得多,因此不能简单地采用普通车辆的弹簧钢片减振技术。如果果园地面的地形扰动会造成机器人行走过程中的大范围的颠簸,还需要保证搭载所有传感器的平台处于稳定的水平状态。常见的稳定平台可以分为串联式和并联式两种。其中,串联平台容易实现姿态稳定,调节范围较大,但是带负载能力差,刚度不足,误差容易累积和放大,控制精度相对较低。而并联平台的刚度大,承载能力强,运动误差较小,但是运动范围相对也较小。关于这方面的内容,将在后续章节中进一步讨论。

5.2　机电一体的嵌入式设计

上面介绍了如何根据果园机器人的功能分析,提出一个"概念产品",即果园机器人的初步设计。本节将按照该概念产品的要求,介绍果园机器人系统的设计与搭建。作为一个智能系统,果园机器人要具有"感知"和"行为"的功能,即完成感知果园的环境,知道植株的位置,自主决策行走,建立果园的地图。

在第 2 章中我们讨论过,本书所指的机械电子系统是一个"信息驱动"的系统,即以信息为输入、以机械运动为输出的系统。

下面介绍如何在果园机器人机构设计的基础上"嵌入"信息感知系统的设计,最终实现系统机电一体的信息驱动。首先我们根据"概念产品"的需求进行果园机器人的底盘设计,完成底盘运动学分析和里程计实现。其次讨论机器人感知系统的原理与嵌入式设计与实现,完成果园机器人对于树干的感知和定位,并利用扩展卡尔曼滤波方法以及 GPS 对测量数据进行修正,完成果园单机器人建图。

5.2.1 底盘设计与受力分析

本节将分别采用履带式底盘和差速轮式(轮毂电机式)底盘完成机器人移动平台的搭建,它们都具有控制简单和转向灵活的特点,它们在三维建模软件中的原理模型如图 5-8 所示。

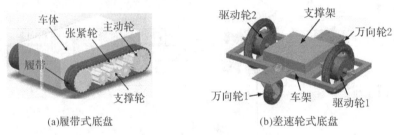

(a)履带式底盘　　　　　　　　　　(b)差速轮式底盘

图 5-8　果园机器人底盘原理图

履带式底盘主要由车体、主动轮、张紧轮、支撑轮、履带、驱动电机组成,具有地形适应性强、通过性好、承载能力大的优点。而轮毂电机式底盘主要由轮毂电机(驱动轮)、万向轮、车架、支撑架组成,具有结构简单、无须机械传动结构、移动灵活、控制简单的优点。具体设计参数见表 5-1。

表 5-1　果园机器人底盘参数表

底盘类型	底盘质量/kg	承载能力/kg	承载面积/m²
履带式底盘	80	300	0.4
轮毂电机式底盘	25	100	0.25

对于履带式底盘,其车体钢板选择 Q235 材料,厚度 3 mm,内部有加强筋结构以增强车体的稳定性和承载能力。底盘左右两侧分别装有一个主动轮,主动轮由车体内部安装的交流伺服电机驱动。对于差速轮式底盘,为减轻车体自重、减少成本,且保证车体的结构强度,选用空心方钢作为移动平台的基本框架,支撑板的薄钢板选用 Q235 材料。拟采用的空心方钢截面尺寸为 30 mm×30 mm,方钢各边等厚为 3 mm,安装万向轮的钢板厚 5 mm。

　　考虑到加工过程中材料的购置问题及平台要求的承载能力,方钢框架中心焊接的薄钢板及遮罩锂电池、控制电路和驱动电路的支撑架钢板厚度都为 5 mm。

　　为了检验所设计的机器人底盘是否能够满足承载能力要求,本书将利用 ANSYS 有限元分析软件对两种果园机器人移动平台进行静态应力、应变分析。首先是在自身重力下的应力应变分析。

　　以履带式移动平台为例,如图 5-9 和 5-10 所示分别为履带式移动平台的底盘在自身重力下的应力和应变云图。可以看出最大应力为 7.72 MPa,最大应变为 4.1×10^{-5} mm。

图 5-9　履带式底盘在自重下应力云图　　　　图 5-10　履带式底盘在自重下应变云图

　　同样,对于差速轮式移动平台,它们在自身重力下的应力和应变云图如图 5-11 和图 5-12所示。可以看出,最大应力为 2.756 MPa,最大应变为 1.4×10^{-5} mm。综合以上数据可以看出在自身重力作用下,两种形式的移动平台的底盘均不会对机构造成破坏。

图 5-11　差速轮式底盘在自重下应力云图　　　图 5-12　差速轮式底盘在自重下应变云图

　　在完成对移动平台的底盘在自重下的应力和应变分析后,接着再对在最大负载下的应力和应变情况进行分析,验证其是否满足要求。如图 5-13 所示,两种类型的平台加载区域都是移动平台上的底盘。

 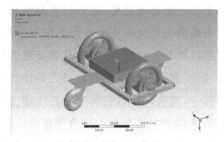

(a)履带式底盘　　　　　　　　　　　　　(b)差速轮式底盘

图 5-13　果园机器人底盘承载区域示意图

由图 5-14 和图 5-15 可以看出，在 300 kg 的负载下，履带式移动平台的底盘的最大应力和应变均产生在加载平面上，最大应力为 301 MPa，最大应变为 2.7 mm。

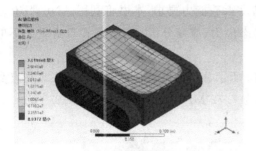
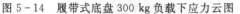

图 5-14　履带式底盘 300 kg 负载下应力云图　　　图 5-15　履带式底盘 300 kg 负载下应变云图

如图 5-16 和图 5-17 所示，在 100 kg 负载下，差速轮式移动平台底盘的最大应力为 20.66 MPa，产生在两个轮毂电机的轮轴上。最大应变为 0.00012 mm，产生在支撑架底部。由以上分析可以看出，在所设计的最大负载下，两种果园机器人底盘结构均不会产生破坏情况，即所设计结构能够满足加载要求。

这两个底盘设计的例子虽然简单，但有助于我们熟悉 ANSYS 设计软件。

图 5-16　差速轮式底盘 100 kg 负载下应力云图　　　图 5-17　差速轮式底盘 100 kg 负载下应变云图

5.2.2　视觉/超声感知的设计

果园地图实际上是果树的植株及由植株构成的果树行列图，即果树植株位置图。因此我们首先要感知的是果树植株，根据植株的位置获取机器人当前 t 时刻的位姿，再获取下一棵植株的位置信息，计算和规划在果园中行走的轨迹。

下面介绍采用视觉/超声传感器来感知树干位置信息，并将这些信息用于引导移动机器人在半结构化果园行间中行走。以视觉/超声传感器感知的信息来驱动果园机器人的运动，体现了该机器人的智能，因为其具有通过信息来自主决策的能力，工作原理是通过机器人携带的视觉/超声感知系统对机器人两侧的果园环境进行检测。系统识别的目标为机器人两侧的树干，其余环境信息均为噪声。通过结合里程计信息与该超声/视觉检测系统获得的信息来计算树干在果园中的位置信息。

视觉传感器与超声传感器的指向重合，构成视觉/超声测量模块，如图 5-18(a) 所示。机器人与果树间的方位和距离是由视觉确定方位、超声反射测距来获取的。视觉确定植株的方位后,传感器发射超声波束到树干,再反射回传感器接收,这段时间乘上超声波速再除以 2,就是所测的距离。但超声波"束"有较大的散射,因此测量时先由步进电机驱动模块旋转扫描,视觉引导超声对准被测目标,超声完成测距,并记录角度和距离的数值。由于传感器和测量方法存在各种误差和环境干扰,如视觉定位、超声测距的精度,因此对同一棵植株的每次测量结果都不完全相同。测量结果会以点云的形式分布在真实的树干中心点周围。

此外,由于机器人一直在行走,即测量模块在不断地移动,所以对同一植株也会测得多个数值。比如,在 t 时刻通过视觉摄像头获取果园环境的图像信息,然后提取图像中的树干位置,驱动测量模块的电机转动,直至画面的垂直中心线与树干的中心线重合,再进行超声测距。同时,根据机器人行走的速度推算出测量模块在 $t+1$ 时刻的角位移,控制电机旋转使树干中心线与画面中心线在 $t+1$ 时刻重合,再次超声测距。如果半结构化果园的植株行列间距分别为 3 m 和 4 m,则选超声传感器的有效测量范围 5m,以避免在测量过程中误检测到其他果树行的植株。

如图 5 - 18(b)所示,测量模块随果园机器人运动,并不断对该果树进行对准、测距,持续获取树干的方位和距离信息。机器人携带视觉/超声模块边走边测,在实际树干周围会形成一个点云数据 $P(x,y)$。图 5 - 18(b)中圆形表示果树树干,圆形的中心(★)是树干的中心,而其他的圆点则表示测量到的点云数据。因此树干位置信息需要通过对点云数据的处理,才能得到其三角形的估计值"△"点。

如果测量了 i 棵树,就有 i 类的数据样本。式(5-1)可计算每一类的质心 μ_i

$$\mu_i = \frac{1}{|C_i|} \sum_{P \in i} P \tag{5-1}$$

式中,μ_i 是第 i 类的均值,也称为质心;C_i 是第 i 类的样本个数;P 为第 i 类中的所有样本。μ_i 和 P 均为二维的向量,分别代表质心和样本的坐标 x 和 y。

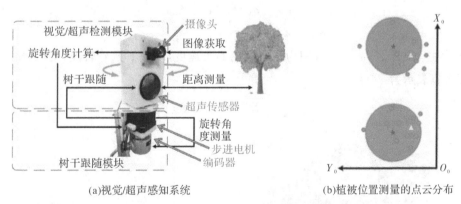

(a)视觉/超声感知系统　　　　　　　　(b)植被位置测量的点云分布

图 5 - 18　视觉/超声模块对植株位置的测量

K - Means 算法是常用的一类聚类算法,具有原理简单、实现容易、收敛速度快的特点。其中心思想是对于测得的样本集,按照样本之间距离的大小,把样本集划分成若干类,并且让每一类中的点尽量紧密地连在一起,而让不同类点的间距尽量地大。下面介绍如何用 K - Means 聚类算法对传感器获得的点云数据进行处理,利用 K - Means 算法计算树干估计位置。

确定需要聚类的类数为 K(检测到的树干棵数),然后在测量得到的点云数据 P 中任选 K 个数据作为 K 类数据的质心(均值)。接着通过计算将点云中的所有数据划分到与之距离最近的类中,最后通过式(5-2)计算整个样本的平方误差并判断误差是否满足聚类完成的要求。如果满足,则输出新计算获得的各类均值。如果不满足,则继续按照当前均值对样本进行分类并重复以上步骤直至满足完成聚类的条件位置。

$$E = \sum_{i=1}^{k} \sum_{P \in i} \| P - \mu_i \|_2^2 \tag{5-2}$$

如此便根据测量到点云数据的 K-Means 算法聚类后,用各类质心作为本机器人系统得到的树干位置的初始估计值。K-Means 算法流程的细节可查阅有关文献。

5.2.3 底盘的运动学建模

在完成机器人底盘的结构选择、参数设计、受力分析后,接下来介绍果园机器人底盘的运动学建模。本书讲的履带式底盘和差速轮式底盘在外形上有较大不同(见图 5-8),履带式底盘的转向阻力要大一些。在此把图 5-19(a)所示的履带式底盘简化为车体两侧安装两个主动轮的形式,如图 5-19(b)所示,中间实线方框代表移动底盘的中心框架,两侧灰色矩形代表主动轮。

由于本书设计的果园移动机器人底盘均为对称结构,故可以找出其中心对称线 AB,以及几何中心点 C,中心线到两侧主动轮的距离分别为 d。建立果园机器人底盘坐标系 xOy,设中心点 C 在坐标系中的坐标为 (x_c, y_c),底盘中心线 AB 与果园坐标轴的夹角为 θ。则由 (x_c, y_c) 和 θ 即可确定机器人底盘在果园坐标系中的位置和姿态。假定左右两个主动轮的速度分别为 $v_左$ 和 $v_右$,则:

$$v_左 = r\dot{\alpha}_左 \tag{5-3}$$

$$v_右 = r\dot{\alpha}_右 \tag{5-4}$$

式中,r 为主动轮半径;$\dot{\alpha}_左$、$\dot{\alpha}_右$ 分别为左右两轮的角速度,即左右两轮转速,则底盘中心点 C 的速度可以表示为

$$v = \frac{v_左 + v_右}{2} = \frac{r}{2}(\dot{\alpha}_左 + \dot{\alpha}_右) \tag{5-5}$$

(a)履带式移动平台

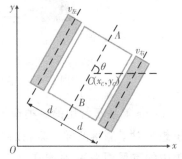

(b)移动平台运动学分析示意图

图 5-19 果园机器人底盘运动学分析

底盘中心线与坐标轴的夹角 θ 可表示为

$$\theta = \frac{r(\alpha_左 - \alpha_右)}{2d} \tag{5-6}$$

对式(5-6)两端求导可得机器人底盘的角速度为

$$\dot{\theta} = \frac{r}{2d}(\dot{\alpha}_左 - \dot{\alpha}_右) \tag{5-7}$$

综合式(5-5)与式(5-7)可以得到机器人底盘运动状态与两侧主动轮转速的关系为

$$\begin{bmatrix} v \\ \theta \end{bmatrix} = \begin{bmatrix} \dfrac{r}{2} & \dfrac{r}{2} \\ \dfrac{r}{2d} & -\dfrac{r}{2d} \end{bmatrix} \begin{bmatrix} \dot{\alpha}_左 \\ \dot{\alpha}_右 \end{bmatrix} \tag{5-8}$$

将速度 v 分解到 x、y 轴上即 $\dot{x}$、$\dot{y}$，可得

$$\begin{bmatrix} \dot{x} \\ \dot{y} \\ \dot{\theta} \end{bmatrix} = \begin{bmatrix} \dfrac{r}{2}\cos\theta & \dfrac{r}{2}\cos\theta \\ \dfrac{r}{2}\sin\theta & \dfrac{r}{2}\sin\theta \\ \dfrac{r}{2d} & -\dfrac{r}{2d} \end{bmatrix} \begin{bmatrix} \dot{\alpha}_左 \\ \dot{\alpha}_右 \end{bmatrix} \tag{5-9}$$

在已知移动底盘的各个尺寸参数的情况下，由式(5-9)可知，只要知道了两个驱动轮的角速度 $\dot{\alpha}_左$ 和 $\dot{\alpha}_右$，就可以确定平台整体在 x、y 轴两个方向上的速度和转动角速度 $\dot{\theta}$；同样，知道了平台的整体运动就可以知道当前两个驱动轮的角速度。

分析至此，即完成了底盘运动学的模型建立。

5.2.4　里程计的嵌入式设计

前面已经介绍过，通过果园机器人两个主动轮的运动状态，可以获取机器人平台在果园中的自身位置和姿态信息。如图 5-20(a)所示，在果园机器人的两个主动轮上分别安装增量式的码盘和光电传感器，码盘上有 180 个齿，光电传感器装在码盘齿的半径位置上。如图 5-20(b)所示，码盘随轮毂电机旋转时，码盘上的齿会连续地形成"遮光/透光"的过程，此时光电传感器会输出相应的高/低电平的脉冲串。轮毂电机每旋转一圈光电传感器就输出 180 个脉冲。以 STM32F103ZET6 型单片机作为微处理器单元，通过采集两个主动轮光电传感器的脉冲数，可以计算出当前机器人行走的速度和距离，同时记录机器人所走过的行程，并算出果园机器人的位置与姿态。

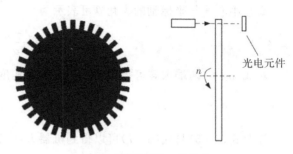

(a)轮毂电机及里程计　　　　　　　　　(b)光电传感器的工作原理

图 5-20　里程计的嵌入式设计

经过现场的多次标定,机器人沿直线运动 10 m,光电传感器平均输出 1845 个脉冲。如果不考虑履带(或车轮)的打滑,单侧履带的运动路程 ΔS 与检测到的脉冲数 n 之间的关系为

$$\Delta S = \frac{10}{1845} \times n \tag{5-10}$$

则机器人中心的运动路程可以表示为

$$\Delta S_C = \frac{\Delta S_l + \Delta S_r}{2} \tag{5-11}$$

式中,ΔS_l 和 ΔS_r 分别表示左侧及右侧履带的运动距离。

假设果园机器人当前时刻 t 的位置和方向信息为(x_t, y_t, θ_t),则上一个时刻 $t-1$ 的位置与方向信息为$(x_{t-1}, y_{t-1}, \theta_{t-1})$,如果两个时刻的时间间隔比较小,那么可以近似认为机器人中心运动的路程和其位移相等,则二者之间的关系可以表示为

$$\begin{bmatrix} x_t \\ y_t \end{bmatrix} = \begin{bmatrix} x_{t-1} \\ y_{t-1} \end{bmatrix} + \begin{bmatrix} \cos \theta_t \\ \sin \theta_t \end{bmatrix} \Delta S_C \tag{5-12}$$

上式中θ_t由微处理器单元读取两侧的脉冲数计算获得。至此,当果园机器人在果园中的初始位置和方向被指定后,结合式(5-10)、式(5-11)、式(5-12)即可通过读取左右轮脉冲数和计算的方位角获得机器人果园行走路径的位置及方向角信息。

从上述内容可知,嵌入式里程计的数据和视觉/超声感知的数据可以互相修正。

5.3　机器人自主导航及果园建图

5.3.1　机器人自主行走控制

已知半结构化果园在栽种果树时就形成了直线的行和列,因此,果树植株形成的"果树墙"方位基本上是贯穿整个果园的直线,用电子罗盘很容易就能标定果树的"行"和"列"的方位。果园机器人在果园中作业是按果树的行或列行走的。如果在图 5-21 所示的果园中选定一棵植株为参考点 $P_0(x_0, y_0)$,并设定机器人的前进方向 X 就是果树墙的排列方向。通过视觉/超声检测系统,我们可以获得机器人与果树树干距离和角度信息,连续测量多棵果

树就可以拟合出"果树墙"的方位。

如图 5-21(a)所示是测量模块实物,通常安装在车体前部。图 5-21(b)中的果园机器人底盘 AB 长(运动中轴方向)1060 mm,中心点 C 到主动轮的距离 d 为 420 mm。设计主动轮的周长为 1 m,如果左、右两个主动轮的线速度 $V_。$ 均为 1 m,则机器人中点 C 沿 x 方向的速度为 1 m/s。若设定微处理机控制器的控制周期为 100 ms,则每个控制周期沿 x 方向走了 100 mm。当机器人偏离了航向(或偏离了行走的路线)时,给左、右轮的速度 $V_。$ 分别加、减一个增量 Δv,即左、右轮行走直线距离 $\pm \Delta l$,机器人将围绕其中心点 C 逆时针旋转 $\Delta \theta$。显然,$\Delta \theta = \arctan(\Delta l / d)$。

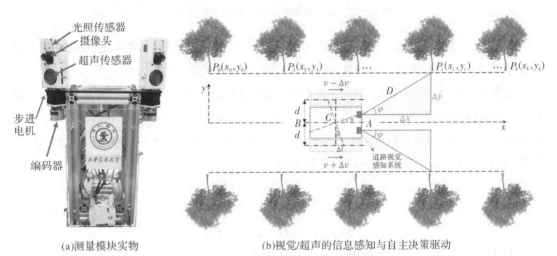

(a)测量模块实物　　　　　　(b)视觉/超声的信息感知与自主决策驱动

图 5-21　视觉/超声信息感知与自主决策驱动

在 Δt 时间内以速度 Δv 行走的距离为 Δl,即 $\Delta l = \Delta v \times \Delta t$。一般在控制周期 100 ms 内航向调节的角度很小,可以把这段弧长 Δl 当直线处理。因此,航向的转向角增量为

$$\Delta \theta \approx \frac{\Delta l}{d} \tag{5-13}$$

通过式(5-13)可以不断地递推每一拍控制周期的转向角。显然,果园机器人的位置与航向角 θ 和左右两轮的速度有关,因此,可以通过调整两轮速度差 Δv 来实现机器人的位姿调整,从而实现机器人在果园环境中的自主导航。

以上讨论的是对单侧树干的测量,实际上,测量模块可以安装两个,以便两侧同时测量。这种递推增量方法的缺陷是,每拍的测量误差都会被逐渐地累加,而误差累积将导致方向失准。因此,用电子罗盘测量方位会更容易且更准确。

图 5-22(a)是 TOPGNSS 公司 TOP103 型 GPS,可以用来为果园地图确定坐标原点 O 或基准点。为方便推导和计算,我们把电子罗盘安装在机器人 C 点(中心),为机器人提供行走的方位。测量模块也安装在 C 点以便计算距离。

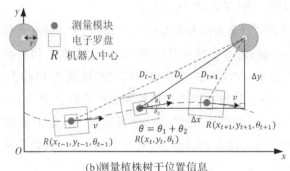

(a)TOP103型GPS   (b)测量植株树干位置信息

图 5-22　获取果园环境中果树树干位置原理

为了实现机器人在图 5-22(b)所示果园的果树行间自主行走,需要构建果园机器人的位置坐标,即在 $t-1$ 时刻、t 时刻与 $t+1$ 时刻之间的位姿关系。

如图 5-22(b)所示,实线方框分别代表果园机器人在 $t-1$、t 与 $t+1$ 时刻的位姿。设 $t-1$ 时刻的机器人位姿为 $[x(t-1),y(t-1),\theta(t-1)]^{\mathrm{T}}$,则经过 $\Delta t=100$ ms 时间后,t 时刻机器人的位姿为 $[x(t),y(t),\theta(t)]^{\mathrm{T}}$,而 $t+1$ 时刻的位姿为 $[x(t+1),y(t+1),\theta(t+1)]^{\mathrm{T}}$。所以,机器人在 t 与 $t+1$ 时刻间的位姿变化为

$$\begin{bmatrix} \Delta x \\ \Delta y \\ \Delta\theta \end{bmatrix} = \begin{bmatrix} x(t+1)-x(t) \\ y(t+1)-y(t) \\ \theta(t+1)-\theta(t) \end{bmatrix} \tag{5-14}$$

也就是当前拍的值,是上一拍的值再加一个增量,即

$$\begin{bmatrix} x(t+1) \\ y(t+1) \\ \theta(t+1) \end{bmatrix} = \begin{bmatrix} x(t)+\Delta x \\ y(t)+\Delta y \\ \theta(t)+\Delta\theta \end{bmatrix} \tag{5-15}$$

这样行走的轨迹就转化为如何求姿态每拍的增量。

我们已知机器人要行走的方向就是果树墙的方向 x。如果电子罗盘和测量模块都安装在机器人的中心点 C 上,且都以 x 为方向基准,则电子罗盘很容易测得机器人 AB 轴与 x 方向的夹角 θ_1。而当测量模块的视觉扫描对准树干后,从测量模块的角编码器也可立即读取它与 AB 轴的夹角 θ_2。

令测量模块与果树墙方向的夹角为 θ,则 $\theta=\theta_1+\theta_2$。检测到树干与测量模块之间的距离为 D,则机器人中心点 C 到被测树干的位置坐标的增量 $(\Delta x,\Delta y)$ 可表示为

$$\Delta x=(D+r_t)\times\cos\theta \tag{5-16}$$

$$\Delta y=(D+r_t)\times\sin\theta \tag{5-17}$$

式(5-16)与式(5-17)中的 r_t 为树干半径,在此取常数。综合式(5-13)有

$$\begin{bmatrix} x(t+1) \\ y(t+1) \\ \theta(t+1) \end{bmatrix} = \begin{bmatrix} x(t)+(D+r_t)\times\sin\theta(t) \\ y(t)+(D+r_t)\times\cos\theta(t) \\ \theta(t)+\Delta l/d \end{bmatrix} \tag{5-18}$$

相似地,也可以获得机器人右侧树干的位置信息。于是式(5 - 18)可以在机器人行走过程中不断递推、累加、计算和记录下机器人行走轨迹两侧的植株位置信息,并与机器人里程计的信息互相修正,以免误差积累,以备果园建图之用。

如图 5 - 23 所示的被控系统按期望来驱动果园机器人。系统的控制输入是航线偏差 Δy 与航向偏离角 $\Delta\theta$,被控对象是机器人两侧的轮毂电机,通过对机器人底盘两侧主动轮速度的控制,实现机器人行走位姿的控制。

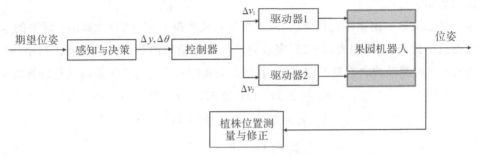

图 5 - 23　果树行间行走控制原理图

上述果园机器人是一个智能系统,其智能表现在具有自主"感知"和自主"决策"的能力。感知的信息经过处理,根据人类对半结构化果园的环境知识来进行决策,构成下层控制系统的期望位姿。

5.3.2　果树行列信息的获取与建图[*]

由于果园机器人在果树行间行走过程中是持续地对环境进行感知与测量的,因此在建图过程中对同一棵树干会得到多个测量值,即冗余信息。这些冗余信息可以用来修正整张地图中的树干位置信息和机器人位姿,以提高果园机器人建图的精度。在这种情况下,扩展卡尔曼滤波方法就非常适用于机器人建图测量数据的修正。

果园机器人建图中的扩展卡尔曼滤波数据修正问题可以通过构造运动方程和观测方程来描述机器人的运动过程和环境感知过程,式(5 - 19)和式(5 - 20)分别为机器人的运动方程和观测方程

$$x_t = g(u_t, x_{t-1}) + \varepsilon_t \tag{5 - 19}$$

$$z_t = h(x_t) + \delta_t \tag{5 - 20}$$

式中,x_t 为机器人位姿状态;g 为运动函数;u_t 为控制量;ε_t 为状态变量噪声;z_t 为机器人观测值;h 为观测函数;δ_t 为观测噪声。ε_t 和 δ_t 遵循高斯分布,且均值为 0,方差分别为 R_t 和 Q_t。

扩展卡尔曼滤波本质上是利用系统前一时刻的状态量和当前时刻的控制量来预测当前时刻系统的状态量,再根据当前时刻观测量更新当前时刻状态量的过程。式(5 - 21)和式(5 - 22)是对于预测过程的描述

$$\bar{\mu}_t = g(u_t, \mu_{t-1}) \tag{5 - 21}$$

$$\bar{\Sigma}_t = G_t \Sigma_{t-1} G_t^{\mathrm{T}} + R_t \tag{5 - 22}$$

式中，μ_{t-1}为系统状态变量 $t-1$ 时刻的均值；Σ_{t-1}为系统状态量 $t-1$ 时刻的方差；$\bar{\mu}_t$为系统状态量 t 时刻的预测均值；$\bar{\Sigma}_t$为系统状态量 t 时刻的预测方差。G_t为运动方程对 $t-1$ 时刻的状态量偏导数，其表达式为

$$G_t = \frac{\partial g(u_t, x_{t-1})}{\partial x_{t-1}} \tag{5-23}$$

在完成 $t-1$ 时刻的预测过程后，再利用 t 时刻机器人的观测量对系统状态量的均值和方差完成更新。

卡尔曼滤波是一组循环迭代算法，其步骤是首先根据式(5-24)计算出 t 时刻的卡尔曼增益。然后由式(5-25)和式(5-26)完成对系统状态量均值和方差的更新。其中，H_t 表示观测方程对 t 时刻系统状态量的偏导数，表达式为式(5-27)，为下一步的迭代计算所用。

$$K_t = \bar{\Sigma}_t H_t^T (H_t \bar{\Sigma}_t H_t^T + Q_t)^{-1} \tag{5-24}$$

$$\mu_t = \bar{\mu}_t + K_t(z_t - h(\bar{\mu}_t)) \tag{5-25}$$

$$\Sigma_t = (I - K_t H_t) \bar{\Sigma}_t \tag{5-26}$$

$$H_t = \frac{\partial h(x_t)}{x_t} \tag{5-27}$$

以上是利用扩展卡尔曼滤波的建图方法的基本原理。

接下来我们将介绍果园机器人在建图过程中扩展卡尔曼滤波器的设计。该建图算法流程图如图 5-24 所示。

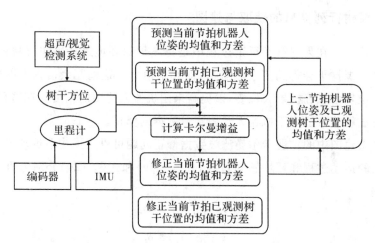

图 5-24　果园环境中利用扩展卡尔曼滤波修正测量数据方法流程图

在本例中，系统状态变量 x 是一个包括机器人位姿状态和树干位置状态的向量，其表达式如下

$$x = \begin{bmatrix} R \\ M \end{bmatrix} = \begin{bmatrix} R \\ L_1 \\ \vdots \\ L_n \end{bmatrix} \tag{5-28}$$

式中，R 是机器人在果园中的位姿状态；$M=(L_1 \cdots L_n)$ 是 n 个当前已经观测过的树干位置点的状态集合。

在扩展卡尔曼滤波中，状态变量 x 被认为服从高斯分布，因此所建地图的状态变量 x 被表示为均值 $\bar{x}$ 与协方差 P，分别表达为式（5－29）和式（5－30）。因此，利用扩展卡尔曼滤波来建图的目的就是根据运动方程和观测方程及时更新地图量 $\{\bar{x}, P\}$。

$$\bar{x} = \begin{bmatrix} \bar{R} \\ \bar{M} \end{bmatrix} = \begin{bmatrix} \bar{R} \\ \bar{L}_1 \\ \vdots \\ \bar{L}_n \end{bmatrix} \tag{5－29}$$

$$P = \begin{bmatrix} P_{RR} & P_{RM} \\ P_{MR} & P_{MM} \end{bmatrix} = \begin{bmatrix} P_{RR} & P_{RL_1} & \cdots & P_{RL_n} \\ P_{L_1R} & P_{L_1L_1} & \cdots & P_{L_1L_n} \\ \vdots & \vdots & & \vdots \\ P_{L_nR} & P_{L_nL_1} & \cdots & P_{L_nL_n} \end{bmatrix} \tag{5－30}$$

在建图初始，机器人还没有观测到任何树干，因此地图中只有机器人自身的位姿状态信息。即此时观测到的树干个数 $n=0$，初始姿态矩阵 $x=R$。在本例的机器人建图过程中，我们定义机器人的初始位置为地图原点，其初始协方差矩阵 P 为零矩阵。

在建图过程中，机器人每运动一拍，只有观测到的部分树干位置状态信息随之改变，而其余未在观测范围内的树干位置状态信息不变，所以在建图过程中的雅可比矩阵实际上是稀疏矩阵，这就使得算法在运行过程中并不会产生过大的计算量，保证了算法的运行效率。

果园机器人在建图过程中，由于不断检测到新的树干位置数据，所以要实时地对系统状态的均值和协方差矩阵进行增广，即对新发现树干的初始化。当机器人发现了未曾观测到的树干位置信息时，会利用观测方程将新的位置状态加入地图，这一步操作会增加总状态向量的大小。可以看到扩展卡尔曼滤波器的大小是动态变化的。机器人状态 R、传感器状态 S、观测量 y_{n+1} 与新树干位置状态 L_{n+1} 的关系为

$$L_{n+1} = g(R, S, y_{n+1}) \tag{5－31}$$

树干位置的均值和雅可比矩阵为

$$\bar{L}_{n+1} = g(\bar{R}, S, y_{n+1}) \tag{5－32}$$

$$G_R = \frac{\partial g(\bar{R}, S, y_{n+1})}{\partial R} \tag{5－33}$$

$$G_{y_{n+1}} = \frac{\partial g(\bar{R}, S, y_{n+1})}{\partial y_{n+1}} \tag{5－34}$$

机器人建图过程中，新观测到的树干状态信息的协方差矩阵 P_{LL} 以及该状态信息与地图中其他状态的互协方差 P_{Lx} 见式（5－35）和式（5－36），如下

$$P_{LL} = G_R P_{RR} G_R^T + G_{y_{n+1}} R G_{y_{n+1}}^T \quad\quad (5-35)$$

$$P_{Lx} = G_R P_{Rx} = G_R [P_{RR} \; P_{RM}] \quad\quad (5-36)$$

将以上得到的新路标点(新观测到的树干)的均值、协方差、互协方差矩阵加入到建图的结果中,即可以得到总状态的均值和协方差矩阵,完成状态矩阵和协方差矩阵的增广,见式(5-37)和式(5-38),如下

$$\bar{x} = \begin{bmatrix} \bar{x} \\ \bar{L}_{n+1} \end{bmatrix} \quad\quad (5-37)$$

$$P = \begin{bmatrix} P & P_{Lx}^T \\ P_{Lx} & P_{LL} \end{bmatrix} \qu\quad (5-38)$$

至此完成了果园建图中树干位置信息的扩展卡尔曼滤波器的设计。

需要强调的是,如果不断检测新的树干位置数据,又保持以前的位置数据,数据的均值和协方差矩阵也将不断地增广,计算量会急速增加。为此,通常会选定某个记忆长度,如最多5棵树的位置信息,而将更早的位置数据遗忘。

5.3.3 果园建图的仿真和实验*

以下介绍应用扩展卡尔曼滤波的建图方法的仿真与分析。假设机器人在建图过程中观测到的果树树干 i 的状态为 (L_i, θ_i),则其在当前视觉/超声检测系统坐标系下的果园直角坐标系的 $(\Delta x, \Delta y)$ 如下

$$\begin{bmatrix} \Delta x \\ \Delta y \end{bmatrix} = \begin{bmatrix} (D+r_t)\cos\theta \\ (D+r_t)\sin\theta \end{bmatrix} \qu\quad (5-39)$$

超声视觉传感器的观测量为距离 L_i 和角度 θ_i,其表达式分别为

$$L_i = (D+r_t) + \delta_d \qu\quad (5-40)$$

$$\theta_i = \theta_{i-1} + \arctan\left(\frac{\Delta l}{d}\right) + \delta_\theta \qu\quad (5-41)$$

上两式中的 δ_d 和 δ_θ 分别为距离测量和角度测量存在的噪声。在实际的动态运动下对传感器测试,超声波测距传感器的距离测量噪声 δ_d 约为 ±0.1 m。角度编码器测得的噪声 δ_θ 约为 $\pm2°$。

某橘园的果树行列间距为 4 m×3 m,按此间距布置的果园如图 5-25 所示。从图中可以看出,随着机器人的行进,即距离初始原点越远,树干位置均值误差和协方差椭圆也随之变大。在静态环境下对树干测定的偏差约为 0.1 m,但在机器人行走的动态环境下,x 方向的方差最大为 0.14 m,y 方向的方差最大为 0.57 m。从仿真的结果看,扩展卡尔曼滤波的方式可以较好地完成果园建图。扩展卡尔曼滤波的建图方式可以利用每次的测量数据进行预测与修正,故对于每一棵树干的多次测量会使得到的树干位置偏差和协方差逐渐减小。

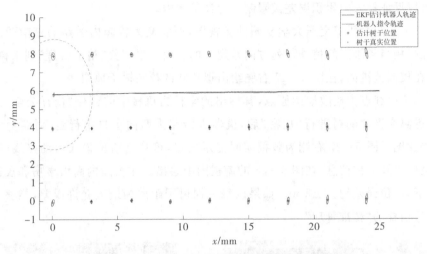

图 5-25　不考虑里程计误差的果园树干建图仿真结果

扩展卡尔曼滤波的建图方法虽然可以在一定程度上减小传感器测量噪声带来的误差，但却没有考虑在果园环境下，机器人行走时里程计带来的累积误差。为此需要在加入里程计累计误差的情况下对该方法进行仿真与验证。本例中设置机器人里程计的输出值与实际运动距离相差 2%，并在该条件下进行建图仿真。

由图 5-26 可见，由于机器人里程计存在累积误差，机器人行走距离越远，对树干位置测量的均值与实际值偏差越来越大。树干位置测量的 x 方向方差最大为 0.34 m，y 方向的方差最大为 0.49 m。虽然对树干位置不断地进行修正，但是仍然无法消除累积误差。为此，我们需要在基于扩展卡尔曼滤波建图方法的基础上，引入其他方法来对传感器累积误差对于建图结果的影响进行修正。

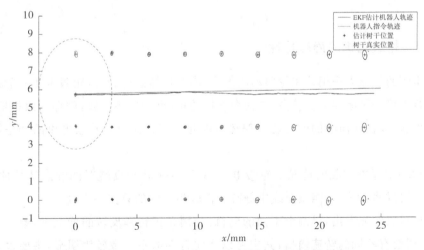

图 5-26　加入里程计误差的果园树干建图仿真结果

在大地测量中，大范围被测量的区域中会"加密"一些高精度的坐标点，从而保证将加密点之间的测量误差限制在一定范围之内。本例中，可以每隔 30 棵树就指定一棵树为加密点,这样可以保证最大的累积误差被限制在允许范围内。

图5-27左侧为西安交通大学校园的俯视图,西安交大校园内道路的东南西北方向是极其端正的,相当于果园的植株行列方向是规整的。由于果园要"精准管理"到果树植株,因此我们拟在校园范围内,在图5-27右侧绘出拟建立的校园树干地图。

图5-27中红点为校园地图原点,其标出的坐标为机械学院西侧"南洋公学"牌坊。在对路边或道路交叉口的树进行"加密"后,机器人沿路由西向东自主行走,对路边的树干测试、记录并建图。图5-27右侧为数据实时显示区域,可将当前位置和运动路线(包括位置的纵、横坐标以及方位信息)在图5-28的俯视图中绘出。在校园内高大楼房和茂密树木的测量环境下,定位误差约为±2 m。如果以每一棵树干距离为最大允许误差,能够满足对校园内道路旁植株的"精准管理"。

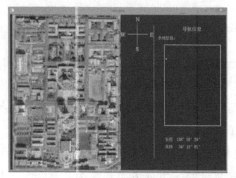

图5-27 西安交大俯视图(彩图扫描前言二维码)

图5-28 机器人自主导航建图效果

5.4 动力学特性分析

5.4.1 轮毂电机的静态特性

由于本例的机器人采用差速轮驱动的方式,因此机器人行走时,轮毂电机的静态特性对机器人的行走路径影响很大。若左、右两个电机的正、反特性不一致,则会导致机器人向前、后行走时偏航,或在转向时的中心位置偏离。因此我们首先要对轮毂电机的静态特性进行分析。

图5-29(a)是在空载的情况下轮毂电机A和B正转和反转时的静态特性曲线,从图5-29(b)中可以明显看出,四条曲线中静态特性较为一致的只占一小段。

从图中可以明显看出,对两个不同的电机,分别在正转和反转的情况下,给定相同的输入指令,电机会有不同的转速输出,其中尤以反向特性的不一致较为明显,主要表现出以下特点:

(1)动力轮A、B转向相同时,两轮的静态特性差异不大。

(2)动力轮正转最高转速在13 r/s以内时,控制电压与转速呈线性关系。反转的最大转速仅在 4 r/s 以内,控制电压与转速呈单调增加的关系,超出该范围后转速呈现出饱和特性,不再随控制电压的增加而变化。

(3)轮毂电机 A、B 正转和反转的四条特性曲线在 0.5～1.4 r/s 的范围内线性度与一致性较好,几乎完全重合转速。

在上述测试结果中可见,在 0.5～1.4 r/s 范围内两轮正反向转速一致。果园机器人的转速约为 0.7 r/s,满足本例需求。

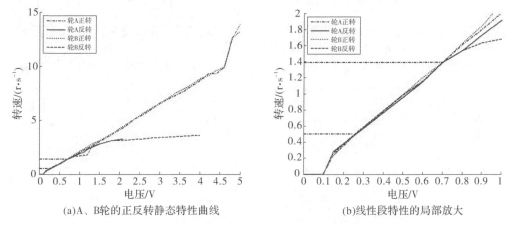

(a)A、B轮的正反转静态特性曲线　　　　　　(b)线性段特性的局部放大

图 5-29　机器人左右轮及正反转的静态特性

如图 5-30 所示为该范围放大的特性曲线。在上述线性段内对曲线进行拟合,可得以下关系。

轮 A 正转时的速度-电压关系如下

$$y=2.024U-0.029, \quad 0.2614 \leqslant U \leqslant 0.706 \tag{5-42}$$

轮 A 反转时的速度-电压关系式如下

$$y=1.916U-0.001, \quad 0.2615 \leqslant U \leqslant 0.7312 \tag{5-43}$$

轮 B 正转时的速度-电压关系如下

$$y=2.082U-0.043, \quad 0.2608 \leqslant U \leqslant 0.6931 \tag{5-44}$$

轮 B 反转时的速度-电压关系如下

$$y=2.002U-0.014, \quad 0.2567 \leqslant U \leqslant 0.7063 \tag{5-45}$$

差速式底盘的轮式机器人由于电机正反转时以及不同转速工作点时其特性都不一致,为保证电机转速控制的一致性,转速的控制器需要单独设计。实际上,本例中选用的轮毂电机是市面上单轮驱动电动摩托的电机,较少用于反转,因此反转式的性能差别较大。

由于在差速轮式的底盘上两个电机是面对面安装的,因此对它们而言,其转向必然是一正一反。为此,就需要挑选出转向正、反特性较为一致的两个电机来作为主要行走方向的驱动器。对比由图 5-30 中 A、B 轮的正、反转的图拟合的曲线式(5-42)到式(5-45),轮 A 正转与轮 B 反转时的拟合效果更理想。

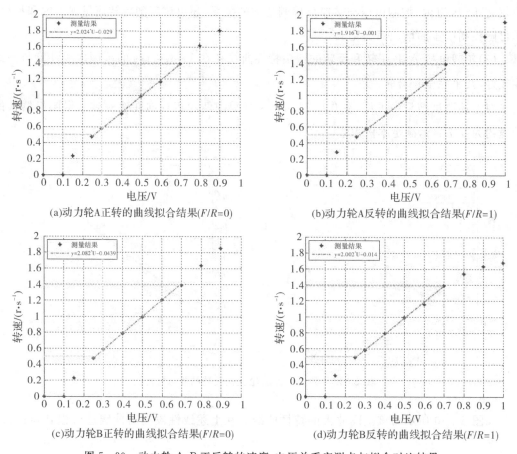

图 5-30 动力轮 A、B 正反转的速度-电压关系实测点与拟合对比结果

综合上述特性式(5-42)到式(5-45),输入电压与输出转速的理想静态特性为

$$y = 2.0U, \quad 0.25 \leqslant U \leqslant 0.70 \tag{5-46}$$

式(5-46)中,电压有一个 0.25 V 的死区,此外,如果要求输出转速大于 1.4 r/s,则需要对不同的电机和不同的转速分别设计控制器。

5.4.2 轮毂电机的动态特性

本例的电机动态特性指时域的零初始条件和非零初始条件下,在 0.5～1.4 r/s 的线性范围内,动力轮 A、B 对阶跃函数的响应过程。

图 5-31 和图 5-32 是轮 A 正转、轮 B 反转时,在零转速初始条件下对不同幅度阶跃的瞬态响应曲线。

综上,对测量数据进行去粗差的处理后,轮 A、B 在空载、零转速和非零转速初始条件下,调整时间均为 400 ms 左右。

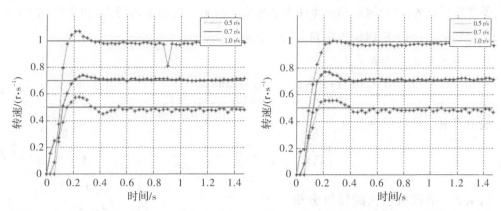

图 5-31　零初始状态下轮 A 正转的阶跃响应　　图 5-32　零初始状态下轮 B 反转的阶跃响应

图 5-33 是非零初始转速条件下,轮 A 正转时不同阶跃幅度的响应曲线。

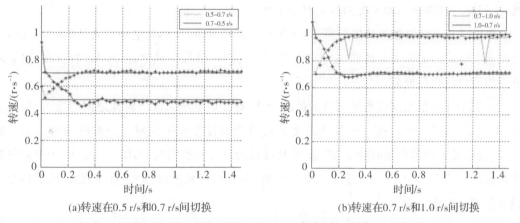

(a)转速在0.5 r/s和0.7 r/s间切换　　　　　　　(b)转速在0.7 r/s和1.0 r/s间切换

图 5-33　非零初始条件下轮 A 正转时的阶跃响应曲线

图 5-34 是非零初始转速条件下,轮 B 反转时不同阶跃幅度的响应曲线。

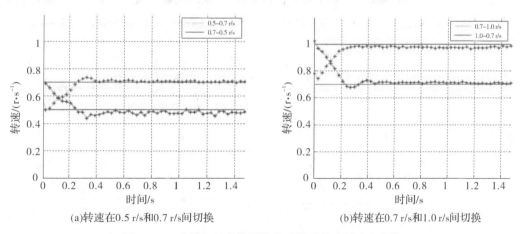

(a)转速在0.5 r/s和0.7 r/s间切换　　　　　　　(b)转速在0.7 r/s和1.0 r/s间切换

图 5-34　非零初始条件下轮 B 反转时的阶跃响应曲线

若忽略系统的高阶特性,动态特性均呈现出二阶系统欠阻尼的特点,如果以 0.7 r/s 的幅度为阶跃输入,则响应曲线可作如下数学描述。

轮 A 正转时的数学表示为

$$\frac{Y(s)}{R(s)} = \frac{265.3641}{s^2 + 22.806s + 265.3641} \tag{5-47}$$

轮 B 反转时的数学表示为

$$\frac{Y(s)}{R(s)} = \frac{349.69}{s^2 + 22.44s + 349.69} \tag{5-48}$$

5.4.3 果园机器人的特性分析

前面讨论的轮毂电机特性是在空载环境下的特性,而果园机器人在安装后的自重、行走道路的坡度和摩擦,以及作业时的负载等,对机器人系统的特性都会产生不同的影响和干扰,我们要对这些影响和干扰的效果有所了解。

果园机器人的机械系统安装好后,车辆的差速轮底盘、车体和电池的质量共约 16 kg,这是机器人空载时的动力轮负载,在实验过程中,我们还增加了最多达 50 kg 的负载,实验环境为校园内硬化的地面。

空载条件下根据测试数据拟合的静态特性(即控制电压与输出转速之间的输入-输出关系)见式(5-46)。现在进一步要测定动力轮的静态特性在带载时与空载时是否一致。图 5-35 是机器人地面行走时轮 A 正转、轮 B 反转的静态特性曲线,与图 5-29(b)的空载特性非常接近。注意,在行走速度小于 0.2 m/s 时,两轮均有死区,且特性差异较大,因此应尽量避开低速下行走作业。

测定动力轮带载时的特性,是要了解系统在惯性负载对瞬态响应的影响。同时根据果园机器人的系统动力学特性,确定其数字控制系统的采样周期。

图 5-36、图 5-37 和图 5-38 是在零初始条件下,果园机器人直行($v_左 = v_右 = 0.7$ m/s)、左转($v_左 = 0.6$ m/s,$v_右 = 0.8$ m/s)和右转($v_左 = 0.8$ m/s,$v_右 = 0.6$ m/s)的瞬态响应曲线。

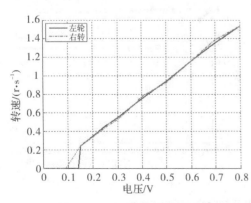

图 5-35 负载下的静态特性

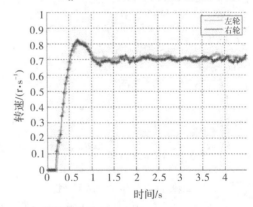

图 5-36 果园机器人直行时的瞬态响应曲线

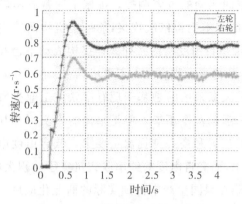

图 5-37　左转时的瞬态响应曲线图

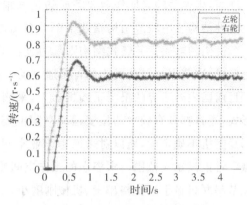

图 5-38　右转时的瞬态响应曲线

上述测量结果表明,与空载试验数据相比,增加惯性负载延长了系统的响应时间,且系统有一个明显的 200 ms 延时时间,即死区非线性区间。惯性负载对系统的动态特性的影响较明显,读者还可以进一步对力矩负载和黏性负载对系统特性的影响进行试验和分析。

现已测得动力轮带载时机器人系统的调整时间 t_s 约为 1600 ms,经过估算,取该系统的时间常数 T 为 400 ms,则有

$$t_s = 4T = \frac{4}{\zeta \omega_n} \tag{5-49}$$

式中,ω_n 为无阻尼振荡频率;ζ 为阻尼系数。

通常,根据自动控制原理及计算机控制的基本要求,在对数字控制系统的采样周期进行选择时要求满足

$$T_0 \approx (0.15 \sim 0.5)T \tag{5-50}$$

式中,T_0 为控制系统采样周期;T 为机械系统时间常数。此外,还希望所选取控制周期是系统纯延时 τ(从图 5-36 中可知本例为 200 ms)的整倍数。

所以,本例选择 100 ms 作为采样周期,即 T_0 与 T 之比为 0.25。同时,也满足控制周期与延时的要求。此时,果园机器人的瞬态响应曲线依旧呈现欠阻尼二阶系统特性,但无阻尼振荡频率 ω_n 和阻尼系数 ζ 都比空载时更小。轮 A、轮 B 以 0.7 r/s 转动时的数学模型可表示为

$$\frac{Y(s)}{R(s)} = \frac{23.36}{s^2 + 4.8332s + 23.36} \tag{5-51}$$

5.5　采摘机械手的作业空间分析

5.5.1　混联式采摘机械手的设计

通过上面几节的介绍,本例的果园机器人以差速轮(或差速履带)实现果园行列中的地面自主移动来靠近植株,可以完成机器人对植株在平面位置上的位姿调整与控制。

进而,机械手的采摘作业要完成的是三维空间运动的位姿调控。机械手通常有串联和并联两种结构。串联式结构指若干个单自由度的基本机构依次连接,前一个机构的输出是后一个机构的输入。并联式结构则是通过若干个单自由度机构并列式连接构成动平台和静平台形式,这若干个简单机构的首尾通过动平台和静平台耦合在一起形成约束。

目前国内外研究的果园采摘机器人,采摘手大多采用的是基于现有串联式工业机械臂的形式,通常都具有较大的位姿运动空间但姿态运动范围不够。但是采摘的果实因为其位姿都是随机不确定的,所以对采摘手作业空间的位置和姿态都提出了要求。低自由度串联机械手难以满足大范围内多姿态的工作空间要求,而高自由度的纯串联式机械手体积大(如七关节串联机械手)、价格昂贵、机械刚度小,很难在果园生产中得到实际的商业化应用。而并联机构的机械手与串联机构相比,显得机械手自身的体积相对较大而位置运动空间小。为此,本节将讨论如何设计一种串联和并联混合方式的果园采摘机械手。

果蔬采摘机器人的任务是由视觉导航、行走控制、采摘机械手的位置和姿态控制等作业组成的,是一个由多项作业组合的综合性任务,车载串并混联采摘机械手工作场景如图 5-39 所示。图中,4R 串联部分是由 4 个转动关节组成的串联机械臂,3RPS 并联部分是由 3 组"转动关节-移动关节-球铰"组成的并联机构。

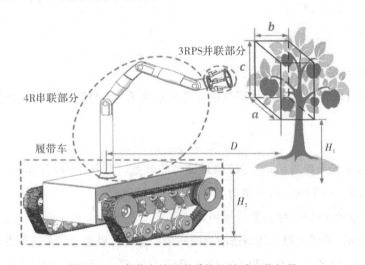

图 5-39　车载串并混联采摘机械手工作场景

人类对果实采摘实践的认知是首先要靠近果树植株,并走到合适的距离立定。果树行列间的下肢行走运动完成后再进行上肢的采摘运动。通常采摘都是按簇进行的,果实簇与簇之间会相隔几十厘米,因此在相邻两簇果实间的移动主要靠大臂动作实现。在一簇果实的采摘过程中位置变化不大,可以保持大臂基本不动,而采摘动作主要靠小臂和手部动作实现,尤其是一簇中的每个果实,主要依靠调节手的姿态来采摘。

因此,本章拟在前四节关于视觉导航引导果园机器人行走控制的基础上,当果园机器人在待采摘果实的植株附近定位后,以串联机构的大空间范围运动模仿人类手臂实现采摘手的大范围位置移动,采用响应速度快、运动精度高的并联机构模仿手部实现姿态灵活的采摘功能。从而结合两者优点，设计一种大范围、高灵活性、高速度和高精度的串并混联采摘机械臂构型。

在实际作业过程中，采摘机械臂往往搭载在移动车体上，车载串并混联采摘机械臂的工作流程图如图 5-40 所示，图中的工作流程是以上述生物人的果实采摘工作流程为基础的。可以看出，其中的车载平台主要实现自主导航和果园行列中的行走控制与定位，采摘机械臂的串联部分主要实现位置空间的运动，而并联部分主要完成果实位姿的对准动作。关于采摘的末端执行机构，由于要求采摘过程不能损伤果皮以及对果实须从"蒂"处摘断，目前国内外对末端执行机构也有许多研究，本书在此不做详细讨论。

综上所述，我们综合了串联机构工作范围大和并联机构姿态调整能力强的特点，采用串并混联的方式来设计采摘机械臂，可以将两种机构的优势互补。即机械臂串联部分要实现的主要功能是保证采摘的执行末端能够遍历果实生长的位置空间（采摘空间），而机械臂并联部分要实现的主要功能是保证当采摘执行器到达任意果实位置时，能够调整执行器的姿态朝向以适应果实的生长状态，从而确保采摘的可靠性。

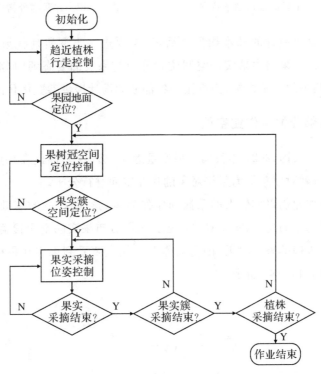

图 5-40　车载串并混联采摘机械臂的工作流程图

如上所述，串联部分主要是为了实现大范围的空间覆盖，以及将并联末端移至待采摘果实处。根据人类采摘动作及实际需求，本书采用如图 5-41 所示的 4R 机构作为串联部分构型。该机构可以通过 4 个转动关节的协调动作，在维持一定末端姿态的情况下，灵活地实现空间大范围的作业覆盖。并联部分主要根据待采摘果实的空间朝向，灵活调整采摘姿态，从而实现对果实的高效、无损采摘。选择图 5-42 所示的 3RPS 机构作为并联部分的构型，设计成三自由度并联平台的结构,由动平面 $A_1A_2A_3$ 和静平面 $B_1B_2B_3$ 通过三个单自由度(直线运动副)机构并列式连接。采用三自由度平台的优点是,三个运动副不受平面约束,在姿态控制算法上更简洁。至此,我们确定串并混联采摘机械臂的构型为 4R＋3RPS 的串-并混联形式。

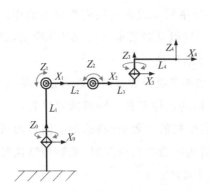 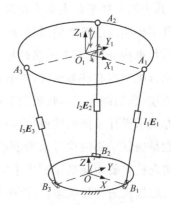

图 5-41　串联部分构型示意图　　　　图 5-42　并联部分构型示意图

在初步确定采摘机械臂的基本构型之后,还需要进一步调研现代果园中结构化、标准化、规范化的现状,以及果园中果实的空间位置分布和果实的姿态朝向分布情况,并结合实际采摘需求,整理相关的技术指标,为机械手各部分的设计提供参数优化的依据。

5.5.2　串联部分位置作业空间

我国是苹果生产大国,2021 年我国苹果产量近 $4.6×10^8$ t,因此在果业生产中苹果采摘的需求量很大,本节就对以苹果为采摘对象的作业空间进行分析。

采摘机械手的作业仍以模仿人的采摘动作作为运动空间控制的基础,即串联机构部分主要模仿人类手臂动作的功能,实现对果树冠大范围分布果实的空间覆盖,并且将采摘的末端执行器移动到待采摘的果实附近,因此其作业空间主要受到果实在果树冠上的分布区域影响,其总体构型如图 5-43 所示。

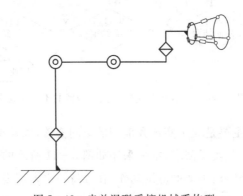

图 5-43　串并混联采摘机械手构型

矮化密植是现代苹果栽培的趋势,也是当前果树栽培制度的一项重大改革。这种栽培模式不仅可以提升土地资源利用率,还有助于提升果园产量和果实品质,创造更多的收益。在这种栽培模式下,半结构化果园中,标准的矮化苹果树一般会被人为整形成如图 5-44 所示的高纺锤形,干高 0.7~0.8 m,树高 2.5 m,冠径 0.9~1.2 m。中心干上为自由排列由分枝形成的 25 个左右的结果枝组。结果枝组不固定,随时可疏除较粗(通常超过所在处中心干的 1/4,或直径超过 2.5 cm)的结果枝组,利用更新枝培养新的结果枝组。将中心干上新抽生的枝条进行拉至近水平,开花结果后自然下垂。

统计表明,在竖直方向上,果实主要分布于树体高度 0.5~2.0 m 范围内,占果实总质量的 71.34%,总果实数量的 75.3%。在水平方向上,果实距树干不同水平距离范围内都有果实分布,主要分布于距树干 0.2~0.6 m 范围内,占果实总数量的 60.00%,而苹果的分布在阴、阳面没有明显差异。关于采摘手距树干之间的果实分布空间,可归纳为如图 5-45 所示的长方体,其位置距地面高 0.5 m;而离树干远端的果实分布空间与图 5-45 所示的长方体关于树干前后对称。

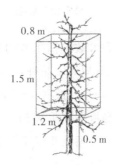

图 5-44　高纺锤形苹果树　　　　　　图 5-45　苹果果实分布

经过果园若干年的修剪成型后,苹果果实的分布进一步在主干中部集中,考虑到机械臂实际尺寸和苹果树的相对尺寸大小,我们最终将苹果果实分布的实际空间分割成若干机械臂的工作空间,其中每个工作空间的尺寸都为 $550 \times 500 \times 500$ mm^3,而机械臂在分割后的不同工作空间的转移可以通过车辆载体的移动和机械臂基座的抬升实现。

综上,我们以苹果树为研究对象,根据半结构化果园果树的栽培特点和果树的植物生理特性,综合确定了果树的果实分布空间,为采摘机器人的串联部分工作空间的确定提供了依据。即设计的串联部分,需要使采摘机器人在对单株果树作业时,执行末端点能够遍历所求得的果实分布空间。

5.5.3　并联部分姿态作业空间

并联部分的作业空间主要受果实在果树冠上的生长姿态的影响。并联部分主要是为了模仿人类手腕的功能,应能在果实附近范围灵活地调节末端朝向,实现对末端采摘执行器姿态的调整,完成对果树上不同生长状态果实的精确对准和套住的作业,并以吸真空的方式采摘。

由于不当的采摘角度会损伤果枝,影响来年的苹果产量,因此采摘方式需要并联部分事先调整好末端姿态,但是自然状态下生长的苹果姿态朝向往往没有明确的规律性。对苹果果实的姿态朝向调研结果表明:自然状态下生长的苹果姿态朝向通常在40°以内,如图5-46所示,即苹果朝向的姿态分布在以果柄为顶点,半锥角为40°的锥体内。枝条-果柄-果实的结构和形态参数是相应结构的设计基础,如图5-47所示。

图5-46 果实朝向姿态

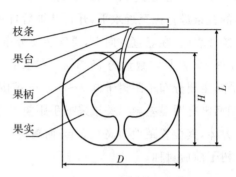

图5-47 果实形态参数图

苹果的基本形态参数包括果实的赤道圆直径D,果实高度H,柄-果长度L。测试样本为某果园内七年生 PinkLady 品种,测试时间为 2018 年 11 月 9 日,测试样本 95 个。四个形态参数使用数显游标卡尺(量程 0~200 mm,精度 0.01 mm),另外使用电子天秤(量程 0~3 kg,精度 0.01 g)测量果实质量M。

为了检验数据的合理性并将异常数据剔除,对所测数据进行正态分布和 Grubbs 校验,测量结果见表5-2。

表5-2 果实基本参数统计结果

项目	D/mm	H/mm	L/mm	M/g
参数	71.42±3.96	66.42±3.73	73.84±4.82	165.97±23.10
95%置信区间	70.62~72.23	65.66~67.18	72.86~74.83	161.26~170.67
P值	0.371	0.941	0.201	0.152

注:P值是统计学中用来判定假设检验结果的一个参数。

考虑到采摘过程中存在树枝遮挡和果实成簇分布的干扰,我们留出裕度,进一步拓宽并联结构的姿态调整角度目标,范围设定为:绕x轴65°,绕y轴65°,绕z轴60°。

综上,以苹果果实为研究对象,根据某品种某批次形状大小的测量统计结果与苹果实际姿态的特点,综合确定了单个果实的实际姿态空间,为采摘机器人的并联部分工作空间的确定提供了依据。即所设计的并联部分需要使采摘机器人在对单个果实采摘时,执行末端能够对准复现果实的生长姿态角度,并且执行末端的张爪范围能够容纳果实大小。采摘机械手机构设计目标参数指标见表5-3。

表 5 - 3　采摘机械手机构设计目标参数指标

参数	要求
工作空间	$550 \times 500 \times 500$ mm³
姿态调整角度	绕 x 轴 65°，绕 y 轴 65°，绕 z 轴 60°
末端抓取力	20 N
采摘时间	8 s
定位精度	5 mm

5.6　混联采摘机械臂优化设计 *

为确定系统各部分合适的结构参数，使串并混联采摘机械臂的整体性能最优，本节将在采摘环境、尺寸及机械约束条件下，对系统的期望目标，如采摘空间覆盖率、改进结构长度指标、末端最大朝向偏角、运动学灵巧度指标进行多目标优化。

由于串联部分的设计目标是以最短的杆长实现采摘空间的大范围覆盖，而并联部分的设计目标是在保证精度的情况下实现末端姿态朝向的大范围调整，二者的优化目标并不一致，且相对独立。因此，本书将针对二者的具体优化目标进行独立分析及优化。

在杆长确定的情况下，串联部分的工作空间直接受末端姿态的影响。为了在满足采摘工作空间需求的情况下尽量减小各连杆长度，以减小系统惯量和误差，本书将先对并联机构进行优化，以确定并联末端的最大角度调节范围，并以此为限定条件，对串联机构进行优化。

5.6.1　并联部分的优化

为满足末端姿态大范围、高精度调节的目标，需要在待采摘果实、真空采摘器的尺寸及机械约束条件下，对最大调整角度和运动学性能指标进行多目标优化，以获取 3RPS 机构的结构参数。

为便于分析，分别在动、定平台几何中心建立如图 5 - 42 所示的动坐标系 $O_1 X_1 Y_1 Z_1$ 和定坐标系 $OXYZ$。则在单闭链 $O\text{-}B_i\text{-}A_i\text{-}O_1\text{-}O(i=1,2,3)$ 中，O_1 在 $OXYZ$ 坐标系中的位矢 $\boldsymbol{r}=(x,y,h)^{\mathrm{T}}$ 可表示为

$$\boldsymbol{r}=\boldsymbol{B\_b}(i)+l_{\mathrm{a}}(i) \cdot \boldsymbol{E_{\mathrm{a}}}(i)-\boldsymbol{R} \cdot \boldsymbol{A\_m}(i),i=1,2,3 \qquad (5-52)$$

式中，$\boldsymbol{B\_b}(i)=R_{\mathrm{b}} \cdot (\cos \theta_i,\sin \theta_i,0)^{\mathrm{T}}$ 为定平台铰点在定坐标系下的位矢；R_{b} 为定平台的半径；$\theta_i=2\pi/3 \cdot (i-1)$ 为点 $\boldsymbol{B\_b}(i)$，$\boldsymbol{A\_m}(i)$ 在定、动坐标系下的位置角，$i=1,2,3$；$\boldsymbol{A\_m}(i)=R_{\mathrm{m}} \cdot (\cos \theta_i,\sin \theta_i,0)^{\mathrm{T}}$ 为动平台铰点在动坐标系下的位矢；R_{m} 为动平台的半径；$l_{\mathrm{a}}(i)$，$\boldsymbol{E_{\mathrm{a}}}(i)$ 分别为主动支链 i 的杆长和单位列向量。

$$\boldsymbol{R}=\begin{bmatrix} \cos\beta & 0 & \sin\beta \\ \sin\alpha \cdot \sin\beta & \cos\alpha & -\sin\alpha \cdot \cos\beta \\ -\cos\alpha \cdot \sin\beta & \sin\alpha & \cos\alpha \cdot \cos\beta \end{bmatrix}$$ 为 $O_1 X_1 Y_1 Z_1$ 相对于 $OXYZ$ 的旋转矩阵；α、β

分别为动坐标系绕定坐标系 X、Y 轴旋转的角度。

为评价 3RPS 机构的运动学性能，须构造操作空间速度与机构驱动关节空间速度关系。上式两边对时间求导得

$$\dot{r} = \dot{l}_a(i) \cdot E_a(i) + l_a(i) \cdot (\omega_a(i) \times E_a(i)) - \dot{R} \cdot A\_m(i), i = 1, 2, 3 \qquad (5-52)$$

式中，$\omega_a(i)$ 为主动链 i 的旋转角速度矢量。

上式两边同时乘以 $E_a(i)$ 得

$$E_a^T(i) \cdot \dot{r} = \dot{l}_a(i) - E_a^T(i) \cdot \dot{R} \cdot A\_m(i), i = 1, 2, 3 \qquad (5-53)$$

整理得

$$\dot{l}_a(i) = E_a^T(i) \cdot (\dot{r} + \dot{R} \cdot A\_m(i)), i = 1, 2, 3 \qquad (5-54)$$

取

$$J_1(i) = \begin{bmatrix} 0 & 0 & -\sin\beta \cdot \cos\theta_i \\ 0 & \cos\alpha \cdot \sin\beta \cdot \cos\theta_i - \sin\alpha \cdot \sin\theta_i & \sin\alpha \cdot \cos\beta \cdot \cos\theta_i \\ \dfrac{1}{R_m} & \sin\alpha \cdot \sin\beta \cdot \cos\theta_i + \cos\alpha \cdot \sin\theta_i & -\cos\alpha \cdot \cos\beta \cdot \cos\theta_i \end{bmatrix}$$

$$v_m = (\dot{h}, \dot{\alpha}, \dot{\beta})^T$$

有

$$\dot{l}_a(i) = E_a^T(i) \cdot J_1(i) \cdot v_m, i = 1, 2, 3 \qquad (5-55)$$

则矩阵 $[E_a^T(1) \cdot J_1(1), E_a^T(2) \cdot J_1(2), E_a^T(3) \cdot J_1(3)]^T$ 即为雅可比矩阵 J 的逆矩阵，通过求逆可得到 3RPS 机构的雅可比矩阵 J。

运动学灵巧度能够直接反映并联机构的运动能力，如末端运动精度及速度传递性能等，是常用的运动学性能指标。通常用式(5-56)表示的雅可比矩阵平均条件数来度量，数值越小代表运动学性能越好。

$$\eta_J = \frac{\displaystyle\int_W \frac{\sigma_{J\max}}{\sigma_{J\min}} \mathrm{d}W}{\displaystyle\int_W \mathrm{d}W} \qquad (5-56)$$

式中，η_J 为机构雅可比矩阵平均条件数；W 为并联机构的工作空间；$\sigma_{J\max}$、$\sigma_{J\min}$ 分别为雅可比矩阵 J 的最大和最小奇异值。

3RPS 机构需要确定的结构参数包括动、定平台半径及两平台中心间距，故优化过程的决策变量为

$$X = [R_b, R_m, h] \qquad (5-57)$$

3RPS 机构的优化问题主要是为了在末端姿态最大调整角度和运动学灵巧度两方面同时取最优，但这二者之间存在矛盾，因此本书将对这两个指标进行多目标优化，以寻求使二者均达到满意的结构参数。考虑到多目标优化问题多以目标函数的最小值表示最优，本书将取末端姿态最大调整角度的相反数作为其中的一个目标函数。多目标优化问题的目标函数表示如下

$$F = \min \begin{bmatrix} f_1 = \dfrac{\displaystyle\int_W \dfrac{\sigma_{J\max}}{\sigma_{J\min}} \mathrm{d}W}{\displaystyle\int_W \mathrm{d}W} \\ \dfrac{\displaystyle\int_W \mathrm{d}W}{} \\ f_2 = -\theta \end{bmatrix} \tag{5-58}$$

3RPS 机构动、定平台的大小受待采摘果实的大小以及真空采摘器尺寸的限制,同时为了减小机构体积及惯量,其尺寸不能太大。此外,决策变量还受驱动件行程和铰链的机械约束,各约束条件如下式所示。

$$\begin{cases} l_{a\min} \leqslant l_a(i) \leqslant l_{a\max}, i=1,2,3 \\ \varphi_{\min} \leqslant \varphi_i \leqslant \varphi_{\max}, i=1,2,3 \\ R_{b\min} \leqslant R_b \leqslant R_{b\max} \\ R_{m\min} \leqslant R_m \leqslant R_{m\max} \end{cases} \tag{5-59}$$

式中,f_1 为机构运动学灵巧度;f_2 为动平台最大调整角度的相反数;θ 为动平台最大调整角度;$l_{a\min}$、$l_{a\max}$ 分别为主动链的最小和最大长度;$\varphi_{\min}$、$\varphi_{\max}$ 分别为球铰的最小和最大偏角;φ_i 为第 i 个球铰的偏角;$R_{b\min}$、$R_{b\max}$ 分别为定平台的最小和最大半径;$R_{m\min}$、$R_{m\max}$ 分别为动平台的最小和最大半径。

为直观地求出满意解,本书用 NSGA-II 遗传算法进行多目标问题的求解,该方法采用"改进非支配排序算法"和"精英选择策略",具有运行速度快、解集收敛性好的优点。此优化得到的最优前沿如图 5-48 所示。

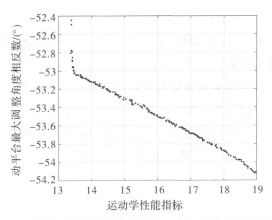

图 5-48　动平台最大调整角度相反数与运动学性能指标最优前沿

根据图 5-48 所示的优化结果,在动平台最大调整角度相反数及运动学灵巧度之间折中取满意解,确定并联机构动平台最大调整角度为 53.03°,此时机构的运动学性能指标为 13.47。该满意解对应的结构参数:动平台半径为 37 mm,定平台半径为 30 mm,动、定平台中心间距为 135 mm。

5.6.2　串联部分的优化

为达到以最短杆长覆盖绝大部分果实的目标,在并联部分末端调节角度、能量消耗等约束条件下,对期望工作空间覆盖率和改进结构长度指标进行多目标优化,以获取串联部分的杆长参数。

采用 D-H 法对 4R 串联机构进行运动学建模与分析,为便于分析,建立如图 5-41 所示的坐标系。该机构的 D-H 参数见表 5-3。

表 5-3　4R 机构 D-H 参数表

j	θ	d	a	α
1	θ_1	L_1	0	$-\pi/2$
2	θ_2	0	L_2	0
3	θ_3	0	L_3	$\pi/2$
4	θ_4	0	L_4	0

串联部分末端坐标系相对于基座坐标系的坐标变换矩阵为

$$ {}_4^0\boldsymbol{T} = {}_1^0\boldsymbol{T} \cdot {}_2^1\boldsymbol{T} \cdot {}_3^2\boldsymbol{T} \cdot {}_4^3\boldsymbol{T} \tag{5-60} $$

相邻两坐标系间的变换矩阵为

$$ {}_i^{i-1}\boldsymbol{T} = \begin{bmatrix} C\theta_i & -S\theta_i C\alpha_i & S\theta_i S\alpha_i & \alpha_i C\theta_i \\ S\theta_i & C\theta_i C\alpha_i & -C\theta_i S\alpha_i & \alpha_i S\theta_i \\ 0 & S\alpha_i & C\alpha_i & d_i \\ 0 & 0 & 0 & 1 \end{bmatrix} \tag{5-61} $$

式中,$C\theta$ 为 $\cos\theta$,$S\theta$ 为 $\sin\theta$。${}_4^0\boldsymbol{T}$ 左上角的 3×3 矩阵 $\boldsymbol{R}$ 为末端的姿态矩阵,而第 4 列前 3 行的值分别为串联部分末端的位置。

串联机构的结构长度指标是机构杆长之和与工作空间的比值,是反映串联机构性能的重要指标。为了更符合采摘机械臂的设计要求,本书采用改进的结构长度指标即机构杆长之和与期望采摘空间内实际覆盖空间的比值来反映串联部分的性能。本书将采用蒙特卡洛法求解实际工作空间,改进结构长度指标的表达形式如下

$$ Q'_L = \frac{\sum\limits_{i=1}^{4} L_i}{W_a} \tag{5-62} $$

式中,Q'_L 为改进的结构长度指标;L_i 为第 i 个连杆的长度;W_a 为期望采摘空间内实际工作空间的大小。

采摘机械臂主要靠串联部分实现待采摘果实的空间大范围覆盖,因此期望采摘空间覆盖率也是设计过程中需要重点关注的一个性能指标,其表达形式如下

$$ \eta = \frac{W_a}{W_d} \times 100\% \tag{5-63} $$

式中,η 为期望采摘空间覆盖率;W_d 为期望采摘空间大小。根据果实簇的大小,设定期望采摘空间为宽 500 mm×高 500 mm×深 200 mm 的长方体。

　　当前对串联采摘机械臂的研究多将三维工作空间上的优化简化到二维空间上进行优化,为避免工作空间内出现空洞,造成某一特定区域的果实无法采摘,本书将在三维空间内对性能指标进行优化。

　　前面在图 5-59 中我们已经给出了混联采摘机械臂与果树间的相对位置与尺寸,其中,D 为混联采摘机械臂基座中心距离期望采摘区域外侧的水平距离;H_1 为期望该区域下端距离地面的高度;H_2 为履带车体的高度。

　　串联部分的工作空间不仅与各连杆的长度有关,而且与 D 的大小也有关。因此,在设计过程中除了需要确定各连杆的长度外,还需要确定 D 的值。由于连杆长度 L_1 主要由期望采摘区域中心高度确定,对于竖直方向分布区域较广的果蔬植株,可采取增加升降底座或移动关节的方式完成采摘作业。故串联部分优化问题的决策变量为

$$\boldsymbol{X}' = [D, L_2, L_3, L_4] \qquad (5-64)$$

　　因串联末端的姿态直接影响工作空间的大小,且并联部分将作为串联部分末端连杆的一部分进行考虑,故并联末端的最大角度调整范围将作为实际工作空间求解的约束条件。

　　考虑到多目标优化问题多以目标函数的最小值表示最优,本书将取期望采摘空间覆盖率的倒数作为其中一个的目标函数。

　　多目标优化问题的目标函数如下

$$\begin{cases} f'_1 = \dfrac{\sum\limits_{i=1}^{4} L_i}{W_a} \\[4mm] f'_2 = \dfrac{W_d}{W_a} \times 100\% \end{cases} \qquad (5-65)$$

式中,f'_1 为改进的结构长度指标;f'_2 为期望采摘空间覆盖率的倒数。

　　杆长的布置方式直接影响工作空间和采摘过程的能量消耗,为获取大工作空间并降低能耗,越靠近基座的连杆长度越大。约束条件如下

$$\begin{cases} L_{i\min} \leqslant L_i \leqslant L_{i\max}, & i=2,3,4 \\ L_{i-1} > L_i, & i=2,3,4 \\ \varphi_{i\min} \leqslant \varphi_i \leqslant \varphi_{i\max}, & i=1,2,3,4 \end{cases} \qquad (5-66)$$

式中,L_i 为第 i 个连杆的长度;$L_{i\min}$,$L_{i\max}$ 分别为第 i 个连杆的最小和最大长度;$\varphi_{i\min}$,$\varphi_{i\max}$ 分别为第 i 个关节的最小和最大偏角;φ_i 为第 i 个关节的偏角。

　　利用改进非支配排序遗传算法求解得到的最优前沿如图 5-49 所示。

　　根据图 5-49 所示的优化结果,在两者之间折中取满意解,确定期望采摘空间覆盖率的倒数为 1.05,对应的三维工作空间覆盖率>95%。此时的改进结构长度指标为 4.196,该满意解对应的结构参数:混联采摘机械臂基座中心距离期望采摘区域外侧的水平距离 $D=690$ mm,各连杆的长度分别为 $L_1=700$ mm,$L_2=365$ mm,$L_3=350$ mm,$L_4=225$ mm。

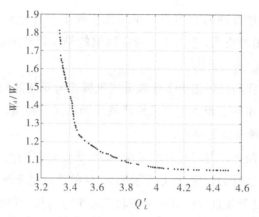

图 5 - 49　期望采摘空间覆盖率的倒数与改进结构长度指标的最优前沿

5.6.3　可达空间分析验证

采摘末端的姿态调节主要由并联部分实现,根据 5.6.1 节优化得到的参数搭建仿真模型,为验证末端的实际角度调节范围,利用等间隔插值遍历搜索的方法求取采摘机械臂并联末端法向量的分布区域,如图 5 - 50 至图 5 - 53 所示。

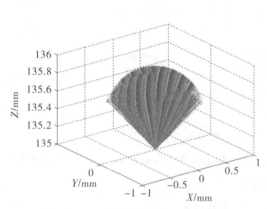

图 5 - 50　动平台法向量三维分布图

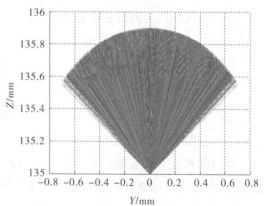

图 5 - 51　动平台法向量 YZ 平面投影图

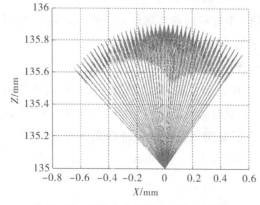

图 5 - 52　动平台法向量 XZ 平面投影图

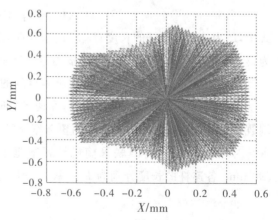

图 5 - 53　动平台法向量 XY 平面投影图

从图 5-50 可以看出,设计的 3RPS 并联机构实现了一定区域内末端姿态的连续调整;从图 5-51 可以看出,在 YZ 平面内角度调整范围左右对称,最大调整角度约为 53°;从图 5-52 可以看出,在 XZ 平面内角度调整范围左右并不对称,左侧最大调整角度约为 45°,右侧最大调整角度约为 40°,两侧最大调整角度的不对称性是由 3RPS 机构固有的结构特性决定的;图 5-53 的结果从另一视角验证了图 5-51 和图 5-52 的结果,并可在实际操作过程中指导 3RPS 并联部分的安装。果实的朝向分布一般存在左右分布概率基本一致、朝下的概率大于朝上的概率这一特点,因此在安装并联部分的时候可将 Y 坐标方向布置为水平,将 X 方向布置为竖直,且调节范围较大的一侧朝上布置,以适应因重力原因造成朝下分布果实多于朝上分布果实的采摘需求。

由于并联部分的长度已包含在串联部分的末端杆长中,因此,串联部分的工作空间即代表串并混联采摘机械臂的整体工作空间。根据 5.6.2 节优化得到的参数搭建仿真模型,利用蒙特卡洛法求取采摘机械臂末端的实际工作空间。在满足并联末端调整角度约束的情况下,混联采摘机械臂工作空间的三维投影图如图 5-54 所示。图 5-54 左上角为实际工作空间的三维图,右上角为实际工作空间的 YZ 平面投影图,左下角为实际工作空间的 XZ 平面投影图,右下角为实际工作空间的 XY 平面投影图。其中,蓝色的矩形框代表期望工作空间在各个平面内的投影。从图中可以看出,实际工作空间似乎已将期望工作空间全部覆盖。

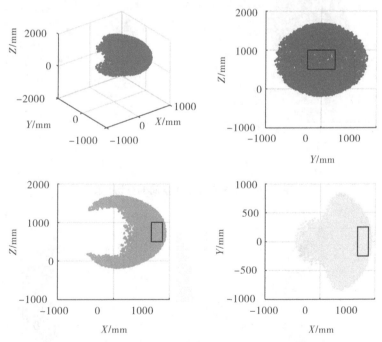

图 5-54　实际工作空间三维投影图(彩图扫描前言二维码)

为防止三维空间内部出现空洞,从而造成部分特定工作区域无法完成采摘作业,对三维工作空间进行切片分析,结果如图 5-55 至图 5-57 所示。从图中可以看出,采摘机械臂仅在极限位置的边角处有少部分空间没有覆盖,但该部分对果实采摘的影响基本可以忽略,验证了所确定结构参数的可行性及合理性。同时,从切片图的分析结果也可以看出,仅对实际工作空间进行三维投影分析存在一定的缺陷。在进行串联机器人工作空间分析时,对工作空间的切片分析验证是非常有必要的。

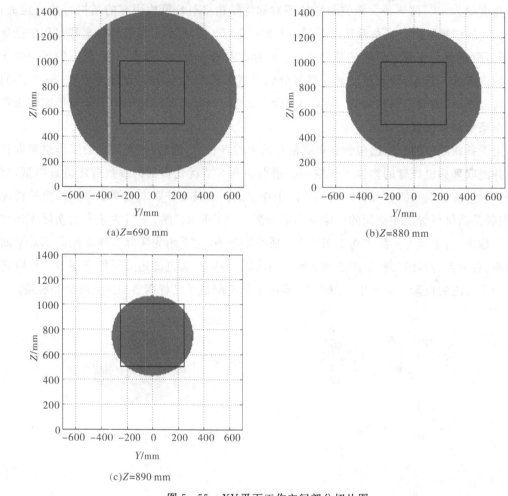

图 5-55 XY 平面工作空间部分切片图

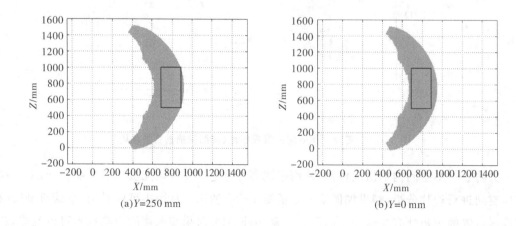

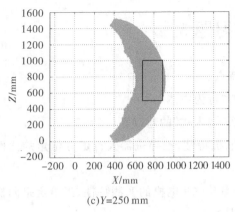

(c)Y=250 mm

图 5 - 56　XZ 平面工作空间部分切片图

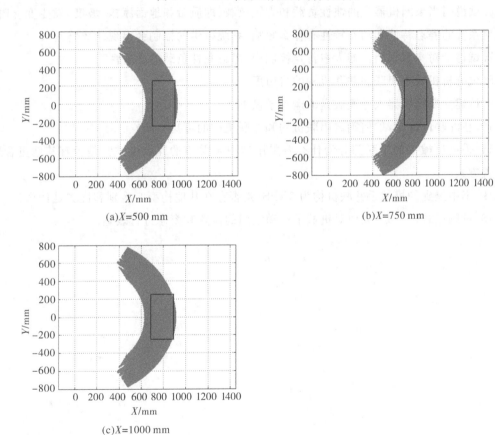

(a)X=500 mm

(b)X=750 mm

(c)X=1000 mm

图 5 - 57　YZ 平面工作空间部分切片图

思考题与习题 5

1.试讨论工业生产环境和农业生产环境的特点。

2.试阐述如何才能使果园机器人成为机械的"行为主体"？

3.试提出你对本章果园机器人的设计有什么"嵌入式"的建议？

4.使用本章机器人运动学模型的参数以及电机特性,推导机器人行走方位角的比例控制器。

5.若以本章所用的轮毂电机为驱动器,根据图5-29电机的实测特性,当给定果园机器人在转速低于0.2m/s时,其行走会出现什么情况？

6.试说明当果园机器人的惯性负载和力矩负载(即质量和地面摩擦、坡度)发生变化时,分别对系统的静态特性和动态特性有什么影响,系统行走的控制会出现什么偏差？

7.试讨论对本章果园机器人在行走控制中,考虑黏性负载的必要性。

8.试分析机械手串联和并联机构的自由度。

9.试建立果园机器人差速底盘的运动学模型。

10.在混联设计中,如何确定串联机构和并联机构的可达空间？

11.采摘机械手的串联部分为什么要采用这种4关节的冗余形式？是否有其他更合适的配置方式？

12.书中提到的机械手并联机构为3RPS,是否存在其他构型？区别和优劣是什么？

13.试阐述式(5-61)如何对机械手运动空间的位置和姿态进行表达。

第6章 野外机动装备的姿态稳定平台及其控制

6.1 机动车、船载设备的姿态要求

6.1.1 工作环境及其分析

在海上补给、野外科考、灾害搜救等特殊场合下,由于海面上、野外地形的颠簸起伏,会使机动装备伴随随机、多方位和多自由度的运动扰动,如图 6-1 所示。车、船载设备因为常处于移动过程中,不仅仅是俯仰和横滚,颠簸的倾角也会达到 20°以上,且频率和幅度都变化不定。为了保证搭载在这些载体上的设备还能够正常工作,人们对机动装备保持姿态稳定的能力提出了更高的要求。例如,光学装置和射频天线等车船载设备在野外移动工作时需要保持一定的姿态跟随目标。因此本章主要讨论的一项性能指标是车、船载装备在移动的过程中搭载设备的基座要保持其工作姿态稳定在某个确定的姿态上。

(a)海上风浪中的行船　　　　　　　　(b)陆地复杂地形地面

图 6-1　车、船载设备面临的环境

车辆通常都有弹簧钢片式的减振悬挂系统,称为"被动减振"系统。这类系统对行驶在城市道路上的减振要求是能满足的,但是如果在如图 6-2(a)那样的果园环境中移动,用图 6-2(b)所示的果园视觉机器人自主导航,加速度传感器记录下来的振动信号如图 6-3(a)所示,显然获取的视觉信息会受到影响。即使在底盘上装备了弹簧的被动减振装置,其测得的振动信号如图 6-3(b)所示。对比图 6-3 的两幅图可以发现,被动减振的效果只在某个频率段的作用较好。

(a)果园道路   (b)果园机器人

图 6-2 果园机器人和果园道路

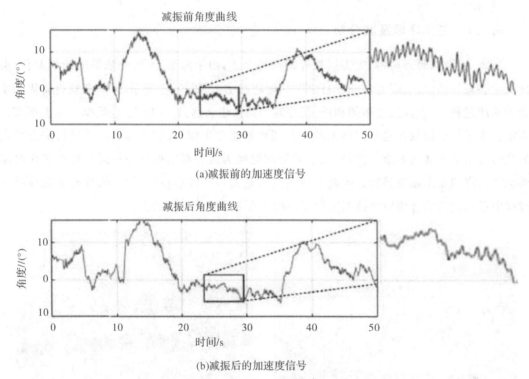

(a)减振前的加速度信号

(b)减振后的加速度信号

图 6-3 减振前和减振后的时域信号

从图 6-3 所示的时域信号来看,总体的减振效果并不是很明显。为了更清楚地分析细节,对该信号进行傅里叶变换后的频谱如图 6-4 所示,从频谱中可以看出,该果园路面振动信号的截止频率大约为 100 Hz,而振幅在 2.5°以下。

图 6-4(a)中的两个振动峰值分别在 0.1 Hz、6 Hz 左右,就图 6-4(b)被动减振的效果来看,对较低频率 0.1 Hz 的峰值几乎没什么明显的作用,而 6 Hz 的峰值减振则至少在 50%以上。

如果我们不是采用弹簧减振的被动悬挂方案,而是采用运动副支撑的主动悬挂系统,并通过运动副的主动运动,消除来自地面或海面的颠簸,这种方式即所谓的主动悬挂系统。

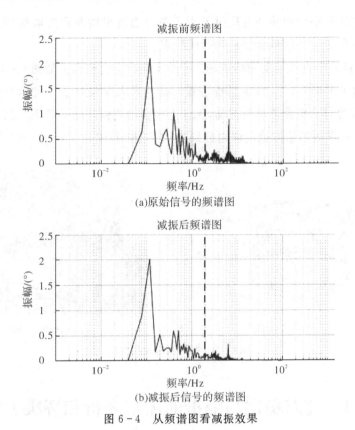

(a)原始信号的频谱图

(b)减振后信号的频谱图

图 6 - 4　从频谱图看减振效果

6.1.2　串联与并联方案

主动悬挂结构可以分为串联和并联两种。串联式结构指若干个单自由度的基本机构依次连接,前一个机构的输出是后一个机构的输入。如图 6 - 5(a)所示是一个旋转机构与一个俯仰机构的串联。如图 6 - 5(b)所示是国内某高校和企业联合研制的卫星天线姿态稳定系统,采用的就是串联式稳定结构。在横滚角和俯仰角 6°范围内,频率 1 Hz 时,其控制跟踪误差小于 0.2°。该系统对跟踪的实时性要求不高。

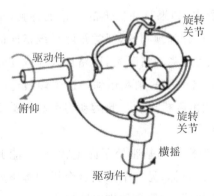

(a)旋转与俯仰机构的串联

(b)串联机构在稳定天线中的应用

图 6 - 5　串联机构及其卫星天线的应用

并联式结构的动平台和静平台通过若干个单自由度机构并列式联接,若干个简单机构的首尾通过动平台和静平台耦合在一起形成约束。

图6-6(a)是六个直线运动副构成的Stewart并联平台机构。如图6-6(b)所示是多个液压缸并联支撑的并联式海上稳定引桥装置。荷兰某大学设计了一种六自由度平台,可以实时消除海面波动对上平台带来的扰动,保证上平台始终保持水平状态。在1 Hz的频率和1.5°幅值扰动下的横滚和俯仰稳定误差分别为0.10°和0.12°。

(a)并联机构图　　　　　　　　　　　　　(b)海上稳定引桥装置

图6-6　并联机构及其应用

6.2　姿态稳定与隔振的需求分析和解决方案

6.2.1　研究目标

近年来,视觉作为包括人类在内的大部分脊椎动物感知外部环境信息的主要途径,越来越多地应用于机器人的环境感知系统中。因此,本章将以车载主动视觉系统为例,用视觉探测的手段来实现移动目标的识别和跟踪。在5.1节末,我们曾提到了主动悬挂系统,本节拟采取主动悬挂系统来解决车载视觉系统在野外颠簸路面行走过程中完成运动目标探测、跟踪任务。

机动时基座稳定需求:车载设备在机动过程中,如果是在标准的公路上行驶,车体的运动将是一个在平面上运动的轨迹,该轨迹也是可计算和预测的,视觉跟踪系统指向的偏离误差相对容易获取,这为控制带来较大的便利。但更恶劣的情况是,道路被破坏或在越野的环境下机动,此时地形的起伏使车载设备呈现出多自由度的颠簸运动。这个颠簸运动不但起伏变化快,幅度大,而且是不可事先预测的多自由度随机运动。此运动将引起视觉跟踪系统指向的严重偏离,并给系统的控制带来较大困难。

需求分析:从研究的最终目标来看,一个是当机构的基座处于固定状态时,能够控制该机构始终跟随目标,以保证视觉跟踪系统始终指向目标;另一个是当这个机构基座处于车载状况,且车载设备在机动中由于地形变化带来随机扰动时,必须克服这种扰动。

首先考虑车载视觉跟踪功能,即要求视觉跟踪系统能够大范围自主搜索目标。发现目标后,通过对主动跟踪机构的伺服控制实现对目标的平稳跟踪,并预测目标的运动轨迹,为后续控制提供引导。此处我们暂不考虑如何对目标的感知和识别,因此不讨论传感器的形式与信息处理。

跟踪机构:当前大量采用的是由一个可以水平旋转 360°的机构和一个可以俯仰 90°的机构串联而成,其运动搜索的范围几乎覆盖了上半个球面,该机构在现有固定式的天线中已得到了广泛成熟的应用。

为保证车载设备机动过程中的目标识别和跟踪,必须解决的是目标识别、伺服跟踪和基座隔振等关键问题,这些都是系统完成跟踪任务的根本保证。

关于机器视觉及其目标跟踪的内容将在下一章介绍。现在讨论的是车、船载设备在野外机动时,环境地形将影响到车、船载设备基座的平稳。因此本章的关键问题就落到要实时、准确、平滑地隔离不规则地形干扰。

6.2.2　技术方案与要点

卫星天线在通信时必须始终保持指向卫星,这样才能保证通信质量,这与用机器视觉的目标跟踪要求非常相似。因此根据这种相似,本章讨论姿态稳定解决方案的工作原理如图 6-7 所示。该方案是在车载卫星天线的基座和载体车辆之间,加一个"主动隔振"的稳定平台,使上平面始终处于水平姿态。

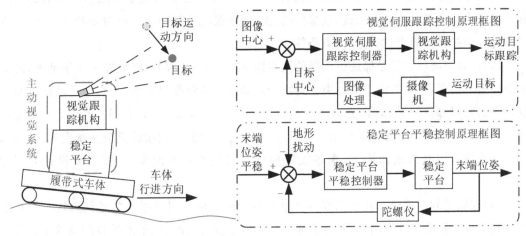

图 6-7　系统工作原理框图

为了消除大载荷下地形的多维、快速和随机的扰动,拟采用并联、多自由度、主动的姿态隔振伺服系统,方案如图 6-8(a)所示。该方案要求在如图 6-8(b)所示的环境中,伺服控制平台能够有效地隔离地形扰动,为车载移动天线基座在机动过程中提供稳定的水平姿态。根据以上背景和要求,我们选择并联六自由平台。

并联六自由度平台的优点是六个运动副与上、下平面之间的连接都呈三角形,因而结构稳定且负载能力强,无论车载卫星天线质量如何,都能保证平台控制的性能。其难度是由于受到空间六个点在一个平面上的约束,给平面运动轨迹的控制算法设计带来了一定的复杂性。

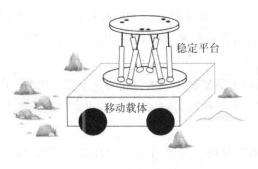

(a)并联六自由度平台　　　　　　　　　　(b)野外实际环境

图 6-8　并联平台及野外环境隔离

为了实现以上的功能和性能,必须研究下面几个主要内容:

(1)车辆能够通过的地形最大坡度为 0.6,即最大颠簸角 31°。若指定负载重量为 100 kg,给出的主动隔振系统的指标为:隔离地面扰动的全方位角度 31°,响应时间小于 1.0 s,姿态调整精度 0.1°。因此,首先要对平台的机构进行优化设计,算出六自由度平台的杆长、上下平面的半径等参数,保证系统的精度、灵巧度和运动范围等整体性能。

(2)测试各运动支链的动、静特性,并建立其动力学模型,保证六个运动副在控制时静态稳定和动态响应一致。组成平台的六个运动副可以选电动缸或者液压缸。为保证平台的平面约束条件,这六个运动副的静特性和动特性必须保持一致。也就是要求各个单缸的启闭特性以及线性和双向性等要一致,且都能稳、准、快地跟随控制指令。更重要的是,六个缸在动态过程中能保持同步,以满足约束条件。

(3)控制器硬件设计是保证运动副的同步控制。六个运动副始终处在一个平面上,既是对空间上的约束,也是时间上的约束。若六个运动副的控制是串联的,则每个运动副接收控制指令的时间都将间隔 Δt(即分别在 t_1、t_2、t_3、t_4、t_5、t_6 时刻),而不是在同一时刻对平面实时控制。而各运动副不在同一时刻动作,将导致本该受约束的平面扭曲且使系统受损。因此,如果要求快速控制系统的姿态,则各支链的控制算法所需时间要短,就需要设计并行控制器。

(4)控制器软件设计是六个点在一个平面的约束条件下寻求平滑轨迹的算法。当运载车体受到地形扰动出现倾斜时,平台需通过控制六个缸的长度(在平面约束的条件下),尽可能快速地回到水平状态,并且要求调节过程的轨迹平滑、平稳,以保持平台上平面的水平姿态。因此除了要研究快速准确地求解空间约束条件下的运动副与平面位姿的映射关系算法,还要规划出六个运动副在隔振过程中,保持上平面稳定的控制轨迹要光滑。

上述几个要点中,第一个优化设计是机构学方面的问题,本章暂不讨论。后三个问题都与机械电子学科有关,是智能机器的内容,将在后面进一步讨论。

并联平台的系统构成如图 6-9 所示,图中的左半部分是驱动器和控制器,右半部分是平台的运动机构。平台的下平面安装在车体上,因此当平台随车体在野外机动时,地形扰动将导致平台基座姿态变化。平台的上、下平面都装有姿态传感器,当平台随车体受地形扰动姿态发生变化时,要求通过六个运动副的杆长控制,使上平面始终保持水平状态。

平台上、下位机之间用 CAN 总线实现通信,构成分布式控制结构。上位机是一台微型计算机,主要用于获取实验中的数据。控制器由主/从单片机构成,形成"一主"带"六从"的结构,主单片机实施姿态偏差的获取和解算各杆长的指令,而各从单片机构成分布式的控制单元。

平台的运动状态常用两个词来表述,即平台的"姿态"或"杆长"。关于六自由度平台的"姿态"函数 $q=q(l_1,l_2,l_3,l_4,l_5,l_6)$ 及平台上六个运动副的"杆长"函数 $L=L(x,y,z,\alpha,\beta,\gamma)$ 之间的映射关系,是把已知位姿 q 求杆长 L 称反解,而把已知杆长 L 求位姿 q 称正解。解析法求正解一般都存在多解,解析法要尽力求出所有的解,因而计算复杂,所以常用数值法进行求解,如用牛顿迭代法求合适的解,计算简单且适用于工程实际。

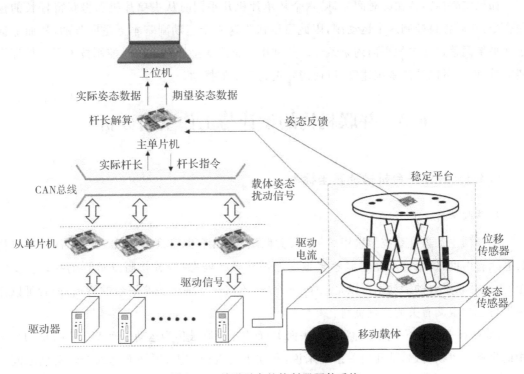

图 6-9　并联平台的控制器硬件系统

图 6-9 中的控制器硬件采用了"一主"带"六从"的单片机系统。主单片机获取扰动当前姿态,并计算出与期望姿态(水平)的偏差,参考当前的六个杆长,反解出六个运动副杆长需要调整的控制量,并用总线将指令在同一时刻发送给六个从单片机,如图6-10所示是其控制结构框图。

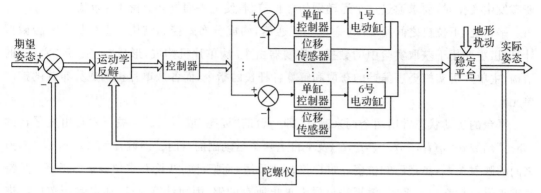

图 6-10　六自由度隔振系统控制结构框图

如果忽略通信传输的时间差,则六个从单片机几乎同时从主单片机那里获得杆长的控制指令,然后各自控制六个运动副,因此可以认为这六个运动副基本上是同步的,从而保证了在平稳调整过程中的平面约束条件。这种用分布式信息处理及实时控制技术不但保证了实时性,而且可以提高系统速度,以便消除更高频率的扰动。

6.3　并联机构的设计与工作空间分析

6.3.1　并联平台机构及其坐标系

1. 并联平台

本章的主动悬挂系统拟选用 Stewart 并联机构,如图 6-11(a)所示。Stewart 并联机构具有六自由度,这个特点使它能够多维度地调节平台姿态,以补偿野外地形的扰动。实际上,支撑并联平台的运动副可以是三个、四个等,不同运动副所支撑平台的特点,读者可以作为思考题去查阅有关的文献资料。

Stewart 平台的下平面被称为基础平面 B,而上平面则被称为运动平面 M。从图 6-11(b)中的坐标系可以看出,从几何关系上来说,并联平台机构在上、下平面与六个运动副之间有六个用虎克铰连接的铰点,分别称下铰点 $B_1 \sim B_6$ 与上铰点 $M_1 \sim M_6$。由于上、下平台均有六个支撑点,整个结构形成了六个如三角形似的支撑,使平台具有很强的负载能力。

Stewart 平台空间多点的平面约束条件既对平面运动的精度提出了要求,或者说保证了平面运动的精度,又增加了控制算法的复杂性。

平台安装通常是以下平面固定在基准面上的,因此一般都以下平面作为基坐标系 O_B-xyz,坐标原点 O_B 为下铰点的几何中心,通常即下平面的中心。而上平面建立的为动坐标系 O_M-uvw,坐标原点 O_M 为上铰点的几何中心,或称上平面中心。

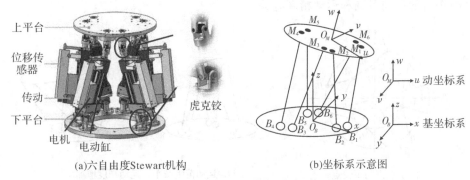

(a)六自由度Stewart机构　　　　　(b)坐标系示意图

图 6-11　Stewart 并联平台及其姿态描述

上平台的位置和姿态可以用$(x,y,z,\alpha,\beta,\gamma)$表示,其中$(x,y,z)$是动坐标在基坐标系中的坐标,即沿向量$\boldsymbol{O_BO_M}$作平移运动后得到。而$(\alpha,\beta,\gamma)$为动坐标系依次围绕基坐标系 x、y 和 z 轴旋转的角度,即绕基坐标系旋转的 RPY 欧拉角表示法。所谓 RPY 欧拉角是指围绕原坐标系 x、y、z 轴的转动,即滚转角(Roll)、俯仰角(Pitch)和偏航角(Yaw),分别对应绕 x、y、z 轴旋转。从 x、y、z 轴的箭头方向看过去,顺时针旋转为正,逆时针为负。

2.平台位姿描述

如果上平面动坐标系的点要在下平面基础坐标系中表达,就需要对坐标进行平移和旋转变换。因此,上平面坐标系中的任意一点P_m的位置可以通过坐标变换矩阵在下平面坐标系中表示为P_B。其关系可以表示为

$$P_B = \boldsymbol{T} P_m \qquad (6-1)$$

式中,$P_B = [x,y,z,1]^{\mathrm{T}}$,$P_m = [u,v,w,1]^{\mathrm{T}}$,$\boldsymbol{T}$ 为坐标变换矩阵,可以表示为

$$\boldsymbol{T} = \begin{bmatrix} & & & x \\ & \boldsymbol{R} & & y \\ & & & z \\ 0 & 0 & 0 & 1 \end{bmatrix} \qquad (6-2)$$

式中,$\boldsymbol{R}$ 为旋转矩阵,由三轴旋转矩阵 $\boldsymbol{R}(z,\gamma)\boldsymbol{R}(y,\beta)\boldsymbol{R}(x,\alpha)$组成,表示为

$$\boldsymbol{R} = \boldsymbol{R}(\gamma,\beta,\alpha) = \boldsymbol{R}(z,\gamma)\boldsymbol{R}(y,\beta)\boldsymbol{R}(x,\alpha)$$

$$= \begin{bmatrix} \cos\gamma & -\sin\gamma & 0 \\ \sin\gamma & \cos\gamma & 0 \\ 0 & 0 & 1 \end{bmatrix} \begin{bmatrix} \cos\beta & 0 & \sin\beta \\ 0 & 1 & 0 \\ -\sin\beta & 0 & \cos\beta \end{bmatrix} \begin{bmatrix} 1 & 0 & 0 \\ 0 & \cos\alpha & -\sin\alpha \\ 0 & \sin\alpha & \cos\alpha \end{bmatrix}$$

$$= \begin{bmatrix} \cos\beta\cos\gamma & \cos\gamma\sin\alpha\sin\beta-\cos\alpha\sin\gamma & \sin\alpha\sin\gamma+\cos\alpha\cos\gamma\sin\beta \\ \cos\beta\sin\gamma & \cos\alpha\cos\gamma+\sin\alpha\sin\beta\sin\gamma & \cos\alpha\sin\beta\sin\gamma-\cos\gamma\sin\alpha \\ -\sin\beta & \cos\beta\sin\alpha & \cos\alpha\cos\beta \end{bmatrix} \qquad (6-3)$$

式中,α、β、γ 分别为绕三个坐标轴旋转的角度。

6.3.2　平台机构参数

六自由度平台机构的俯视图如图 6-12(a)所示。而图 6-12(b)表明,平台的上、下平面

的半径与平台的运动范围和运动精度有关。

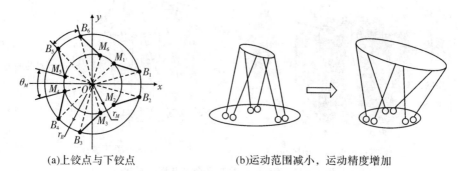

(a)上铰点与下铰点　　　　(b)运动范围减小，运动精度增加

图 6-12　并联平台的参数

一般在设计平台时，上、下平面的铰点通常呈中心对称形式，即每组铰点的中心线之间均呈 120°分布。图 6-12(a)的上、下平面各铰点坐标见表 6-1。

表 6-1　上、下平面各铰点坐标

铰点序号	坐标	铰点序号	坐标
B_1	$(r_B\cos\dfrac{\theta_B}{2},r_B\sin\dfrac{\theta_B}{2})$	M_1	$(r_M\cos(\dfrac{\pi}{3}-\dfrac{\theta_M}{2}),r_M\sin(\dfrac{\pi}{3}-\dfrac{\theta_M}{2}))$
B_2	$(r_B\cos\dfrac{\theta_B}{2},-r_B\sin\dfrac{\theta_B}{2})$	M_2	$(r_M\cos(\dfrac{5\pi}{3}+\dfrac{\theta_M}{2}),r_M\sin(\dfrac{5\pi}{3}+\dfrac{\theta_M}{2}))$
B_3	$(r_B\cos(\dfrac{4\pi}{3}+\dfrac{\theta_B}{2}),r_B\sin(\dfrac{4\pi}{3}+\dfrac{\theta_B}{2}))$	M_3	$(r_M\cos(\dfrac{5\pi}{3}-\dfrac{\theta_M}{2}),r_M\sin(\dfrac{5\pi}{3}-\dfrac{\theta_M}{2}))$
B_4	$(r_B\cos(\dfrac{4\pi}{3}-\dfrac{\theta_B}{2}),r_B\sin(\dfrac{4\pi}{3}-\dfrac{\theta_B}{2}))$	M_4	$(r_M\cos(\pi+\dfrac{\theta_M}{2}),r_M\sin(\pi+\dfrac{\theta_M}{2}))$
B_5	$(r_B\cos(\dfrac{2\pi}{3}+\dfrac{\theta_B}{2}),r_B\sin(\dfrac{2\pi}{3}+\dfrac{\theta_B}{2}))$	M_5	$(r_M\cos(\pi-\dfrac{\theta_M}{2}),r_M\sin(\pi-\dfrac{\theta_M}{2}))$
B_6	$(r_B\cos(\dfrac{2\pi}{3}-\dfrac{\theta_B}{2}),r_B\sin(\dfrac{2\pi}{3}-\dfrac{\theta_B}{2}))$	M_6	$(r_M\cos(\dfrac{\pi}{3}+\dfrac{\theta_M}{2}),r_M\sin(\dfrac{\pi}{3}+\dfrac{\theta_M}{2}))$

至此，整个平台的尺寸参数可以由上平面半径r_M、下平面半径r_B、上平面每组铰点间的夹角θ_M、下平面每组铰点间的夹角θ_B及电动缸的尺寸完全确定。即六自由度 Stewart 稳定平台可以由这些尺寸参数完全确定并联平台结构的几何外形。

一般来说，从平台的应用场景出发，可以根据实际平台的尺寸限定、稳定平台运动范围、运动精度的需求等来确定平台的各项参数。对以上多个平台尺寸参数进行优化是一个比较复杂的问题，常用多目标优化的方法。

本例中，对于设计主动并联平台的要求，是在保证平台运动范围的基础上尽可能提高其运动精度，因此书中首先确定下平面的安装尺寸。

可以将尺寸优化问题的需求简化为：固定下平台半径r_B、电动缸尺寸，以及θ_M和θ_B，求解满足机构运动范围和运动精度的上平台半径r_M。

假设上平台与下平台的半径之比为 k，则 k 可以表示为

$$k = \frac{r_M}{r_B} \tag{6-4}$$

通过简单分析不难发现，k 值越大，即上平台尺寸越大，平台运动范围越小，运动精度越高；相反，k 值越小，则上平台尺寸越小，平台运动范围越大，运动精度越低。因此，本书通过计算不同上平台尺寸下的稳定平台运动范围，结合系统实际需求来确定上平台的尺寸 r_M。关于这一点，前面在图 6-12(b) 中已经给出，有兴趣的读者不妨作为课后的思考题研究。

设计并联平台的目的是使动平面能够按照需求达到某个姿态或能够稳定在某个姿态。在推导动平面的运动过程时，为方便起见，常用杆长作为机构变量。

如图 6-13(a) 所示的机构，下平面为静止的基础平面，上平面为动平面，该图为某一运动副链接静、动平面的垂直二维图。图中的 B_i、M_i 表示第 i 个运动副 S_i，运动副与静、动平台的垂线分别用 n_{B_i} 和 n_{M_i} 表示，而运动副 S_i 与 n_{B_i} 和 n_{M_i} 的夹角则以 θ_{B_i} 和 θ_{M_i} 表示，可以在图 6-13(b) 中以矢量形式表示。请注意，图中的一些长度矢量将在稍后的数学推导中用到，如静平面中心到下铰点 $O_B B_i$、动平面中心到上铰点 $O_M M_i$、静平面中心到动平面中心 $O_B O_M$ 及上、下铰点间、即运动副的杆长 $B_i M_i$ 等。

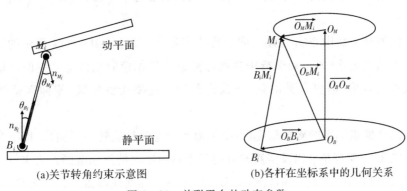

(a) 关节转角约束示意图　　　　　(b) 各杆在坐标系中的几何关系

图 6-13　并联平台的动态参数

6.3.3　平台运动空间

在并联结构中，作为基础平面的下平面也被称为静平面，而上平面也被称为动平面。运动空间是指以动平面的中心 O_M 为参考点，寻找动平面中心点 O_M 在所能达到空间所有点的集合。与此同时，平台的位姿要符合驱动杆长度的约束条件和球铰转角的约束条件。

在给定动平面的位姿后，计算出各驱动杆的长度 l_i，以及上、下球铰的转角 θ_{M_i} 和 θ_{B_i}，然后将计算结果分别与允许的极限值 $L_{\min}$、$L_{\max}$、$\theta_{M\max}$ 和 $\theta_{B\max}$ 相比较：

(1) 如果所有参考点在极限值范围内，则参考点位于机构工作空间内；

(2) 如果其中任意值等于极限值，则参考点位于并联机构工作空间边界；

(3) 如果其中任一值大于极限值，则参考点在机构的工作空间之外，即本并联机构无法实现该平台位姿。

　　并联平台工作空间用 V 表示,是指空间边界内部区域的体积,其外形较为复杂难以用解析式表达。因此并联平台工作空间的确定采用三维边界迭代搜索方法,描述如下:

　　(1)把平台所能到达的某一空间设定为搜索空间,将该空间分割成圆柱形平行于 xOy 平面厚度为 Δz 的微小子空间,Δz 越小精度越高;

　　(2)根据平台结构参数和约束条件搜索每个微小子空间在给定姿态下的边界,进而确定姿态角为 0 时上平台参考点工作空间 z 轴方向最低点 z_{min}、最高点 z_{max} 和 xOy 平面最大半径。

　　(3)由于 Δz 很小,所以把每一个微小子空间看作平面,采用快速极坐标搜索法确定该平面边界,将平面内的坐标点用极坐标表示。在起始角 θ_0 时,极径 r_0 从 0 递增至各驱动杆长、关节最大转角参数边界满足的约束条件如式(6-5),得到的并联平台的工作空间如图 6-14 所示。

$$\begin{cases} L_{min} \leqslant L_i \leqslant L_{max} & (i=1,2,\cdots,6) \\ \theta_{b_i} = \theta_{bmax} \\ \theta_{B_i} = \theta_{Bmax} \end{cases} \tag{6-5}$$

　　在以上推导过程中,主要寻找动平面中心点 O_M 所能达到空间所有点的集合。在此,动平面初始位置处于静平面的中心,即 $x=0$,$y=0$;而高度处于 z 轴行程的一半,本例中的 $z=775.545$ mm。

　　对于本例的动平面中心 O_M 运动空间的可达点集合,求得如图 6-14 所示的范围。如果只考虑平动扰动的消除(如车辆运行中突然与前方障碍相撞时),该运动空间可以求解减缓这种冲击扰动的效果,但更常见的是,车载设备通常还要受到横滚、俯仰和偏航等转角的扰动。

　　转角指围绕静坐标系的旋转角度(从坐标原点看逆时针旋转为正向)。以下主要针对稳定平台在横滚角 α、俯仰角 β 以及竖直 z 方向三个自由度上的运动范围。为求解不同上平台半径 r_M 时平台可达到的最大运动范围,本书采用三维边界迭代搜索法。主要思路为,固定上平台中心点的偏航角 γ 为 0,x、y 方向上的坐标为 0,然后在 z 方向上取离散点,计算每个 z 坐标下机构能达到的最大横滚角 α、俯仰角 β 值。其迭代搜索过程示意图如图 6-15 所示。

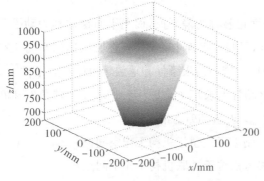

图 6-14　并联平台位置工作空间图

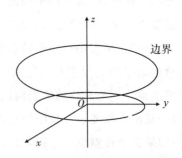

图 6-15　迭代搜索过程示意图

具体计算步骤为：

第一步：给出上平面半径值r_M，并令上平台中心点 x、y 坐标以及偏航角 γ 为 0，确定 z 值。

第二步：在一定范围内取 α，β 值，并计算运动学反解。

第三步：判断求解得到的各杆杆长是否在允许范围内。如果是，则保留当前的 α、β、z 值；如果不是，则舍弃当前取值。

第四步：增加 z 值并重复第二、三步。

第五步：改变上平台半径并重复第一步至第四步。

本例下平面半径$r_B = 260$ mm，θ_M 和 θ_B 均为 30°。按上述计算步骤，计算出平台在 r_M 分别为 140 mm、200 mm、260 mm、320 mm、380 mm 时的运动范围。

图 6－16、图 6－17 和图 6－18 是 r_M 分别为 200 mm、260 mm、320 mm 时的平台运动空间，各图左侧为各参数下稳定平台在三维空间中的运动范围，而右侧则为其俯视图，展示了各参数下运动平台在 α，β 平面上的运动范围。

从以上三组运动范围图中可以看出，三种上平台尺寸参数下稳定平台的运动范围分别是 28°、22°和 18°，且随着上平台尺寸的增大，运动范围逐渐减小。以图 6－16(b)为例，虽然在某些区域 α 或 β 角可以超过 28°，但由于地形扰动的随机和不确定性，我们必须保证机构在任意方向上均具有足够的运动范围来补偿扰动。因此图 6－16(b)中的正方形框内才可作为该尺寸下机构的运动范围。通过多组计算，本书设计的稳定平台运动范围与上平台半径的关系如图 6－19 所示。

从图 6－19 中可以看出，在本书设定的条件下，随着上平台半径的增加，稳定平台运动范围逐渐减小。一般情况下，大多数越野车辆在野外环境中的地形扰动角度小于 30°，受实验条件限制，本例选择上平面的半径为 260 mm，动平面在该尺寸下的运动补偿范围为 22°，基本满足地形扰动补偿的需求，且该结构在一定程度上能保证平台运动的精度。从以上的讨论可见，并联平台的运动空间与机构的参数有关。

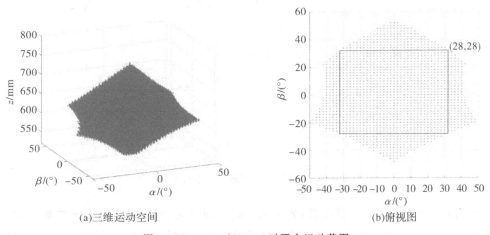

(a)三维运动空间　　　　　　(b)俯视图

图 6－16　　$r_M = 200$ mm 时平台运动范围

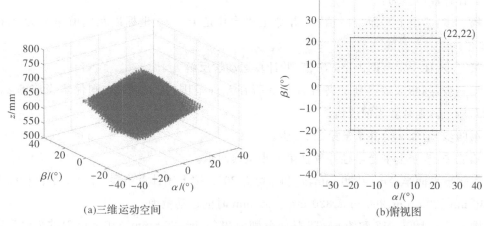

图 6-17 $r_M = 260$ mm 时平台运动范围

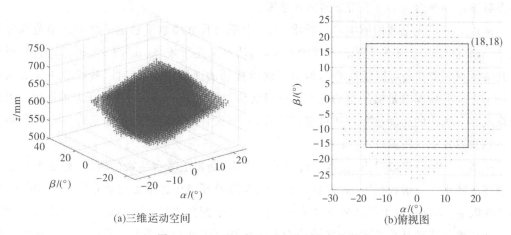

图 6-18 $r_M = 320$ mm 时平台运动范围

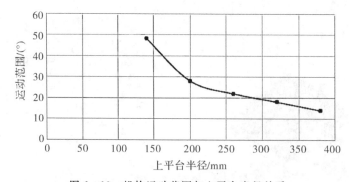

图 6-19 机构运动范围与上平台半径关系

不同的应用场景有不同的需求,如注重对动平面空间的平移(如汽车模拟驾驶)或动平面的水平稳定(如天线对星),亦或两者兼而有之。因此,对于不同的应用场合,应选择与之相适应的运动空间分析。关于多自由度运动空间范围的分析,本节在此不再赘述。

此外,姿态调整过程中还有对光滑轨迹的要求,以及符合人体感觉的要求,如在运动副杆长约束下的有限空间内,要感受与前向加速运动一致的惯性,这对姿态控制提出了更高的要求。

6.4　平台的运动学正解与反解

6.4.1　位姿与杆长的映射

我们已经知道六自由度平台运动状态可以用位姿函数 q 或者杆长函数 L 来表示。通常我们关注的是平台所期望位姿及其运动,这里的期望位姿是一个向量,是通过对六个运动副支链的杆长控制来确定的。因此对这个机构而言,直接驱动和控制的对象是运动副杆长,而机构的输出是动平面的姿态。如果把该机构看成一个控制系统,则很重要的一点就是根据所期望位姿给出控制指令,要通过对运动副杆长的控制来实现最终位姿的要求。

前面已经讲到,在并联平台机构上平面位姿已知的情况下,求六个运动副的长度问题,被称为六自由度平台的运动学反解问题。

根据表 6-1 中的坐标,无论上、平面处于何种姿态,只要将上平面的铰点坐标通过旋转矩阵转换到基坐标系,然后求出上、下对应铰点的坐标差,就得到了杆长矢量函数 L_i(其中 $i=1,2,\cdots,6$)。如果某一时刻的动平面位姿已知,参照图 6-13(b),则该位姿下的第 i 个运动副的杆长可表示为

$$\vec{l}_i = \overrightarrow{O_B M_i} - \overrightarrow{O_B B_i} = T\overrightarrow{O_M M_i} - \overrightarrow{O_B B_i} \tag{6-6}$$

取每个运动副杆长向量的模,即可得到各杆长为

$$
\begin{aligned}
l_i = \|\vec{l}_i\| &= \sqrt{(x_{Mi}-x_{Bi})^2 + (y_{Mi}-y_{Bi})^2 + (z_{Mi}-z_{Bi})^2} \\
&= \|\boldsymbol{R}(\gamma,\beta,\alpha)\overrightarrow{O_M M_l} + [x,y,z]^{\mathrm{T}} - \overrightarrow{O_B B_i}\| \\
&= f_i(x,y,z,\alpha,\beta,\gamma)
\end{aligned}
\tag{6-7}
$$

式(6-7)中的 $i=1,2,\cdots,6$(并联 Stewart 机构有六个运动副),展开得

$$
\begin{cases}
l_1 = f_1(x,y,z,\alpha,\beta,\gamma) \\
l_2 = f_2(x,y,z,\alpha,\beta,\gamma) \\
l_3 = f_3(x,y,z,\alpha,\beta,\gamma) \\
l_4 = f_4(x,y,z,\alpha,\beta,\gamma) \\
l_5 = f_5(x,y,z,\alpha,\beta,\gamma) \\
l_6 = f_6(x,y,z,\alpha,\beta,\gamma)
\end{cases}
\tag{6-8}
$$

其实质是求解一个机构约束非线性方程组,写成向量形式则有

$$\boldsymbol{L} = \boldsymbol{F}(x,y,z,\alpha,\beta,\gamma) \tag{6-9}$$

实际上,并联机构上平面某一点 P 的坐标 $(x,y,z,\alpha,\beta,\gamma)$ 就是该点的位姿,如果位姿用 q 的矢量形式来表示,则上式为

$$L = F(q) \tag{6-10}$$

至此我们完成了在已知平台位姿 q 的情况下,对六个支链杆 L 的求解,即实现任务空间到关节空间的映射,也就是通常所说的平台运动学的反解。

6.4.2 雅可比矩阵的推导

雅可比矩阵是研究机器人时常用的一个重要数学工具,是机构的速度分析、受力分析和误差分析的基础,它从数学角度揭示了机器人运动的本质。雅可比矩阵在传统机构学定义中被看作是从关节空间到任务空间运动速度传递的广义传动比。

已知并联机构运动学反解为式(6-10),该式两边对时间求导得

$$\dot{L} = \frac{\mathrm{d}L}{\mathrm{d}t} = \frac{\partial F(q)}{\partial q}\frac{\mathrm{d}q}{\mathrm{d}t} = F'(q)\dot{q} \tag{6-11}$$

式中,$\dot{L}$ 是关节空间速度矢量;$\dot{q}$ 是任务空间速度矢量;$F'(q)$ 是平台各支链的速度变化与上平面位姿的关系。由此分析可知,上式中的 $F'(q)$ 是从工作空间到关节空间的速度传递矩阵。而我们要求的是从关节空间到工作空间的速度传递矩阵,即根据各支链的移动速度求上平台位姿的变化速度,因此有

$$\dot{q} = J(q)\dot{L} \tag{6-12}$$

当时间增量为 Δt 时,式(6-12)中两个变量的速度增量等价,即

$$\Delta q = J(q)\Delta L \tag{6-13}$$

可以看出矩阵 $J(q)$ 是从关节空间向任务空间映射的微分运动转换矩阵。

上式中的 $J(q)$ 被记成是雅克比矩阵,是依赖于机器人的位姿 q 的非线性变换矩阵。雅克比矩阵是并联机构的动平台速度综合列矢量 $\dot{L}$ 对各支链驱动输入后的综合速度合成矩阵,反映了机构广义输入速度到动平面综合运动速度的传递矩阵。

对照式(6-11)和式(6-12)发现,并联平台的雅克比矩阵 $J(q)$ 与 $F'(q)$ 互为逆矩阵,我们先对矩阵 $F'(q)$ 求解。

平台各支链的速度变化与动平面位姿变化关系如下

$$\frac{\mathrm{d}L_i}{\mathrm{d}t} = \frac{\partial l_i}{\partial x}\frac{\mathrm{d}x}{\mathrm{d}t} + \frac{\partial l_i}{\partial y}\frac{\mathrm{d}y}{\mathrm{d}t} + \frac{\partial l_i}{\partial z}\frac{\mathrm{d}z}{\mathrm{d}t} + \frac{\partial l_i}{\partial \alpha}\frac{\mathrm{d}\alpha}{\mathrm{d}t} + \frac{\partial l_i}{\partial \beta}\frac{\mathrm{d}\beta}{\mathrm{d}t} + \frac{\partial l_i}{\partial \gamma}\frac{\mathrm{d}\gamma}{\mathrm{d}t}$$

$$= \left[\frac{\partial l_i}{\partial x} \frac{\partial l_i}{\partial y} \frac{\partial l_i}{\partial z} \frac{\partial l_i}{\partial \alpha} \frac{\partial l_i}{\partial \beta} \frac{\partial l_i}{\partial \gamma}\right]\left[v_x\, v_y\, v_z\, \omega_\alpha\, \omega_\beta\, \omega_\gamma\right]^{\mathrm{T}} \tag{6-14}$$

式中,v_x、v_y、v_z、ω_α、ω_β、ω_γ 分别为动平面中心的速度分量以及转动分量。

先求式(6-14)中杆长对位移的偏导,由式(6-7)可得

$$\frac{\partial l_i}{\partial x} = \frac{\partial l_i}{\partial x_{m_i}}\frac{\mathrm{d}x_{m_i}}{\mathrm{d}x} + \frac{\partial l_i}{\partial y_{m_i}}\frac{\mathrm{d}y_{m_i}}{\mathrm{d}x} + \frac{\partial l_i}{\partial z_{m_i}}\frac{\mathrm{d}z_{m_i}}{\mathrm{d}x} \tag{6-15}$$

因动平面上各点与中心点位移速度一致,即 $\dfrac{\mathrm{d}x_{m_i}}{\mathrm{d}x} = 1$,$\dfrac{\mathrm{d}y_{m_i}}{\mathrm{d}x} = \dfrac{\mathrm{d}z_{m_i}}{\mathrm{d}x} = 0$,上式简化为

$$\frac{\partial l_i}{\partial x} = \frac{\partial l_i}{\partial x_{m_i}} \tag{6-16}$$

而

$$\frac{\partial l_i}{\partial x_{m_i}} = \frac{x_{m_i} - x_{B_i}}{l_i} \tag{6-17}$$

则有

$$\frac{\partial l_i}{\partial x} = \frac{x_{m_i} - x_{B_i}}{l_i} \tag{6-18}$$

同理

$$\frac{\partial l_i}{\partial y} = \frac{y_{m_i} - y_{B_i}}{l_i} \tag{6-19}$$

$$\frac{\partial l_i}{\partial z} = \frac{z_{m_i} - z_{B_i}}{l_i} \tag{6-20}$$

式(6-18)、式(6-19)、式(6-20)实际上是杆长矢量变化分别在 x、y、z 三个分量上的投影。

下面我们再求杆长对转角的偏导,由式(6-7)可得

$$\begin{aligned}
\frac{\partial l_i}{\partial \alpha} &= \frac{\partial l_i}{\partial x_{m_i}}\frac{\mathrm{d}x_{m_i}}{\mathrm{d}\alpha} + \frac{\partial l_i}{\partial y_{m_i}}\frac{\mathrm{d}y_{m_i}}{\mathrm{d}\alpha} + \frac{\partial l_i}{\partial z_{m_i}}\frac{\mathrm{d}z_{m_i}}{\mathrm{d}\alpha}\\
&= \left[\begin{matrix}\dfrac{\partial l_i}{\partial x_{m_i}} & \dfrac{\partial l_i}{\partial y_{m_i}} & \dfrac{\partial l_i}{\partial z_{m_i}} & 0\end{matrix}\right]\frac{\mathrm{d}}{\mathrm{d}\alpha}[x_{B_i}\ y_{B_i}\ z_{B_i}\ 1]^{\mathrm{T}}\\
&= \left[\begin{matrix}\dfrac{\partial l_i}{\partial x_{m_i}} & \dfrac{\partial l_i}{\partial y_{m_i}} & \dfrac{\partial l_i}{\partial z_{m_i}} & 0\end{matrix}\right]\frac{\mathrm{d}T}{\mathrm{d}\alpha}[x_{m_i}\ y_{m_i}\ z_{m_i}\ 1]^{\mathrm{T}}
\end{aligned} \tag{6-21}$$

由式(6-2)可得

$$\frac{\partial T}{\partial \alpha} = \begin{pmatrix}\dfrac{\partial R}{\partial \alpha} & 0\\[2mm] 0 & 0\end{pmatrix} \tag{6-22}$$

则式(6-21)可写作

$$\frac{\partial l_i}{\partial \alpha} = \left[\begin{matrix}\dfrac{\partial l_i}{\partial x_{m_i}} & \dfrac{\partial l_i}{\partial y_{m_i}} & \dfrac{\partial l_i}{\partial z_{m_i}}\end{matrix}\right]\frac{\mathrm{d}R}{\mathrm{d}\alpha}[x_{m_i}\ y_{m_i}\ z_{m_i}]^{\mathrm{T}} \tag{6-23}$$

同理可得

$$\frac{\partial l_i}{\partial \beta} = \left[\begin{matrix}\dfrac{\partial l_i}{\partial x_{m_i}} & \dfrac{\partial l_i}{\partial y_{m_i}} & \dfrac{\partial l_i}{\partial z_{m_i}}\end{matrix}\right]\frac{\mathrm{d}R}{\mathrm{d}\beta}[x_{m_i}\ y_{m_i}\ z_{mi}]^{\mathrm{T}} \tag{6-24}$$

$$\frac{\partial l_i}{\partial \gamma} = \left[\begin{matrix}\dfrac{\partial l_i}{\partial x_{m_i}} & \dfrac{\partial l_i}{\partial y_{m_i}} & \dfrac{\partial l_i}{\partial z_{m_i}}\end{matrix}\right]\frac{\mathrm{d}R}{\mathrm{d}\gamma}[x_{m_i}\ y_{m_i}\ z_{m_i}]^{\mathrm{T}} \tag{6-25}$$

对式(6-3)的旋转矩阵 $\boldsymbol{R}$ 求导,可得

$$\frac{\mathrm{d}R}{\mathrm{d}\alpha} = \begin{bmatrix}-\sin\alpha\cos\beta & -\sin\alpha\sin\beta\sin\gamma - \cos\alpha\cos\gamma & -\sin\alpha\sin\beta\cos\gamma + \cos\alpha\sin\gamma\\ \cos\alpha\cos\beta & \cos\alpha\sin\beta\sin\gamma - \sin\alpha\cos\gamma & \cos\alpha\sin\beta\cos\gamma + \sin\alpha\sin\gamma\\ 0 & 0 & 0\end{bmatrix} \tag{6-26}$$

$$\frac{\mathrm{d}R}{\mathrm{d}\beta} = \begin{bmatrix}-\cos\alpha\sin\beta & \cos\alpha\cos\beta\sin\gamma & \cos\alpha\cos\beta\cos\gamma\\ -\sin\alpha\sin\beta & \sin\alpha\cos\beta\sin\gamma & \sin\alpha\cos\beta\cos\gamma\\ -\cos\beta & -\sin\beta\sin\gamma & -\sin\beta\sin\gamma\end{bmatrix} \tag{6-27}$$

$$\frac{\mathrm{d}R}{\mathrm{d}\gamma} = \begin{bmatrix} 0 & \cos\alpha\sin\beta\cos\gamma + \sin\alpha\sin\gamma & -\cos\alpha\sin\beta\sin\gamma + \sin\alpha\cos\gamma \\ 0 & \sin\alpha\sin\beta\cos\gamma - \cos\alpha\sin\gamma & -\sin\alpha\sin\beta\sin\gamma - \cos\alpha\cos\gamma \\ 0 & \cos\beta\cos\gamma & -\cos\beta\sin\gamma \end{bmatrix} \quad (6-28)$$

将式(6-18)、式(6-19)、式(6-20)和式(6-23)、式(6-24)、式(6-25)带入式(6-14)得

$$\left[\frac{\mathrm{d}l_1}{\mathrm{d}t} \ \frac{\mathrm{d}l_2}{\mathrm{d}t} \ \frac{\mathrm{d}l_3}{\mathrm{d}t} \ \frac{\mathrm{d}l_4}{\mathrm{d}t} \ \frac{\mathrm{d}l_5}{\mathrm{d}t} \ \frac{\mathrm{d}l_6}{\mathrm{d}t}\right]^{\mathrm{T}} = J^{-1}\left[v_x \ v_y \ v_Z \ \omega_\alpha \ \omega_\beta \ \omega_\gamma\right]^{\mathrm{T}} \quad (6-29)$$

式中, J^{-1} 为 6×6 矩阵, 它的各项可通过式(6-15)到式(6-22)求得, 如式(6-29)所示。 $J_{6\times6}$ 为该机构的雅可比矩阵, 根据该式可以看出它是从关节空间向任务空间运动速度传递的广义传动比, 取决于并联机构的位姿。

$$J^{-1} = \begin{bmatrix} \dfrac{x_{m_1} - x_{B_1}}{l_1} & \dfrac{y_{m_1} - y_{B_1}}{l_1} & \dfrac{z_{m_1} - z_{B_1}}{l_1} & \dfrac{\partial l_1}{\partial \alpha} & \dfrac{\partial l_1}{\partial \beta} & \dfrac{\partial l_1}{\partial \gamma} \\[2.5ex] \dfrac{x_{m_2} - x_{B_2}}{l_2} & \dfrac{y_{m_1} - y_{B_1}}{l_2} & \dfrac{z_{m_1} - z_{B_1}}{l_2} & \dfrac{\partial l_2}{\partial \alpha} & \dfrac{\partial l_2}{\partial \beta} & \dfrac{\partial l_2}{\partial \gamma} \\[2.5ex] \dfrac{x_{m_3} - x_{B_3}}{l_3} & \dfrac{y_{m_3} - y_{B_3}}{l_3} & \dfrac{z_{m_3} - z_{B_3}}{l_3} & \dfrac{\partial l_3}{\partial \alpha} & \dfrac{\partial l_3}{\partial \beta} & \dfrac{\partial l_3}{\partial \gamma} \\[2.5ex] \dfrac{x_{m_4} - x_{B_4}}{l_4} & \dfrac{y_{m_4} - y_{B_4}}{l_4} & \dfrac{z_{m_4} - z_{B_4}}{l_4} & \dfrac{\partial l_4}{\partial \alpha} & \dfrac{\partial l_4}{\partial \beta} & \dfrac{\partial l_4}{\partial \gamma} \\[2.5ex] \dfrac{x_{m_5} - x_{B_5}}{l_5} & \dfrac{y_{m_5} - y_{B_5}}{l_5} & \dfrac{z_{m_5} - z_{B_5}}{l_5} & \dfrac{\partial l_5}{\partial \alpha} & \dfrac{\partial l_5}{\partial \beta} & \dfrac{\partial l_5}{\partial \gamma} \\[2.5ex] \dfrac{x_{m_6} - x_{B_6}}{l_6} & \dfrac{y_{m_6} - y_{B_6}}{l_6} & \dfrac{z_{m_6} - z_{B_6}}{l_6} & \dfrac{\partial l_6}{\partial \alpha} & \dfrac{\partial l_6}{\partial \beta} & \dfrac{\partial l_6}{\partial \gamma} \end{bmatrix} \quad (6-30)$$

由式(6-29)可得

$$\left[v_x \ v_y \ v_Z \ \omega_\alpha \ \omega_\beta \ \omega_\gamma\right]^{\mathrm{T}} = J\left[\dot{l}_1 \ \dot{l}_2 \ \dot{l}_3 \ \dot{l}_4 \ \dot{l}_5 \ \dot{l}_6\right]^{\mathrm{T}} \quad (6-31)$$

上式表示从杆系速度空间向操作平台位姿速度空间的映射关系, 在上式两端乘以微小的时间段 Δt, 可得

$$\left[\Delta x \ \Delta y \ \Delta z \ \Delta\alpha \ \Delta\beta \ \Delta\gamma\right]^{\mathrm{T}} = J\left[\Delta l_1 \ \Delta l_2 \ \Delta l_3 \ \Delta l_4 \ \Delta l_5 \ \Delta l_6\right]^{\mathrm{T}} \quad (6-32)$$

这正是我们需要的求迭代解的形式。

6.4.3 并联平台的运动学求解

并联平台的运动学正解实际上是在已知当前时刻六个运动副支链杆长时, 求出运动机构在任务空间中的位姿 q, 即实现关节空间到任务空间的映射, 亦即根据各杆的杆长向量 L 求解上平面位姿 q 的问题。

并联平台运动学正解的方法主要有解析法和数值法两种。解析法可以求出所有可能解, 但是计算复杂, 不适合工程实际的应用。对 Stewart 并联机构而言, 运动学的正解具有

非线性和多解的特点,使得计算比较复杂。对解析解有兴趣的读者可阅读有关文献;对于数值解法有兴趣的读者可以查阅有关文献,或者参考西安交通大学机械学院康辰龙、付家顺、于镇源、吴神丽、程元浩等硕士和博士的学位论文。

正解的数值法计算相对简单,旨在求出合理解,适合工程实际中的应用。求解运动学正解的数值方法主要有迭代法和优化法两种。一般来说,迭代法相对较简单,计算量也比优化法要小,迭代法中较典型的是牛顿迭代法,本节将以牛顿法来进行运动学正解求解。

牛顿迭代法的一般步骤是先对非线性方程在初值点求导,并在该点上进行线性化处理,求解出线性方程的解。然后将求出来的解作为新的初值点,并在该点附近再次进行线性化后求解。不断重复该步骤,直到解的误差满足要求为止。

由上一节中构造运动学反解的向量形式方程式(6-10),令

$$\boldsymbol{\varphi}(\boldsymbol{q}) = \boldsymbol{F}(\boldsymbol{q}) - \boldsymbol{L} = 0 \tag{6-33}$$

即在杆长向量 $\boldsymbol{L}$ 已知时,求上平面中心点的坐标位姿 $(x, y, z, \alpha, \beta, \gamma)$。则上式可写为

$$\boldsymbol{\varphi}(\boldsymbol{q}) = \boldsymbol{F}(x, y, z, \alpha, \beta, \gamma) - \boldsymbol{L} \tag{6-34}$$

把 $\boldsymbol{\varphi}(\boldsymbol{q})$ 在 $\boldsymbol{q}_0$ 某邻域内展开成泰勒级数,取泰勒级数线性部分的前两项令其为 0,有

$$\boldsymbol{\varphi}(\boldsymbol{q}_0) + \boldsymbol{\varphi}'(\boldsymbol{q}_0)(\boldsymbol{q} - \boldsymbol{q}_0) = 0 \tag{6-35}$$

将式(6-34)代入式(6-35)中可得

$$\boldsymbol{F}(\boldsymbol{q}_0) - \boldsymbol{L} + \boldsymbol{F}'(\boldsymbol{q}_0)(\boldsymbol{q} - \boldsymbol{q}_0) = 0 \tag{6-36}$$

则上式的解为

$$\boldsymbol{q} = \boldsymbol{q}_0 + [\boldsymbol{F}'(\boldsymbol{q}_0)]^{-1}[\boldsymbol{L} - \boldsymbol{F}(\boldsymbol{q}_0)] \tag{6-37}$$

则根据式(6-11)即可得到稳定平台运动学正解的牛顿法的迭代公式

$$\boldsymbol{q}(k+1) = \boldsymbol{q}(k) + \boldsymbol{J}(\boldsymbol{q}(k))[\boldsymbol{L} - \boldsymbol{F}(\boldsymbol{q}(k))] \tag{6-38}$$

式中,$\boldsymbol{q}(k)$ 表示第 k 次迭代的姿态;$\boldsymbol{L}$ 为输入杆长矩阵;$\boldsymbol{F}(\boldsymbol{q}(k))$ 为 $\boldsymbol{q}(k)$ 姿态下的反解杆长;$\boldsymbol{J}(\boldsymbol{q}(k))$ 为雅克比矩阵。在计算正解的过程中,只需要以工作空间内任意一个给定的初值 $\boldsymbol{q}(k)$,通过平台运动学反解可以得到 $\boldsymbol{F}(\boldsymbol{q}(k))$。因此只需要求得雅克比矩阵 $\boldsymbol{J}(\boldsymbol{q}(k))$ 便可以通过连续迭代求得符合要求的正解值。

接下来我们将对利用牛顿迭代法求平台运动学正解的问题进行算例验证。

假设平台的尺寸参数为:$r_M = 260$ mm、$r_B = 260$ mm、$\theta_M = 30°$、$\theta_B = 30°$;输入杆长分别为:$l_1 = 569.2676$ mm、$l_2 = 519.0950$ mm、$l_3 = 555.9974$ mm、$l_4 = 609.1640$ mm、$l_5 = 623.5198$ mm、$l_6 = 585.2295$ mm。

理论正解为:$x = 20$ mm、$y = 20$ mm、$z = 560$ mm、$\alpha = 5°$、$\beta = 10°$、$\gamma = 6°$。在 Matlab 中进行算例验证结果如图 6-20 所示。通过图 6-20 可以看出,利用牛顿迭代法在经过 5 次左右的迭代后,六项位姿指标均可达到误差在 10^{-5} 以内,可以满足实际计算需求。另外,通过多次测试发现在工作空间内的位姿点求解运动学正解都可以得到正确的解,在可达空间内未

出现发散情况以及错解的问题。

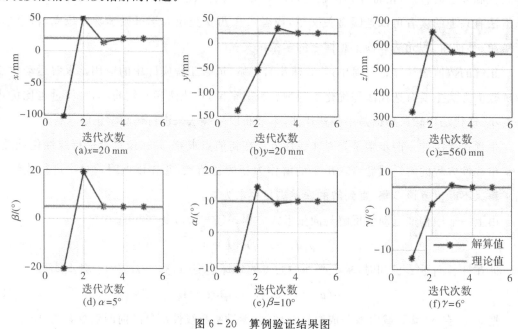

图 6-20　算例验证结果图

6.5　控制系统的硬件和软件设计

6.5.1　平台的硬件结构

虽然 Stewart 并联平台的姿态 q 和杆长 L 之间的关系在数学上是可以相互映射的函数。但是从控制系统的动力学驱动上来说，实际上是运动副支链的杆长决定了姿态。因此控制平台的姿态就需要通过控制杆长来实现。同时，对 Stewart 平台的控制算法有一个特殊要求，就是各运动支链杆长受到处于某一平面的约束。

早期的计算机控制系统曾采用模拟计算机，其"计算"是以运算放大器等模拟器件实现的，通常是一些四则运算和微分、积分等运算，精度较低，模拟控制器很难应用于 Stewart 平台这样需要求解复杂函数关系的系统。后来的计算机用直接数字控制系统（direect digital control，DDC）取代了模拟控制环节，其运算速度快、精度高和存储量大的特点极大提升了控制系统的能力，同一台计算机还可以控制多个回路。

但由于 Stewart 平台的并联支链受束，要求六个支链在"同一时序"下被控，这相当于一个顶级棋手在与多个棋手对弈，但约束条件是多个对手"同时"下一步棋，而高手也要在"同时"给多个对手回一步棋，因此仍存在一些困难。

集中式控制结构有一个中央控制单元，所有的设备资源都由中央控制单元统一调配、监督和控制。该种控制结构在被控设备较少且对控制的实时性和精度要求不高的场景中已得到了成熟的应用。当控制设备数量增加，对控制速度和精度，或对同一时序有很高要求时，集中式控制结构会表现出风险集中的缺点。

在 DDC 的基础上发展起来的是集散控制系统。集散控制系统的结构并不完全相同,常见的分布式控制系统(distributed control system,DCS)分别由多个直接数字控制的 DDC 单元组合,由一个上位控制机进行信息传递、任务分配与监督。该方式具有良好的可扩展性能,同时也提升了整体系统的复杂性,但对系统搭建与程序设计都提出了更高的要求。本书采用的分布式控制系统的原理如图 6 - 21 所示。

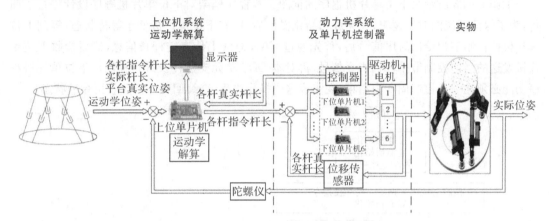

图 6 - 21　并联平台姿态稳定的分布式控制原理图

分布式控制系统的被控对象为 Stewart 并联平台,要求此平台在地形的扰动下保持姿态稳定。平台的控制器由两部分组成:上位机系统负责平台的姿态偏差信息获取、姿态运动学的反解解算,并给出各杆长指令;下位单片机分别组成六个运动支链的 DDC 单元,接受上位机指令并在同一时序下控制运动副的杆长。

控制系统的工作原理:上位单片机是闭环控制系统的外环,它把上平面水平的期望位姿与下平面姿态传感器的实际位姿比较,并将比较的差值送入上位单片机进行运动学解算(注意上位微机与上位单片机不同,上位微机只用于检测和调试),求得六个运动支链杆长的增量指令,运动学的解算见本章 6.4.3 节中运动学逆解。上位单片机通过 CAN 总线将六个杆长增量指令发送给六个下位单片机;下位单片机从指令中抽取出自身的指令后控制各运动支链的杆长。

下位单片机是整个闭环控制系统的内环。各运动支链均安装了位移传感器,这些传感器会将运动支链的杆长位置信息实时反馈给下位单片机,各下位单片机组成的 DDC 单元根据指令信号与反馈信号完成对各支链的闭环控制。下位单片机还会将每个电动缸的实时位置信息通过 CAN 总线反馈给上位单片机。

除此之外,作为监测与调试的上位计算机将接收上位单片机以串口通信方式上传的各类信息,如当前各支链实时杆长、平台位姿和指令杆长等,并通过上位计算机进行显示,方便操作者实时观察系统的运动状态。

如图 6 - 22 所示是上位单片机程序的框图。首先完成初始化,包括参数的初始化,通信的初始化,以及人机界面交互初始化等。

进入系统控制阶段后,上位单片机首先通过平台传感器获取当前的平台位姿,并通过CAN总线发送指令,依次要求各下位单片机上传其当前杆长,根据接收的六根杆长数据解算出当前位姿,并与位姿传感器的位姿信息作出校验和修正。然后将当前位姿与期望位姿比较并进行运动学反解,求取六根支链的长度指令,并将所有杆长指令一次性发送至CAN总线上。

上位单片机还要将接收到的实际杆长数据通过串口上传至计算机进行显示并等待进入下一控制周期。如图6-22所示为上位单片机程序框图。

如图6-23所示为下位单片机程序的框图。本程序框架对下位单片机程序设计进行了简化,为了保证系统的时序逻辑,在完成初始化操作后,所有下位单片机处于等待状态,等到上位单片机按控制节拍给出时序信号后,首先通过CAN总线上传支链杆长信息,然后接收上位单片机发送的当前控制节拍杆长指令信号,再对本DDC单元支链杆长进行控制。下位单片机程序功能必须在一个控制周期内结束,在完成这步操作之后,继续回到等待接收指令的状态。

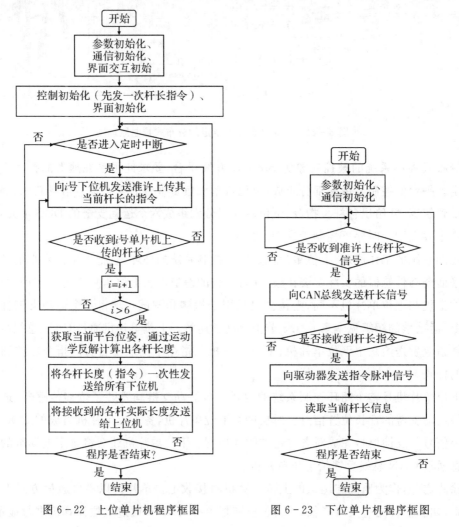

图6-22 上位单片机程序框图　　图6-23 下位单片机程序框图

如此一来,每一个下位单片机就始终处于"等待-执行"的状态,将完全根据上位单片机的时序来进行各自的控制和上传、下传杆长信息。这将使所有下位单片机的时序一致,避免了由于时钟基准不同带来的问题。

6.5.2　控制系统的分层

本书的 Stewart 六自由度平台由六根并联形式的运动副支链组成,由于对这六个运动支链的杆长有平面约束的要求,故对每根运动支链在运动中,运动的实时性、一致性和协同性要求都很高,因此采用分布式的控制结构来完成对稳定平台的控制。如图 6-24 所示是控制系统的分层图,该系统主要可以分为四层,分别为管理层、上位控制层、下位控制层和执行层。

管理层是一台微型计算机,操作者可以通过该计算机实现与被控对象的人机交互,通过人机界面实时观察和监控当前平台的运动状态,并根据实际要求切换工作模式,如启、停和强行关闭等,实现最上层的监督与控制工作。

上位控制层由一块主控单片机构成,是整个系统中最核心的部分,在整个系统中起到了承上启下的中转作用。首先,该单片机要承担与管理层计算机通信的工作,对上负责将平台信息传送给管理层;对下负责收集下层的 DDC 系统的反馈信息,解算下层各支链的杆长增量,将控制指令信号发给下位的单片机,并从下位控制器回收反馈信息。

下位控制层则由六块从单片机组成 DDC 单元,从单片机分别负责对应六个运动支链的控制。它们的主要功能是接收上位单片机的控制指令,将指令信号发送给驱动器＋执行机构,并将反馈信息分别反馈给 DDC 本单元以及上位主单片机。

执行层处于整个系统的最下端,负责接收指令信号驱动电动缸运动。分布式控制系统中,上位单片机和下位单片机的程序设计是实现整个系统正常运行的关键,最主要的问题就是如何处理两者之间的信息交互问题。

在本例先前的研究中,曾经采用过一种程序设计方式,其原理如图 6-25 所示。

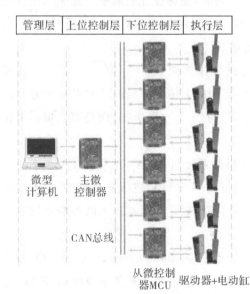

图 6-24　分布式控制系统组成

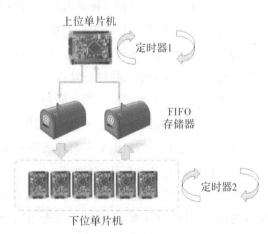

图 6-25　原始程序原理图

6.5.3 分层系统间的信息交互

一般情况下,机电系统 DDC 单元的采样节拍主要受到机电系统自身动态特性的影响,如系统的阶跃响应或频率响应等。但对并联平台而言,则要求更为严苛一些。由于有六个杆长要处于同一个平面的约束条件,因此本系统由六个下位单片机构成的 DDC 单元的控制在时序上必须是同步和协调的。各 DDC 单元都必须接受同一时序下的指令,以保证在几何上映射成立的姿态在工程上也能实现。这就会涉及分布式控制系统各层级之间的信息交互问题。

通常编程常用的 C 语言是顺序执行的,如定义一个子函数及数组或者指针,用到的时候拿来,不用的时候放着,不会有任何影响,不存在任何干扰。因此在写一个单片机程序时,很少会用到队列。本例中的所用 DCS 是时序逻辑,即各 DDC 单元的程序都有各自独立的功能模块,且要把各模块彼此相关的信号关联在一起。但是,各模块的时钟很可能不一致,还可能出现有的模块处理慢,有的模块处理快的情况,这些情况都会导致六个 DDC 单元与上位单片机的运行的时序逻辑出错。

由图 6-24 可以看出,上位单片机的数据传输量比较大,它既要向监控的上位微机传输并联机构六个杆长的信息、平台实际位姿的信息,还要把解算所得的六个杆长指令传输给六个下位单片机,而我们不希望这些数据传输占用过多的 CPU 时间。

首先,上、下位单片机以及各下位单片机之间,不一致的时钟信号会使运动副无法准确执行本应同步的运动控制指令,如果系统中的某个 DDC 单元比其他 DDC 单元少控制了一拍,将会对各个运动支链的协同运动带来很大影响,破坏了各支链"平面约束"的条件。轻则导致机构卡死带来安全隐患,重则整个机构被损坏。其次,在这种控制框架下如果其中任意一个运动支链发生故障,工作不正常,由于每个下位单片机都处于相对独立的运行过程,若不能及时停止运行,也将会对整个系统造成严重的破坏。

对以上原因,必须考虑一种具有统一时钟信号的程序框架,以保证整个 DCS 系统能按照相同的节拍运行,提高系统工作的协同性。在此,可以用上位单片机的定时中断作为 DCS 系统的统一控制节拍,所有下位单片机将不再给定自身的定时中断节拍,而是完全根据上位单片机统一发送的指令信号进行动作。

为了保证整个系统控制节拍的时序一致,构建集散系统可以用串行通信,即上、下位的单片机通过 CAN 总线进行通信,也可以用直接存储器访问(DMA)进行数据传输,由于在串行通信和直接存储器访问中都有自身的控制来完成数据传输。这样构建集散控制系统的优点是可以释放出更多的 CPU 时间。

上位单片机和下位单片机之间可以通过先入先出(first input first output,FIFO)将存储器连接。FIFO 存储器是一种"先进先出"存储器,作为一种新型大规模集成电路,FIFO 芯片以其灵活、方便、高效的特性,逐渐在高速数据采集、高速数据处理、高速数据传输以及多机处理系统中广泛应用。

　　FIFO 是并行的寄存器数据口,因此传输速度比较快。上、下位单片机都有各自独立的时钟作为自己运行的基准。控制节拍仍以上位的时序为准,上位单片机以定时中断为控制周期,在该周期内完成运动学解算,并将该时刻解算出来的杆长指令发送至 FIFO 中,然后再进行下一周期的解算。各下位单片机根据定时中断的时钟基准、按照排好的顺序,不断从 FIFO 中取出指令信号并执行,还要将获取的位移传感器杆长信息发送至另一个 FIFO 中(见图 6 - 25),供上位单片机读取。上、下位单片机的传输工作相对独立,由介于两层间的 FIFO 存储器进行信息交互。注意,各下位单片机的控制周期必须小于上位机的中断周期。

　　串行通信是双向的,数据信息既能向上传输也能向下传输。本例中,上位单片机是指挥者,而下位单片机只是听命者,因此通信的主动权在上位机,下位机都根据上位机的呼叫而应答。通信程序中要用到三种指令,分别是:上位单片机向总线发送的准许通信指令,下载的数据,以及上传的数据。

　　需要注意的是,向总线发送指令和数据时每次只能有一个单片机,而从总线读取时则可以有多个单片机。为此,上位单片机在读取各支链杆长信息时,是逐条发送给各 DDC 单元,准许其上传信息后,上位机再依次读取所有当前杆长信息。而在完成运动学解算的杆长指令后,则是一次性通过 CAN 总线下发给所有下位单片机,由各下位单片机从中识别属于自己的指令或数据,读取并执行。这种形式可保证所有下位单片机在每一个控制节拍中均能够同时接到上位单片机发来的指令,最大程度上保证每个下位单片机的时序与上位单片机保持一致性。

　　其中,准许下位机上传信号的数据格式如图 6 - 26 所示。它由七个字节组成,包括第一个字节的校验码和后六个字节的准许发送信号。其中,校验码的作用是标明本条信息是"准许发送",区别于其他向总线发送的"传输数据"。第二到七字节的数据分别代表一到六号电动缸。其中每一个字节只有 0 和 1 两种取值。取值位 0 表示允许该电动缸读取杆长指令,而 1 表示准许该电动缸向上发送杆长信息。当代表六个电动缸的第二到第七字节其中任意一个字节取值为 1 时,其他字节取值必须是 0,否则会造成程序错误。

　　下位单片机向总线发送传输数据(杆长信号)的格式如图 6 - 27 所示。该数据格式较简单,由三个字节组成。第一个字节代表运动支链的标号,后两个字节代表支链杆长的数值(16 bit)。前面已经介绍过,上位单片机是依次从下位单片机读取杆长信息的,故此数据格式中不再需要校验码作为标识,只需在第一字节标明电动缸的标号以供确认即可。

　　需要强调的是,上位机要直接读取的是位姿传感器(数据格式与图 6 - 27 相同),而上位机获取各支链的杆长信息,是用于根据杆长求运动正解后,检验系统的位姿是否正常,以对各支链 DDC 系统进行校验和修正。

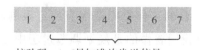

图 6 - 26　准许下位单片机上传信号的数据格式

图 6 - 27　反馈信号数据格式

如图 6-28 所示是上位单片机下发六个下位单片机杆长指令的数据格式。因为 CAN 总线数据协议决定了一次最多只能发送 8 个字节的数据（称为数据段），而本节每个支链的杆长数据均为 unsigned short 型（范围：0～65535），需占用两个字节，因此一次只能发送三个支链的长度信息，六个支链需要发送 12 个字节的数据，故一次发送无法完成，需要发送两次。

图 6-28　杆长指令信号数据格式

两个数据段在数据格式的形式上一致，都是七个字节。第一个字节为校验码，校验码 A 代表发送的是 1 至 3 号运动支链的杆长指令。校验码 B 代表发送的是 4 至 6 号运动支链的杆长指令。两个校验码不可相同，且须与其他准许信号数据中的校验码区别开。第二至七字节两两一组，如 2 和 3,4 和 5,6 和 7 等，各为一组，分别表示三个运动支链的杆长信息。

6.6　动力学特性与系统的控制性能

6.6.1　平台运动轨迹的规划

平台姿态调整运动轨迹的速度受到平台动力学特性限制，在此我们限定平台调整运动轨迹的频率变化小于 2 Hz。

如果像本章前面提出的稳定车载卫星天线那样，只是要求平台上平面保持水平，那么只要调节上平面的角度即可，而上平面的原点和下平面的原点就没有相对直线运动。这样的调节虽然简单，但上平面所载的人员或设备将承受和载体车辆同样的加速度冲击。为了保证驾驶人员和车载设备少受地形干扰的影响，将进一步提出减缓平动的扰动，给出上平面调整过程中较为合理的轨迹，也就是在上平面调整过程中对直线位移和转角的有效控制。

因此，平台姿态在调整过程中先要规划出调整的运动轨迹。如果轨迹规划得不理想，在姿态调整中会带来不必要的扰动。我们期望的调整轨迹最好是平滑的。首先，我们期望在调整过程中的位置运动平滑，但是位置运动平滑并不能保证速度的平滑，车载的人体或设备将在运动过程中还是会受到影响，于是我们希望调整的速度也平滑；其次，我们希望加速度也是平滑的，这样可以减少调整过程中的振动。因此必须考虑到运动轨迹的平滑度，以减轻车载设备的振动影响。但是平台各运动副支链的形成和驱动设备性能会使输出的运动轨迹受到限制。如在 6.3.3 节中讨论过的那样，平台的工作空间范围有一定限制，平台调整角度、平台内的平滑运动轨迹都有其极限值。而我们要做的是规划调节过程中在运动空间内的轨迹，避免车载人员和设备的振动与冲击，同时要延长关节寿命且减小各部件之间的机械摩擦。

载体车辆的行驶状态会通过人车接触面传递给乘车人员和设备,而人体更能直接感受到车辆的行驶状况,包括线位移、线速度、线加速度、角位移、角速度和角加速度等。根据实际情况可知,车辆在行驶过程中,其自身底盘产生的角位移与角速度是有限的。因此设计并联平台运动系统模仿载体车辆行驶中产生的有限的角位移与角速度是可行的。但是运动系统受到自身工作空间的限制,其直线运动所产生的线速度与线加速度的持续时间是短暂的,而在车辆起步、制动的加减速过程中,乘员对线速度与线加速度的动觉感知是持续的。此处采用倾斜协调策略将此持续的动觉感知提供给乘员。轨迹规划的原理图如图 6-29 所示。

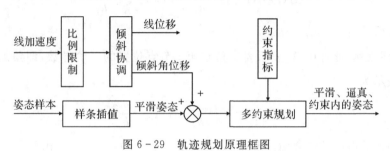

图 6-29　轨迹规划原理框图

6.6.2　分段三次样条插值函数

本节主要阐述如何通过三次样条插值计算方法对平台上平面运动姿态的离散样本进行三次样条插值,获得连续平滑的运动轨迹。

在数学学科的数值分析中,样条是一种由多项式分段定义的特殊函数,简单的样条函数是一种分段多项式函数。在插值问题中,样条插值通常比多项式插值好用。用低阶的样条插值能产生和高阶的多项式插值类似的效果,在计算机科学里的计算机辅助设计和计算机图形学中,样条通常是指分段定义的多项式参数曲线。最简单的样条是一次的,它也被称作线性样条或者多边形,当然还有多次样条。

载体车辆在地形扰动下姿态发生偏差后,调整过程是一个按控制节拍生成的动作序列。如果把每一个调整动作姿态生成的序列设为 $g_1,g_2,\cdots,g_i\cdots g_m(i=1,2,3,\cdots,m)$,其中,$g_i$ 代表笛卡尔空间欧拉角 (α,β,γ) 在 t_i 时刻的角度,m 代表样本点数,这样在初态 A 的 t_a 时刻到终态 B 的 t_b 时刻之间,就插入了若干线段,我们希望规划出一条在 $[t_a,t_b]$ 时间段平滑的调整轨迹。

对于物体的振动状况,我们常习惯于用加速度(位置函数的二阶导数)来描述。考虑到一般的样条是自然的三次样条,则自然定义为样条多项式的二阶导数在插值区域的两端相等,即在区间 $[t_i,t_{i+1}]$ 的 $G_i''(t_i)=G_i''(t_{i+1})=0$,这使得样条在插值区间外为直线而不影响光滑程度。采用三次样条插值方法规划得到平滑的运动轨迹,可确保载体车辆上平面的调整运动过程中,位姿和速度的连续性与平台运动平稳性。

显然,样本点越多,插值获得的曲线就越逼真,但计算量也相对增加。选用分段三次样条插值法获得曲线是出于两个方面的考虑：一是该方法计算简单；二是得到的三次插值函数恰好可以通过逐步微分得到速度、加速度和急动度（加加速度），为后面多约束轨迹规划提供条件。

采用第一类边界条件（即以每段轨迹起点和终点的速度和加速度为边界，且端点的二阶导数为 0），假设 $G_i(t)$ 是插值点 t_i 和 t_{i+1} 之间的运动轨迹函数且为三次多项式，因此 $G''_i(t)$ 在 $[t_i, t_{i+1}]$ 上是一次多项式，可表示为

$$G''_i(t) = G''_i(t_i)\frac{t_{i+1}-t}{h_i} + G''_i(t_{i+1})\frac{t-g_i}{h_i} \tag{6-39}$$

式中，$t \in [t_i, t_{i+1}]$ 且 $h_i = t_{i+1} - t_i$。

为了方便表达，此处用 A_i 表示姿态角在第 i 节点位置的二阶导数，即角加速度。则式 (6-39) 可表示为

$$G''_i(t) = A_i\frac{t_{i+1}-t}{h_i} + A_{i+1}\frac{t-g_i}{h_i} \tag{6-40}$$

对 $G''_i(t)$ 积分两次并结合插值节点 $G_i(t_i) = g_i$，$G_i(t_{i+1}) = g_{i+1}$ 可得出

$$G_i(t) = \frac{(t_{i+1}-t)^3}{6h_i}A_i + \frac{(t-t_i)^3}{6h_i}A_{i+1} + \left(g_i - \frac{A_i h_i^2}{6}\right)\frac{t_{i+1}-t}{h_i} + \left(g_{i+1} - \frac{A_{i+1}h_i^2}{6}\right)\frac{t-t_i}{h_i}$$

$$\tag{6-41}$$

为了进一步确定 $G_i(t)$，需要求出 A_i。对式 (6-41) 求导得到

$$G'_i(t) = -\frac{(t_{i+1}-t)^2}{2h_i}A_i + \frac{(t-t_i)^2}{2h_i}A_{i+1} + \frac{g_{i+1}-g_i}{h_i} - \frac{A_{i+1}-A_i}{6}h_i \tag{6-42}$$

由于任意插值点处的速度连续性，即 $G'_{i-1}(t_i+0) = G'_i(t_i-0)$，可得出

$$\lambda_i A_{i-1} + 2A_i + \tau_i A_{i+1} = \mu_i, i = 1, 2, 3, \cdots, m-1 \tag{6-43}$$

式中，$\lambda_i = \frac{h_{i-1}}{h_{i-1}+h_i}$；$\tau_i = 1 - \lambda_i = \frac{h_i}{h_{i-1}+h_i}$；$\mu_i = 6\left(\frac{g_{i+1}-g_i}{h_i} - \frac{g_i-g_{i-1}}{h_{i-1}}\right)/(h_i+h_{i-1})$。

于是，上面的 m 个插值节点可得到 $m-1$ 个方程，含有 $m+1$ 个未知量，按照自然边界条件已知初始位置与终点位置的速度 $A_0 = 0$，$A_n = 0$，得出

$$2A_0 + A_1 = \mu_0 \tag{6-44}$$

$$A_{n-1} + 2A_n = \mu_n \tag{6-45}$$

将式 (6-42) 到式 (6-45) 组成 $m+1$ 阶方程组，转化为矩阵形式，得

$$\begin{bmatrix} 2 & 1 & 0 & 0 & 0 & 0 \\ \lambda_1 & 2 & \tau_1 & 0 & 0 & 0 \\ 0 & \lambda_2 & 2 & \tau_2 & 0 & 0 \\ 0 & 0 & \vdots & \vdots & \vdots & 0 \\ 0 & 0 & 0 & \lambda_{m-1} & 2 & \tau_{m-1} \\ 0 & 0 & 0 & 0 & 1 & 2 \end{bmatrix} \begin{bmatrix} A_0 \\ A_1 \\ A_2 \\ \vdots \\ A_{m-1} \\ A_m \end{bmatrix} = \begin{bmatrix} \mu_0 \\ \mu_1 \\ \mu_2 \\ \vdots \\ \mu_{m-1} \\ \mu_m \end{bmatrix} \tag{6-46}$$

对式(6-46)求解,把得到每一个节点位置的加速度代入(6-41)式,便可以得出每段时间间隔内的运动轨迹函数。对姿态样本进行分段三次样条插值可以得到连续且平滑的姿态轨迹。

以上推导需要明确样本点和边界条件方能实施。关于样条函数本书不做过多的讨论,其推导和计算在"计算方法"相关的书中有详细介绍,有兴趣的读者可以查阅有关资料。读者应注意,并联平台上平面位姿的动态调整过程中,轨迹规划是一个较为重要而繁复的过程。

6.6.3　电动缸的建模

运动副支链常采用液压缸或电动缸,在实验室条件下,电机驱动控制电动缸更便捷,因此本章以电动缸为并联平台的运动支链并对其建模。现有的电动缸大多是半闭环结构,即反馈的是电机的转角信息。由于平台上平面具有过约束的要求,所以电动缸的静特性和动特性只有高度一致才能实现支链的位移控制精度,保证平面约束的要求,为此希望构成位移反馈的全闭环。

以下我们对电动缸位移的全闭环控制进行仿真研究。如图 6-30 所示是单个电动缸的全闭环控制原理图。该系统主要由微控制器、接口端子、驱动器、电动缸以及直线位移传感器组成。其工作原理为:微控制器根据需求发出指令信号,该信号经接口电路的端子板发送给电机驱动器。驱动器产生驱动电流后驱动电动缸中的伺服电机转动。电机带动电动缸中的传动机构,将旋转运动转化为直线位移。直线位移传感器安装在电动缸缸体,测量信号经A/D 转换反馈给微控制器,实时监控电动缸的位置全闭环控制。

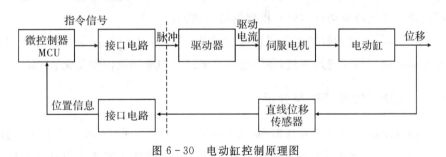

图 6-30　电动缸控制原理图

电动缸的模型框图如 6-31 所示,$G_i(s)$ 表示驱动器电流环控制传递函数;$G_v(s)$ 表示驱动器速度环控制传递函数;$G_f(s)$ 表示驱动器前馈传递函数;L_a 表示电机电枢电感;R_a 表示电枢电阻;k_i 表示电流反馈系数;k_m 表示转矩系数;C_e 表示反电动势系数;J_m 表示电机的等效转动惯量;b_m 表示电机黏性阻尼系数;T_L 表示负载转矩;T_d 表示扰动转矩;k_{ci} 表示驱动器电流环反馈系数;k_v 表示驱动器速度环反馈系数;k_P 表示位置增益系数;k_n 表示脉冲倍频系数,一般取 4;k_e 表示电子齿轮比(即分频或倍频计数器)。

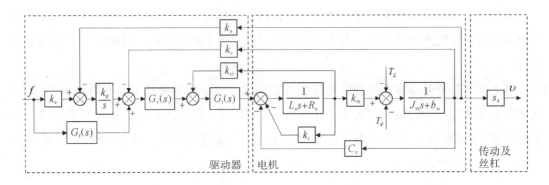

图 6-31　电动缸模型框图

关于驱动电机的数学模型,其推导已很成熟,在计算机仿真软件中也有许多应用实例,此处不再详细讨论而直接给出结果。系统以频率 F 为输入,以电动缸转速 V 为输出,则系统的传递函数见式(6-47)。

$$\frac{V(s)}{F(s)} = \left(\frac{G_f(s)s}{k_e}+1\right)\frac{k_e G_v(s)G_i(s)G_2(s)}{s[1+C_e G_2(s)+k_{ci}G_1(s)G_i(s)]+(k_v s+k_p)G_v(s)G_2(s)G_i(s)} \quad (6-47)$$

式中:

$$G_2(s)=\frac{1}{J_m s+b_m}(k_m G_1(s)-T_L-T_d) \quad (6-48)$$

$$G_1(s)=\frac{1}{L_a s+R_a+k_i} \quad (6-49)$$

图 6-31 的驱动器和电机两个框已经构成了半闭环,由式(6-47)至式(6-50)可知,电机驱动器系统是一个高阶系统,但其中 $G_i(s)$、$G_v(s)$、$G_f(s)$ 等传递函数的形式是由制造商设计的,参数也未精确给定,且传动丝杠框中的机械参数对系统的影响也未给予充分考虑,实际上使用该数学模型对电动缸实施直接控制将有偏差。

为此,本例对单个电动缸加上直线位移传感器,构成全闭环位置系统进行特性测量,用实验法测定单电动缸的性能及参数,并根据实测结果将单电动缸模型简化。

6.6.4　电动缸性能测试与分析

实验所用电动缸中的电机为森创 60 法兰电机,型号为 60CB020C-010000。直线位移传感器为滑动电位器,型号为凯创机电 LWH。该传感器的基座安装在电动缸缸体上,滑动测量端通过连接杆与电动缸输出端连接。电动缸通过拉杆改变的电位器的滑动端位置输出位移,读取传感器移动端的电压可获得电动缸的实时长度。由于电动缸的电机驱动器在工作时会产生较大的电磁干扰,因此对测得电压信号做了数字滤波等处理,在一定程度上会影响测量和控制的精度。下面先对电动缸进行静特性的测试和分析。

平台的静特性要求是电动缸闭环的稳态值要高度一致。如当给出电动缸的位移指令时,六个电动杆伸长的误差 Δe 都要求在 $\pm 10\ \mu m$ 以内;同时还对线性度(或称非线性误差)提出要求,在此我们给出的允许值也是在 $\pm 10\ \mu m$ 以内。也就是说,我们除了要求每个电动缸自身的误差精度之外,还要求各个电动缸误差是一致的。

测量动态特性时,首先要确定电动缸的控制周期。对电机给出直线速度幅度为 100 mm/s、脉宽为 400 ms 的正负的信号,其响应曲线如图 6-32 所示。

用计算机对图 6-32 所示动特性曲线进行测量,在此取 1 ms 为采样周期,目测该图可以看出,电动缸速度达到指令值的时间近 200 ms。根据工程经验,控制周期一般取该值的 1/10~1/5,即 20~40 ms。本文取 20 ms 作为后续闭环控制的控制周期。

前面推导出的式(6-47)显然是一个高阶的传递函数,但从图 6-32 实际曲线来看,机械部分的时间常数显然起到了主导作用,因此该电动缸可以近似为一阶系统。以进入稳态的 2% 误差带为指标,估算得系统的时间常数约为 40 ms,则其传递函数简化后,可近似地表达为

$$G_m(s) = \frac{1}{0.04s + 1} \qquad (6-50)$$

在上图速度阶跃响应下的位移曲线如图 6-33 所示。经过实测,系统静特性的稳态误差均在 ±0.2 mm 左右。虽然从机构设计的几何关系上可以达到很高的精度,但在工程实践中的各种误差的综合会略大,只需满足静特性实际要求即可。

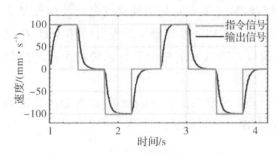

图 6-32 正、负速度阶跃响应曲线

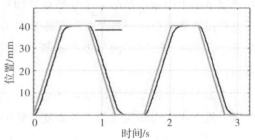

图 6-33 速度阶跃响应位移变化曲线

6.6.5 电动缸的闭环控制

我们对全闭环 PID 的控制策略进行了仿真验证,PID 控制器算法为

$$u(t) = k_P e(t) + k_I \int_0^t e(t) dt + k_D \frac{de(t)}{dt} \qquad (6-51)$$

$$e(t) = p_i(t) - p_o(t) \qquad (6-52)$$

式中,k_P、k_I、k_D 分别为比例、积分和微分环节系数;$e(t)$ 为 t 时刻的控制误差,其值为 t 时刻电动缸指令位置 $p_i(t)$ 和实际位置 $p_o(t)$ 的差值。

关于离散化 PID 的算法,可查阅本书第 4.5 节。

如图 6-34 和图 6-35 所示是对 2 Hz 和 4 Hz 的输入信号下的开环响应和闭环控制曲线的结果。

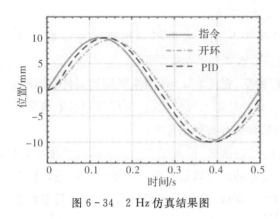

图 6-34 2 Hz 仿真结果图

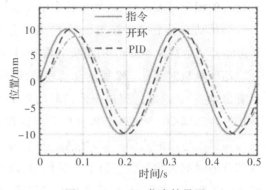

图 6-35 4 Hz 仿真结果图

从图中可以看出 PID 控制后系统的幅值衰减和相位滞后都得到了较明显的改善。当输入信号为 2 Hz 时,相位滞后从 18.2°减小到 9.3°。当输入信号为 4 Hz 时,相位滞后从 32.6°减小到 17.8°。以上实验说明在保证传感器测量精度的情况下,全闭环的 PID 控制策略是有效的,能够提升稳定平台对输入信号的响应以及抗干扰能力。

关节工作空间的 PID 控制是当前六自由度并联机构运动控制通常采用的方法。该方法是通过对单个电动缸控制支路分别设计闭环控制器,并依靠对每个独立支路的精确控制实现上平面的姿态控制。六个控制支路分别采用独立的 PID 控制器实现位置闭环控制,在此基础上,由平台上、下平面位姿传感器的位姿信号差可以构成整个平台系统的大闭环控制系统。

完成了单杠特性的测试后,进一步对六个电动缸的静动态特性做测试,以保证各支链的性能一致。由电动缸组成的六自由度并联平台如图 6-36 所示。

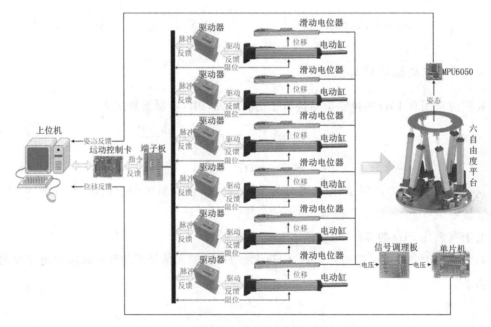

图 6-36 并联平台实验系统硬件结构示意图

前面已经讲过,在六个独立支链控制单元的基础上构建姿态闭环控制,即在关节空间控制的基础上增加位姿传感器,将位姿输出信息反馈给姿态闭环控制器。通过对姿态偏差的运动解耦,得出每个支路的控制增量指令,对各电动缸支路实时控制,每个控制支路相互独立。

如图 6-37 和图 6-38 所示为并联平台上平面分别对俯仰和横滚信号的跟踪曲线。而表 6-2 和表 6-3 则为两种信号跟踪结果的误差比较。

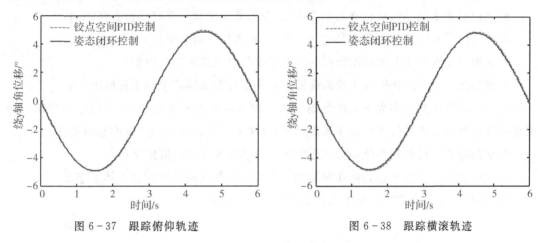

图 6-37　跟踪俯仰轨迹　　　　　　　图 6-38　跟踪横滚轨迹

表 6-2　俯仰跟踪误差比较

俯仰跟踪	最大误差/(°)		平均误差/(°)	
	关节空间 PID	姿态闭环	关节空间 PID	姿态闭环
俯仰角误差	0.1536	0.0785	0.0834	0.0404
横滚角耦合误差	0.1176	0.0535	0.0705	0.0280

表 6-3　横滚跟踪误差比较

横滚跟踪	最大误差/(°)		平均误差/(°)	
	关节空间 PID	姿态闭环	关节空间 PID	姿态闭环
横滚角误差	0.2212	0.1075	0.1155	0.0584
俯仰角耦合误差	0.1188	0.0529	0.0623	0.0317

通过对连续变化姿态轨迹跟踪测试,对比关节空间 PID 控制与姿态闭环控制的实验结果,分析得出:

(1)关节空间 PID 控制作为各运动支链的控制内环,可以有效减少控制系统的计算量,保证各运动支链静、动态特性的一致性,为外环的姿态闭环控制奠定良好的基础。

(2)姿态闭环控制策略是有效的,可以实现各个缸之间的精确协同,其跟踪性能明显优于关节空间 PID 控制,而且降低了自由度间的耦合误差。

(3)姿态闭环控制仍然存在一定程度的跟踪误差,分析其主要原因是受到传感器精度限制和机构装配误差的影响。

思考题与习题 6

1. 试阐述被动减振和主动减振两种方法的性能与特点。

2. 什么是串联机构，什么是并联机构，它们各自有什么功能和特点？

3. 试说明本章的并联平台有几个自由度，与第 5 章采摘手并联平台有何不同？

4. 试讨论图 6-24 系统采用"1 主＋6 从"分布式控制的必要性。

5. 试根据图 6-31 电机框图模型的示意图推导出电机的数学模型。

6. 试将图 6-36 并联平台实验系统硬件结构示意图改画成控制系统框图。

7. 通常并联平台大多为下平面是固定的基础平台而上平面运动，而本章平台要求上平面保持在水平状态而基础平台随车体而运动，这两种平台在控制程序方面有何不同？

8. 试阐述在分层控制系统间如何用 FIFO 与串行通信完成信息交互。

9. 试阐述六自由度平台如何在有限的空间里模拟较大的加速度在人体上感受。

10. 试讨论在平台姿态控制中为什么要做轨迹规划？

第7章 机器视觉的信息感知及其应用

7.1 生物视觉与机器视觉

7.1.1 生物视觉

机电系统的激励-响应关系就是通常说的输入与输出关系。与生物在自然界中数以亿万年计地演化成型不同,机电系统不是自然界已有的自然物,而是人类依照自身期望创造的新生物。人们把从自然界获取的知识尽可能地都运用到这个新生物的制造中,因此机电系统激励-响应关系是人为确定的,其输出行为是人类根据自身需要而给出指令并进行控制的。

如工业生产中,如焊接、喷涂,以及一些自动加工生产线,已经比较多地在使用机器人。但是在这些生产过程中,从元件到成品的生产流程大多在加工时都被安放在固定工位的准确位置上,只要"激励"机器并让机器做出相应的"响应",某个加工就完成了。机器人的位置和作业对象的位置在空间上已经被精准地确定了,只要按照时间序列运行就行了。

如果仅仅应对这种确定环境的作业,这类机电系统的智能程度还不够高。当前的机器人正日益走向其他领域。如家庭服务机器人,其作业环境(如家具的摆放)在开始时是未知的,即使日后已知环境,也可能会随时改变。又如,农业生产的环境与工业生产的情况大不一样。以果园的作业为例,即使农场按标准的行、列间距种植,果树的生长也是不规范的,而果实在果树上的位置和姿态也是非标准的,此时机器人很难进行空间定位,包括自身的定位和作业对象的定位,因此需要感知周边的环境。

人感知的环境信息类型中,有很多是普通的物理量,如位置、速度、温度、流量、重量、压力、张力等,这些物理量的信息获取、处理和传输相对较简单。在我们前面讲的机电系统控制里,大多数的被控量属于这类物理量。还有一些是比较复杂的信息,如视觉、听觉、嗅觉、味觉、触觉等。据文献介绍,人类获取的环境信息中,视觉包含的信息占很大一部分,有人认为占据 $60\% \sim 80\%$,甚至是 90%。经典的人工智能著作中认为人工智能的两个基础是符号系统和信息处理,这种观点主要还是在"智"的方面,也就是知识。

智能控制需要用到知识,本章下面就介绍机器视觉是怎样获取和处理环境信息的,用的是什么符号系统,这是机器具有"智能"的基础。

机器的感知包括"感觉"和"理解"两个过程。这两个过程在人工智能里指机器如何获取环境信息,这是一个过程,即获取信息的过程,然后是对环境信息进行处理。信息的处理就是如何通过处理环境信息而提取其中的知识,或者说运用知识理解环境,这是另外一个过程,即理解环境的过程。

生物对外部环境的视觉信息要靠生物眼来获取和识别。以人眼为例,人眼的结构如图7-1(a)所示。人主要是通过眼球来捕获外界的视觉景物,通过反射光线获取视觉信息:景物通过瞳孔聚焦到晶状体上,再投射到视网膜上,类似于中学物理讲过的小孔成像。

晶状体:人通过晶状体附近的肌肉给晶状体压力来调节晶状体的形状,就像人们调节相机的镜头一样。实际上,晶状体和物体的距离是固定的,改变晶状体的形状就可以实现对焦。如果经常调整眼睛的焦距,相应的肌肉就正常,而如果老盯着某个距离,部分肌肉就会松弛,调节效果变差,会造成近视等后果。

中央凹:在人视神经盘的颞侧约3.5 mm处,有一个称为黄斑的黄色小区,黄斑中央有一处凹陷,称中央凹。中央凹是视网膜中视觉最敏锐的部分,中央凹及其周边的景象最清楚,而越往中央凹外围去畸变越大。

生物图像信息获取过程(人眼为例):人类主要通过眼球捕获外界景物的反射光线获取视觉信息。景物光线通过瞳孔、晶状体在视网膜上成像。

外界景物光线通过瞳孔、晶状体、视网膜、视锥细胞,最后到视杆细胞。视网膜上的视锥细胞和视杆细胞将成像信息转化为化学光电信息,并通过视神经将视觉信息传递给如图7-1(b)所示的大脑,从图7-1(b)中可以看出人脑的视神经与人眼的视神经的连接,最终人类才能对外部物质世界产生视觉的感知。

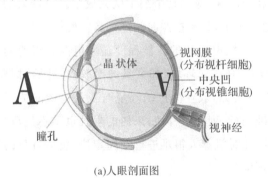

(a)人眼剖面图

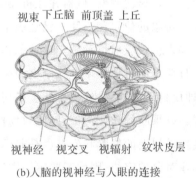

(b)人脑的视神经与人眼的连接

图7-1 生物的视觉感知

如图7-2所示是生物从眼到脑的图像传输过程。光照下的外界景物通过瞳孔、经晶状体聚焦,然后投射到视网膜上成像。视网膜上的视锥细胞和视杆细胞将这些视觉景物的光信号转换成相应的电信号,通过视觉神经从眼传递给脑。

图7-2 生物眼、脑的图像传输过程

需要注意，传输给视觉神经的是两种不同的视觉细胞的信息。视网膜上有两种细胞——视锥细胞和视杆细胞，也叫锥状细胞和杆状细胞。锥状细胞可以感知颜色，杆状细胞只感应亮度。锥状细胞是感知白昼视觉的细胞，而杆状细胞是感知暗视觉或者微光视觉的。视锥细胞分布在视网膜的中间区域，在中央凹附近很集中。锥状体对颜色高度敏感，能够分辨图像的细节，在亮度较高的时候更敏感。视杆细胞分布在视网膜表面，只对明暗有反应，没有彩色的感觉。视杆细胞在亮度较暗的时候比较敏感，只能感觉视野里头的大致图像。

这两种细胞把图像信息的光信息转化成光电信号，然后通过视神经传递给人的大脑，大脑中有一个记忆的知识库，人根据脑中的知识库再进行认知。这就是人通过视觉对外部世界进行认知的过程。

如图 7-3 所示是人眼视觉细胞的分布情况。图 7-3(a)是中央凹周边的杆状细胞和锥状细胞的分布，锥状细胞用三种颜色的锥状体表示，杆状细胞用黑色的杆状体表示。图 7-3(b)是中央凹附近的两种细胞的分布情况，图中数字表示中央凹周边不同角度的细胞体分布的数量。在中央凹附近，锥状细胞的分布很密，实线表示锥状体数量。杆状细胞在中央凹以外的分布较为广泛，虚线表示杆状体数量。从解剖图上看，锥状细胞分布在中央凹附近，而杆状细胞的分布相对比较广。

视网膜上有光感受体，这些光感受体在视网膜的表面分布是不连续的，不同生物的分布数量也不一样。从解剖学上可以知道，某些野生动物(如狮子、猎豹等)的夜视能力比人强很多，究其原因，是它们视网膜里的杆状细胞比较多。

视网膜里的光感受器把光的辐射能量变成电脉冲，经过视神经，激活大脑中不同的视觉处理区域，并且由大脑解码，完成如形状、颜色、纹理这些特征的提取，然后对这些特征信息进行融合，来判定看到的是什么物体。

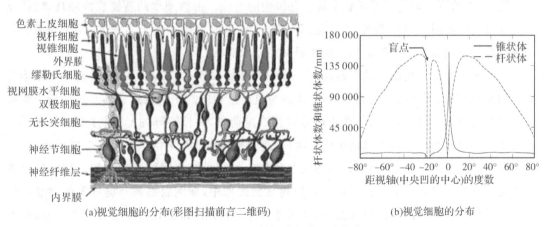

(a)视觉细胞的分布(彩图扫描前言二维码)　　　　(b)视觉细胞的分布

图 7-3　人眼的视觉细胞及其分布

7.1.2　机器视觉

机器视觉的成像和传输实际上和生物眼的成像和传输十分相像。下面就来比较人眼视觉和机器视觉，如图 7-4 所示。

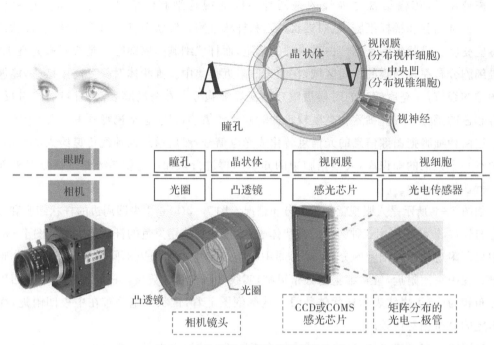

图 7-4　生物视觉和机器视觉的比较

图 7-4 的上半幅是生物视觉，人眼相当于一个相机，瞳孔相当于光圈，晶状体就是透镜，而视网膜就是感光芯片。感光芯片是由感光元件制成的集成电路，如果只有单色的感光元件，相当于视网膜上只有视杆细胞，也就是黑白相机；如果有三色的感光元件，则相当于有了视锥细胞，就可以拍摄彩色相片。

图 7-4 的下半幅是机器视觉及其信息传输的过程。由物理学的透镜成像原理，物体反射光通过透镜折射到成像平面，也就是感光芯片上，这时透镜相当于晶状体，成像平面相当于视网膜。对焦就是改变镜头和透镜的距离使成像清晰。

感光元件通常采用电荷耦合器件(charge coupled device,CCD)。CCD 用高感光度半导体材料制成，它能把光线转变成电荷，且光强与电荷呈相应的比例关系。感光芯片是以矩阵方式排列的感光元件，这些元件把光信号转换成电荷量，并按矩阵的行、列方式存储在感光芯片上。通过模数转换器可以将电信号逐行、逐列地转换成数字信号或调制为视频信号。

从上面的介绍得知，机器视觉的感光芯片与生物视觉的视网膜原理相似，但是，机器视觉的传输却与生物视觉的传输不同。在生物视觉图像中，视网膜细胞与脑细胞的神经联结是一一对应的，因此传输是并行的。机器视觉的每个感光像素都是一个感光元件，一幅机器视觉图像在感光芯片上的成像是由大量的感光元件组成的。因此机器视觉的图像传输如图 7-5 那样是串行的。

单色感光像素组成的感光芯片，其图像也是单色的，如图 7-6(a)所示。机器视觉图像的清晰程度与感光像素的个数有关，如图 7-6(b)所示，是感光元件呈行列方式排列成的芯片，每一个方格表示一个感光元件。显然，感光元件越多，图像的像素就越密，图像也就越清晰。如果在图 7-6(b) 中机器视觉的图像是 M 行 L 列个像素组成的矩阵,通常该矩阵的原点定义为左上角,用 $f(m,l)$ 表示矩阵中的一个像素,则左上角这个像素为 $f(0,0)$,而右下角像素是 $f(M-1,L-1)$。

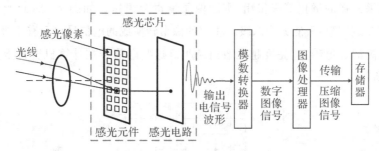

图 7-5 机器视觉的信息传输过程

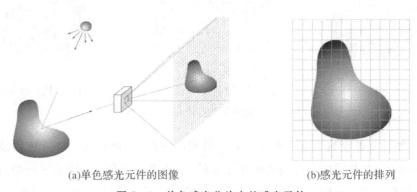

(a)单色感光元件的图像 (b)感光元件的排列

图 7-6 单色感光芯片中的感光元件

如图 7-7(a) 所示是摄像机的三层结构,第一层是微型镜头就是"晶状体",第二层是单色的滤色片就是"视细胞",第三层是感光层就是"视网膜"。在这个机器视觉的整幅图像中,视觉细胞(像素)的排列如图 7-7(b) 所示,这些像素在如图 7-7(c) 所示的显示屏上组成完整的图像。

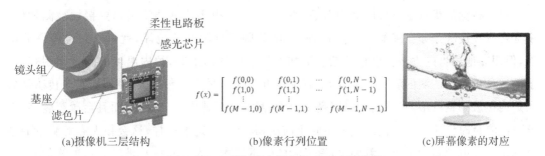

(a)摄像机三层结构 (b)像素行列位置 (c)屏幕像素的对应

图 7-7 机器视觉中摄像机与电脑的联系

计算机显示器中的图像也是由大量像素组成的。这些像素是发光二极管,这些发光二极管在不同强度电信号输入时,会产生不同的光强,从而构成一幅单色的机器视觉图像。

感光像素的光信号是按行、列逐个地被转换成电信号,再传给电脑的。计算机把逐个接收到的相应电信号再按行、列逐个地点亮发光二极管,重新构成前面由镜头和感光芯片形成的机器视觉图像。

影响机器视觉图像清晰程度的另一个因素是光强的量化等级。即使机器视觉图像的像素很密,但如果光强的量化等级很粗,则图像质量也会很差。如图 7-8(a)所示的感光等级是 2^3,即三位二进制数,只能分为八级。相应的像素转换成的电信号也只有八级,如图 7-8(b)所示,亮度越高的数值越大,亮度越低数值越小。这些电信号在计算机屏幕上显示的图像如图 7-8(c)所示。

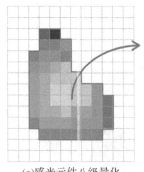

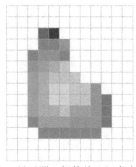

(a)感光元件八级量化　　　　(b)转换相应的八级电量　　　　(c)显示器二极管的八级亮度

图 7-8　光强量化等级对图像的影响

人的生物视觉器官是大量视觉细胞并行处理的,就像跟神经元一样。机器视觉与人眼球的并行处理不同,是把图像转换成像素点以后,一个接一个地逐个像素进行串行传输和处理的,因此处理和传输的信息量非常大。如计算机的显示器从以前的 640×480、1024×768、1920×1080,到现在的像素点越来越多,图像越来越清晰,对计算机的存储容量和计算速度要求也越来越高。

机器视觉的图像信息处理是按像素逐行逐列处理的,每个像素有好几个字节,因此图像的传输量也很大。相对于一般物理量的传感器来说(如质量、位置、速度、加速度、温度、流量等),测量信息的处理只需要瞬间就能完成,而计算机处理一幅图像的信息计算量会大得多。

机器视觉的优点是不接触被测对象,直接、方便。很多传感器测量都要接触被测物体,视觉可以不接触。如在啤酒的生产过程中,酿酒师根据啤酒的色泽,就可以判定啤酒的口味,但用其他测量的方法就会很繁杂。又如在铸造的热加工时,炉内温度的测量很困难,一般的温度传感器能测的温度通常较低,而制作近 2000℃ 的温度传感器不容易,且热传感器放入炉内接触到钢铁溶液,取出后仍旧裹在周围,凝固之后就成个大疙瘩,而且会越裹越多,因此下次测量时传感器与溶液的接触不同于前次,其结果肯定不一样,这会很大影响测量的精度。读者在电视新闻上可能看到过,有经验的炼钢技术工人会拿一片玻璃看透射光的颜色,材料学科的研究人员也曾探索过,能否通过炉内溶液的颜色测定温度,化工方面也有类似的要求。

除了上述酿酒、冶炼、化工等方面的需求以外,在人工智能从以往的传统工业领域日益走向其他领域的过程中,视觉感知的应用范围正在变得更加广泛。

机器视觉的图片形成计算机文件保存是有各种标准的格式的。如图 7-9 所示是同一张图片的几种不同的存储格式。通常大家自己拍的照片基本上后缀名也都是这些格式。图 7-9 中三张图片看起来都较清晰,但不同文件格式的图片存储量却有差别,BMP 文件最大 1 MB,而 JPG 文件只有 68 kB,存储空间差别很大。有时一张图片的原始文件很大,传输和处理时会做一些压缩,主要就是为了减少数据量,这些牵涉到更进一步的专业知识,可以参考专门的书籍。

视觉检测的一个缺点就是信息量大,不易处理和传输。视觉信息处理主要是通过数据线把数据信息发送给计算机,完成诸如对颜色、形状、纹理等等视觉特征的提取。20 世纪 90 年代以来,对机器视觉的研究也日益深入,本章后面会介绍人工智能在视觉应用方面的一些进展。

(a)BMP格式(1 MB)　　　　(b)PNG格式(523 kB)　　　　(c) JPG格式(68 kB)

图 7-9　不同文件格式的图片(彩图扫描前言二维码)

7.2　颜色模型及其基本概念

7.2.1　颜色模型及颜色分量

国际照明委员会(international commission on illumination,CIE)于 1931 年确定了红绿蓝(RGB)三原色光线的强度,即产生红、绿、蓝三原色所需光波长为 λ 的匹配函数。图 7-10 (a)中的红、绿、蓝为三原色,而任意两个原色叠加的结果称为二次色,图 7-10(a)中的黄、青、品红三色即为二次色,从图 7-10(a)中心部分可以理解,白色光包含的光谱最为丰富。三原色的匹配函数 $\bar{r}(\lambda)$、$\bar{g}(\lambda)$、$\bar{b}(\lambda)$ 见图 7-10(b),表示产生红、绿、蓝三原色所需波长 λ 的光强度。

上节中图 7-7(a)所示第二层的滤色片被当作单色滤色片,实际上通常分色滤色片可分为三种基色。计算机屏幕中的每个像素里也有三个发光管,即红、绿和蓝三个发光管。

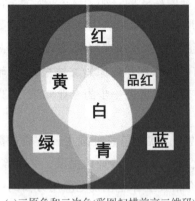

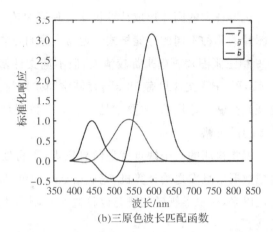

(a)三原色和二次色(彩图扫描前言二维码)   (b)三原色波长匹配函数

图7-10　三原色及其波长匹配函数

　　图7-11左面所示的场景图像,上面三块是三原色,下面三块是二次色。当光线透过镜头到分色滤色片后,被分解成三个基色。假定整个场景由4×6个像素组成,那么每块不同的颜色则由2×2个像素组成。而感光的等级是八位二进制数,也就是0~255。

　　先看被分解成红色分量的图像,上面三块是原色,左面是纯红色,红色分量的数值为255;而中间的绿、右面的蓝,完全没有红的原色,因此红色分量的数值为0。红色分量的最高值为255,最低的值为0,所以在红色方块为白,而绿色方块和蓝色方块是黑色。同样的方法很容易读懂绿色分量,以及蓝色分量的原色图部分。

　　再看下面的三块二次色。场景左下方是黄色,由红原色加绿原色组成。可以看见左下角的红色分量为180、绿色分量为220,而蓝色分量为0,所以叫二次色。

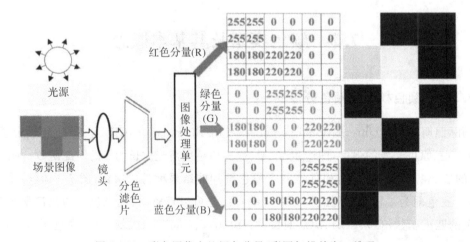

图7-11　彩色图像中的颜色分量(彩图扫描前言二维码)

　　彩色图像经摄像机滤色镜分解为三原色后,在计算机彩色屏幕的RGB色彩空间中可再还原成彩色图像。计算机的彩色显示屏能够显示彩色图像是因为彩色显像管里的每个像素都是由三原色叠加而成的,因此直接支持这种方式的显示。其过程如图7-12所示。

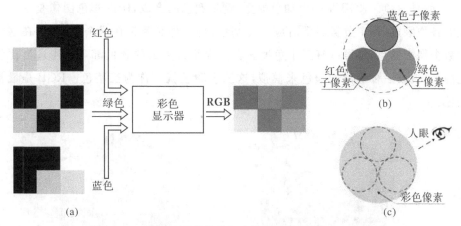

图 7-12　计算机屏幕的彩色成像(彩图扫描前言二维码)

红、绿、蓝三原色亮度可以定量表示颜色,这种彩色信息表达方式称 RGB 模型,或称为加色混色模型。计算机在显示和编程中常使用的彩色图像就是以 RGB 三色光互相叠加来实现的,因而适合于显示器等发光体的显示。下面将对 RGB 模型进行介绍。

对图 7-10 中的单位作如下规定:当三原色光配比出等能白光时,三原色光各自的量称为一单位的红光[R],一单位的绿光[G]与一单位的蓝光[B]。此时,任意波长的光可以通过三原色光的线性组合得到

$$C(\lambda) = \bar{r}(\lambda)[R] + \bar{g}(\lambda)[G] + \bar{b}(\lambda)[B] \tag{7-1}$$

这就是 1931 CIE-RGB 计色系统。对于任意单色光,理论上可以全部使用 RGB 三色光表示出来。但是由于 435.8~546.1 nm 这一段的红色光通量为负值,因此在实际生产中无法实现,所以实际上并非所有单色光(只有一个频率,不会发生色散)都可以由 RGB 三原色表示出来。

这里出现负值的原因是待配色光为单色光,其饱和度很高,而 RGB 三色混合后,饱和度会降低。因此想要配出一些单色光,需要将 RGB 三色光中的某一个与待配色光混合,才能实现,此时就会出现负值。

而对于非单色光(能产生色散的色光),任意光谱分布 $\Phi_e(\lambda)$ 的 RGB 值都可以由积分得出。

$$R = \int_{380}^{780} \Phi_e(\lambda)\,\bar{r}(\lambda)\mathrm{d}\lambda \tag{7-2}$$

$$G = \int_{380}^{780} \Phi_e(\lambda)\,\bar{g}(\lambda)\mathrm{d}\lambda \tag{7-3}$$

$$B = \int_{380}^{780} \Phi_e(\lambda)\,\bar{b}(\lambda)\mathrm{d}\lambda \tag{7-4}$$

以笛卡儿直角坐标系的 x、y、z 三个轴为三个基色,即一个轴为红色,一个轴为绿色,一个轴为蓝色,如图 7-13 所示。这个坐标的原点(0,0,0 处)是黑色,而人眼对三个原色感觉最大值处取为(1,1,1),此时就形成了图 7-13(a)所示的立方体,那么在以(1,1,1)这个对角

线顶点上,就是白色。RGB 是一个加色模型,就是颜色的合成,所以彩色图像是三个分量基色组成的各种颜色,每个分量图都对应一种基色,每一种颜色都在这个模型里,在这个方块里有无数个稠密的点,都可以有三个色度。自然界绝大多数的彩色都可以用适当比例的三种基色混合,组成一种等价的颜色来模拟,这三个颜色就被称为三基色。RGB 是最常用的三个基色。

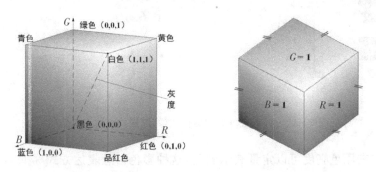

图 7-13 RGB 颜色模型(彩图扫描前言二维码)

7.2.2 彩色模型的参数

通过颜色模型及颜色分量可以将单色光与非单色光用 RGB 三原色表示出来。但此时出现的另一个问题是人类对于颜色的感知有色度与亮度两部分。例如,绿色会因为亮度的不同,带给人亮绿色、绿色、暗绿色等不同的感受,但是从色度角度来说,它们都是绿色,差别仅仅体现在亮度上。因此,想要表示准确的色度信息,就需要消除亮度带来的影响。通过对颜色匹配函数归一化可以帮助消除亮度带来的影响。归一化结果如下

$$r(\lambda) = \frac{\bar{r}(\lambda)}{\bar{r}(\lambda) + \bar{g}(\lambda) + \bar{b}(\lambda)} \tag{7-5}$$

$$g(\lambda) = \frac{\bar{g}(\lambda)}{\bar{r}(\lambda) + \bar{g}(\lambda) + \bar{b}(\lambda)} \tag{7-6}$$

$$b(\lambda) = \frac{\bar{b}(\lambda)}{\bar{r}(\lambda) + \bar{g}(\lambda) + \bar{b}(\lambda)} \tag{7-7}$$

由式(7-5)、式(7-6)和式(7-7)中我们发现,$b(\lambda) = 1 - r(\lambda) - g(\lambda)$,因此,使用 $r(\lambda)$ 与 $g(\lambda)$ 就可以表示整个色域,如图 7-14 所示。

理论上讲,通过上述的函数,我们已经可以通过三原色光表示所有颜色了,但是从图 7-14 中我们可以发现,在系数的取值中存在负值。例如,该图中的 r 轴在负数部分也有取值。

这会在实际的工业生产中带来不便,因为负值的光强是无法制造出来的。因此,CIE 对此进行了修改,提出了 CIE 1931 标准色度系统,目的是使系数不再出现负值。

通过坐标变换的方式,将 RGB 表示法经非线性变换转变成 XYZ 表示法。此时的 XYZ 与 RGB 这种自然界中存在的红光、绿光、蓝光不同,它是人为定义出的具有特殊匹配函数的

三种"基色"，它的匹配函数 $\bar{x}(\lambda)$、$\bar{y}(\lambda)$、$\bar{z}(\lambda)$ 如图 7 - 15 所示。

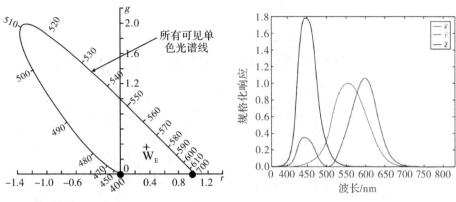

图 7 - 14　使用 r,g 表示的色域图　　　　图 7 - 15　CIE - XYZ 颜色匹配函数

在此不需要尝试将 XYZ 与自然界中的某种波长的光线对应，只需要知道它们是具有如图 7 - 14 所示的匹配函数，并且是由 RGB 通过非线性变换得到的新的"基色"即可。归一化为

$$x(\lambda) = \frac{\bar{x}(\lambda)}{\bar{x}(\lambda) + \bar{y}(\lambda) + \bar{z}(\lambda)} \tag{7 - 8}$$

$$y(\lambda) = \frac{\bar{y}(\lambda)}{\bar{x}(\lambda) + \bar{y}(\lambda) + \bar{z}(\lambda)} \tag{7 - 9}$$

$$z(\lambda) = \frac{\bar{z}(\lambda)}{\bar{x}(\lambda) + \bar{y}(\lambda) + \bar{z}(\lambda)} \tag{7 - 10}$$

归一化后，$x(\lambda)$、$y(\lambda)$、$z(\lambda)$ 与 $r(\lambda)$、$g(\lambda)$、$b(\lambda)$ 的关系为

$$x(\lambda) = \frac{0.49000r(\lambda) + 0.31000g(\lambda) + 0.20000b(\lambda)}{0.66697r(\lambda) + 1.13240g(\lambda) + 1.20063b(\lambda)} \tag{7 - 11}$$

$$y(\lambda) = \frac{0.17697r(\lambda) + 0.81240g(\lambda) + 0.01063b(\lambda)}{0.66697r(\lambda) + 1.13240g(\lambda) + 1.20063b(\lambda)} \tag{7 - 12}$$

$$z(\lambda) = \frac{0.00000r(\lambda) + 0.01000g(\lambda) + 0.99000b(\lambda)}{0.66697r(\lambda) + 1.13240g(\lambda) + 1.20063b(\lambda)} \tag{7 - 13}$$

由式(7 - 8)、式(7 - 9)和式(7 - 10)中我们发现 $z(\lambda) = 1 - x(\lambda) - y(\lambda)$。因此，XYZ 表示法也可以只用 X 与 Y 表示整个色域，XYZ 表示法下的色域图如图 7 - 16 所示。

XYZ 表示法是用来表示色度的，也就是说使用 XYZ 表示法可以表示人眼所能看到的全部颜色，但是还不能表示亮度，因为 XYZ 表示法是归一化以后的结果。因此，通过定义 $\bar{y}(\lambda) = V(\lambda)$，就可以解决这个问题。其中 $V(\lambda)$ 是可见光的光谱光效率函数，即人眼对等能量的各种色光的敏感程度函数。由此就可以通过 $\bar{y}(\lambda)$ 来表示 $\bar{x}(\lambda)$，$\bar{z}(\lambda)$。

$$\bar{x}(\lambda) = \frac{x(\lambda)}{y(\lambda)} V(\lambda) \tag{7 - 14}$$

$$\bar{y}(\lambda) = V(\lambda) \tag{7 - 15}$$

$$\bar{z}(\lambda) = \frac{z(\lambda)}{y(\lambda)} V(\lambda) \tag{7 - 16}$$

这三个刺激值可以使人眼既感受到颜色又感受到亮度,它们也被称为"CIE 1931 标准色度系统"。

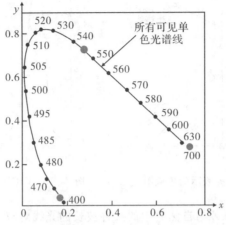

图 7-16　CIE-XYZ 表示法下的色域图

而对于任意一个知道光谱分布的光 $\Phi_e(\lambda)$,如果想要得到它在"CIE 1931 标准色度系统"下的表示方法,可以先求出对应的 X、Y、Z 的值

$$X = \int_{380}^{780} \Phi_e(\lambda)\bar{x}(\lambda)\mathrm{d}\lambda \qquad (7-17)$$

$$Y = \int_{380}^{780} \Phi_e(\lambda)\bar{y}(\lambda)\mathrm{d}\lambda = \int_{380}^{780} \Phi_e(\lambda)V(\lambda)\mathrm{d}\lambda \qquad (7-18)$$

$$Z = \int_{380}^{780} \Phi_e(\lambda)\bar{z}(\lambda)\mathrm{d}\lambda \qquad (7-19)$$

这里的 Y 值就是颜色的亮度。然后进行归一化

$$x = \frac{X}{X+Y+Z} \qquad (7-20)$$

$$y = \frac{Y}{X+Y+Z} \qquad (7-21)$$

$$z = \frac{Z}{X+Y+Z} \qquad (7-22)$$

式中,小写 x、y、z 就是颜色在色度图中对应的色坐标。有了色坐标 x,y 以及亮度 Y,一个光的颜色就可以被确定下来了。因此,"CIE 1931 标准色度系统"也被称为 CIE-XYZ 表示法。

此外,HSL(色相-饱和度-亮度)和 HSV(色相-饱和度-明度)也是常用的两种颜色模型。相对于 RGB 等模型,这两种模型用来描述颜色显得更加自然。因此在电脑绘画中这两个模型非常受欢迎。

HSL 和 HSV 中,H 都表示色相(hue),通常色相的取值范围是[0,360°],对应红橙黄绿青蓝紫红这样顺序的颜色,构成一个首尾相接的色相环。色相的物理意义就是光的波长,不同波长的光呈现了不同的色相。S 都表示饱和度(saturation,有时也称为色度、彩度),即色彩的纯净程度,如金黄色饱和度就比土黄色高。对应到物理意义上:一束光可能由很多种不同波长的单色光构成,波长越多越分散则色彩的纯净程度越低,而单色的光构成的色彩纯净度就很高。两个颜色模型不同的就是最后一个分量。HSL 中的 L 表示亮度(lightness)。根据缩写不同 HSL 有时也称为 HLS 或 HS。HSV 中的 V 表示明度(value),根据缩写不同,HSV 有时也被称作 HSB。

　　亮度和明度的区别可以看图 7-17。一种纯色的亮度是白色的明度,而纯色的明度等于中灰色的亮度。

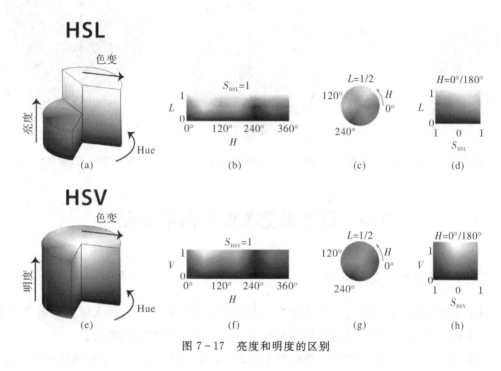

图 7-17　亮度和明度的区别

　　为便于理解,对图 7-13(a)的透视图进行旋转即可得到图 7-18,如果通过从黑到白的对角线竖着切,能够切一个面出来,图 7-18 的面正好切到青色。可以看出这个三角形里始终是青色,但是它明亮不等,如果对某种颜色特别感兴趣,以这种方式就能减小光照的影响。如苹果的红色特征用这种模型处理就会方便一点,火焰用这种模型效果会更好。前面曾提到炼钢的火焰,温度很高的时候泛黄,火焰的内层与外层的饱和度有很大差异,但是色调在一个范围内。

　　如果沿对角线的竖直轴(强度轴)进行旋转,会得到不同色调的三角形,旋转一周就形成了如图 7-19 所示的 HSI 颜色模型。其中,色调 H 用角度度量,取值范围为 0~360°,从红色开始按逆时针方向计算,红色为 0,绿色为 120°,蓝色为 240°。它们的补色是:黄色为 60°,青色为 180°,品红为 300°;饱和度 S 表示颜色接近光谱色的程度。一种颜色可以看成是某种光谱色与白色混合的结果。其中光谱色占的比例越大,颜色接近光谱色的程度就越高,颜色的饱和度也就越高,饱和度高,颜色就深而艳。光谱色的白光成分为 0,饱和度达到最高。通常取值范围为 0~100%,值越大,颜色越饱和。亮度或强度 I 表示明暗程度,通常取值范围为 0～1。取值越小,颜色越暗,当 I 取 0 时为黑色,取 1 时为白色。

HSV 颜色模型呈倒置圆锥形,如图 7-20 所示,其中色调 H 和饱和度 S 的定义及度量方式与 HSI 颜色模型一致。明度 V 表示颜色的明亮程度,光源色明度值与发光体的光亮度有关;对于物体色,此值和物体的透射比或反射比有关,通常取值范围为 0(黑)到 100%(白)。

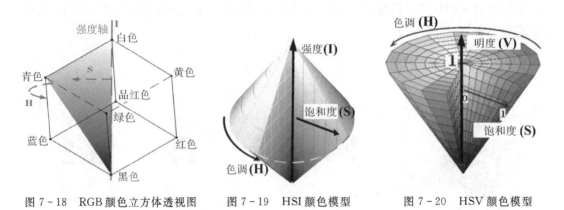

图 7-18 RGB 颜色立方体透视图   图 7-19 HSI 颜色模型   图 7-20 HSV 颜色模型

7.3 机器视觉图像的简单处理

7.3.1 图像滤波与预处理

图像预处理的主要目的是消除图像中无关的信息,提高信噪比,最大限度地简化数据,为进一步对图像信息的处理(如特征提取、图像分割和目标识别等)做准备。

图像空间变换是最基本和最简单的图像处理,图像空间变换主要是把图像中的标志物放大、缩小,或者把歪斜的标志物放成横平竖直等,如图 7-21 所示。

(a)图像放大缩小   (b)图像旋转变换

图 7-21 图像的空间变换

其他较常用的预处理方法有图像的滤波、彩色模型向单色模型的转换、单色模型的二值化处理等及几种方法的综合运用。

在尽量保留图像细节特征的条件下对目标图像的噪声进行抑制并平滑图像。图像滤波效果的好坏将直接影响到后续图像处理和分析的有效性和可靠性。常见的滤波方法有均值滤波、中值滤波、高斯滤波等。

均值滤波是消除图像噪声最常见的手段之一。具体做法是滤波模块中心像素的值取该模块各像素的平均值。若要对一幅有 n 行 m 列的图像进行均值滤波，作为图片中滤波窗口的行、列值可取一个奇数(如 3、5、7 等)，便于确定滤波模块的中心像素。

如图 7-22(a)所示，取 3×3 的窗口，则此时窗口共含 9 个像素 $Z_1 \sim Z_9$，显然，中心像素是 Z_5。如果是单色的黑白图片，且窗口内全部像素的灰度值如图 7-22(b)所示，中心像素 Z_5 取平均灰度值。即将 3×3 模板中的 9 个像素取平均，则

$$Z_5 = \frac{1}{9}\sum_{i=1}^{9} Z_i = \frac{1+1+8+5+7+12+10+17+47}{9} = 12 \tag{7-23}$$

因此取 12 作为中心像素 Z_5 的值。

Z_1	Z_2	Z_3
Z_4	Z_5	Z_6
Z_7	Z_8	Z_9

(a)滤波窗口的像素

1	1	8
5	7	12
10	17	47

(b)像素的对应值

图 7-22　均值滤波的窗口及其像素

滤波的过程，就是将 3×3 滤波掩膜与原图进行卷积。即如图 7-23 所示那样，按图的行、列顺序依次移动滤波窗口 3×3 模板，并在模板中心位置处 Z_5 依次填入模板的均值，直至 n 行 m 列完成整幅图像的均值滤波。由上面的叙述可知，对于黑白图像的均值滤波，就是在滤波模板移动行列的中心点处填入被滤波模板的均值。

Z_1	Z_2	Z_3	1	4	3
Z_4	Z_5	Z_6	2	3	4
Z_7	Z_8	Z_9	6	8	9
3	3	5	6	8	8
5	4	7	7	8	9
3	7	4	5	4	2

(a)Z_5位置1行1列

1	Z_1	Z_2	Z_3	4	3
3	Z_4	Z_5	Z_6	3	4
5	Z_7	Z_8	Z_9	8	9
3	3	5	6	8	8
5	4	7	7	8	9
3	7	4	5	4	2

(b)Z_5位置1行2列

1	3	Z_1	Z_2	Z_3	3
3	2	Z_4	Z_5	Z_6	4
5	4	Z_7	Z_8	Z_9	9
3	3	5	6	8	8
5	4	7	7	8	9
3	7	4	5	4	2

(c)Z_5位置1行3列

图 7-23　均值滤波的过程

如果被滤波是彩色图片，如用 RGB 模型或 HSV 模型的图片，则需对三个通道的分量都做均值处理后(彩色图片比黑白图片的计算量要大)才可作为 Z_5 的分量值。图 7-24 是均值滤波的效果，从原图 7-24(a)和滤波后图 7-24(b)的效果看，均值滤波对椒盐噪声的滤波效果一般。

中值滤波也是消除图像噪声最常见的手段之一,特别是对消除椒盐噪声具有良好的效果。

假如和均值滤波一样,滤波窗口也取一个 3×3 的模板,且像素值也与上面均值滤波的数值一样。中值滤波的计算不同的是,把各像素值按大小的升序排列,本例为 1、1、5、7、8、10、12、17、51 等 9 个值的序列,取该序列中间位(即第 5 位)的数值,本例中的第 5 位的像素值为 8,中值滤波就是以 8 作为 Z_5 的像素值。

(a)彩色原图 (b)滤波后效果

图 7-24 均值滤波的效果

与均值滤波一样,对于彩色图片,则需对三个通道的分量都做中值处理后,作为 Z_5 的三个分量值,滤波过程也与上例中一样。如图 7-25 所示是经过中值滤波后的效果。很容易发现,中值滤波前图像中的椒盐噪声被有效地去除。

(a)彩色原图 (b)滤波后效果

图 7-25 中值滤波的效果

高斯滤波器是一个低通滤波器,它能有效地减少图像的细小边缘和纹理,即减少细节并平滑图像,但是对椒盐噪声的滤波效果不明显。二维高斯函数如下

$$G(x,y) = \frac{1}{2\pi\sigma^2} e^{-\frac{x^2+y^2}{2\sigma^2}} \tag{7-24}$$

以 3×3 模板为例,二维高斯的分布的图型如图 7-26(a)所示。由于高斯函数是一个中心对称的函数,且在中央有一个峰值,因此取模板的中心像素坐标为(0,0),其余像素点坐标为 (x,y),则模板的坐标如图 7-26(b)所示。将模板中 x 和 y 的坐标值带入式(7-24)中,

通常取 $\sigma=0.8$，可得对应像素点的高斯分布概率值如图 7 - 26(c)所示，然后同除模板中四个角上的最小数值 0.057118 做归一化处理，取整后得到模板最终的像素值如图 7 - 26(d)所示。

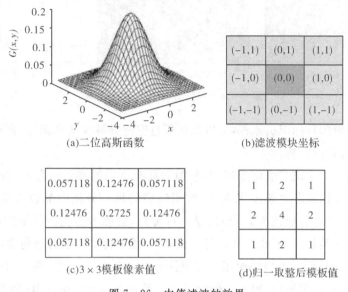

(a)二位高斯函数　　　　　　　　(b)滤波模块坐标

0.057118	0.12476	0.057118
0.12476	0.2725	0.12476
0.057118	0.12476	0.057118

1	2	1
2	4	2
1	2	1

(c)3×3模板像素值　　　　　　　　(d)归一取整后模板值

图 7 - 26　中值滤波的效果

同样的方法可以计算 5×5、9×9……如图7 - 27所示是不同像素高斯模板的滤波效果。

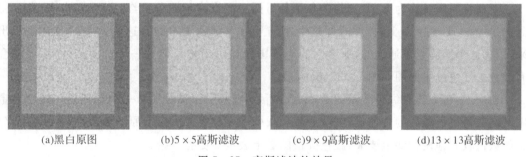

(a)黑白原图　　　(b)5×5高斯滤波　　　(c)9×9高斯滤波　　　(d)13×13高斯滤波

图 7 - 27　高斯滤波的效果

注意，均值滤波、中值滤波和高斯滤波等不同的滤波方法对图像噪声的滤除效果不同。对不同的图像和不同的噪声，应寻找最有效的滤波方法，不能一概而论。

7.3.2　彩色模型分量与单色模型

通常情况下，依靠单一的图像灰度来提取边缘特征难以满足对复杂景物图像的识别，因此对于复杂景物图像的识别与理解常常需要用到丰富的颜色信息。但有些时候彩色图像的信息处理量实在太大，因此如果能保持图像特征仍能清晰辨识，还是尽可能将模型简化成单一颜色特征，甚至进一步简化成二值图，如图 7 - 28 所示，这样可以极大地减少信息的处理和传输量。

(a)彩色RGB图像　　　　　　　(b)HSI空间H灰度分量　　　　　　(c)H灰度分量二值图

图7-28　彩色图、灰度图和二值图

对于彩色图像的目标识别流程,可以先将颜色空间分解成灰色图像,再选取阈值获取二值图像,最后进行识别分析。

彩色图像的灰度化或二值化处理:彩色图像拥有丰富的颜色信息,图像的层次感更强,彩色图像可以用不同的彩色模型来表示,所用模型的每一分量中都包含某一类特征信息。如RGB彩色图像可以分成红色 R 分量、绿色 G 分量、蓝色 B 分量。其中的每一分量只包含彩色图像中的某一类信息,因此对其进行单独处理,能够提取出该分量包含的有效特征。

如图7-29(a)所示是彩色的原图。若图像的纵向有 H 个像素、横向有 W 个像素,如果用RGB模型表示该彩色原图,则每个像素都有三种基色,即红、绿和蓝,因此其通道数为3。彩色原图是一个 $H' \times W' \times 3$ 的矩阵。矩阵中的 H' 和 W',是在MATLAB中对 H 行 W 列的一种表述。

下面将原图转换为RGB图像的各个分量图。假设将色调分量红(R)提取出来,那么得到的是一个 $H' \times W' \times 1$ 的矩阵,即这个矩阵只有1个通道。如果这时将它的图片显示出来,因为这个矩阵是单通道的,那么它的矩阵图像显示出来只能是一个灰度图,而不可能会有颜色。红色分量的图如图7-29(b)所示。

相应地,可以得到绿色分量图7-29(c)所示,蓝色分量图如图7-29(d)所示。三个分量图基本都保持了原图的特征,但图像的信息减少了三分之二。由于原图偏暖色,所以红色分量的数值较其他两种颜色要大,红色分量图看上去也要更亮一些。

同一幅彩色原图,若将原图用HSV模型表示,则每个像素都有色调、饱和度和强度三个分量,其通道数还是3,也就是一个 $H' \times W' \times 3$ 的矩阵。但此时通道数3表示的是H(色彩)、S(饱和度)、V(强度)。HSV与能够解除彩色信息与强度信息之间的关系,使其适合许多灰度处理技术。

(a)彩色原像　　　　　(b)红色分量R　　　　　(c)绿色分量G　　　　　(d)蓝色分量B

图7-29　彩色原图及其RGB分量图(彩图扫描前言二维码)

彩色原图如图 7 - 30(a)所示。若将色调分量 H 提取出来,可以得到一个 $H' \times W' \times 1$ 的矩阵。这时候如果我们将它的图片显示出来,由于该矩阵只有 1 个通道,那么这个通道的矩阵不会有颜色,它的矩阵图像显示出来只能是一个灰度图,即色调分量图像。该矩阵的各个位置表示原图里各个位置的 H 分量的大小,将这个矩阵当成灰度图显示出来结果如图 7 - 30(b)所示。

由 HSV 颜色空间定义可知,H 分量里红色对应的是 0,绿色对应的是 120,蓝色对应 240。所以这个矩阵显示出来的是,偏红色部分的值靠近 0(灰度图里 0 是黑色,255 是白色),所以原图中偏红色(H 在 0 附近)的部分转换后的灰度图会偏黑色(灰度值为 0),偏蓝色的部分(H 在 240 附近)转换后的灰度图偏白色(灰度值为 255)。由于原图偏红色,所以将这个矩阵当成灰度图显示后结果偏黑。

对于 S 分量,分离出的是一个 $H' \times W' \times 1$ 的矩阵。这个矩阵的每一个数值表示原图里每一个位置的颜色纯度大小或者说是饱和度大小,所以最终将这个矩阵按照灰度图的规则显示出来效果如图 7 - 30(c)所示。

对于 V 分量也是一样处理,分离出来 V 分量后得到也是一个 $H' \times W' \times 1$ 的矩阵,它的每个位置的数字表示原图里相应位置的强度大小,可以依据 HSV 颜色空间的定义来看 V 的含义。不看 H 和 S 的时候,V 就是圆锥体中间的那条轴线。V 取值为 0 表示在圆锥的顶点(最下方),此时表示黑色;V 取值为最大值(1),表示在圆锥最大半径平面的中心点,此时表示白色。所以 V 取值从 0 到 1 表示从黑到白,根据它的意义可推测出,显示出来的 V 矩阵的图片可能跟原图很相似,但它是非彩色的灰度图,V 矩阵的每一个数值表示的是在当前位置原始图像的强度,也就是靠近黑色或者靠近白色的程度,V 矩阵的图片显示出来效果如图 7 - 30(d)所示。

(a)彩色图像　　　　(b)色调分量H　　　　(c)饱和度分量S　　　　(d)强度分量V

图 7 - 30　彩色原图及其 HSV 分量图(彩图扫描前言二维码)

将彩色空间的图像转化为灰度图像,或再进一步可转化为二值图像。在这个转化过程中,实际上是将图像三维数据降为一维数据。而对图像的灰度化处理或二值化处理,进一步减少了图像信息的数据。

图 7 - 31(a)是西安交通大学图书馆的彩色图片。为了尽可能地保留图像的特征而减少图像数据的处理量,特进行灰度化处理如图 7 - 31(b)所示,以及二值化处理如图 7 - 31(c)所示。假设原图的 RGB 图像长宽分别为 H' 和 W'。原图是一幅彩色图片,有 RGB 三种基色,

因此其通道数为 3，分别表示 R、G、B 三个分量。原图是一个 $H' \times W' \times 3$ 的矩阵。

该图的红色、绿色和蓝色的三个分量，如果只取红色分量作为输出通道，即以红色分量值做灰度值，灰度通常可用八位二进制数 $0 \sim 255$ 来表示，因此得到的灰度图片如图 7 - 31(b)所示，图中的图书馆仍然清晰可辨。再进一步，我们只取两个灰度值"明"和"暗"，即灰度只取"0"和"1"，得到的图片如图 7 - 31(c)所示。此时图中的图书馆还可见，但图像信息的数据量又进一步减少了。

如果我们以图中的图书馆为目标，而其他部分为背景，那么图像用彩色模型或者单色模型表达，或处理成什么样的分量图形，要根据能否获取图像信息中的"目标"特征来决定。

(a)校图书馆原图　　　　　　　(b)灰度化处理　　　　　　　(c)二值化处理

图 7 - 31　原图的灰度化与二值化处理

7.3.3　灰度图像的目标提取

前面已经介绍过，灰度图像中的每个像素点都有一个表示其浓淡的数值，灰度值一般取 $0 \sim 255$。在图 7 - 31(b)中，如果取某个灰度为阈值 T，并以此阈值为界，大于 T 值的取 1，小于 T 值的取 0，则此时的灰度级为 2。二值图像如图 7 - 31(c)所示，图中的"明"和"暗"的界限该取何值？阈值化算法相对简单且计算速度快，在图像分割应用中处于较核心的地位。常用的阈值化算法有直接阈值法、全局阈值法、最大类间方差法（大津法）等。

1. 直接阈值法

直接阈值法适用于目标物体与背景的灰度分布差别十分明显时，可根据灰度分布直方图直接选定阈值 T，使目标物体从背景中分割出来，但该方法不具有自动估计阈值的能力。

直接阈值法的计算见式(7 - 25)

$$g(x,y) = \begin{cases} 1, & f(x,y) > T \\ 0, & f(x,y) \leqslant T \end{cases} \qquad (7-25)$$

式中，$g(x,y)$ 是阈值处理后的像素点灰度值；$f(x,y)$ 是阈值处理前的像素点灰度值；T 是阈值。

待处理的图如图 7 - 32(a)所示，图中的目标物体与背景的灰度分布十分明显。在这种情况下，如果在背景和目标物体的区域各取一灰度值 T_L 和 T_H 进行比较，则当满足 $T_L \leqslant T \leqslant T_H$ 时，即可将背景与目标分开。这种情况选择直接阈值法处理较为合适，处理效果如图 7 - 32(b)所示。

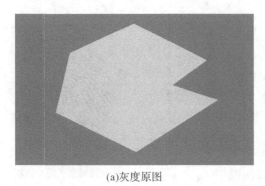 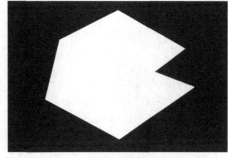

(a)灰度原图   (b)二值化处理

图 7-32 直接阈值法处理效果

2.全局阈值法

全局阈值法是一种迭代算法。该算法较简单,当图像灰度的直方图有明显波谷时,对图像具有一定的自动估计阈值的能力。迭代步骤如下:

(1)为全局阈值 T 设定一个初始值,一般选择图像灰度的平均值。

(2)用 T 分割图像,将产生两组像素:G_1 由灰度值大于 T 的所有像素组成,G_2 由所有小于等于 T 的像素组成。

(3)对 G_1 和 G_2 像素分别计算平均灰度值(均值)m_1 和 m_2。

(4)计算一个新的阈值。

重复步骤(2)到步骤(4),直到连续迭代中的 T 值间的差小于一个预定义的参数 ΔT 为止。

其算法流程如图 7-33 所示。

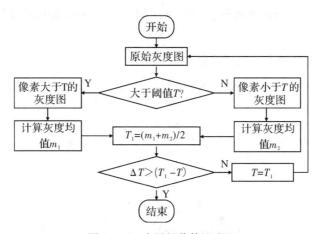

图 7-33 全局阈值算法流程

如图 7-34(a)所示是污染的指纹图像,用 $T=m$(取平均灰度 127)开始,并令 $\Delta T=0.01$。图像的灰度统计直方图见图 7-34(b),该直方图中有一个明显的波谷。

应用全局阈值法迭代三次后,得到 $T=125.4$。图 7-34(c)是使用 $T=125$ 来分割图像的效果图,物体与背景间的分割相当有效。

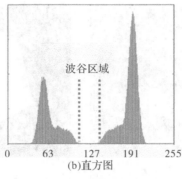

波谷区域

0　　63　　127　　191　　255

(a)带噪声的指纹图像　　　　　　(b)直方图　　　　　　(c)全局阈值法的二值图

图 7-34　全局阈值法分割效果

3. 大津法

大津法是最大类间方差算法。图像中前景和背景间灰度差异较大,前景部分中像素相似,背景部分中的像素也相似时,如果存在一个阈值使图像分为前景和背景,最佳的阈值应当符合同一类中差异最小,不同类中差异最大。最大类间方差法即寻找阈值 T,从图像的几类灰度中分出背景和前景(目标)两部分,使得以 T 为阈值图像的像素点错分概率最小。

其计算步骤如下:

(1)计算前景和背景中每个灰度等级的像素点比例。

$$\omega_0(t) = \sum_{i=1}^{t-1} p(i) = \sum_{i=1}^{t-1} \frac{n_i}{N} \tag{7-26}$$

$$\omega_1(t) = \sum_{i=t}^{L-1} p(i) = \sum_{i=t}^{L-1} \frac{n_i}{N} \tag{7-27}$$

式中,$\omega_0(t)$、$\omega_1(t)$ 分别为前景和背景像素点比例;N 为总像素点;n_i 为第 i 个灰度等级包含的像素点;$p(i)$ 为第 i 个灰度等级所占像素点比例;$1 \sim t-1$ 为前景灰度等级,$t \sim L-1$ 为背景灰度等级。

(2)计算前景、背景和全图灰度均值。

$$\mu_0(t) = \sum_{i=1}^{t-1} i \frac{p(i)}{\omega_0} = \sum_{i=1}^{t-1} i \frac{n_i}{N \times \omega_0} \tag{7-28}$$

$$\mu_1(t) = \sum_{i=t}^{L-1} i \frac{p(i)}{\omega_1} = \sum_{i=t}^{L-1} i \frac{n_i}{N \times \omega_1} \tag{7-29}$$

$$\mu_T(t) = \sum_{i=0}^{L-1} i p(i) = \sum_{i=0}^{L-1} i \frac{n_i}{N} \tag{7-30}$$

(3)计算类间方差。

$$\delta_b^2(t) = \omega_0 (\mu_0 - \mu_T)^2 + \omega_1 (\mu_1 - \mu_T)^2 \ \text{或} \tag{7-31}$$

$$\delta_b^2(t) = \omega_0 \omega_1 (\mu_0 - \mu_1)^2 \tag{7-32}$$

(4)通过遍历法,T 取值可遍历所有灰度等级 $1 \sim L-1$(最多 $0 \sim 255$),相应得到类间方差 $\delta_b^2(t)$。通过比较,选择最大 $\delta_b^2(t)$ 所对应的 T 值为所求阈值,并以此处理二值化图像。

大津法算法流程图如图 7-35 所示。

如图 7-36(a)所示是一幅灰度图,其中纵坐标是像素个数,共有 36 个像素;横坐标是灰度值,按像素的灰度值等级划分为 0～5 共 6 类。图 7-36(b)是对图 7-36(a)中像素点灰度统计后的直方图。

图 7-36(c)表示前景像素的灰度值是 0、1、2,相应的个数分别是 8、7、2 个;而图 7-36(d)表示背景像素的灰度值是 3、4、5,相应的个数分别是 6、9、4 个。最大类间方差值对应的 T 为所求的分割阈值。背景和目标之间的类间方差越大,说明这两部分的差别越明显,以 T 为阈值的图像分割效果就越好,此例可取 $T=3$。

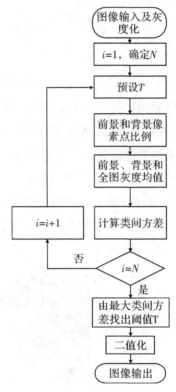

图 7-35　大津法算法流程

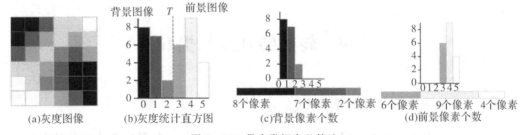

(a)灰度图像　　(b)灰度统计直方图　　(c)背景像素个数　　　(d)前景像素个数

图 7-36　最大类间方差算法

具体计算过程如下:

背景像素点比例

$$w_0 = \frac{8+7+2}{36} = 0.4722 \tag{7-33}$$

平均值

$$\mu_0 = \frac{0 \times 8 + 1 \times 7 + 2 \times 2}{17} = 0.6471 \tag{7-34}$$

前景像素点比例

$$w_1 = \frac{6+9+4}{36} = 0.5278 \tag{7-35}$$

平均值

$$\mu_1 = \frac{3 \times 6 + 4 \times 9 + 5 \times 4}{19} = 3.8947 \tag{7-36}$$

$T=3$ 时的类间方差

$$\delta_b{}^2(t) = \omega_0 \omega_1 (\mu_0 - \mu_1)^2 = 2.6286 \tag{7-37}$$

聚合细胞光学的显微镜图像原图如图 7-37(a)所示，现拟将聚合细胞目标从背景中提取出来。图 7-37(b)为原图灰度的直方图，从直方图中可看出背景和目标物体间的灰度差别很小，因此前景和背景之间没有明显的波谷，全局阈值算法对前景提取的结果如 7-37(c)所示，显然使用全局阈值算法得到的结果未完成期望的识别。

使用大津法获得的结果图 7-37(d)所示，使用大津法计算出的阈值是 181，而使用全局阈值计算出的阈值是 169，前者更接近细胞中较亮区域。大津法算法的效果图 7-37(d)比全局阈值算法的效果图 7-37(c)明显更清晰。

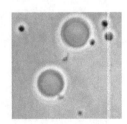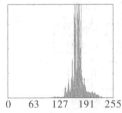

(a)聚合细胞原图　　　(b)灰度直方图　　　(c)全局阈值算法二值图　　　(d)大津法二值

图 7-37　全局阈值法与大津算法的比较

7.4　轮廓特征及其提取

7.4.1　边缘检测及其算子模板

当人用视觉信息认知物体时，通常是通过它的轮廓、形状、颜色以及纹理等综合特征来辨别的。观察图 7-38，其中图 7-38(a)和图 7-38(b)都是苹果，轮廓都是圆形，但它们颜色不同。图 7-38(a)中的叶子和图 7-38(b)中的苹果虽然都是绿色，但其轮廓不同。如果识别图 7-38(c)中的数字(或者是字母)时，主要看它的轮廓和形状，人们可以根据形状的不同区分不同的数字和字母。

(a)红苹果与绿叶　　　　　　(b)绿苹果　　　　　　　(c)数字符号

图 7-38　图像及其特征(彩图扫描前言二维码)

在视觉认知事物的过程中,可以把认知对象看作是一个视觉的综合特征映射。比如一片绿叶有两个特征,一个是绿色,另一个是它的轮廓形状是橄榄形的。而一个苹果,即使是绿色的,它对应的轮廓也近似圆形。所以对环境中的目标提取,视觉处理算法非常关键的一个步骤就是图像特征的选择,选择颜色特征还是选择轮廓特征;另一个关键步骤就是特征怎么提取,特征提取的准确性越高,目标识别的成功率越高。

如图 7-39(a)所示是一幅英文字母的图片,已经经过了灰度化、二值化的处理。想要识别图中是哪些字母,必须先提取出字母的边缘轮廓。而对于图7-39(b)中边缘线的位置坐标,要解决如何确定边缘线以及边缘线走向的问题。

边缘特征提取算法有梯度检测法、Canny 边缘检测法、霍夫变换轮廓提取法等。在灰度图像中,两个相邻区域交界线两边像素的差值较大,也就是灰度值存在明显的差异时,就是背景和目标区域的边缘线。因此,为了提取边界特征,可以用梯度测试法对边界两边的像素点进行操作。

(1)梯度检测法。通过灰度变化(导数)来寻找边缘,被称为梯度检测法。如图 7-39(c)所示是梯度算子模块。和前面的滤波算子一样,边缘检测也是一个算子。如果求某一点的梯度,梯度算子模块在图像处理软件中已经编好,只要调用模块就可获得该点的梯度。

需要注意,不同算法语言和算子的图像坐标系不同。

(a)二值化图像的字母边缘　　　　　(b)二个灰度区域　　　　(c)梯度算子模板

图 7-39　图像的边缘特征

(2)梯度算子。梯度算子就是求梯度算子模块中像素点 Z_5 的梯度。平面数字图像是一个二维函数,在像素 $f(x,y)$ 位置上,分别有对 x 和 y 的偏导数

$$g_x = \frac{\partial f(x,y)}{\partial x} = f(x+1,y) - f(x,y) \tag{7-38}$$

$$g_y = \frac{\partial f(x,y)}{\partial y} = f(x,y+1) - f(x,y) \tag{7-39}$$

图 7-39(c)中模块里的像素点 Z_5 有

$$g_x = \frac{\partial f(x,y)}{\partial x} = z_8 - z_5 \tag{7-40}$$

$$g_y = \frac{\partial f(x,y)}{\partial y} = z_6 - z_5 \tag{7-41}$$

算子梯度 ∇f 定义为

$$\nabla f = \mathrm{grad}(f) = \begin{bmatrix} g_x \\ g_y \end{bmatrix} = \begin{bmatrix} \dfrac{\partial f}{\partial x} \\ \dfrac{\partial f}{\partial y} \end{bmatrix} \tag{7-42}$$

梯度幅值即边缘强度

$$M(x,y) = \mathrm{mag}(\nabla f) = \sqrt{(g_x^2 + g_y^2)} \tag{7-43}$$

梯度方向即边缘方向

$$\alpha(x,y) = \arctan\left(\frac{g_y}{g_x}\right) \tag{7-44}$$

如果要求图 7-39(b)的梯度,参照图 7-39(c)以及式(7-38)和式(7-39),可求得其 x 方向的导数为 $g_x = (z_8 - z_5)$,而 y 方向的导数为 $g_y = (z_6 - z_5)$。

从常识中我们知道,边缘位置处于数字差分值最大处,而边缘的方向则与边缘垂直。可以看出,图 7-39(b)的灰度变化显然在 y 轴向,而边沿方向是沿 x 轴向的。

但是图像中的边缘不会都是横平竖直的,因此对于 45°边缘线的提取也有人给出了一种算法。如图 7-40(a)所示,图像的前景和背景的灰度值分别是 3 和 7。很容易看出图 7-40(a)的边缘是斜的。

(3)Roberts 算子。Roberts 算子也称梯度算法,采用交叉差分算法,其 x 方向是 $Z_9 - Z_5$、Y 方向是 $Z_8 - Z_6$ 度,即 x 方向导数算子

$$g_x = \frac{\partial f}{\partial x} = (z_9 - z_5) \tag{7-45}$$

y 方向导数算子

$$g_y = \frac{\partial f}{\partial y} = (z_8 - z_6) \tag{7-46}$$

显然,用 Roberts 算子求 45°的方向边缘要比前面的简单梯度方法高效。

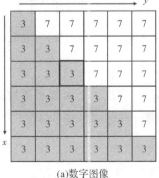 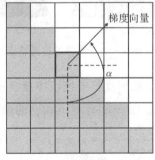 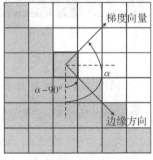

(a)数字图像　　　　　(b)梯度向量　　　　　(c)梯度向量与边缘关系

图 7-40　图像的轮廓边缘及其梯度

这两种算法方向导数的算子模块如图 7-41 所示。显然,用 Roberts 算子求±45°的边缘要比前述的简单梯度算子方便、有效。

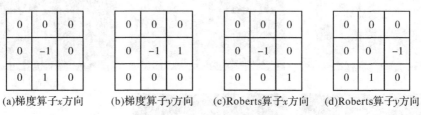

(a)梯度算子x方向　　(b)梯度算子y方向　　(c)Roberts算子x方向　　(d)Roberts算子y方向

图 7-41　方向导数算子

(4)Prewitt 算子。Roberts 算子相对简单,而利用 Prewitt 算子来进行梯度检测能够获取更多的边缘信息。

Prewitt 算子计算 x 方向偏导数为

$$g_x = (z_7 + z_8 + z_9) - (z_1 + z_2 + z_3) \tag{7-47}$$

y 方向偏导数为

$$g_y = (z_3 + z_6 + z_9) - (z_1 + z_4 + z_7) \tag{7-48}$$

$+45°$方向偏导数为

$$g_{+45°} = (z_6 + z_8 + z_9) - (z_1 + z_2 + z_4) \tag{7-49}$$

$-45°$方向偏导数为

$$g_{-45°} = (z_2 + z_3 + z_6) - (z_4 + z_7 + z_8) \tag{7-50}$$

用 Prewitt 算子对四个方向(x 方向,y 方向,$+45°$方向,$-45°$方向)求偏导数的算子模块如图 7-42 所示。

(a)x方向偏导数　　(b)y方向偏导数　　(c)$+45°$方向偏导数　　(d)$-45°$方向偏导数

图 7-42　Prewitt 算子不同方向的偏导数

一座房屋灰度的原图如图 7-43(a)所示,该房屋的特征是其轮廓的边缘线主要是水平、竖直,以及在±45°方向上。因此用 Prewitt 算子用 x、y、$+45°$和 $-45°$方向导数可以提取途中房屋的边缘线。由于原图中房屋的边缘方向与 Prewitt 算子提取方向导数较为一致,因此提取的线段较清晰,提取的效果如图 7-43(b)到图 7-43(e)所示。

从上述几幅图中可以看出,如果边缘的方向都是水平、竖直、$+45°$度或 $-45°$的,由于这些方向与 x、y,以及它们的混合导数方向一致,图中这些边缘的提取将非常清晰。

图像中提取边缘的梯度幅值越大,边缘显示得越强烈,线条越白。同时,很容易从图 7-43(d)和图 7-43(e)中看出,如果算子导数方向和边缘方向接近垂直,则边缘线提取得就越明显。而如果算子导数方向和边缘方向相近,则对所提取线段有某种"抑制"的作用。

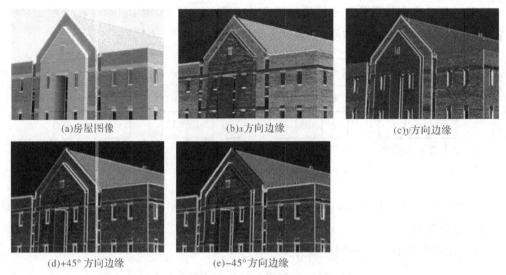

(a)房屋图像　　　　(b)x方向边缘　　　　(c)y方向边缘

(d)+45°方向边缘　　　　(e)-45°方向边缘

图 7-43　Prewitt 算子提取不同方向的边缘

(5)Sobel 算子。Sobel 算子是对两个方向(x 方向，y 方向)求偏导数的算子，其算子模块如图 7-44 所示。该算子与 Prewitt 算子相比，除了能检测出边缘三个像素点，还对边缘的中点进行强化运算，并具有一定的滤波作用。

Soble 算子对 x 方向偏导数 g_x 的算式为

$$g_x = (z_7 + 2z_8 + z_9) - (z_1 + 2z_2 + z_3) \tag{7-51}$$

对 y 方向偏导数 g_y 的算式为

$$g_y = (z_3 + 2z_6 + z_9) - (z_1 + 2z_4 + z_7) \tag{7-52}$$

-1	-2	-1
0	0	0
1	2	1

-1	0	1
-2	0	2
-1	0	1

(a)x方向导数　　　　(b)y方向导数算子

图 7-44　Soble 算子的方向导数

图 7-45 是采用 Sobel 算子分别以不同方向导数以及方向导数的叠加对西安交通大学图书馆边缘线的提取。

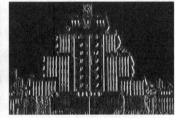

(a)x方向偏导数　　　　(b)y方向偏导数　　　　(c)x与y方向的叠加

图 7-45　Sobel 算子提取不同方向的边缘

　　以上介绍的都是灰度图像边缘提取的一阶梯度处理的计算,下边介绍关于二阶梯度处理技术。和高等数学里的一样,二阶梯度的处理就是导数的导数。用一阶梯度处理通常会产生较宽的边缘,而用二阶算子对细节有更强的响应。在多数应用中,采用二阶梯度对处理细线、孤立点,以及对图像增强来说,其增强细节的能力更强一些,效果也比一阶梯度好。

　　Laplace 算子模块如图 7 - 46(a)所示,在 x 方向的二阶导数为

$$\frac{\partial^2 f}{\partial y^2} = f(x,y+1) + f(x,y-1) - 2f(x,y) \qquad (7-53)$$

在 y 方向的二阶导数

$$\frac{\partial^2 f}{\partial x^2} = f(x+1,y) + f(x-1,y) - 2f(x,y) \qquad (7-54)$$

其二阶梯度算子为

$$\nabla^2 f(x,y) = f(x+1,y) + f(x-1,y) + f(x,y+1) + f(x,y-1) - 4f(x,y) \qquad (7-55)$$

　　可以看出,Laplace 算子模块的方向导数是 x 和 y 方向的,没有 $\pm 45°$ 方向,即没有混合导数。因此在水平和垂直方向上的边缘提取效果较好。

　　如图 7 - 46(a)所示是 Laplace 算子的方向导数。如图 7 - 46(b)所示是用 Laplace 算子对西安交通大学图书馆边缘线的提取。由于 Laplace 算子是一种二阶梯度的算子,其边缘检测所显示的效果比前面的 Sobel 算子要强。注意图中横向白色线段的显示非常强烈。

0	1	0
1	-4	1
0	1	0

(a)Laplace算子模块　　　　　(b)用 Laplace算子提取的边缘线

图 7 - 46　Laplace 算子提取不同方向的边缘

7.4.2　Canny 边缘检测与提取

　　在图像处理过程中,Canny 算子有很重要的地位。Canny 算子具有边缘轮廓提取准确率高、定位精度高、对噪声不敏感等优点,但其算法相对复杂,属于先平滑后求导数的方法。Canny 研究了最优边缘检测方法所需的特性,给出了评价边缘检测性能优劣的三个指标:

　　(1)好的信噪比,即将非边缘点判定为边缘点的概率要低,将边缘点判为非边缘点的概率要低。

　　(2)高的定位性能,即检测出的边缘点要尽可能在实际边缘的中心。

　　(3)对单一边缘仅有唯一响应,即单个边缘产生多个响应的概率要低,并且虚假响应边缘应得到最大抑制。

　　总之,希望寻找一种好的边缘提取方法,即在提高对景物边缘的敏感性的同时,可以抑

制噪声的方法。

Canny 算子求边缘点具体算法步骤如下：

(1)用高斯滤波器平滑图像。

(2)用一阶偏导有限差分计算梯度幅值和方向。

(3)对梯度幅值进行非极大值抑制。

(4)用双阈值算法检测和连接边缘。

下面讨论具体的计算过程。

1)选择高斯滤波器算子

$$h(x,y,\sigma)=\frac{1}{2\pi\sigma^2}e^{\frac{-(x+y)}{2\sigma}} \tag{7-55}$$

对图像 $f(x,y)$ 的卷积平滑可得图像为

$$g(x,y)=h(x,y,\sigma)*f(x,y) \tag{7-56}$$

式中，$*$ 表示卷积。

2)使用一阶有限差分计算偏导数阵列 P 与 Q

对如图 7-47 所示的 2×2 正方形内求 (x,y) 点有限差分的均值，以便在图像中的同一点计算 x 和 y 的偏导梯度。

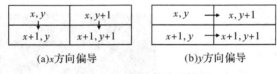

(a)x方向偏导   (b)y方向偏导

图 7-47　偏导数阵列算子

计算 x 与 y 的偏导数的两个阵列 $f'_x(x,y)$ 和 $f'_y(x,y)$ 分别为

$$f'_x(x,y)\approx G_x=[f(x+1,y)-f(x,y)+f(x+1,y+1)-f(x,y+1)]/2 \tag{7-57}$$

$$f'_y(x,y)\approx G_y=[f(x,y+1)-f(x,y)+f(x+1,y+1)-f(x+1,y)]/2 \tag{7-58}$$

根据式(7-57)和式(7-58)对图像中每个像素点 (x,y) 分别在 x 和 y 方向上求偏导，即可得到所有像素点组成的偏导数阵列 P 与 Q。边缘幅值和方向角的计算式如下

$$M[x,y]=\sqrt{G_x(x,y)^2+G_y(x,y)^2} \tag{7-59}$$

$$\theta[x,y]=\arctan(G_x(x,y)/G_y(x,y)) \tag{7-60}$$

式中，$M[x,y]$ 为图像的边缘强度；$\theta[x,y]$ 为边缘方向。使 $M[x,y]$ 取得局部最大时对应的方向角就反映了边缘方向。

3)对梯度幅值进行非极大值抑制

得到 $M[x,y]$ 的全局梯度并不足以确定边缘。为了确定边缘，必须保留局部梯度最大的点而抑制非极大值。具体的做法是，先将梯度角划分为图 7-48(a)的四个区域，再如图 7-48(b)所示取 3×3 窗口以及对应的四个扇区，梯度角离散化后所在 3×3 邻域的四种组合对应标号为 0—3；以 C 点为 $M[x,y]$ 的中心像素点，如图 7-48(c)所示，蓝线是 C 点的梯

度方向(垂直于边缘方向),若其梯度方向上的 dTmp₁ 点、dTmp₂ 点的梯度值都小于 C 点,则 C 点作为边缘像素保留下来。

进而,可取 $M[x,y]$ 的所有点为中心像素点,并与沿梯度线的两个相邻像素点的梯度值比较,如果 C 点的梯度值大于这两个相邻像素梯度值,则保留 C;反之则令 $C=0$。

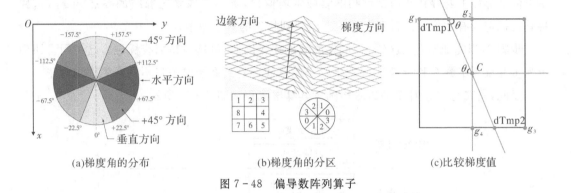

(a)梯度角的分布　　　　　(b)梯度角的分区　　　　　(c)比较梯度值

图 7-48　偏导数阵列算子

4)用双阈值算法检测和连接边缘

经过前三步处理,虽然从梯度幅值图中求得了梯度幅值比较大的像素点,但并不能说这些像素点就是边缘像素。还要进一步做非极大值抑制,目的是细化从梯度幅值图中获取的边缘。

双阈值处理的目的是减少极大值抑制后的伪边缘点。

(1)设定高阈值 T_H 和低阈值 T_L,一般两个阈值 $T_H:T_L$ 之比取 2:1 或者 3:1。

(2)梯度值大于 T_H 的像素点称为强像素,介于阈值 T_H 和 T_L 的像素称为弱像素。

(3)所有强像素标记为有效像素。

(4)对于弱像素,如果存在一条路径将其连接到任意一个强像素,则将其标记为有效像素。

设两个阈值 $T_H:T_L$ 之比为 2.5:1。把梯度值大于 T_H 的像素的灰度值设为1,得到图 7-49 中的强像素红点。然后把梯度值小于 T_L 的像素的灰度值设为0,得到图 7-49 中的弱像素黑点。由于红点的阈值较高,去除大部分噪音,但同时也损失了有用的边缘信息。而黑点的阈值较低,保留了较多的信息,我们可以以图像红点为基础,以黑点为补充来连接图像的边缘。

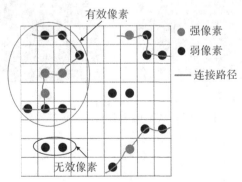

图 7-49　强像素、弱像素和有效像素(彩图扫描前言二维码)

连接边缘的具体步骤如下：

步骤 1：扫描强像素（红点），当遇到强像素 $p(x,y)$ 时，在以 $p(x,y)$ 为始点的 8 邻域内若存在强像素则继续搜索强像素，直到强像素轮廓线的终点 $q(x,y)$，并将其标记为有效像素。

步骤 2：扫描弱像素（黑点），记强像素终点 $p(x,y)$ 为弱像素起点 $s(x,y)$，在以 $s(x,y)$ 为始点的 8 邻域中若存在弱像素点则继续搜索弱像素，直到弱像素轮廓线的终点 $r(x,y)$，并将其也标记为有效像素。直到在图中无法找到相邻的有效像素。

步骤 3：当完成对包含 $p(x,y)$ 的轮廓线的连接之后，将这条轮廓线标记为已访问。回到步骤 1 并重复步骤 2 和步骤 3，寻找下一条轮廓线。直到在图像中找不到新轮廓线为止。

至此，完成 Canny 算子的边缘检测。其算法流程如图 7-50 所示。

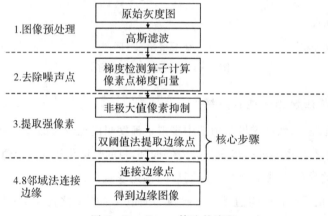

图 7-50 Canny 算法的流程

机场航拍图利用 Canny 边缘检测的效果如图 7-51 所示。

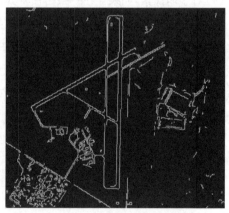

(a)机场航拍图　　　　　　　　(b)Canny算子获取的轮廓图

图 7-51 Canny 算法提取边缘的效果

7.5　纹理特征及其提取*

纹理特征是图像中景物的局部或全局表面特征描述的基本特征之一,是进行图像匹配、识别等图像操作的主要依据。本节将首先对纹理特征的定义及其表现的特点进行阐述,在此基础上分析各种特征描述分类,并以典型的纹理特征提取方法 HOG 和 LBP 为例,说明如何提取图像中的纹理特征。

纹理特征是图像中一种反映同质现象的视觉特征,它体现物体表面具有缓慢或周期性变化的表面结构组织排列属性,该排列属性不是基于像素点的特征,因而要对具有一定规则的多个像素点区域进行统计计算,从而得到物体表面具有规律、或无规律变化的表面纹理结构排列属性。纹理具有三大标志:某种局部序列性不断重复,非随机排列,纹理区域内大致为均匀的统一体。

在应用中,用纹理特征进行图像描述主要有以下优点:在采用多个像素点的区域中进行统计计算,其统计特征在一定程度上增加了提取图像特征的准确性;具有旋转不变性,使特征提取不因图像的几何变换而影响;对于噪声有较强的抵抗能力,提高特征提取的真实性。该特征描述也存在以下缺点:当图像的分辨率变化时,计算出来的纹理可能会有较大偏差;有可能受到光照、反射情况的影响;从 2D 图像中反映出来的纹理不一定是 3D 物体表面真实的纹理。

此外,纹理既可以通过像素及其周围空间邻域的灰度分布来表现局部纹理信息,又可以通过局部纹理信息不同程度上的重复和有机的组成,来体现图像的全局纹理信息。

在检索具有粗细、疏密等方面较大差别的纹理图像时,采用纹理特征是一种有效的方法。但当纹理的粗细、疏密等易于分辨的信息之间相差不大的时候,通常纹理特征很难准确反映出人的视觉所能感觉出的不同纹理之间的差别。例如,水中的倒影、光滑的金属面互相反射等造成的影响,都会导致纹理的变化。由于这些不是物体本身的特性,因而将纹理信息应用于检索时,这些虚假的纹理会对检索造成"误导"。

7.5.1　纹理特征及其分类

通常情况下的纹理特征提取是通过具有一定规则形状的像素窗口,如矩形、圆形或其他几何形状,对图像中指定的区域采用特定的数学算子进行统计计算,然后从中取得纹理特征。由于纹理是一个区域概念,它必须通过空间上的一致性来体现,因此除了需选择特定的窗口外,选取适当的特征窗口大小也至关重要。观察窗口越大,能检测出同一性的能力就越强,反之则能力越弱。

窗口大小的设定和纹理边界的准确性也存在矛盾关系。由于不同纹理的边界对应于区域纹理同一性的跃变,因此为了准确定位纹理边界,要求将观察窗口取小一点。但此时出现的困难是:若窗口太小,则会在同一种纹理内部出现误分割;而窗口太大则会在纹理边界区域出现许多误分割。因此,在进行纹理特征提取过程中,需不断重复实验以达到最满意的大小。

以下简要介绍几种常见的纹理特征分类。

1. 统计方法

基于像素及其邻域的灰度属性来研究纹理区域的统计特性。统计特性包括像素及其邻域内灰度的一阶、二阶或高阶统计特性等。

统计方法的典型代表是灰度共生矩阵纹理分析方法,它是建立在条件概率密度基础上,一种估计图像的二阶组合的方法。这种方法通过实验,研究了共生矩阵中各种统计特性,最后得出灰度共生矩阵中的四个关键特征:能量、惯量、熵和相关性。

尽管灰度共生矩阵法提取的纹理特征具有较好的鉴别能力,但是这个方法在计算上是昂贵的,尤其是对于像素级的纹理分类更具有局限性,并且灰度共生矩阵法的计算较为耗时。好在不断有研究人员对其提出改进及其他的统计方法,包括图像的自相关函数,半方差图等。

统计法的优点是方法简单易于实现,尤其灰度共生矩阵法是公认有效的方法,有较强的适应性与鲁棒性。统计方法的缺点是与人类视觉模型脱节,缺少全局信息的利用,难以在研究纹理尺度之间像素的遗传或依赖关系,且计算复杂度高,制约了实际应用。此外,统计方法还缺乏理论支撑。

2. 模型法

模型法中存在假设——纹理的形成是以某种参数控制的分布模型方式为基础的。由于模型法从纹理图像的实现来估计计算模型参数,同时以参数为特征,或采用某种分类策略进行图像分割,所以模型参数的估计是模型法的核心问题。模型纹理特征提取方法,以随机场模型方法和分形模型方法为主。

(1)随机场模型方法。试图以概率模型来描述纹理的随机过程,它们对随机数据或随机特征进行统计运算,进而估计纹理模型的参数,然后对一系列模型参数进行聚类,形成和纹理类型数一致的模型参数。由估计的模型参数来对灰度图像进行逐点的最大后验概率估计,确定某像素及其邻域情况下该像素点最可能归属的概率。随机场模型实际上描述了图像中像素对邻域像素的统计依赖关系。其典型方法有马尔可夫随机场模型法、Gibbs 随机场模型法、分形模型和自回归模型。

(2)分形模型方法。分形维数作为分形的重要特征和度量,把图像的空间信息和灰度信息简单而又有机地结合起来,因而在图像处理中备受人们的关注。研究表明,人类视觉系统对于粗糙度和凹凸性的感受与分形维数之间有着非常密切的联系。因此,可以用图像区域的分形维数来描述图像区域的纹理特征。用分形维数描述纹理的核心问题是如何准确地估计分形维数。分形维数在图像处理中的应用是以两点为基础:①自然界中不同种类的形态物质一般具有不同的分形维;②由于研究人员的假设,自然界中的分形与图像的灰度表示之间存在着一定的对应关系。

模型法的优点:他们能够兼顾纹理局部的随机性和整体上的规律性,并且具有很大的灵活性;对于涉及地形特征的遥感图像,采用随机场模型法,对遥感影像纹理特征进行描述并在此基础上进行分割,在很大程度上符合或反映了地学规律。模型法的缺点:难度大,由于主要是通过模型系数来标识纹理特征,模型系数的求解有难度;速度慢,由于基于马尔可夫随机场模型的纹理图像分割是一个迭代的优化过程,它由局部到全局的收敛速度很慢(即使条件迭代模式能加速寻找解),因而需要很大的计算量,通常需要迭代数百次才能收敛;调参难,参数调节不方便。

3. 信号处理法

信号处理法建立在时域、频域分析,以及多尺度分析的基础上。这种方法对纹理图像某个区域内实行某种变换后,再提取出能够保持相对平稳的特征值,并以该特征值作为特征,表示区域内的一致性以及区域之间的相异性。

信号处理类的纹理特征主要利用某种线性变换、滤波器或滤波器组,将纹理转换到变换域,然后应用某种能量准则提取纹理特征,因此基于信号处理的方法也称之为滤波方法。大多数信号处理方法的提出都基于这样一个假设:频域的能量分布能够鉴别纹理。信号处理法的经典算法有灰度共生矩阵、Tamura 纹理特征、自回归纹理模型、小波变换等。

信号处理法的优点:对纹理进行多分辨表示,能在更精细的尺度上分析纹理;小波符合人类视觉特征,由此提取的特征也是有利于纹理图像分割;能够空间/频域结合分析纹理特征。信号处理法的缺点:正交小波变换的多分辨分解只是将低频部分进行进一步的分解,而对高频部分不予考虑;而真实图像的纹理信息往往也存在于高频部分。小波分析虽然克服了这一缺点,但对非规则纹理又似乎无能为力;小波多应用于标准或规则纹理图像,而对于背景更复杂的自然图像,由于存在噪声干扰或者某一纹理区域内的像素并非处处相似,导致正交小波变换往往效果不佳;计算量较大。

4. 结构分析法

结构分析法认为纹理是由纹理基元的类型、数目,以及基元之间的"重复性"空间组织结构与排列规则来描述的,而且纹理基元几乎具有规范的关系。假设纹理图像的基元可以被分离出来,以基元特征和排列规则进行纹理分割,显然结构分析法要解决的问题就是确定与抽取基本的纹理单元,以及研究存在于纹理基元之间的"重复性"结构关系。

由于结构分析法强调纹理的规律性,所以比较适用于分析人造纹理,然而真实世界大量自然纹理通常是不规则的。此外,结构的变化是频繁的,所以结构分析法的应用受到很大程度的限制。结构分析法的典型算法有句法纹理描述算法、数学形态学方法。

7.5.2　纹理特征的提取实例

1. 方向特征直方图

HOG(histogram of oriented gradient)特征是一种在计算机视觉和图像处理中用来进行物体检测的特征描述子,它通过计算和统计图像局部区域的梯度方向直方图来构成特征。首先由于 HOG 是在图像的局部方格单元上操作,所以它对图像几何和光学的形变都能保持很好的不变性,这两种形变只会出现在更大的空间领域上。其次,在粗的空域抽样、精细的方向抽样以及较强的局部光学归一化等条件下,只要行人大体上能够保持直立的姿势,可以容许行人有一些细微的肢体动作,这些细微的动作可以被忽略而不影响检测效果。因此HOG 特征特别适合于做图像中的人体检测。此外,该特征还可被用到其他图像检测中,如果园环境的树干检测。

作为纹理特征提取的方法,同样的 HOG 特征是将设定好尺寸的矩形扫描窗以一定的步长沿着图像宽度和高度方向扫描整个目标图像,并对窗口中图像的像素梯度进行统计计算,从而得到该特征描述,具体步骤如下:

(1)灰度化,即将图像看作一个 x、y、z(灰度)的三维图像。

(2)采用 Gamma 校正法对输入图像进行颜色空间的标准化(归一化),目的是调节图像的对比度,降低图像局部的阴影和光照变化造成的影响,同时可以抑制噪音的干扰。

(3)计算图像每个像素的梯度(包括大小和方向)。主要是为了捕获轮廓信息,同时进一步弱化光照的干扰。

(4)将图像划分成小单元格(例如 6×6 像素/单元格)。

(5)统计每个单元格的梯度直方图(不同梯度的个数),即可形成每个单元格的描述符。

(6)将每几个单元格组成一个块(例如 3×3 个单元格/块),一个块内所有单元格的特征描述符串联起来便得到该块的 HOG 特征描述符。

(7)将图像内的所有块的 HOG 特征描述符串联起来,就可以得到待检测目标图像的HOG 特征描述符了,这就是最终的可供分类使用的特征向量。

用 HOG 特征提取方法,检验随机划分图像中的行人距离。

1)图像预处理

以行人检测为例,如图 7-52 所示是一个 720×475 个像素的图像,在目标检测任务中随机划分成许多小框,分别统计每个小框里的 HOG 特征,然后分别检测这些小框,看是否为行人。假设图 7-52(a)中红色小框是此次 HOG 特征提取的目标小框。

在行人检测中可把红色小框里像(见图 7-52(b))的窗口归一化到特定的尺寸,此处我们将其调整到 64×128。然后,对图片进行"伽玛校正",它是通过非线性变换让图像从曝光强度的线性响应变得更接近人眼感受的响应,即将漂白(过度曝光)或过暗(曝光不足)的图片进行校正,原理由于篇幅所限此处不再叙述。

(a)截取要进行特征提取的区域　　(b)提取人窗口

图 7-52　行人特征窗口提取(彩图扫描前言二维码)

2）对窗口进行梯度计算

可用 Sobel 算子提取窗口的水平和垂直梯度，再通过水平和垂直梯度算子计算其综合梯度 $G=\sqrt{G_x^2+G_y^2}$，得到最终的水平、垂直和综合梯度如图 7-53 所示。

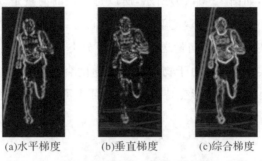

(a)水平梯度　　(b)垂直梯度　　(c)综合梯度

图 7-53　Sobel 梯度计算（彩图扫描前言二维码）

3）计算单元格梯度直方图

将图片进一步划为小单元格，其大小可根据实际情况而定，此例中每个单元格大小为 8×8（绿色小框框），图 7-52 为 64×128，所以图 7-54(a)划分了 8×16 个单元格。

每个单元格的梯度特征包含大小和方向，图 7-54 中，梯度方向见图 7-54(b)的左上图、梯度幅值见图 7-54(b)右上图，再将这些梯度值放入如图 7-54(b)下所示的直方图中。图中的 9 个格子对应 180°，分别为 0、20°、40°、$\cdots$、160°、180°。

梯度的统计直方图如图 7-54(c)所示，于是就得到了一个单元格的梯度直方图。依此方法可以得到所有单元格的梯度直方图。

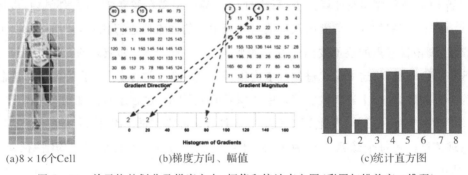

(a)8×16个Cell　　(b)梯度方向、幅值　　(c)统计直方图

图 7-54　单元格的划分及梯度方向、幅值和统计直方图（彩图扫描前言二维码）

4）块归一化

当光照条件好的情况下，边缘上的梯度值会更大；而光照条件不好时，梯度值会较小。为此将梯度直方图的值归一化，使其在不同光照下表现效果相近。如图 7-55(a)所示，图中每四个单元格里做一个归一化，即以图中的蓝色框作归一化。每个蓝色框的大小是 16×16，称为一个块，然后蓝色框滑动，使旁边四个单元格再作一次归一化，于是这张图片一共就有

7×15＝105 个块。

5)计算 HOG 特征向量

由上所述可知,图 7-55(a)中的 105 个块里,每个都有 4 个单元格,每个单元格的梯度直方图是 9×1 的向量,如图 7-54(b)所示,所以每个块的向量是 36×1。从原图我们计算的最终特征向量的大小为 36 * 105,这就是最终我们得到的 HOG 特征向量,可以可视化为图 7-55(b)。然后将得到的特征向量送入 SVM 等分类器中进行训练或者预测。

HOG 特征原理,实际上就是由于物体的边缘梯度会产生突变,所以通过设计特征描述来探测边缘的形变从而得到边缘形变特征,边缘特征也可以划入到纹理特征中。

(a)块　　　　(b)Hog特征向量

图 7-55　归一化和特征向量计算(彩图扫描前言二维码)

2. LBP 特征

LBP(local binary pattern)指局部二值模式,是一种用来描述图像局部纹理特征的算子,LBP 特征具有灰度不变性和旋转不变性等优点。LBP 常用在人脸检测和目标检测中。

原始 LBP 特征描述及计算方法:原始的 LBP 算子定义在像素 3×3 的邻域内,以邻域中心像素为阈值,相邻的 8 个像素的灰度值与邻域中心的像素值进行比较,若周围像素大于中心像素值,则该像素点的位置被标记为 1,否则为 0。这样,3×3 邻域内的 8 个点经过比较可产生 8 位二进制数,将这 8 位二进制数依次排列形成一个二进制数字,然后再将二进制数字转换为十进制数,这个十进制数字就是中心像素的 LBP 值,过程示意图如图 7-56 所示。

LBP 值共有 8 种可能,因此 LBP 值有 256 种。中心像素的 LBP 值反映了该像素周围区域的纹理信息。将每个像素点作为中心,计算一次 LBP 值,就得到了 LBP 特征图,如图 7-57 所示。

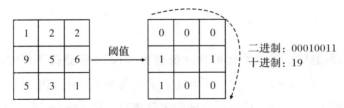

图 7-56　LBP 特征算子描述

(a)原图　　　　　　　　　(b)LBP纹理特征图

图 7-57　LBP 特征图（彩图扫描前言二维码）

通过上述变换，我们可以将一个像素点与 8 个相邻点之间的差值关系用一个二进制数表示，这个数的范围是 0～255。因为 LBP 记录的是中心像素点与邻域像素点之间的差值，所以当光照变化引起像素灰度值同增同减时，LBP 变化并不明显。所以可以认为 LBP 对光照变化不敏感，LBP 检测的仅仅是图像的纹理信息，因此，进一步还可以将 LBP 做直方图统计，这个直方图可以用来作为纹理分析的特征算子，如上面介绍的 HOG 统计特征一样。

上面用的 3×3 大小的算子也可以选择圆形或者其他大小形状的算子，此处不再说明。

综上所述，纹理特征能很好地表现图像中景物的纹理特性，但是由于纹理只是一种物体表面的特性，并不能完全反映出物体的本质属性，所以仅仅利用纹理特征是无法获得高层次图像内容的。因此，在进行图像处理、图像识别过程中往往需要综合其他特征，如颜色特征、轮廓特征等，从而进行更加深入、准确的图像特征描述。

7.6　果园机器人的视觉信息感知与自主决策

7.6.1　果园道路的信息提取

机器人的智能并未达到人类的智能，通常并不具备感知周边环境的能力。为此，人会在机器人作业的环境中进行一些布置，以便机器对环境的理解和作业。

在自然条件下的工业生产环境中，光照、颜色、温度、湿度，甚至空气流通等，都按照生产的要求被安排成符合标准或恒定不变的标准环境。于是剩下的环境信息主要就是机器人和作业对象的空间位置，而这些位置也被精确固定了。例如，工业生产过程中的机器人、待加工的物料和加工完的工件等，对机器人的位置及其要作业的位置，如待加工物料的位置、机床加工的工位及加工完的工件放置的位置，都是事先精准布置好的。因此，机器人在抓取和放置时，根据自身的位置，能事先计算出抓、放的精准位置，并根据编制的程序实现这些作业。

如果还要求机器人运送加工好的成品,并考虑运送通道可能会出现的不确定的干扰物,如行走的人员或其他搬运机器人,则生产过程的环境可以按需求全部由人工事先布置成标准化、结构化的环境。如物流车行走路径的引导可以设铁磁线、磁钉或激光反射装置、机器视觉等,这些布置有时被称为智能环境。此外,机器人还可以安装超声、红外等传感器,去感知通道上的其他运动物体,及时避让或停车,以免发生碰撞。这些工业生产的环境是农业生产所不能比拟的。

在水果种植这样的农业生产过程中,还有较多的传统方式。目前,果园的自动化和智能化水平较低且劳动力流失严重,已严重地限制了果业的高质高效生产,这种现状亟待改善。当前规模化、标准化的果园种植方式已经成为一种趋势。为了尽可能提高果园生产的智能化程度,已经对果园进行了必要的布置,如图 7-58 所示的果树按行列种植。但果园环境除了果树的行和列及部分环境可由人工布置成半结构化环境外,其他的果树枝条的生长的形状、方向及果实位置等都无法实现结构化和标准化,如图 7-59 所示。此外,大环境中的温度、湿度、光照、道路、工位、动态和静态的障碍物等,都是不确定的。

图 7-58　半结构化果园　　　　　　　图 7-59　非标准的果实位置

与工业环境或居家环境等室内环境相比,果园环境下的各种作业的环境信息特征将更难提取。本节讨论的对环境感知的方法主要就是依靠对果园环境图像信息的处理。

本章前几节已经介绍了机器视觉的基本知识和果园环境的图像信息,以及图像信息的特征和特征提取。这一节将以果园环境的机器人为例,讨论果园机器人利用人工智能的方法,如何获取果园环境信息和处理这些信息,最后理解果园环境并反作用于环境。

如图 7-60 所示,果业生产中的有些环节可以给果园机器人按照作业顺序排定在不同的环境中进行作业,如实施喷洒、采摘、运输等作业。但这些不同的作业对操作精度有不同的要求,如喷洒和运输对机器人的位置精度要求低,而采摘则要求很高。果园环境下,这些作业的基本功能是机器人能够自主导航并在行列中行走。采摘作业通常是首先沿果树的行列自主导航行走,再识别待作业植株的位置,趋近植株并选定工位;最后是识别果实、确定采摘顺序和采摘果实。在果园环境中获取道路信息并自主导航行走是果园机器人的基本任务。

与工业生产环境由人工精心布置不同,果园环境的植株是自然生长的,果实位姿也是随机的。对此果园环境如何实现感知?视觉获取信息在生物智能中的作用极为重要,一般认为,人类获取的信息中,视觉获取的信息占到 80% 以上。果园机器人的作业如喷洒、运输、采摘等,实际上都是机器人与作业对象之间的位置和姿态识别,然后是运动控制。当然,不同作业对象,对位姿的精度要求也不相同。如喷洒和采摘都只要求能在行列中行进即可,但采摘作业对定位的要求则高得多。果园环境的信息在各种不同的情景以及不同层面的作业中,无论是自主导航行走,还是植株的定位和果实采摘,都可以通过视觉信息与其他不同传感信息进行融合,来获取作业环境的位置信息。

(a)道路识别　　　　　　　　　(b)喷洒作业　　　　　　　　　(c)搬运作业

图 7-60　果园的自主行走

下面主要讨论果园环境信息的道路特征提取。

为实现机器人在果园行列中的自主导航行走,首先是对道路特征进行识别和提取。试考虑如果人在果园环境中行走,会利用什么知识来识别果园的道路特征呢?

对图 7-61 中的果园环境,有正常识别能力的人稍加观察就会注意到两侧都是由果树构成的墙,因此可把两侧的果树看成是"果树墙"。果树墙之间就是道路,而道路的上方是天空。如果要求采摘作业,还需进一步观察,果树墙由许多"植株"组成,而植株又有"树干"和"树冠",而树冠有果实和枝叶的特征。因为本例只讨论果园机器人的行走作业问题,因此暂不考虑树干、树冠、树叶和果实的识别,只考虑道路的识别。

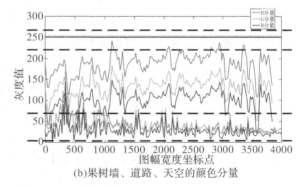

(a)天空、道路、果树墙的颜色　　　　　　(b)果树墙、道路、天空的颜色分量

图 7-61　果园环境的颜色分割(彩图扫描前言二维码)

在如图 7-61 所示的果园环境中,如果机器人可以从环境信息中感知道路,就可以沿道路方向自主行走。根据人类的经验和知识,人眼在感知到天空区域、果树区域和道路区域几个区域时,各区域最明显的区别就是色彩不同,因此可利用不同的颜色划分道路、天空和果树墙的区域,并从颜色信息中识别道路。

生物视觉通过环境信息可以观察各区的颜色。在人工智能应用中,我们希望通过机器视觉的图像信息处理提取道路特征。通过对机器视觉的彩色图片分析可以发现,果树墙、道路和天空背景在颜色特征上有明显区分,因此我们考虑采用机器视觉来感知果园的环境。

图 7-61(a)是某柑橘园的机器视觉图像。对该果园彩色图像做 RGB 颜色分量分析,发现天空区域自然白光的三个颜色分量都很强,因此很容易区分;而道路区域的三个分量都明显高于果树区域。因此果园环境 RGB 颜色空间分析结果是:柑橘园图像中天空、果树、道路三类区域在 R、G、B 颜色特征上均存在明显差异,可以对果园环境彩色图像的 RGB 颜色空间以 R、G、B 颜色特征向量作为聚类特征。

从图 7-61(b)可以看出,天空、道路、植株三块区域的红色分量值差别最明显,为此对照颜色分量值,可见天空区域的红色分量大于 230,树冠区域的红色分量小于 70,而道路区域的红色分量约为 70~230。

聚类是指将物理或者抽象对象的集合分成由相似的对象构成的多个类的过程。相似对象由聚类形成的集合被称为簇,簇内对象的相似度高,簇间的对象相似度低。而果园图像主要由天空、地表道路、作物区域构成,因此可以采用聚类分割的方法从果园图像中分割出作物区域。常见的聚类算法有 k 均值聚类、密度聚类、层次聚类等。其中 k 均值聚类是一种无监督的学习算法,由于收敛速度快、参数少,得到了广泛的运用。

k 均值算法的基本思想:给定样本集 $D=\{x_1,x_2,\cdots,x_n\}$,通过最小化平方误差和 E 将样本集 D 划分为类 $1=\{C_1,C_2,\cdots,C_n\}$。最小化平方误差和为

$$E = \sum_{i=1}^{k} \sum_{x \in C_i} \| X - \boldsymbol{\mu}_i \|_2^2 \tag{7-61}$$

式中,$\boldsymbol{\mu}_i$ 是簇 C_i 的均值向量。

$$\boldsymbol{u}_i = \frac{1}{|C_i|} \sum_{x \in C_i} x_j \tag{7-62}$$

k 均值聚类算法采用贪心策略,通过迭代优化求解近似解来最小化式(7-61),并寻求它的最优解需要考虑样本集 D 全部的簇划分。

算法步骤如下:

(1)从给定的样本中随机选择 k 个数据作为初始均值向量 $\{\boldsymbol{\mu}_1, \boldsymbol{\mu}_2, \cdots, \boldsymbol{\mu}_n\}$;

(2)计算每一个样本 x_j 与每一个均值向量 $\boldsymbol{\mu}_i$ 的距离

$$d_{ji} = \| x_j - \boldsymbol{\mu}_i \|_2 \tag{7-63}$$

(3)根据距离 x_j 最近的均值向量寻找样本 x_j 的簇标记 λ_j

$$\lambda_j = \arg \min_{i \in \{i,2,\ldots,k\}} d_{ji} \tag{7-64}$$

(4)根据簇标记 λ_j 将 x_j 划入相应的簇 C_{λ_j}

$$C_{\lambda_j} = C_{\lambda_j} \bigcup \{x_j\} \tag{7-65}$$

(5)由式(7-62)计算各簇新的均值向量 $\boldsymbol{u}_i{}'$,如果 $\boldsymbol{u}_i{}'=\boldsymbol{u}_i$ 则算法结束,完成 k 个簇的划分。否则将当前均值向量 $\boldsymbol{u}_i$ 更新为 $\boldsymbol{u}_i{}'$,跳转至步骤(2)。

图 7-62(a)所示果园环境,其图像信息的颜色可分为天空、道路、植株三类颜色区域,即

均值聚类算法的 k 取 3,就是要把图像颜色分为三簇 C_1、C_2 和 C_3。为了与我们视觉习惯一致,以白色表示天空、绿色表示树冠、红色表示道路,则可以得到图 7-62(b)效果。采用最大类间方差法确定图像分割阈值,获得的作物区域二值分割图像如图 7-62(c)所示。

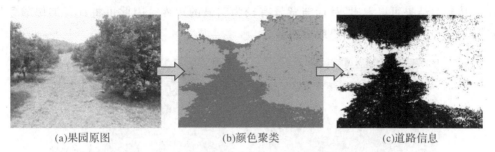

(a)果园原图　　　　　　　　(b)颜色聚类　　　　　　　　(c)道路信息

图 7-62　果园环境信息的道路提取(彩图扫描前言二维码)

再看图 7-63 所示果园。真实柑橘果园的环境中,有的道路如图 7-63(a)那样,是裸露的土壤,而有道路如图 7-63(b)那样,覆盖着一些杂草。

如果对下面两幅图像进行颜色空间的分析对比会发现,天空区域的三个颜色分量仍然很强,很容易区别。道路区域,即使图 7-63(b)的道路有杂草覆盖,其红色分量也明显强于树冠部分,且蓝色分量也高于树冠区域。考虑到图 7-63(b)的树冠和道路的绿色分量很接近,因此除天空以外,可以对红色分量或蓝色分量取一个阈值,来区分果树的树冠或道路,并聚类。

对图 7-63 所示的果园,单用红色就可以提取道路。至于红色分量的大、中与小的阈值,则由聚类算法计算而得到。

(a)天空、道路、果树墙的颜色分量　　　　　　　　(b)果树墙、道路、天空的颜色分量

图 7-63　果园环境及其颜色(彩图扫描前言二维码)

图 7-63 中果园道路提取的结果如图 7-64 所示。读者也可用绿色提取道路信息并试计算其结果。由于同一类物体的颜色和外形轮廓特征较为一致,而且其特征通常也存在一定的连贯性,用颜色特征对果园信息聚类,可得到图 7-64 用 RGB 颜色分类表示的果园信息图。从聚类结果可以看出,目标与背景有较为明显的边界。因此可将具有类似颜色特征的区域划分为同一类别,从而提取道路。

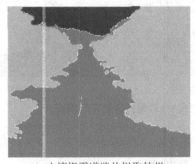 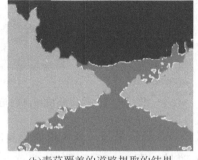

(a)土壤裸露道路的提取结果　　　　　　(b)青草覆盖的道路提取的结果

图 7-64　果园环境的道路信息提取(彩图扫描前言二维码)

如图 7-64 所示的果园信息颜色聚类是理想效果,通常情况会存在一些噪声。例如对于图 7-61(a)的果园图像信息,实际上单以颜色聚类的效果会如图 7-65(a)那样,而用最大类间方差法获得的二值分割图像则如图 7-65(b)所示。

可以看出,图 7-65(a)中,红色区域内包含着少量的绿色小点,同时绿色区域内也含有红色的小点。即使把红、绿、蓝色成片区域分开,图中也会有一些毛刺和空洞。同样,对于图 7-65(b)的二值图来说,白区域中存在少量的黑点,而黑区域中也存有一些白点。对待这种情况,可以考虑采用滤波方法来去掉噪声。

此时可以考虑采用开运算和闭运算来消除空洞和毛刺。

$$f \circ b = (f \ominus b) \oplus b \tag{7-66}$$

$$f \bullet b = (f \oplus b) \ominus b \tag{7-67}$$

关于开运算和闭运算的更多细节,以及式(7-66)和式(7-67)的具体算法,有兴趣的读者可以参阅图像处理的相关文献。经过开运算和闭运算消除空洞和毛刺以后,再经过二值化处理,得到如图 7-65(c)所示的道路信息。

  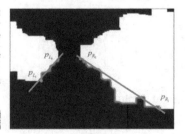

(a)果园原图　　　　　　　　(b)颜色聚类　　　　　　　　(c)道路信息

图 7-65　果园环境的道路信息提取(彩图扫描前言二维码)

根据关于果园的经验以及植株在果园中分布应该是直线这一知识,对果树区和道路区的边界线应该提取直线。如图 7 - 66 所示,采用基于最小二乘的直线拟合对道路的边界轮廓进行提取,从而识别出果园道路。

人眼和机器视觉对颜色的敏感程度有较大差别。从前边的两个例子来看,人眼对道路的红色土壤和绿色果树墙很容易区分,但当道路覆盖了绿色的杂草时,人眼对道路的绿草和树冠的绿叶子却不易区分。但机器视觉对道路上绿草中的红色分量,要比人眼更敏感。

(a)土壤裸露的道路　　　　　　　　(b)有草覆盖的道路

图 7 - 66　果园环境中的道路特征(彩图扫描前言二维码)

再看几个颜色分割的实例:图 7 - 67(a)是果园的原图,道路基本被绿草覆盖;图 7 - 67(b)是用绿、红色选取一定阈值直接分割的结果;图 7 - 67(c)是经过一定后处理,将草地的大块中难以分割的黑色部分的都去除掉了。如果只讨论用颜色阈值分割,只用绿色或用红色＋绿色的效果是差不多的。但按照颜色阈值进行分割,草地缝隙或树叶空隙会有不少噪声分割不出来,可用式(7 - 66)和式(7 - 67)的开运算和闭运算来处理。

(a)原图道路多草　　　　　　(b)红绿色阈值分割图　　　　　　(c)图像处理后图片

图 7 - 67　果园道路完全覆盖(彩图扫描前言二维码)

图 7 - 68(a)的例子中,道路有较多杂草覆盖,阳光照射较强且果树的阴影较浓;图 7 - 68(b)是用颜色阈值处理后的效果;图 7 - 68(c)是后处理的效果,虽然失真较大,但左右两片区域轮廓还是可清晰分辨出来,可以如图 7 - 66 所示那样用直线分割来提取道路轮廓。

图 7 - 69(a)的原图道路有杂草,无阳光照射;图 7 - 69(b)也是用颜色阈值处理后的效果;图 7 - 69(c)是后处理的效果,树冠区域和道路区域的轮廓边界清晰可见,能够提取道路轮廓。

(a)原图阳光较强　　　　　　(b)红绿色阈值分割图　　　　　(c)图像处理后图片

图 7-68　强光照下果园环境的道路(彩图扫描前言二维码)

(a)原图道路杂草　　　　　　(b)红绿色阈值分割图　　　　　(c)图像处理后图片

图 7-69　阴天果园环境的道路(彩图扫描前言二维码)

综上所述,果园环境信息会受到诸多因素的影响,如季节会影响植株的枝叶和果实的大小、颜色等,天气的阴雨、晴天时的光照,以及道路上杂草的生长状况等,都会有很大的变化,这些也会影响到我们对果园的视觉信息的处理。因此要充分运用果园环境的知识选取合适的参数。

7.6.2　自主导航行走

在果园环境中对果树施水肥或喷洒农药时,除了要知道果树的行列方位之外,还需要获取果树植株的位置信息。就像在5.3节中讨论过的那样,可通过在机器人本体上的安装视觉/超声传感器来获取周边果树植株的位置信息。如图7-70所示的机器人,就是通过获取果树植株的位置信息,拟合出果树行的直线方位并在果树行中行走。

果园有许多立杆,如支撑果树用的木杆、水泥杆,以及一些电线杆,这些立杆的位置信息都属于不需要的噪声,因此要剔除。识别立杆为有用的信息还是噪声,可以通过视频信息的纹理特征识别(如 HOG 特征)来判断是果树植株或是其他立杆。如果是果树,则获取传感器与车行进方向的角度,同时以超声波对树干测距,从而获得果树的方位和距离信息。

在第 5 章中已经介绍过,通过对树干位置实时定位,可建立局部实时定位导航地图,从而引导移动机器人自主行走。即果树行的信息时时更新,不断地获取前行方向的果树位置,拟合新的直线,同时不断地"遗忘"过去的果树位置,以免所记录的数据过多,拟合计算量过大。

图 7-70 是在校园环境内对果园环境的模拟,实验场景布置如下:道路方位为东西向,

两侧各放置模拟的果树树干。果树的行、列间距均为 4m,以模拟的橘子园的环境(实际上,我们也曾用其他的行、列间距模拟不同的果园,只需选择超声传感器的适当测量范围即可)。

对果树植株位置测定后,即可对果树行的前行方向进行拟合。拟合时植株位置至少取 3 棵树以上,选用的树越多,拟合的精度越高,这样才能保证拟合的方位与实际方位一致。拟合时应不断用当前测得的新数据,且不断"衰减"和"遗忘"过去的数据,以免实时计算量过大。

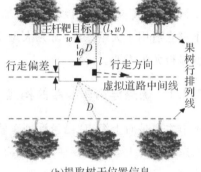

(a)机器人沿果树行行走   (b)提取树干位置信息

图 7 - 70 果园植株位置的获取及其道路拟合

从前行方向的两行果树中任意初始位置出发,可在数秒内进入 10 cm 的稳态误差范围。行走控制在 0.7～1 m/s 的不同速度下进行多组实验。果树行测量精度和机器人自身定位精度均在 5 cm 以内,行走控制精度在 10 cm 以内(见图 7 - 71)。在柑橘果园的实地行走精度与上述精度相近。关于这方面更为详细的内容,有兴趣的读者可以参阅西安交通大学陈先益的博士论文《果园移动机器人半结构环境信息获取与认知及其自主导航研究》以及西安交通大学蔡稳牢的硕士论文《果园自主移动机器人的视觉导航技术研究》。

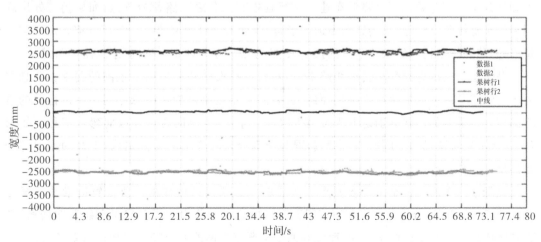

图 7 - 71 植株位置信息及果树行的拟合

7.7 大型工件加工的背景、现状

随着现代工业的发展,电站设备、冶金设备、船舶设备等均朝着大型化方向发展,这些设备主要零部件的体积也不断变大。为了保证这些零部件的加工精度,需要利用数控机床对其加工,但大型工件的加工有着许多不同于普通工件加工的特点。首先,大型工件尺寸和重量都很大,且加工面多,不能像传统加工那样对工件进行装夹和定位。其次,许多大型工件,如汽轮机缸体,其表面形状极不规则,难以找到加工基准面。因此普通工件的测量与加工方法并不完全适用于大型工件,研究大型工件的测量和加工方法并开发大型工件的自动编程系统就显得尤为重要。

7.7.1 磁悬浮列车线路的构建

本节主要是对上海市"磁悬浮列车轨道梁数控加工程序"项目成果的介绍。

浦东机场的大客流主要往返于上海市区,而市区人口密度大且市内交通拥挤,因此急需一种能快速运送旅客进出机场的设备。磁悬浮列车被称为"零高度飞行"的列车,2000 年 6 月,中国与德国正式签约合作开展上海磁悬浮项目可行性研究。2001 年 3 月,上海磁悬浮工程正式开工,该工程西起上海地铁二号线的陆家嘴,东至浦东国际机场,全长约 30 km,设计速度 430 km/h,运行时间 7 min。它是上海交通建设的重点项目,总投资约 80 亿元人民币。

由于磁悬浮列车不同于上海已有的任何一种交通设施,要求时速高、噪音小,还要确保乘坐的舒适与安全,因此设计人员必须采用一种全新的设计规范。根据市政规划要求,磁悬浮列车的走向必须避开张江高科技园区,这就意味着这辆快速的列车不可能直线行驶。经过精密的测算,设计人员为它"定制"了一条如图 7-72 所示的呈正弦曲线走向的路线,以确保即使列车在拐弯处也不用降低车速。该行程中有三分之二路程为弯道,如果拐弯处出现明显的车身倾斜,乘客还是会感到不适。于是,设计人员对弯道的每一个部位都确定不同转弯半径,使列车轨道始终保持圆滑的弧度,让旅客乘坐在车内不会感到"东倒西歪"。

高速运行的磁悬浮列车要求线路平滑,对轨道铺设的精度提出了很高的要求。磁悬浮列车的线路是由一根根轨道梁拼接而组成的,因此轨道梁是确保磁悬浮列车飞速行驶的核心部件。轨道梁的形状分别是 I 型、C 型和 S 型,即直的、单向弯曲和双向弯曲三种。如图7-73所示是轨道梁的半成品,其中钢筋混凝土部分是轨道梁的支撑结构,上边的突出部分是连接件。

磁悬浮列车的轨道是由许多根形状各异的轨道梁连接而成的。每根轨道梁的长度为21 m或 24 m不等,分为曲线梁和直线梁两种。曲线梁又分为纯圆曲线梁和缓和曲线梁,其中纯圆曲线梁只有平面曲率半径,而缓和曲线梁既有平面曲率半径又有竖直曲率半径。

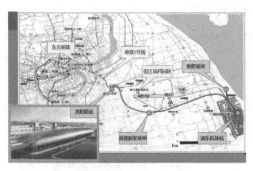

图 7-72　上海磁悬浮列车的线路　　　　　　图 7-73　轨道梁:支撑件加连接件

从图 7-73 中已知,轨道梁梁体的支撑由钢筋混凝土制成,支撑件上预埋了铸铁制成的连接件,其形状如图 7-74 所示。连接件的作用是用来安装功能件。

功能件通过高强螺栓与支撑结构上的连接件相连,每根功能件的长度为 3 m,功能件的安装如图 7-75 所示,每根轨道梁上都安装多个功能件。正是通过这些功能件的安装,制成了一根根纯圆曲线梁和缓和曲线梁,最终组成了不同弯曲程度的列车轨道路线。所以,磁悬浮列车的轨道线路,实际上由大量的功能件组成。

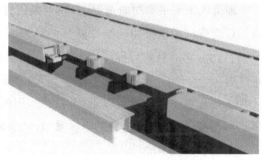

图 7-74　连接件预埋于支撑件　　　　　　图 7-75　功能件的安装

为了保证轨道梁的制造精度,就必须保证预埋连接件的加工精度。连接件是在制造轨道梁体时预埋的,因此在预埋连接件时,以及在混凝土凝固后产生变形,都不能保证连接件的精度,需要用数控机床对其进行铣面、钻孔和镗孔的加工。轨道梁上的连接件设计精度要求很高,其定位孔的允许误差仅为±0.1 mm,而且轨道梁的宽度也由连接件来保证,宽度方向上的允许误差为±0.2 mm。只有这样安装功能件,才能符合设计的直线和曲线的要求。

只有当功能件在按上述精度安装完毕后,才能保证轨道梁外形的精度,才能保证用这些轨道梁铺设的轨道符合磁悬浮列车行驶的要求。下面要讲的是如何对轨道梁进行数控加工,实际是对轨道梁体上的连接件进行加工,并保证加工精度。

7.7.2　轨道梁的装夹与加工

轨道梁预制件生产主要是浇筑钢筋混凝预制件,如图 7-76 所示是轨道梁预制件。由于轨道梁的梁体很长、重量很大(约 180~360 t),因此只能起吊到图 7-77 所示的电动运梁台车上,再通过流水线送到轨道梁机加工车间进行加工。

图 7-76　轨道梁预制件生产车间　　　　图 7-77　电动运梁台车

机加车间里的磁悬浮轨道梁加工专用数控机床,是沈阳机床厂生产的五轴数控铣镗床。加工专用数控机床如图 7-78 所示。每两台落地式数控铣镗床布置在待加工的磁悬浮轨道梁两侧,工件不动,机床沿 x 方向作加工直线运动。机床床身总长为 37000 mm,有效行程距离为 33000 mm,每条生产线由 9 节床身拼装而成。轨道采用镶钢导轨。镶钢导轨的安装要求同一条导轨座上的一组导轨的宽度和要求一致性允差为 0.01 mm,接头处要求平整光滑,滚珠丝杆中心线对立柱前导轨的平行度在两个平面不大于 0.015。机床和待加工轨道梁如图 7-79 所示放置。

y 轴由机床水平伸向轨道梁,导轨副采用直线导轨,摩擦力小,移动精度性能好,移动由一台 AC 交流伺服电机驱动滚珠丝杆传动来实现。滑枕截面尺寸为 430 mm×300 mm,刚性高、行程大,它的有效行程可达 1000 mm。连接件的加工在 xz 面上,范围在 300 mm×300 mm 以内。

加工过程由主控计算机以工业网控制,用落地式数控铣镗床的德国西门子 840D 系统对工件进行测量,建立工件的加工坐标系,自动生成加工程序,然后对工件进行铣平面、钻螺栓孔,钻、镗定位销孔。

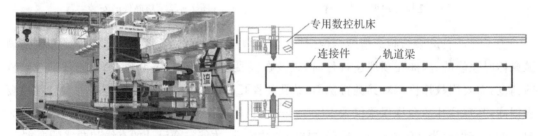

图 7-78　轨道梁专用数控机床　　　　图 7-79　轨道梁的加工定位

机床在加工工位上精准地安装,两台落地式的数控铣镗床与工件间建立起自身的坐标系,电动运梁车必须把轨道梁水平且平行地安装夹在两台机床正中间加工,轨道梁的装夹定位由底部的液压顶升装置(见图 7-80)和液压侧顶装置(见图 7-81)完成。

由于轨道梁每次放置的位置都不同,且每根轨道梁的形状也不同,液压的顶升和侧顶不能保证其中心位置精度,因此需要对待加工的轨道梁进行测量。测量轨道梁中心的方法就是根据嵌入的连接件构成轨道梁的轮廓来实现定位对中,然后再根据连接件的位置来确定加工余量。

测量连接件是利用数控机床对毛坯曲面进行接触式点位测量。具体方法是在数控机床的主轴端安装 Renishaw 测头,利用该测头对毛坯曲面进行测量。为了避免测量过程中发生碰撞,加快测量速度,需要设置一些控制参数,包括测头运动速度、测量距离等。

轨道梁加工存在的主要问题:由于加工工件过大、过重,所以轨道梁在定位装夹过程中在机床坐标系中找正困难。某个液压缸顶升或侧顶的动作,都会引起整根梁的移动,使轨道梁的其他点也发生偏离。日本一家公司在加工类似工件时,单找正就耗费了一整天的时间,使得加工效率大大降低。因此,为了提高加工效率,需要寻找一种轨道梁工件的快速找正方法。

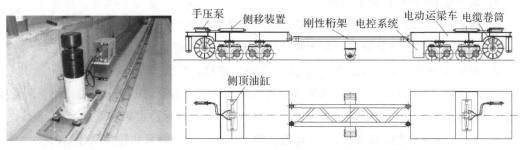

图 7 - 80　液压顶升装置　　　　　图 7 - 81　运梁台车上的侧顶装置

7.7.3　问题凝练

轨道梁上的连接件是构成轨道梁轮廓的关键部件。如果能够根据轨道梁的轮廓拟合出其中心线,就能实现轨道梁的快速找正。连接件是间隔嵌入的,为了快速掠过非连接件安装的位置,拟采用非接触式的机器视觉对视觉图像中的连接件进行目标识别,并计算目标点的坐标值。

如果安装在主轴上的 Renishaw 测量头每测量 10 mm 按 10 s 计,则单是沿 25 m 的轨道梁走一遍就要约 7 h。我们希望生成程序的时间尽可能短,这样才能保证工件不在加工工位上等待时间过长,比如在实际运行中可在一小时内完成数控程序的生成。

由于机床安装已经确定了自身的坐标系,因此首先需要获得轨道梁的相对坐标系。本书首先通过机器视觉的方法获取连接件的预埋位置,视觉测量头快速移动、探测并记忆连接件的预埋位置;机床上的测量头对连接件毛坯进行测量,测量完数据后直接走过中间无工件的位置,直至下个毛坯再进行探测,如此可以得到全部连接件的毛坯位置,从而确定轨道梁体的轮廓及与机床坐标系的相对关系。机床测量头实际上是一个三坐标测量仪,精度很高但在测量中移动很慢。上述测量和定位方法保证了机床测量头的高精度,同时避免了在不需要探测的位置行走过长的时间。

由于每个工件每次的摆放位置都不一样,而且轨道梁上连接件预埋位置和混凝土的凝固变形也不一样,所以每加工一个大型工件(轨道梁)都要重新生成数控程序,而 1000 多个大型工件都要进行几何造型,需要花费大量的时间。更重要的是,由于工件毛坯造价较高,约几十万元人民币,不允许出现加工失误,因此对程序的准确性要求很高。上述测量方法保证了轨道梁工件在短时间内的测量、定位和装夹,因而保证了加工精度的要求。

思考题与习题 7

1. 视觉信息的处理和一般物理量(如位置、速度、质量、温度等)的处理有什么不同?

2. 人眼视觉和机器视觉有哪些异同点?

3. 机器视觉单色图像的清晰程度与哪些参数有关?

4. 试阐述 RGB 彩色模型的概念。

5. 图 7-11 中的二次色与图 7-10 中的二次色似乎不同,试解释原因。

6. 试说明三颜色分量是如何在计算机彩色屏幕上叠加还原成彩色图像的。

7. 介绍几种图像噪声的滤波方法,其中哪种方法对消除椒盐噪声效果较好?

8. 对比图 7-29 和图 7-30,如果直接用眼睛观察图像信息,在 RGB 或是 HSV 两种模型中,试讨论哪种模型既可以减少图像的数据处理量,又可以保持图像特征。

9. 图像处理中,直接阈值法、全局阈值法和大津法的应用背景和特点是什么?

10. 图像信息边缘检测中,试简述各种算子模块的作用与特点是什么?

11. 果园环境中的果树和水泥杆都是竖直轮廓,可用何种特征来识别果树和水泥杆?

12. 图 7-61 中,果园环境图像信息可划分为几个区域,用单一绿色是否可提取道路信息?

13. 试讨论通过颜色分类提取道路信息,或通过植株位置提取道路信息,各有什么特点?

14. 对果园环境下的采摘作业行走控制,可采用颜色分类,或植株位置的方法来提取道路信息,试讨论这两种方法的特点。

15. 认真阅读 7.7 节,针对磁悬浮轨道梁这样的大型工件难以装夹定位的问题,设计一种快速且准确地测量、找中和加工的方法,并给出程序流程图。

第8章 飞行动力控制地面模拟训练系统的仿真

本章介绍飞行动力控制在地面的仿真模拟训练系统的设计以及建模与控制。建立地面模拟系统的目的是要在飞机不发动、不升空的情况下,在地面进行飞行动力的操作和训练,模拟飞机在空中飞行时的各种动作,这样可以保证训练的质量,还可以节省航空燃油,同时保证了飞行人员的安全。

(1)系统特征。飞行动力控制地面模拟训练系统是一套庞大而复杂的系统,但其最主要的飞行动力部分是飞机的发动机。发动机转速是表征航空发动机工作状态最主要的参数,控制了飞机发动机的转速就控制了飞行推力。发动机还是机载电源和液压控制系统的总能源。

(2)对象模型。建立飞行动力训练系统的目的是要在地面上操纵飞行动力,完成飞机的多种任务,如升空、巡航、爬高、追击等。此外,控制飞行姿态的舵机操作系统也是由发动机驱动的,因此在地面模拟飞机在空中的各种飞行动作时(如加速、减速、急转、滚翻等动作),还要控制不同负载变化各翼面的动作。

(3)控制系统。发动机在不同的飞行环境中的工作状态是不断变化的,这就要求发动机提供的推力也能随之变化。满足飞行动力装置对推力的控制和调节功能,就满足了飞行动力的实际需要。

(4)安全指标。转速是发动机转动部件强度安全的主要指标,控制了转速,安全就有了重要保证。因此,转速控制是飞机动力装置控制的首要任务。地面充分训练对未来实际操作的飞机安全起到极大作用。

(5)实验台架。实验台架是一套庞大而复杂的装置,包括许多十分昂贵的飞机零部件的实物部分和一些机电液设备的半实物仿真部分,以及通过大量实验数据得到的数值仿真部分。仅开启该实验台架,就要耗费许多航材的寿命和电力的功耗。

综上所述,该地面模拟系统是以发动机为对象,在变转速指令和负载扰动下的转速控制的动力学系统。

本章讨论的研究内容是根据相似原理,用实物、半实物和数学仿真来模拟发动机的半实物系统,建立一个飞行动力训练地面模拟系统的"半实物相似模型",并用这个模型进行仿真实验,对系统的控制部分进行研究,做到既安全又节省。

8.1 系统功能需求与初步设计

8.1.1 任务需求

作为飞机动力系统的"心脏",飞机发动机的性能成为表征飞机性能的关键。因此,为了满足飞机推力的实际需求,要求飞机的动力装置具有控制和调节推力的功能。飞机的飞行高度和飞行环境在不断变化,不同的气候条件、飞行高度、飞行速度会对发动机内的燃烧和动力产生一定影响,这就要求发动机的推力能够快速、稳定、准确地跟上指令信号的变化。

发动机转速是表征发动机工作状态的最主要参数。理论和实验表明,飞机发动机的推力与转速的三次方成比例。一方面,控制了转速就控制了推力;另一方面,转速是发动机转动部件强度安全的主要指标,控制了转速,安全就有了重要保证。因此,转速控制是飞机动力装置控制的首要任务。

转速控制包括:

(1)转速调节。驾驶员给定一个转速后,转速调节器会随飞行条件的变化自动改变供油量,始终保持发动机转速恒定。

(2)加速控制。发动机由慢车(小转速)到大转速的加速过程受压气机喘振及涡轮前温度限制,加速控制的目的是使供油量随转速按一定规律变化。

(3)减速控制。收油门时,减油不能太猛,否则会导致燃烧室贫油而熄火。减速控制是使供油量的减少随转速按一定规律变化。

(4)慢车控制。使慢车供油量随飞行高度按一定的规律变化,从而使慢车转速随飞行高度的升高而加大,但又不超过最大转速。

(5)工作环境。不同的气候和不同的飞行高度、飞行速度对发动机的工作状态有一定的影响,发动机的转速是由发动机的工作环境和供油量共同决定的。

(6)负载干扰。作为飞机发动机的负载,在操作舵机系统时对发动机会产生冲击性的干扰,此时应控制发动机的转速保持稳定(地面的"模拟系统"中更为重要)。

从保证飞机具有优良的飞行性能的目标出发,不论实施哪种转速控制,都希望动态过程能迅速、稳定、准确且能可靠地完成。

飞机发动机除了提供飞行动力之外,还要为飞机的舵机系统(水平翼、方向翼、减速板、起落架等)和机载发电机提供动力,而舵机系统是直接关系到飞行控制性能的重要设备。因此与飞机动力有关的教学与训练内容,一是对发动机本身在各种飞行条件下的转速控制,二是在舵机系统进行各种操作时,消除因负载变化对飞行模拟系统的影响。如图 8-1 所示是不同飞行姿态下不同翼面的动作。

飞机舵机系统的研究一般采用两种方法:一种方法是进行地面开车,使飞机发动机处于不同的工作状态,然后检查、调试有关机载系统(看作发动机负载)的性能;另一种方法是使用各自独立的试验台(如油泵试验台、电源试验台等),将机载系统拆下,分别检测、调整。

(a)减速板

(b)襟翼

图 8-1　飞机姿态控制的翼面

这两种方法的主要问题是经济性差、安全性小、局限性大。前一种方法要消耗大量的燃油和发动机寿命,不安全、风险大,而且只能使发动机处于地面的低速条件下工作,检测的结果不准确,具有很大的局限;后一种方法由于使用各自独立的试验台,经济性、利用率都不高,而且目前实际使用的各种无级调速(或分级调速)试验台不能满足模拟飞机高速、高空飞行的条件,不能模拟油门或负载变化后发动机转速变化的过程。有的试验台由于输出的功率裕度小,当负载变化时,台体输出转速波动较大,从而降低了检测结果的准确性和真实性,造成了在试验台上检测合格而装到飞机上性能不合格的情况。

鉴于上述问题,希望设计一种综合性能优良的飞机动力装置的地面模拟系统。在结合教学与训练需要的基础上提出了研制"飞行动力训练地面模拟系统"的任务,并对模拟系统应具备的功能作了如下的基本设想:

(1)能在大范围内(300~10000 r/min)快速实现无级调速。

(2)具有足够的功率输出。除能测试多种类型飞机发动机的主泵、加力泵及多种航空发电机之外,还要求有较大的功率储备。

(3)能够在解算发动机动力学方程组的基础上,对其转速的动态过程进行实时仿真。

(4)能够根据飞行高度、飞行速度等参数的变化,为计算机提供解算发动机动力学方程组所必需的数据,并产生相应的指令信号。

(5)综合化、自动化程度高。能够测试主燃料泵、加力燃料泵、主液压泵、交直流发电机等附件的性能。

(6)系统具备相应的安全设备、监视设备和记录设备等。

(7)模拟驾驶:在地面建立一个与实际飞行训练近似的模拟操作环境。

8.1.2 总体方案选择

1.确定模拟方式

对于这样的系统设计任务,首先遇到的困难是模拟方式的问题。模拟(或称仿真)既不可能是对真实飞机动力系统的复制(地面状况不同于空中飞行,也不经济),又不能实行完全数学仿真(那将在很大程度上失去真实性)。

从机械电子工程的观点出发,基于科学性和经济性兼顾的原则,在进行广泛的调查研究之后,初步考虑这一系统设计为多种形式混合的模拟(或称仿真)系统:①驾驶环境和机载燃料系统(燃油系统)用全实物模拟;②对飞机发动机的工作环境,通过计算机解算其动力学方程,进行数学仿真;③对舵机操作系统的负载实行实物+半物理仿真;④对发动机输出轴转速及由输出轴带动的液压系统、电源系统的工作过程,通过液压系统的实物实行半物理仿真。

该方案的优点是模拟系统具有真实性、直观性、经济性、安全性和通用性,可在飞机不升空、不开车的条件下,对燃油系统、液压系统、电源系统等的工作情况进行在线的测量、辨识和调整。

2.子系统及其指标

设计方案拟将飞行动力的模拟分解为以下几个子系统分别进行设计:

(1)飞行员的模拟驾驶部分设计;

(2)发动机工作环境部分的设计;

(3)操作负载部分的设计;

(4)发动机转速伺服系统的半实物物理仿真部分设计;

(5)发动机转速测量系统设计;

(6)发动机控制部分设计。

飞行模拟驾驶部分用座椅、操纵杆、脚踏油门等实物进行物理仿真。发动机飞行环境根据飞行实验数据用计算机数值仿真,负载用实物加半实物仿真。

泵控液压马达输出直接模拟了飞机发动机的转速输出,因此对液压泵-液压马达动态性能的研究成为研制这一飞机动力训练模拟系统的关键。下面的重点集中到了研究液压泵-液压马达转速系统(包括控制器)的设计,并根据实际要求提出如下的主要性能指标:

(1)最大输出功率:不小于 65 kW(带动液压泵的电动机功率为 132 kW);

(2)转速范围:300~10000 r/min,要求在此转速范围内能实现无级调速;

(3)转速稳态精度(稳定时转速脉动量):0.1%稳态转速;

(4)系统调节时间:空载情况下 0.12 s(误差带 2%),全惯量负载情况下 0.25 s(误差带 2%)。

3.驱动装置的选择

控制飞机发动机的转速是研究飞机动力装置的首要任务。飞行动力训练地面模拟系统的核心是要建立一个飞机发动机的转速物理模拟系统,它可以实时模拟飞机发动机的转速变化。作为仿真的重点,下面将重点介绍转速系统的仿真。

在基于半物理仿真系统方案构想的发动机地面模拟系统中,半实物仿真部分构成了转速子系统。整个模拟系统设计的技术难点主要集中在这一部分。因为这是一个机械电子综合系统,机械与电子装置的联系(信息交换)是通过一系列非电量与电量之间的信号转换实现的,这种软(电子信息)、硬(运动机构)结合必然会带来多种问题。在后面的具体设计中,将对其中的关键点给予具体说明。本例遇到的另一困难是要求转速仿真系统同时具有输出功率大和响应速度快的综合性能。需要解决的关键问题是采用怎样的物理驱动装置构成的转速仿真子系统更合适。

旋转类执行装置可以从图 8-2 中的适用范围内选择。柱塞马达和感应电机在转速、转矩和输出功率等方面都能够符合本系统要求,但还应综合考虑本系统其他方面的要求,如足够的响应速度、负载刚度和功率储备等。

以往曾有采用电机来模拟发动机转速系统的方案。根据某模拟台测试报告,在接通大功率负载时,电机的转速下降约 $8\% \sim 10\%$,这与实际情况有很大差别(飞机发动机可以近似看作刚性无穷大,在全负载冲击时转速下降小于 1%)。而且,随着要求系统输出功率的增大,自身的惯性也必然加大,其响应速度不能满足系统快速的要求。因此,选择电机作为执行机构的方案不够理想。

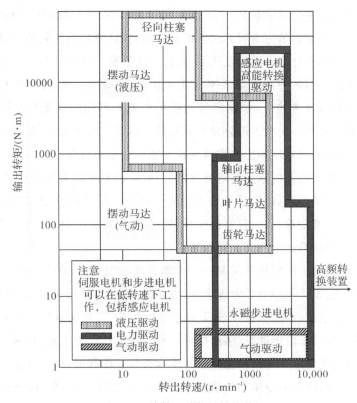

图 8-2　旋转运动能量转换装置

另一方面,发动机地面模拟系统要求真实复现整个飞机的动力系统,为此模拟系统所有部件的尺寸以及安装位置必须严格等同于实际系统。由于模拟发动机转速的驱动系统功率大,而安装空间的容积有限,因此动力部分的功率密度需要足够大,一般的电机显然不能满足要求。

20世纪70年代以来,液压驱动逐渐取代电机驱动,改用电液速度伺服系统来作为发动机动力输出模拟装置。主要原因是液压驱动装置具有功率密度大、动态响应快、控制精度高、抗负载能力强、运动平稳、可靠性高等优点,这些优点是电气和气动装置所不具备的。对小型、小功率的机种,采用阀控液压电动机形式能获得满意的动态性能。而对于大功率机型,由于泵控液压马达系统的工作效率高达90%,因此,改用泵控液压马达以保证高效率。

为本系统选择转速模拟仿真装置,我们先后研究了多种结构方案,经过反复比较,最终确定采用泵控液压马达形式。

4. 系统结构形式

泵控液压马达的闭环速度伺服系统如图8-3所示。图8-3中左侧的无阴影部分是地面模拟训练的飞行操作部分,其座椅、机载燃料油门和操纵杆等均用全实物模拟,以保证飞机驾驶舱及其工作环境的真实性。图8-3阴影部分的左面为"总、静压模拟系统",是对飞机在高空、高速或启动条件下发动机转速的变化情况进行仿真而设置的。"总、静压模拟系统"可以在0～25 km和0～6125 km/h范围内提供发动机仿真所需的总压和静压信号。按照系统工作的流程,主燃料系统输出的燃料,结合发动机的工作环境,经过发动机动力学方程组的解算,用数字仿真的方法得到转速的计算值,该计算值就是转速物理仿真系统的参考输入。图8-3阴影部分的右面为液压泵-液压马达系统的转速测量以及控制部分组成的闭环控制系统,按照一定的控制策略来控制液压泵-液压马达系统,使液压马达输出轴的转速快速、高精度地跟随参考输入,并在舵机加载系统施加不同的载荷时尽可能保持转速不变。如图8-3所示右侧的无阴影部分是本系统的飞机发动机模拟系统。液压泵-液压马达驱动装置模拟发动机提供输出动力并实现调速功能。它主要由变排量的液压泵和定排量的液压马达组成。变量液压泵的输出流量流入液压马达,在系统压力和流量的共同作用下,驱动液压马达旋转。流量越大,液压马达转速越高。液压泵排量的改变是通过电液伺服阀控制变量机构小油缸活塞位移,从而控制液压泵斜盘倾角实现的。这样,对变量液压泵排量的连续调节便实现了液压马达输出的无级调速的目的。

整个飞机动力训练地面模拟系统是一个非常复杂的机、电、液一体化综合系统,由机载燃油系统、空气系统、发动机动力学方程组、电力系统、液压速度伺服系统、舵机模拟系统、计算机监控系统、滑油系统、消防报警系统及中心控制台组成,分别由物理模拟和数字模拟来实现。其中机载燃油系统由燃油泵、供油操纵杆和各种飞行仪表组成,提供了一个逼真的飞机驾驶环境;发动机动力学方程组根据燃油的供应量和工作环境,由大量实验数据和理论解算给定发动机的转速,这部分由微型计算机数字仿真来实现;液压泵-液压马达系统是发动机转速物理仿真的核心部分,由电力系统提供能量,在地面模拟中它主要带动发动机的各种负载而无须提供推力;计算机监控系统负责发动机的动力学仿真,转速测量与控制等,其他为模拟系统的辅助部分。

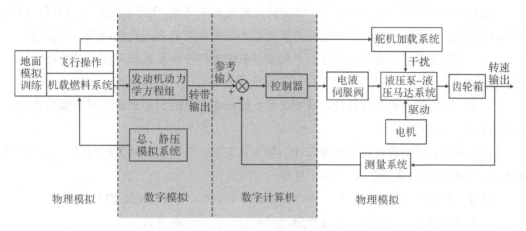

(注:阴影线部分为微机处理机仿真、监控及外围电路)

图 8 - 3　发动机模拟系统框图

5. 微处理机选型

按照机械电子学的基本观点,一个机械电子系统应是融机械工程、电子工程和计算机技术为一体的综合系统,三者之间的结合是有机的、内在渗透式的,既包含了动力和机械之间硬件的运动联系,又有信息的相互传递,并由具有智能的微处理器参与对各类信息进行的处理并决策。机械与电子的结合既简化了系统,还大大降低了费用,如我们已经看到发动机转速的动态特性可以由数字仿真的方式得到(保留燃油系统只是为了增加操作的真实感)。而计算机的引入使系统的信息处理能力明显增强,同时提高了机械电子系统的性能,这正是机械电子工程设计的优势。通常一个复杂的机械电子系统中的智能信息处理单元是嵌入式微处理器,它可以是单板机、单片机、工控机、可编程控制器及微型计算机等。

由于飞机发动机地面模拟系统信息量大、关系复杂,而且按设计要求,系统要有丰富、良好的用户界面,如数据采集、显示、处理、存储等功能,人对系统的干预、修改控制策略方便,图形功能丰富等,这就要求选用较高档次的微处理机。本系统选用 COMPAQ - 386 微型计算机为整个系统的监控主机,用于处理信息的软件采用高级语言(PASCAL 语言)和汇编语言的混合编程。

8.2　具体设计与核心对象

8.2.1　系统任务的划分

从系统的功能要求出发,在需求分析以后完成了初步设计,给出了系统总体方案图并将其分解成几个子系统。本阶段设计要对各子系统提出更具体的要求,在此先对几个相关子系统进行设计,然后围绕核心子系统(转速伺服系统)进行设计。这样可以提高工作效率,保证质量。各子系统的具体设计与实现如下:

(1)发动机的模拟驾驶部分设计。驾驶舱座椅等实物环境,飞行动力操作的燃料油门和操纵杆等实物。分析舵机系统的操作,各翼面在不同操作下的不同负载,液压力矩加载。

(2)发动机工作环境部分的设计。根据发动机的操作指令及飞行环境条件等,解算发动机的转速信号。

(3)飞行动力的负载部分设计。翼面负荷由液压电动机的扭矩加载实现半实物模拟,机载发电机负荷由实物实现。

(4)发动机转速的物理仿真部分设计。与飞机发动机有相似的动力学特性,要求转速范围大、输出功率高、负载刚度大、安装尺寸小。

(5)发动机转速测量系统设计。大范围(300~10000 r/min)、等精度(1‰)。

(6)发动机控制部分设计。系统稳定、控制精度高、响应速度快。

飞行动力模拟训练系统的前三部分(即模拟驾驶部分、发动机工作环境部分,以及飞行动力的负载部分)均由委托方实施,而我们侧重完成与系统控制设计密切相关的被控对象(液压泵-液压马达系统)模型分析、机电信息处理和测量与控制等内容。

8.2.2　核心部分的详细设计

根据飞机飞行的实际状况以及上面提出的系统性能要求,对飞机发动机输出转速提出要求:能快速、平稳地跟随任意给定的连续输入指令信号且保证飞机有良好的升、降速性能;能在接受阶跃输入(正或负)指令的条件下迅速实现飞机的升或降速的过渡而无超调(冲击、振荡);有较强的抗干扰能力,在舵机操作系统突加负载的作用下能保证飞机发动机转速的稳定等。

系统的设计任务主要集中在解决被控对象的控制算法以及被控转速在大范围内变化时的高精度测量,这是控制器设计的关键。涉及到的子问题有激励试验信号选择、系统信号采集、信号处理、控制决策(控制算法)、性能评价等。

阶跃信号作用下的系统工作状况最恶劣,也最典型,在通常的控制系统设计中,试验的激励信号往往选取阶跃形式。其典型性的另一表现在于,阶跃信号的频谱很丰富,能对被试系统给予充分的激励。因此,本节仅以选取阶跃信号,即阶跃输入(用阶跃信号输入伺服阀)和阶跃扰动(对液压电动机输出轴施加阶跃负载扰动)作为转速伺服系统的激励信号,并以此研究泵控液压马达系统在阶跃激励下的闭环转速系统的控制算法,使闭环控制系统动态过程达到要求的性能指标。

1.设计方法

系统设计方法是设计思路的实现,方法的优劣关系到设计的工作量,甚至设计的成败。一种好的设计方法必然同时具有通用性和灵活性(柔性)的特点。计算机软件工程中的自顶向下和模块设计方法在机械电子工程中也时有应用,下面简单介绍此方法。

在计算机软件设计中,自顶向下的设计方法和模块化设计方法常常被软件设计者采用,这是从两个不同的角度提出的两种设计方法。自顶向下的程序设计方法是,程序设计时先从系统一级的管理程序或主程序入手,从属的程序或子程序暂用标志代替,在完成系统一级的程序设计并测试合格后,再将标志逐步扩展成从属程序或子程序并进行测试、查错,最后对整个程序进行调试,直至完全通过。该技术是设计测试和连接同时按一个线索进行,不断吸收新内容联调,其中的矛盾和问题可较早发现、解决。而模块化的程序设计方法是把一个较长的完整程序按功能分成若干个小的程序或模块,分别进行独立设计、编程、调试,最后装配在一起。这种方法的优点是每个模块功能单一,编程、调试、修改和更新方便,模块具有通用性,组合能力强,便于总功能扩充。

基于相似原理及移植技术,上面两种方法的思路完全可以为系统硬件设计所吸取。对于本系统的设计,我们综合运用这两种方法:首先将总系统分解为一些子系统,通过上一节初步设计的分析,现确定为六个子系统。各子系统再分解为功能模块,分别设计软、硬件并调试通过,最后组装联调,实现完整的系统设计任务。为突出重点、简化设计,仍然围绕液压泵-液压马达控制系统的具体设计来介绍。

2. 模块设计

为了保证设计思路的清晰,将液压泵-液压马达转速控制系统的设计划分为以下三个主要模块:

(1)液压转速系统及其建模与与分析——获得先验知识;

(2)运动状态信息的获取——转速信号的测试;

(3)控制性能指标要求——控制模块。

下面围绕解决这三个模块给出具体设计。

认识被控对象的特点是设计控制系统的前提和基础。这里有必要对泵控液压马达系统特点简要说明。

如图 8-4 所示是转速的物理模拟部分,图中的元件 1、2、3 构成液压泵的变量机构输出给元件 4 以组成变量泵;变量泵驱动元件 5 和 6 构成液压马达转速伺服系统。其中:4 为液压变量柱塞泵,型号为 2502CY14,最大排量为 250 cm^3/r,当电机转速为 1500 r/min 时,输出流量为 375 L/min(驱动电机型号为 YR-280-4,功率为 132 kW);5 为柱塞马达,型号为 ZB227,排量为 227 cm^3/r,额定压力为 14 MPa,最大转速为 3000 r/min。

液压泵-液压马达之间是液压溢流阀,根据油源的压力和流量要求来设定。

在液压泵-液压马达组成的转速伺服系统中,液压马达输出的最大转速为 3000 r/min,而系统要求最高转速为 10000 r/min。为此,液压马达的输出轴通过齿轮升速系统与负载连接,升速比为 3.3。测速系统为磁电式转速传感器,在输出轴上装有齿盘,将转速变为脉冲信号输出,经放大整形电路反馈到输入端的比较器,形成一个大闭环。

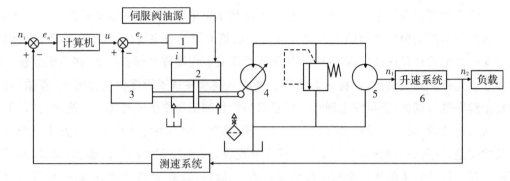

图 8-4　液压泵-液压马达转速控制系统

流量控制是由 1 I/U 转换器、2 伺服阀、3 液压缸-位移传感器组成的小闭环实现的。u 为系统的输入指令，经比较器与反馈信号相减后，得到误差信号 e_r 经转换器 1 转换成电流信号 i 输入伺服阀。伺服阀将油输到变量机构液压缸，控制液压缸输出位移 x_p 的变化，使变量泵斜盘倾角发生变化，从而改变泵的输出流量，使液压马达达到一定的转速（角速度）。注意，本书曾在第 2 章中介绍过液压泵、液压马达和液压缸以及控制元件阀，且在第 4 章中讨论过图 8-4 中的伺服阀控液压缸的子系统及其电路仿真。

图 8-4 是系统原理图，该系统的模型由多个环节组成，可以看出是一个高阶系统，应做进一步简化。由于液压缸、伺服阀和位置传感器组成的变量伺服机构的惯量很小，因此阀控缸子系统的频率响应 ω_{1h} 可高达 100 Hz，远大于泵控液压马达子系统的频率响应 ω_h，即 $\omega_{1h} \gg \omega_h$，所以整个系统的动力学特性分析就主要集中在泵控液压马达部分。

泵控液压马达系统具有效率高的优点，常用于大功率场合。但它与阀控马达系统相比响应相对较慢，原因是泵的变量机构的负载效应较严重。同时，系统又存在死区、饱和、滞环、黏性摩擦等非线性，参数受液压油温、伺服阀工作点影响而具有时变特点。这些特点致使很难建立系统精确的数学解析模型，而只能得到一定程度上的简化建模。该系统模型参数的非线性、时变性均有待于在控制器设计中予以补偿、协调，以提高控制系统的动态响应性能、稳态精度，增强鲁棒性。

该系统的环节多且模型复杂，为了便于分析和简化模型，根据液压控制系统理论，将图 8-4 的原理图转换为图 8-5 所示控制系统框图，各框内是各环节的数学模型。

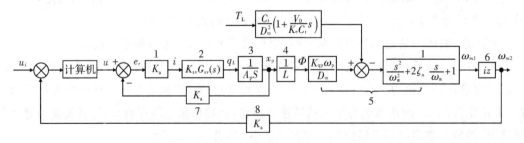

1—伺服放大器；2—伺服阀；3—变量机构液压缸；4—变量机构；5—泵控液压马达和外负载转矩；

6—齿轮机构；7—位移传感器；8—速度传感器。

图 8-5　液压系统原理框图

8.2.3　系统数学模型的推导

图 8-5 中由 1、2、3、7 四个环节组成一个闭环的阀控缸系统,输入为指令信号 u,输出为缸的行程 x_p,各环节的传递函数如下。

1. 伺服放大器增益 K_a

$$K_a = \frac{i}{e_r} \tag{8-1}$$

式中,偏差信号 e_r 是由输入位置信号与反馈位置信号相减所得的电压信号;i 为电流输出信号。显然伺服放大器是一个电压/电流转换环节,起功率放大作用。

2. 伺服阀传递函数 $K_{sv}G_{sv}(s)$

某型号伺服阀,通过查阅生产厂家提供的产品目录和说明书数据,在系统液压固有频率大于 50 Hz 时,其传递函数为

$$K_{sv}G_{sv}(s) = \frac{q_L}{i} = \frac{K_{sv}}{\dfrac{s^2}{\omega_{sv}^2} + 2\zeta_{sv}\dfrac{s}{\omega_{sv}} + 1} \tag{8-2}$$

当系统液压固有频率小于 50 Hz 时,有

$$K_{sv}G_{sv}(s) = \frac{q_L}{i} = \frac{K_{sv}}{Ts+1} \tag{8-3}$$

式中,i 为输入电流;q_L 为伺服阀输出流量;ω_{sv} 为伺服阀固有频率;ζ_{sv} 为伺服阀阻尼比;T 为伺服阀时间常数;K_{sv} 为伺服阀流量增益。

系统频率很低时,可令

$$K_{sv}G_{sv}(s) \approx K_{sv} \tag{8-4}$$

简化为比例环节。

3. 变量机构液压缸——阀控缸传递函数 $G_p(s)$

$$G_p(s) = \frac{x_p}{q_L} = \frac{\dfrac{1}{A_p}}{s\left(\dfrac{s^2}{\omega_{h1}^2} + 2\zeta_{h1}\dfrac{s}{\omega_{h1}} + 1\right)} \approx \frac{1}{A_p s} \tag{8-5}$$

式中,x_p 为液压缸活塞杆的输出位移;A_p 为活塞有效面积;ω_{h1} 为阀控缸的固有频率;ζ_{h1} 为阀控缸的阻尼比。

由于活塞及运动的部件质量非常小,缸内的油液体积也很小,与泵控液压马达固有频率相比 ω_h,上式分母括号中的第一、第二项可以忽略不计简化为积分环节。

4. 变量机构的比例系数 K_Φ

活塞杆位移使变量泵的斜盘绕一支点移动一角度,改变了斜盘的倾角 Φ,由于角度很小,故简化为 $\tan\Phi \approx \Phi$。设活塞杆位移作用点距斜盘支点的距离为 L,则

$$K_\Phi = \frac{\Phi}{x_p} = \frac{1}{L} \tag{8-6}$$

上述四个环节构成的阀控缸闭环系统,在第 4 章中已经进行了基本讨论,请读者在此根据相似原理,设计一个与该系统具有相似动力学系统的电路系统。

5. 泵控液压马达系统

如考虑外负载转矩 T_L 的扰动,可得如图 8-6 所示框图。

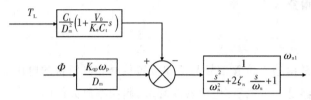

图 8-6 泵-电动机在扰动下的模型

从框图中,可得泵控液压马达传递函数为

$$\omega_{m1} = \frac{\dfrac{K_{qp}\omega_p}{D_m^2}\Phi - \dfrac{C_t}{D_m^2}\left(1 + \dfrac{V_0}{K_e C_t}s\right)T_L}{\dfrac{s^2}{\omega_h^2} + 2\zeta_h \dfrac{s}{\omega_h} + 1} \qquad (8-7)$$

式中,ω_p 为液压泵的角速度;K_{qp} 为泵的流量增益;D_m 为液压电动机的每弧度排量;C_t 为系统总泄漏系数;K_e 为油液等效体积模量;V_0 为泵和电动机中承受高压的工作腔体积,ω_h 为泵控液压马达液压固有频率;ζ_h 为阻尼比;ω_{m1} 为液压电动机的角速度输出。

如果不考虑外负载转矩 T_L 的扰动,即 T_L 为常值时,则传递函数为

$$G_m(s) = \frac{\omega_{m1}}{\Phi} = \frac{\dfrac{K_{qp}\omega_p}{D_m^2}}{\dfrac{s^2}{\omega_h^2} + 2\zeta_h \dfrac{s}{\omega_h} + 1} \qquad (8-8)$$

6. 齿轮变速机构的传动比

$$i_z = \frac{\omega_{m2}}{\omega_{m1}} \qquad (8-9)$$

需要强调,齿轮升速后的惯量将按转速比的平方增加。因此我们只考虑液压马达输出轴的转速。根据液压控制系统理论及对各环节的推导,可获得上述系统的数学模型

$$n = \frac{k\dfrac{K_{qp}}{D_m}\dfrac{K_q}{A_p}X_v - \dfrac{C_t}{D_m^2}\left(1 + \dfrac{V_0}{\beta_e C_t}s\right)s\left(\dfrac{s^2}{\omega_{1h}^2} + 2\dfrac{\zeta_{1h}}{\omega_{1h}}s + 1\right)T_L}{s\left(\dfrac{s^2}{\omega_h^2} + 2\dfrac{\zeta_h}{\omega_h}s + 1\right)s\left(\dfrac{s^2}{\omega_{1h}^2} + 2\dfrac{\zeta_{1h}}{\omega_{1h}}s + 1\right)} \qquad (8-10)$$

式中,ω_h、ω_{1h} 分别为泵控液压马达和阀控缸的液压固有频率;ξ_h、ξ_{1h} 分别为泵控液压马达和阀控缸的阻尼比;A_p 为活塞有效面积;β_e 为系统的等效体积模量;K_{ce} 为总流量压力系数;B_p 为活塞和负载的黏性阻尼系数;K_q 为阀的流量增益;K_{qp} 为变量泵的流量增益;C_t 为总泄漏系数;D_m 为液压马达每弧度排量;n 为液压马达轴转速;V_0 为泵和液压马达的一个工作腔、连接管道及与此相连的非工作容积;J_t 为液压马达和负载(折算到液压马达轴上)的总惯量;B_m 为液压马达和负载(折算到液压马达轴上)的总黏性阻尼系数;T_L 为作用在液压马达轴

上的任意外负载转矩。

虽然我们对上述电液伺服系统进行了较详细的分析,但是由于液压系统的许多参数是用经验值来确定的,制造、装配中的误差,系统参数的时变特性,加上系统的运行环境、负载变化时的特性等,都会造成系统模型的误差,给控制器的设计带来困难。

对于特性未知的、模型难以进行精确数学描述的复杂系统(称为灰箱或黑箱)的认识,通常采取基于试验输入-输出响应方法来获得系统的响应曲线,进而对其动特性进行特性分析。同样,该方法也可以检验我们对系统模型的简化是否合理。

8.3　转速高精度测量

8.3.1　转速的常规测量

控制系统中,被控对象与控制器的相互联系是靠信息通道建立的。就控制器而言,两者联系的信息是输入偏差和输出控制量。控制器的输入是偏差 $e(t) = r(t) - y(t)$,因此被控对象的动态输出在很大程度上决定偏差计算的精度,进而影响控制器的运算结果。控制器的输出 $u(t) = f(e(t))$ 是控制器决策后提供给被控对象的控制信号。信息的传递形式可以是模拟量、数字量或开关量。

从被控对象采集的数据是控制器进行信息处理的第一手资料,它的准确与否将对整个控制系统的工作性能有重要影响。因此,数据采集技术是控制系统设计时必须完成的第一关。就本例设计的液压泵-液压马达控制系统而言,图 8-4 所示的是一个单输入-单输出反馈控制系统结构,被控量转速就是要采集的量。由于系统的转速变化范围即系统工作点范围(300～10000 r/min)很大,而系统的控制精度要求又较高(稳态值的 0.1%),必然要求转速的测试精度很高,这用通常的测速方法难以实现。

下面先对几种常用测速方法作简单介绍,然后再介绍一种针对本系统要求而研制的高精度、高速脉冲量测试板,其结构为与微型计算机接口的插卡式电路板,研制包括软件和硬件设计。

1. 直流测速发电机

直流测速发电机将其输入的转速信号转换成直流电压输出。由图 8-7(a)所示的结构可知测得的电压必然存在如图 8-7(b)那样的纹波,其转速与电压的关系为

$$U = k \times n \tag{8-11}$$

式中,k 是系数。如果 k 为常数,则 U 与 n 呈线性关系,实际上,U 与 n 的关系仅在一定转速范围内是线性的,超出范围则是非线性的,实测值如图 8-7(c)所示。造成非线性的因素是多方面的,主要是电枢反应和延迟换向的去磁效应使非线性误差随转速的增大或负载电阻的减小而增大。可见,该方法的使用要满足电机转速不得超过规定的最高转速 $N_{\max}$,负载电阻不可小于额定值。另外,电机本身物理结构的影响、旋转运动、电磁转换及温度等因素会

造成输出电压的波动,降低了测量精度。

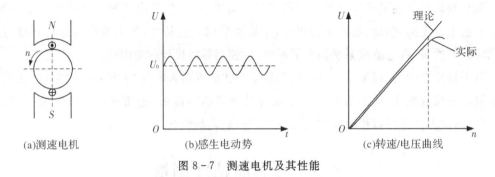

(a)测速电机　　　　　　　(b)感生电动势　　　　　　　(c)转速/电压曲线

图 8-7　测速电机及其性能

表 8-1 给出了两种额定转速较高的直流测速电机的技术参数,可测量的最高转速为 3500 r/min,输出电压的线性误差小于±3‰,这都不能满足本系统要求。

表 8-1　两种额定转速较高的直流测速电机的技术参数

型号		励磁电流/A	电枢电压/V	负载电阻/Ω	转速/$(r \cdot min^{-1})$	输出电压不对称度≤‰	输出电压线性误差≤‰
新	旧						
ZCF121A	ZCF5A	0.09	50±2.5	2000	3000	1	±1
ZCF222	S221F	0.09	74±3.7	2500	3500	2	±3

2.频/压转换测速

如图 8-8 所示,可在被测轴上安装一个码盘,用磁电式(或光电)传感器把被测的转速转换成近似正弦信号,经放大整形处理后成为一串脉冲信号。为了便于和转/分(r/min)的单位换算,码盘的齿数通常是 60 的倍数。

如图 8-8(a)所示光电码盘,当它旋转起时周边的齿会间断地遮住光;图 8-8(b)所示的左侧是一个光源,它在码盘周边发出一束光投向右侧,右边的光电三极管接收到的光路信号将会通、断、通、断循环,而光强度的变化会转换成电信号的变化;图 8-8(c)是一个铁质的齿盘和一个磁电传感器,当码盘旋转时,齿盘周边的间隙变化会导致感生电动势的变化。这些电信号整形处理成脉冲序列后再输出。将测得的脉冲信号送入频/压转换电路,可以得到与转速对应的电压。

所谓频/压转换,就是输出电压和输入的频率呈线性关系,电荷泵(频/压转换电路芯片的主体)有一定的时延。此外,输出电压还存在一定的纹波,这里的纹波属于干扰噪声,滤波电容小,纹波会较大,而若加大滤波电容的值,则会引入更大的时延。

(a)光电码盘

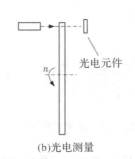
(b)光电测量

(c)磁电测量

图 8-8 测速码盘及其测量元件

除了频/压转换电路带来的测量误差以外,频压转换后测速的精度还受到计算机模拟量输入通道(A/D)转换精度的影响,因此测速范围会受 A/D 位数的限制。本例中系统的稳态精度要求为 1/1000,因此可选用 12 位 AD,其分辨率可达 1/4000。

本例中的转速范围为 300~10000 r/min,最大的允许误差只有 10 r/min,同时要求测量的响应时间很短。而此法在测量不同的转速信号时,测量系统具有不同的精度,而要保证测量精度,又会影响到响应时间,因此也不适宜采用。

3. 数字化测量

在讨论频/压转换测速时,可能已经有人提出"为什么不直接测频率"的问题。

一般说来,测量误差是由多种因素带来的,主要包括噪声污染、测量原理及测量装置三个方面。因此若要得到高精度的转速测试的设计就要从这三方面考虑,尽量提高信号质量、完善测试原理及优化测试装置的设计。

通常微弱的模拟信号最容易被噪声污染,因此如果信/噪比较低,就会增加信号处理的困难。通常传感器输出的原始信号往往较弱,因而处理这类信号时总是尽力采用各种滤波方法,期望获得尽可能真实的信息。针对飞机发动机转速控制范围大、精度高的特点,我们在转速测试模块设计中做了以下处理。

(1)提高信号质量,实现模拟量到频率量的转化。考虑到数字信号具有较强的抗干扰能力,把磁电(或光电)式传感器检测的液压马达转速信号经过放大、整形处理成脉冲序列,脉冲数与转速有一定的对应关系,于是对转速的测试转化为对脉冲的计数。这相当于对信号进行了有效的滤波处理,使信号的抗干扰能力明显增强。

(2)完善测试原理。采用等精度测频原理,被测信号经过前述处理后,接下来就是测频计数的过程。通常的测频方法有测频率法和测周期法。

测频率法原理如图 8-9 所示,是在给定的时间(称为定时时间或测量周期)内累计被测信号的脉冲数,再把脉冲数转换为角度,从而计算出转速。设在一个测量周期 T 时间内,m 为被测频率的脉冲个数,则被测频率为

$$f = m/T \qquad\qquad (8-12)$$

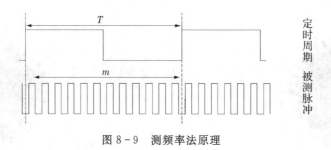

图 8-9　测频率法原理

测频率法存在的问题是,其测量周期 T 是固定时间,但这种用固定时间去"卡"被测信号既不能保证测量周期是被测信号的整倍数,也不能保证测量周期的"开始"和"关闭"沿的跳变瞬间正好和被测信号沿的跳变同步,所以难免出现 ±1 个被测脉冲数的误差。因此当被测频率很高时可以保证精度,而当被测信号频率较低,即被测信号周期不能满足远小于测量周期的条件时,将有较大的测量误差。该法仅适合测高频信号。

测周期法原理如图 8-10 所示,是对被测信号的周期时间 t 测量,被测频率

$$f=1/t \tag{8-13}$$

通常,测量时间 t 是对一个标准时钟信号进行计数,这也会带来 ±1 个时钟脉冲误差。当被测频率较高或被测周期不能远远大于标准时钟周期时,将产生较大误差。该法多用对于低频脉冲的测量。测周期法带来的另一个问题是测量周期是随被测频率而变,这对数字控制系统的性能将带来严重的影响。

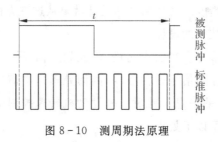

图 8-10　测周期法原理

本例中,飞机发动机的转速是在大范围(300～10000 r/min)内变化的,单独用测频法或测周法都不能在整个转速范围内保证有较高的测试精度,但是可以吸取两种方法的优点进行综合,从而得到全范围内的高精度测试。

这仅是设想,如何将二者结合在一起,这就是等精度测试法的任务。

8.3.2　等精度测量原理

参见图 8-11,在一定的固定时间 T 内,同时对两路脉冲进行计数,被测脉冲(频率为 f)计了 m 个,标准时钟脉冲(频率为 f_0)计了 m_0 个,由于两者计数时间相等,有如下关系

$$f=\frac{(m \cdot f_0)}{m_0} \tag{8-14}$$

因为定时时间很短,这 m 个被测周期内的频率平均值可近似看作瞬态值。如果标准脉

冲的频率 f_0 较高,被测信号的频率 f 范围就可以很广。为减少测量误差,用被测信号的上升沿同时打开和关闭这两路计数器,保证了误差个数在定时时间段的一端积累,最多有 ± 1 个标准时钟脉冲误差。

用等精度测量原理测量频率的绝对误差为

$$\Delta f = m f_0 \left[\frac{1}{m_0} - \frac{1}{(m_0 \pm 1)} \right] \tag{8-15}$$

相对误差为

$$E = \frac{1}{(m_0 \pm 1)} \tag{8-16}$$

可见,相对误差仅决定于标准时钟脉冲个数 m_0,而与被测信号无关,实现了大范围内具有相等精度的频率测试,而且时钟频率越高,精度越高。通常时钟频率都在 1 MHz 以上,这对几百赫兹至几千赫兹的被测频率量来说,精度已足够高了(理论上可达十万分之一)。此外,选择较高的时钟信号,相应地可缩短定时时间,提高对被测量测试的实时性,有利于完成控制算法。

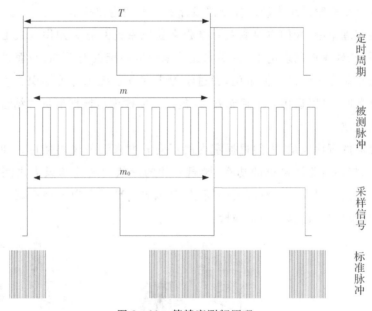

图 8-11　等精度测频原理

本例中的标准时钟为兆的数量级,只要优化一般电子器件测试装置的设计,与微机实现软、硬件接口,完全可以保证测量精度。

考虑到本模拟系统是一个微机监控系统,各子系统、各模块的设计要尽量充分利用计算机的功能优势,测速装置硬件设计为插卡式微机接口电路板,并配备完善的软件。软件设计成模块结构,通用性强、功能丰富。

至此,已完成了本模拟系统的测试功能设计。下面将根据我们对上述系统掌握的知识,探讨系统的控制器功能的设计,以达到系统设计之初预期的功能。

8.4 模糊控制的理论发展与应用

8.4.1 模糊变量与隶属函数

随着科学技术的飞速发展,现代工业设备越来越复杂。根据不相容原理,系统越复杂,清晰度就越低,人们对其特性和行为的精确描述能力就将随之减弱。因此,靠物理定律用数学的解析表达式对一些复杂系统进行描述非常困难。于是借助分解法,把某个复杂问题分解成若干个简单的问题来分析,并有一些相应的理论被发展起来用于解决这些问题,结果使得有些方法通用性越来越差,经常是花了大量精力的研究成果只能解决一些在特定条件下才有效的问题。

对于如图8-5所示的系统,已经推导出了各环节的传递函数,但仍缺乏对各环节之间输入输出(或称负载效应)影响的了解,即使得到式(8-10)的模型,在控制器的设计过程中,由于模型的许多参数是不精确的或估计的,而且是时变的,会影响到模型的准确和有效性。而且对于这样一个高阶系统也缺乏控制器设计的成熟理论和技术。

在经典控制理论中,我们主要靠微分方程来获取系统的有关知识。人工智能被运用到控制实践以后,在模糊控制理论中,主要靠经验来获取系统的有关知识;而以神经网络为代表的其他智能控制方法则是根据事例,通过学习来获取系统的有关知识。当系统的解析数学模型过于复杂时,可以运用人工智能方法(包括模糊推理),根据事例并结合经验来完成系统有关知识的获取。

如一个分档的调速风扇,人们根据室内的不同温度来调节风扇档位。如图8-12所示系统参量,我们将不再关注电机的功率、风扇叶片的形状及转速和风力之间的解析数学描述。作为控制器的人根据自身对温度的期望,对风扇实现了简单分档控制。这里系统的输入温度和输出的风扇转速都不是精确量。

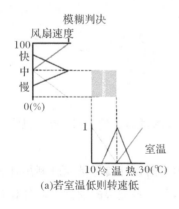
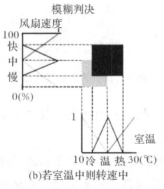
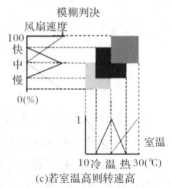

图 8-12 室温的模糊控制

数学总是和"精确"的概念联系在一起的,但自从查德1965年关于模糊集合的论文发表以来,模糊数学及模糊控制理论的应用越来越广泛。模糊控制方法的主要优点是它不需要对被控系统有十分精确的了解，而主要把注意力放在控制器的设计上。而且因模糊控制的本质是非线性的，因此对一些不易获取精确数学模型的系统或过程（如化工生产过程、高炉冶炼、经济系统及管理工程系统）及非线性系统来说，采用模糊控制的方法可以得到用常规控制方法难以取得的效果。

经典控制理论在用解析数学描述的线性定常系统中已取得了较好的应用。现代控制理论虽然弥补了经典控制理论对时变系统、非线性系统及随机系统的控制所表现出的一些缺陷，但对复杂的不确定性系统又显得过于烦琐或难以实现（事实上，尽管目前对复杂非线性系统的辨识有一定的手段，但仍然缺少有效的控制方法）。如有些现象由于影响因素过多，参数和条件过于多样和复杂，其相应的微分方程将要包括许多已知、未知和随机的变量，要列出它们的微分方程非常困难，甚至无法列出，求解就更困难了。

可以用欧姆定理（数学解析表达式）来描述电路中电压和电流的关系，但对液压系统中流量和压力的描述却需要许多系统的参数。若要对某个液压系统的流量进行控制，按照经典控制理论的方法，首先要给出系统模型的数学表达式，然后设计控制器。由于液压系统的有些参数是不精确的（如体积弹性模量是根据经验设定的），有些参数（如泄漏系数）还会随着系统的压力和油温呈非线性变化，而控制器的性能又在很大程度上依赖于系统模型的精度，因此控制器的设计难度大大增加了。

如果采用模糊控制的方法，则问题要简单得多。首先可以测定一下输入（如阀的开口）和输出（如流量）的范围（即所谓的"论域"），由于人经常将相比较的同类事务分为三个等级，如温度分为高、中、低，速度分为快、中、慢等，对系统的偏差也可分为大、中、小这样三个等级。当系统的流量偏离了目标值时，根据偏差的大小，调节阀门（大或小）就可以使流量趋向目标值。大多数情况下，还应对偏差的变化律进行判断。如当偏差为负且很大，而偏差的变化律为正且很大时，即使不改变控制量，偏差也会减小；但如偏差和偏差变化律都是负且很大时，则控制量应选大。

上述的大和小、快和慢不是用数值，而是用语言来描述的，它们之间的边界并不清晰。因为人的语言具有很大的模糊性，所以这些量被称为模糊变量。

可以看出，模糊控制不需要系统精确的数学模型，而只需根据人的经验，组成一些控制的模糊规则就能进行有效的控制。

人在解决实际问题时经常是只求满意解，而不求最优解。对于复杂的不确定性系统来说，由于其清晰度低、变量多，要列出其微分方程组并求解非常困难，甚至不可能。因此，对于那些难以获得数学模型或模型非常粗略的工业系统，仍然是以人的操作经验为基础实行人工控制，而在人的思维、语言及信息处理中表现出许多模糊概念。可见对一些不清晰的系统，就是要把模糊信息综合起来加以分析，用模糊数学理论与计算机技术相结合的方法，设计成模糊控制器，来代替有经验操作者的控制，以实现工业过程的智能控制。下面对模糊数学的一些基本知识作一简单介绍。

在康托创立的集合论中，论域中的任一元素要么属于某个集合，要么不属于某个集合。

若元素 $x \in A$，则其特征函数 $\chi_A(x)=1$；若 $x \notin A$，则 $\chi_A(x)=0$。然而在现实生活中却存在着许多模糊的事物和模糊的概论，如"高"和"矮"、"大"和"小"等，而"高"和"矮"、"大"和"小"之间的边界并不分明。

查德在 1965 年首次提出了模糊集的概念，把模糊集合的特征函数称为"隶属函数"（它在 $[0,1]$ 闭区间里连续取值），某个元素 x 隶属于某一模糊集合 A 的程度可用它的隶属函数 $\mu_A(x)$ 来表示。

如图 8-13 和图 8-14 所示分别为普通集合的特征函数与模糊集合的隶属函数图形。

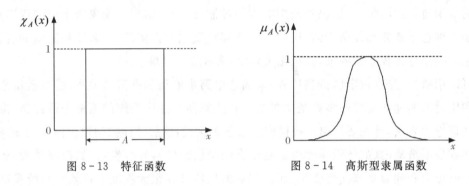

图 8-13　特征函数　　　　　　　图 8-14　高斯型隶属函数

查德用人的年龄来说明模糊子集的隶属函数。就一个人的年龄来说，用特征函数的概念可以说是年轻人，或者不是年轻人。而用隶属函数的概念，则可以说他年轻、比较年轻、不太年轻等。如果考虑由以下五个人的年龄 x_i 组成的集合为

$$A=\{x_1,x_2,x_3,x_4,x_5\}=\{35,60,25,28.5,32\} \tag{8-17}$$

定义"年轻人"的隶属函数为

$$\mu_A(x)=\begin{cases} 1 & 15 \leqslant x \leqslant 25 \\ \dfrac{1}{1+\left(\dfrac{x-25}{5}\right)^2}, & 25 \leqslant x \leqslant 50 \\ 0 & 15 < x \text{ 或 } x > 50 \end{cases} \tag{8-18}$$

若 x_i 表示模糊集合的元素，则年龄集合 $\{35,60,25,28.5,32\}$ 根据隶属函数求得各相应元素（隶属度）分别为 $\chi_A(x_1)=0.2$，$\chi_A(x_2)=0$，$\chi_A(x_3)=1$，$\chi_A(x_4)=0.7$，$\chi_A(x_5)=0.34$；则我们说 x_1 不太年轻，x_2 不年轻，x_3 年轻等。

如果模糊集合 A 称为年轻人的集合，则用查德表示法有

$$A=\frac{0.2}{x_1}+\frac{0}{x_2}+\frac{1}{x_3}+\frac{0.7}{x_4}+\frac{0.34}{x_5} \tag{8-19}$$

式（8-19）中的"＋"表示列举。

8.4.2　模糊集合与模糊子集

对于一个控制系统来说，输出误差 E 可用同样的方法来表示。通常在模糊控制时不仅要考虑到误差 E 的模糊子集，而且要考虑误差变化率 $C=E$ 的模糊子集。

系统的给定值和系统的输出经过比较环节后得到系统的偏差 E，由偏差 E 可求出偏差的变化率 C（E 和 C 都是精确量）由于在日常生活中，人们习惯于把相比较的同类事物分为三个等级，如高、中、低；大、中、小；快、中、慢等，所以我们把偏差 E 和偏差变化率 C 也分为三级，即偏差大、偏差中、偏差小及偏差变化率大、偏差变化率中、偏差变化率小。因此，偏差和偏差变化率可以从一个精确量转化成如"偏差大"或"偏差小"这样的语言变量。

如果我们观察到偏差 e 的实际变化范围为 $[a,b]$，可以通过变换式

$$E = \frac{12}{b-a}\left[e - \frac{a+b}{2}\right] \qquad (8-20)$$

把在 $[a,b]$ 区间变化的 e 转化为在 $[-6,+6]$ 之间变化的 E。考虑到还有一个"零"档，可将在 $[-6,+6]$ 之间连续变化的 E 分为如下八档：

正大（PL）：$+6$ 附近；正中（PM）：$+4$ 附近；正小（PS）：$+2$ 附近；正零（PO）：$+0$ 比零稍大；负零（NO）：-0 比零稍小；负小（NS）：-2 附近；负中（NM）：-4 附近；负大（NL）：-6 附近。

以上 8 档对应的 8 个模糊子集见表 8-2。

表 8-2　偏差 E 模糊子集表

e 隶属度 变量档		-6	-5	-4	-3	-2	-1	-0	$+0$	$+1$	$+2$	$+3$	$+4$	$+5$	$+6$
E_1	NL	1	0.8	0.4	0.1	0	0	0	0	0	0	0	0	0	0
E_2	NM	0.2	0.7	1	0.7	0.2	0	0	0	0	0	0	0	0	0
E_3	NS	0	0	0.1	0.5	1	0.8	0.3	0	0	0	0	0	0	0
E_4	NO	0	0	0	0	0.1	0.6	1	0	0	0	0	0	0	0
E_5	PO	0	0	0	0	0	0	0	1	0.6	0.1	0	0	0	0
E_6	PS	0	0	0	0	0	0	0	0.3	0.8	1	0.5	0.1	0	0
E_7	PM	0	0	0	0	0	0	0	0	0	0.2	0.7	1	0.7	0.2
E_8	PL	0	0	0	0	0	0	0	0	0	0	0.1	0.4	0.8	1

表中的数字表示 $[-6，+6]$ 之间 $12+2$ 个元素的隶属度。当然，模糊集中各元素的隶属度并非一定要如表 8-2 中那样规定，还可以根据实际情况来调整。

若用查德表示法表示偏差的某个模糊子集（如偏差的负大），可写成

$$E_1 = \frac{1}{-6} + \frac{0.8}{-5} + \frac{0.4}{-4} + \frac{0.1}{-3} + \frac{0}{-2} + \frac{0}{-1} + \frac{0}{-0} + \frac{0}{1} + \frac{0}{2} + \frac{0}{3} + \frac{0}{4} + \frac{0}{5} + \frac{0}{6} \qquad (8-21)$$

对于偏差变化率 $C = \dot{E}$，可将其分为以下七个模糊子集，见表 8-3。

表 8-3　偏差变化率 C 模糊子集表

c 隶属度 变量档		−6	−5	−4	−3	−2	−1	0	+1	+2	+3	+4	+5	+6
C_1	NL	1	0.8	0.4	0.1	0	0	0	0	0	0	0	0	0
C_2	NM	0.2	0.7	1	0.7	0.2	0	0	0	0	0	0	0	0
C_3	NS	0	0	0.2	0.7	1	0.9	0	0	0	0	0	0	0
C_4	O	0	0	0	0	0	0.5	1	0.5	0	0	0	0	0
C_5	PS	0	0	0	0	0	0	0	0.9	1	0.7	0.2	0	0
C_6	PM	0	0	0	0	0	0	0	0	0.2	0.7	1	0.7	0.2
C_7	PL	0	0	0	0	0	0	0	0	0	0.1	0.4	0.8	1

C 中的模糊子集也可以采用查德表示法。注意偏差 E 和偏差变化率 C 的分档多少并无明确规定,可以根据系统的实际情况而定。

控制输出 u 的语言变量一般也分成七个档次,形成表 8-4 那样的七个模糊子集。现在,我们可以用语言变量来描述一个控制系统。

表 8-4　控制输出 u 模糊子集表

u 隶属度 变量档		−6	−5	−4	−3	−2	−1	0	+1	+2	+3	+4	+5	+6
U_1	NL	1	0.8	0.4	0.1	0	0	0	0	0	0	0	0	0
U_2	NM	0.2	0.7	1	0.7	0.2	0	0	0	0	0	0	0	0
U_3	NS	0	0.1	0.4	0.8	1	0.4	0	0	0	0	0	0	0
U_4	O	0	0	0	0	0	0.5	1	0.5	0	0	0	0	0
U_5	PS	0	0	0	0	0	0	0	0.4	1	0.8	0.4	0.1	0
U_6	PM	0	0	0	0	0	0	0	0	0.2	0.7	1	0.7	0.2
U_7	PL	0	0	0	0	0	0	0	0	0	0.1	0.4	0.8	1

看一个简单的例子,比如对一个分档的调速风扇,人们根据室内的不同温度来调节风扇档位。对图 8-12 所示的控制系统,我们不再关注电机的功率,风扇的叶片形状,以及转速和风力之间的解析数学描述。作为控制器的人根据自身对温度的期望,对风扇实现了非精确量的模糊控制。

同样,对于在本章前面提到的液压系统来说也是可能的。不用考虑系统传递函数中的动力学特性的知识,而只考虑如果液压电动机的转速偏高,则把伺服阀的输入电流减小一点。如果发动机的负载增加,则把伺服阀的输入电流增大一点。这些输入、输出关联的变量"大"和"小"都是语言变量,可以用与它们对应的模糊子集来表示。比起用数学解析表达式建立系统的模型来说,用语言变量描述一个系统对任何人都很容易理解,不需要对某个系统有高深的理论认知,但确定这些语言变量相对应的模糊子集的隶属度却要根据经验来完成,"大"和"小"究竟取多少最合适,有时需要多次调整才能得到满意的效果。

图 8-12 系统中的温度控制器虽然简单,但精度较差。再讨论一个如图 8-15 所示的系统,后车司机在驾驶过程中对制动力 B 的控制显然是一种模糊控制。该车司机的决策是根据两辆车之间的距离 D 来确定制动力 B 的大小的。但知识和经验告诉我们,除了要考虑两车之间的距离 D,对安全影响更大的是距离的变化率。如果两车间的距离在变化,即距离的变化率在减小或增加,此时对制动力 B 的选择可能更为重要。

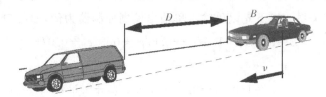

图 8-15　距离变化率对模糊控制的影响

下面讨论如何设计控制系统的模糊控制器。

8.5　模糊控制器的设计

8.5.1　模糊控制器的输入与输出

模糊控制器大多如图 8-16 所示,是二输入一输出的,即该控制器有两个模糊量的输入,并据此两个模糊输入给出一个模糊量的输出。

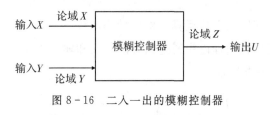

图 8-16　二入一出的模糊控制器

模糊控制器的设计需要解决以下三个方面的问题:精确量的模糊化、模糊控制规则的构成、输出信息的模糊判决。下面对这三个方面的问题分别讨论。

对一个实际系统,如果观察到它的偏差 e 在 $[a,b]$ 连续变化,而我们希望把偏差 e 分为大、中、小和零这样几档,则可以通过变换式 (8-20) 把在 $[a,b]$ 之间连续变化的精确量 e 转化为在 $[-6,+6]$ 之间变化的模糊量 E,其中:$+6$ 附近为正大(PL);-6 附近为负大(NL);$+4$ 附近为正中(PM);-4 附近为负中(NM);$+2$ 附近为正小(PS);-2 附近为负小(NS);比零稍大为正零(PO);比零稍小为负零(NO)。

以上每一档都对应着一个表 8-2 的模糊子集。对偏差变化率 C 和控制输出 U 也可通过类似的变换得到表 8-3 和表 8-4。

如图 8-15 所示，糊控制器构成的模糊控制规则是由两车之间的距离以及距离的变化率这两维输入，根据模糊推理，构成的制动力这一维的模糊输出。

这个控制规则可以写成语言规则：如果偏差为 E 且偏差变化率为 C 则进行控制操作 U，或写成

$$IF \quad E \quad AND \quad C \quad THEN \quad U \tag{8-22}$$

例如，若两车间的距离较小，且距离还在减小，则制动力再给大一些。

上述的控制规则来自于实际驾车的经验。在模糊控制理论中，通过系统的输入、输出可以求得系统的模糊关系。以下先以单输入单输出模糊控制器为例，如已知系统偏差

$$E=0.8/e_1+1.0/e_2+0.6/e_3+0.3/e_4+0.0/e_5 \tag{8-23}$$

且控制量

$$U=1.0/u_1+0.8/u_2+0.5/u_3+0.0/u_4 \tag{8-24}$$

则与这条规则相对应的模糊关系 $R=E\times U$ 是一个二维的模糊集，被定义为

$$\mu_R(x,y)=\min\left[\mu_R(x),\mu_R(y)\right] \tag{8-25}$$

8.5.2　模糊关系的运算

把 $R=E\circ U$ 称为模糊关系的"合成"，具体算法如下

$$R=E\circ U=\begin{bmatrix}0.8\wedge1.0 & 0.8\wedge0.8 & 0.8\wedge0.5 & 0.8\wedge0\\1.0\wedge1.0 & 1.0\wedge0.8 & 1.0\wedge0.5 & 1.0\wedge0\\0.6\wedge1.0 & 0.6\wedge0.8 & 0.6\wedge0.5 & 0.6\wedge0\\0.3\wedge1.0 & 0.3\wedge0.8 & 0.3\wedge0.5 & 0.3\wedge0\\0\wedge1.0 & 0\wedge0.8 & 0\wedge0.5 & 0\wedge0\end{bmatrix}=\begin{bmatrix}0.8 & 0.8 & 0.5 & 0\\1.0 & 1.0 & 0.5 & 0\\0.6 & 0.6 & 0.5 & 0\\0.3 & 0.3 & 0.3 & 0\\0 & 0 & 0 & 0\end{bmatrix} \tag{8-26}$$

式中，运算符"$\wedge$"表示"交"，在上述运算中即取较小的数。

求模糊关系很像经典控制理论中通过系统的输入和输出求系统的传递函数。现在该系统的模糊关系 R 已知，若有偏差

$$E_1=\frac{0.5}{e_1}+\frac{0.8}{e_2}+\frac{1.0}{e_3}+\frac{0.4}{e_4}+\frac{0.0}{e_5} \tag{8-27}$$

则控制量

$$U_1=E_1\circ R=(0.5,0.8,1.0,0.4,0)\times\begin{bmatrix}0.8 & 0.8 & 0.5 & 0\\1.0 & 1.0 & 0.5 & 0\\0.6 & 0.6 & 0.5 & 0\\0.3 & 0.3 & 0.3 & 0\\0 & 0 & 0 & 0\end{bmatrix}$$

$$
\begin{aligned}
=&[(0.5 \wedge 0.8) \vee (0.8 \wedge 1.0) \vee (1.0 \wedge 0.6) \vee (0.4 \wedge 0.3) \vee (0 \wedge 0),\\
&(0.5 \wedge 0.8) \vee (0.8 \wedge 0.8) \vee (1.0 \wedge 0.6) \vee (0.4 \wedge 0.3) \vee (0 \wedge 0),\\
&(0.5 \wedge 0.5) \vee (0.8 \wedge 0.5) \vee (1.0 \wedge 0.5) \vee (0.4 \wedge 0.3) \vee (0 \wedge 0),\\
&(0.5 \wedge 0.0) \vee (0.8 \wedge 0.0) \vee (1.0 \wedge 0.0) \vee (0.4 \wedge 0.0) \vee (0 \wedge 0)]
\end{aligned}
\tag{8-28}
$$

$$
=(0.8,0.8,0.5,0)
$$

即

$$
U_1 = \frac{0.8}{u_1} + \frac{0.8}{u_2} + \frac{0.5}{u_3} + \frac{0}{u_4}
\tag{8-29}
$$

式（8-28）中，运算符 $\times$ 表示"直积"；$\vee$ 表示"并"，在上述运算中表示取较大的数。

最常用的模糊控制器的输入是二维的，即 E 和 C，则其语言推理式为

$$
\text{IF } E=E_i \text{ AND } C=C_j \text{ THEN } U=U_{ij}, \quad i=1,2,\cdots,m; j=1,2,\cdots,n
\tag{8-30}
$$

式中，E_i、C_j、U_{ij} 分别为定义在 X、Y、Z 上的模糊集。这些模糊条件语句可归结为一个模糊关系 R，即

$$
R = \bigcup (E_i \circ C_j) U_{ij}
\tag{8-31}
$$

根据模糊数学的理论，运算符直积"$\times$"的含义由下式定义

$$
\mu_R(x,y,z) = \vee \left[\mu_{E_i}(x) \wedge \mu_{C_j}(y) \right] \wedge \mu_{ij}(z), \quad x \in X, y \in Y, z \in Z
\tag{8-32}
$$

如果偏差、偏差变化率分别取 E 和 C，根据模糊推理合成规则，输出的控制量应当是模糊集 U，如下

$$
U = (E \circ C) \circ R
\tag{8-33}
$$

即

$$
\mu_U(z) = \vee \mu_R(x,y,z) \wedge \left[\mu_E(x) \wedge \mu_C(y) \right]
\tag{8-34}
$$

这样，若已知 E、C 和输出控制量 U，可以根据式（8-32）求出模糊关系 R；反之，若已知系统的模糊关系，则可以根据系统的输入 E 和 C 求出输出控制量 U。

【例 8.1】若已知当输入为 $E=0.5/e_1+1.0/e_2$ 和 $C=0.1/c_1+1.0/c_2+0.6/c_3$ 时，输出 $U=0.4/u_1+1.0/u_2$，求与这条规则相对应的模糊关系 R。

解：根据式（8-31），先求出 $D=E \circ C$ 的合成

$$
\mu_{E \times C}(x,y) = \mu_E(x) \wedge \mu_C(y)
\tag{8-35}
$$

得

$$
\begin{bmatrix} 0.5 \wedge 0.1 & 0.5 \wedge 1.0 & 0.5 \wedge 0.6 \\ 1.0 \wedge 0.1 & 1.0 \wedge 1.0 & 1.0 \wedge 0.6 \end{bmatrix} = \begin{bmatrix} 0.1 & 0.5 & 0.5 \\ 0.1 & 1.0 & 0.6 \end{bmatrix}
\tag{8-36}
$$

将 D 写成 D^{T} 的形式

$$
[0.1 \quad 0.5 \quad 0.5 \quad 0.1 \quad 1.0 \quad 0.6]^{\mathrm{T}}
\tag{8-37}
$$

D^{T} 是 D 的转置形式，其中的元素是先将 D 的第一行元素按列的次序写下后，再将第二行的元素依次写下（如 D 是多行的，即按此规律处理）。于是

$$R = D^{\mathrm{T}} \circ U = \begin{bmatrix} 0.4 \wedge 0.1 & 1.0 \wedge 0.1 \\ 0.4 \wedge 0.5 & 1.0 \wedge 0.5 \\ 0.4 \wedge 0.5 & 1.0 \wedge 0.5 \\ 0.4 \wedge 0.1 & 1.0 \wedge 0.1 \\ 0.4 \wedge 1.0 & 1.0 \wedge 1.0 \\ 0.4 \wedge 0.6 & 1.0 \wedge 0.6 \end{bmatrix} = \begin{bmatrix} 0.1 & 0.1 \\ 0.4 & 0.5 \\ 0.4 & 0.5 \\ 0.1 & 0.1 \\ 0.4 & 1.0 \\ 0.4 & 0.6 \end{bmatrix} \quad (8-38)$$

在模糊关系 R 为已知的情况下,若控制器的输入为 E_1 和 C_1,则求控制器输出 U_1 的办法为:先求 $D_1 = E_1 \times C_1$,然后有 $U_1 = D_1^{\mathrm{T}} \circ R$。

【例 8.2】若已知系统的偏差 $E_1 = \dfrac{1.0}{e_1} + \dfrac{0.5}{e_2}$,偏差变化率 $C_1 = \dfrac{0.1}{c_1} + \dfrac{0.5}{c_2} + \dfrac{1.0}{c_3}$,求控制器的输出 U_1。

解:因为

$$D_1 = \begin{bmatrix} 0.1 & 0.5 & 1.0 \\ 0.1 & 0.5 & 0.5 \end{bmatrix} \quad (8-39)$$

所以

$$D_1^{\mathrm{T}} = \begin{bmatrix} 0.1 \\ 0.5 \\ 1.0 \\ 0.1 \\ 0.5 \\ 0.5 \end{bmatrix} \quad (8-40)$$

因此

$$U_1 = D_1^{\mathrm{T}} \circ R = \begin{bmatrix} 0.1 \\ 0.5 \\ 1.0 \\ 0.1 \\ 0.5 \\ 0.5 \end{bmatrix} \circ \begin{bmatrix} 0.1 & 0.1 \\ 0.4 & 0.5 \\ 0.4 & 0.5 \\ 0.1 & 0.1 \\ 0.4 & 1.0 \\ 0.4 & 0.6 \end{bmatrix} = (0.4, 0.5) \quad (8-41)$$

故所求的控制输出为 $U_1 = 0.4/u_1 + 0.5/u_2$

通常,对一个工业过程可以总结出许多条规则:

$$\text{IF } E_1 \text{ AND } C_1 \text{ THEN } U_{11}$$

$$\text{IF } E_1 \text{ AND } C_2 \text{ THEN } U_{12}$$

$$\vdots$$

$$\text{IF } E_i \text{ AND } C_j \text{ THEN } U_{ij}$$

这些规则的总和可由式(8-31)来表示,对任何一条规则都可以推出相应的模糊关系,

即 $R_1,R_2,\cdots,R_n$，因此系统总的控制规则为

$$R=R_1 \vee R_2 \vee \cdots \vee R_n \tag{8-42}$$

系统偏差 E、偏差变化率 C 和控制量 U 之间的模糊关系 R 可以用表 8-5 来表示。

表 8-5　E、C、U 之间的模糊关系 R

U E / C	NL	NM	NS	NO	PO	PS	PM	PL
NL	X	X	PL	PL	PL	PL	NM	NL
NM	PM	PS	PS	PM	PM	PM	NM	NL
NS	PL	PM	PS	PS	PS	PS	NM	NL
O	PL	PL	PS	O	O	NS	NM	NL
PS	PL	PL	NS	NS	NS	NS	NM	NL
PM	PL	PL	PM	NM	NM	NS	NS	NS	NM
PL	PL	PL	PM	NL	NL	NL	Nl	X	X

我们已经从推理语言规则中求得了模糊控制器的模糊控制规则，即模糊关系 R，但模糊控制规则要经过反复调整才能适合一个具体的被控系统。模糊控制规则的调整从模糊控制诞生之日就使人们对它产生了广泛的兴趣，有的文献介绍了一些调整的方法，然而这些调整方法都是根据操作人员的经验进行的，通用性较差，只能是专用的模糊控制器。还有些文献为模糊控制规则的自调整问题奠定了必要的理论基础，并提出了一种有效而又简单的方法，具体做法如下：

模糊控制规则涉及的论域有三个，即偏差 E、偏差的变化率 $C=\dot{E}$ 和控制量 U。可以用一个解析式将表 8-5 概括地表示出来，如下

$$U=\frac{E+C}{2} \tag{8-43}$$

式 (8-43) 对偏差 E 和偏差变化率 C 的权重是相同的，但实际上经常需要调整权重。如果用 $<A>$ 表示一个与 A 符号相同而其绝对值是大于或等于 $|A|$ 的最小整数，例如

$$<0> \ =0$$
$$<0.5> =1 \qquad <-0.5> =-1$$
$$<1> \ \ =1 \qquad <-1> \ \ =-1$$
$$<1.5> =2 \qquad <-1.5>=-2$$
$$\vdots \qquad\qquad\qquad \vdots$$

则可以采用一种带修正因子的控制规则

$$U=<\alpha E+(1-\alpha)C> \tag{8-44}$$

式中，α 是介于 0,1 之间的实数。可见，只要调整系数 α，就可以对控制规则进行修正。当

$\alpha = 0.5$ 时,式(8-44)与(8-43)是等价的。以 α 作为调整参数不仅简单易行,而且物理意义也很明显,它直接表示对偏差 E 和偏差变化率 C 的加权程度。在被控对象的阶次较高时,响应时间可能较长,对偏差变化率 C 的加权值就应该大于对偏差 E 的加权值,因此 α 要取小些;相反,当被控对象阶次较低时,响应时间可能较短,对偏差变化率 C 的加权值应小于对偏差 E 的加权值,即 α 要取大些。这种方法克服了单凭经验来选择控制规则的缺陷,是合理并且可行的。

8.5.3 控制输出的模糊判决

模糊控制器输出的是一个模糊子集,它反映的是不同控制语言所取值的一种组合。但对一个实际系统来说,被控对象能够接受控制量是一个具体数值,这就需要从输出的模糊子集判决出一个控制量的具体数值。即要推导出一个由模糊集合到普通集合的映射,这个映射通常被称为模糊判决,只有通过判决才能得到控制量的精确值。一种常用的方法是最大隶属度法,即在要判决的模糊子集 U_i 中取隶属度最大的元素 U_{Max} 作为执行量。这种方法虽然简单,但它概括的信息量太少,例如

$$U = \frac{0.1}{2} + \frac{0.4}{3} + \frac{0.7}{4} + \frac{1}{5} + \frac{0.7}{6} + \frac{0.3}{7} \tag{8-45}$$

按最大隶属度的原则,应满足

$$\mu_U(u_{\text{Max}}) \geqslant \mu_U(u), \quad u \in U \tag{8-46}$$

式(8-46)中应当取执行量 $U_{\text{Max}} = 5$,因为该项的隶属度最大,但这样做完全排除了其他一切隶属度较小元素的影响和作用。为了使判决能实现,通常还要求控制器的算法应保证其结果是正规的凸模糊集,但这一点并不一定能保证。因此我们在此采用了加权平均判决法,其执行量 U_{Max} 由下式决定

$$U_{\text{Max}} = \frac{\sum\limits_{i=1}^{n} k_i u_i}{\sum\limits_{i=1}^{n} k_i} \tag{8-47}$$

式中,权系数 k_i 的选择应根据实际情况来决定,加权系数的决定直接影响着系统的响应特性。对于模糊自动控制系统,要改善系统的响应特性,选取和调整有关的权系数是关键问题。为简便起见也可采用普通加权平均法,其执行量 U_{Max} 由下式决定

$$U_{\text{Max}} = \frac{\sum\limits_{i=1}^{n} \mu(u_i) u_i}{\sum\limits_{i=1}^{n} \mu(u_i)} \tag{8-48}$$

接下来将具体介绍液压伺服控制系统中模糊控制器的设计及如何与其他控制模式整合,构成多模式的智能控制器。

8.6　转速系统的控制器设计

8.6.1　转速系统的动力学特性分析

对图 8-5 所示的液压泵-液压马达转速伺服系统,以我们已有的流体传动的知识可以推导出式(8-10)的传递函数,这是一个高阶系统,且系统参数是不确定、时变和非线性的,分析起来有一定的困难。理论上讲,环节 1 到环节 3 阀控缸部分的响应速度应该远高于环节 4 到环节 6 泵控液压马达部分的响应速度,故可以忽略环节 1 到环节 3 的响应。读者可以进一步思考,在仿真过程中还有哪些环节可以被简化?

如图 8-17 所示是用计算机系统采集的系统对阶跃输入的响应曲线。等精度测量方法可保证测得的曲线精度至少高于 10^{-4}。如果转速是零初始状态,则系统约有 0.3 s 的时延,但是在非零初态下的系统响应延时可忽略。从图中可见,曲线是由一个大振荡环节和一些小振荡环节叠加而成的,说明该系统是一个高阶系统,至少用三阶系统表示。主导环节近似于一阶惯性环节,两个小弯采用一个二阶振荡环节近似代表,取 1% 误差带,动态响应时间约1.5 s(不包括延迟),因此,估算系统时间常数约为 0.3 s。

综上所述,根据实测的系统转速输出曲线,通过数字仿真,可以用一个延时环节、一个一阶惯性环节和一个二阶振荡环节串联而成,简化的系统开环传递函数为

$$G(s) = \frac{1}{(0.342s+1)} \frac{360}{(s^2+6.5s+360)} e^{-0.3s} \tag{8-49}$$

液压泵-马达系统对阶跃输入的实测动态响应曲线如图 8-17(a)所示。式(8-49)是液压实际系统的仿真数学模型。为了检验仿真的效果,把这两个系统对阶跃输入的动态响应曲线绘在图 8-17(b)中。比较两条曲线可以看出它们很相似,动态响应和理论分析的结果比较一致,仿真是满意的。此外,还通过仿真模型获取了系统的频率特性,该系统的频宽约为 0.714 Hz。通常,实测物理系统频率特性的工作量和代价都比较大。

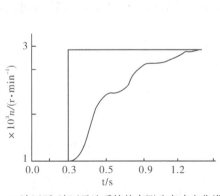

(a)液压泵-液压马达系统的实测动态响应曲线

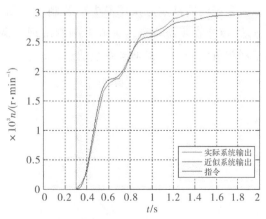

(b)仿真与实际系统输出曲线的比较

图 8-17　系统特性的实测与仿真

317

上述推导过程中未考虑负载效应。读者可以根据图8-5的液压系统考虑当液压电动机输入阶跃的力矩负载时，提出负载仿真的方案；还可以进一步考虑不同负载（惯性、力矩、黏性）及加载的形式（脉冲、阶跃、斜坡）对系统会产生什么影响？

从系统设计的最终目标来看，控制功能模块（控制器）是最重要部分，是地面模拟训练系统实现预期功能的基础保障。控制模块设计实质是设计控制策略。从经典控制理论、现代控制理论、自适应控制理论到正兴起的智能控制方法，包含了许多具体的控制策略，它们都有自己的优点与不足，也有自己的适用范围。

控制器的设计要求在综合考虑被控系统的固有特性和性能需求的基础上，也就是在充分掌握了系统的知识后，再确定具体的控制策略。通常要经过"分析、试验、检验、修正、完善"的多次反复，才能完成较满意的控制系统设计。这里针对液压泵-液压马达控制系统的特性及控制要求，给出一种智能化的多模式控制器设计，目的仍然是希望通过具体的设计实例真切地感受到机械电子系统中控制环节设计的典型过程。为清楚起见，本书先给出完整的控制器结构模式，然后对各个具体的模式作简要的解释。

实测泵控液压马达系统的阶跃输入响应曲线表明，系统进入1‰误差带要约1.5 s，但对系统的预期性能，是对阶跃输入1000 r/min的响应时间为0.25 s。此时，动态响应时间是关键指标之一。在最优控制中，时间最少是"最优"的指标之一。有关知识告诉我们一阶系统是稳定的，第3章曾介绍过采用形如$2\times1(t)-1(t-\tau)$控制，在此，对如图8-18所示的一阶系统，所得的输出响应时间大大小于自然响应时间。

特别强调：对实际系统一定要知道系统能够承受输入的最大阶跃幅度，以免系统受到不必要的损伤。

邦-邦控制（bang-bang control）是一种以最小时间为指标的控制，因为该方法需要更多的数学知识，我们不采用数学描述，而用语言做不十分严谨的描述。如要在最短时间内，把系统被控量从初始态达到终态，且在终态的状态变化趋零，可采取控制方法：①在初始时间输入最大值；②延迟到T时刻输入最大的制动力；③系统稳定，不再控制。

在计算机控制中，在某种数学条件的约束下，也是以动态响应的最小时间为指标，可以对二阶系统的阶跃响应采用最少拍控制。不用数学推导，而用语言的方式描述最少拍控制的方法，就是在系统将要出现或者刚刚出现超调时，可采用如图8-19所示的控制曲线，以小于期望值的控制量来抑制系统的超调。

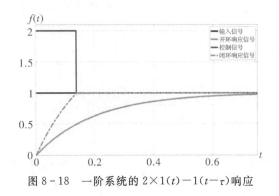

图8-18　一阶系统的$2\times1(t)-1(t-\tau)$响应

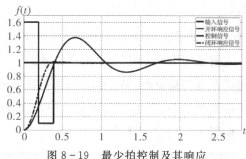

图 8-19　最少拍控制及其响应

对于动态特性如图 8-17(a)所示的实际系统,由于是高阶系统,且存在二阶振荡环节,是否也能采用类似于邦-邦控制或者采用最少拍控制?

此前已经就泵控液压马达系统的基本性质作了说明,它的动态响应比阀控马达慢,具有非线性、时变性的特点,这些都是设计控制器时要考虑和解决的问题。按照已有的控制理论,如经典控制理论、现代控制理论及自适应控制理论,控制器的设计总是离不开系统的数学模型。换言之,在控制器设计之前要对被控系统建模,应采用数学解析表达的描述方法。控制器设计的好坏在很大程度上取决于系统模型的准确程度,但泵控液压马达系统恰恰不能保证建模的精度,这也是液压系统共有的特点。液压系统中有许多经验参数,只能在某范围内取值,而且传动介质(液压油)温度的变化对系统工作有很大影响,加上非线性因素,造成了系统的复杂性。

8.6.2　多模式结构的控制器设计

智能控制方法的优点是回避了对系统精确数学模型的依赖性,只需模仿人对系统的定性认识就能设计出具有智能性的控制器,并能得到控制性能的满意解。设计泵控液压马达系统的控制器具有如图 8-20 所示的结构形式。

基于操作者的经验,实施控制的判据主要是被控制变量的偏差(期望值减去测量值)。图 8-20 中控制模式的切换也是依据转速的偏差 $e=R-Y$ 的大小:

当第 i 时刻偏差 $|e| > E_M$(E_M 为预先设定的偏差上限)时,选择最少拍控制模式;

当 $E_m < |e| \leqslant E_M$(E_m 为预先设定的偏差下限)时,执行模糊控制模式;

当 $|e| \leqslant E_m$ 时,切换到 PID 控制模式。

在这三种控制模式中,前两种模式保证了响应的快速性,而 PID 主要保证精度。

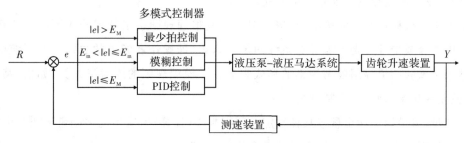

图 8-20　液压泵-液压马达控制系统结构

1."拟最少拍"控制模式

最少拍控制就是在系统模型已知时,在最短时间内使系统跟踪确定输入的希望值,并保持稳定,如图 8-19 所示。为使系统跟踪尽可能快,最少拍的第一拍常给出一个很大的正值来加快系统响应;而为了保证系统的稳定性,第二拍又给出一负值使系统不产生超调。对二阶以上的系统,一般还要继续给出正值、负值进行控制,直到系统稳定。由于第一拍的控制量很大,因此最少拍要求控制量不受约束。

最少拍是一种用解析方法来设计控制器的手段,对模型精度要求很高。对本系统而言,最少拍控制作为整个控制器的一种模式采用简化模型设计。用简化的三阶模型作为原系统的近似简化模型,在对系统进行 $4000\sim5000$ r/min 控制时,阶跃幅度 1000 r/min。但这时控制输入的能量仍然有余量。采用最少拍控制思想,能否给系统 1000 r/min 以上甚至更大的阶跃幅度? 工程实际中系统控制变量是受到约束的,一定要注意最大控制量的上限。

本例在 $|e|>E_M$ 时,由于简化模型和时变特性,用"最少拍"控制并不能使系统真正做到在"最少拍"内精确地跟随到给定值上,只能是一种加速响应控制的"拟最少拍",使转速偏差迅速减小到期望值的某个范围内,然后控制切换到模糊模式。

2.模糊控制模式

作为智能控制的重要组成部分,模糊控制的突出特点在于它不再详细地研究被控系统的数学模型,而更关心控制器本身。

模糊控制的过程包括精确量的模糊化、模糊规则合成推理、模糊判决三个环节。这也正是模糊控制器的三个组成部分。典型的模糊控制系统如图 8-21 所示。

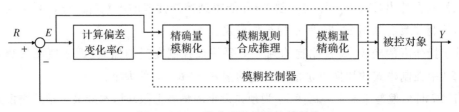

图 8-21 一类典型的模糊控制系统

模糊控制模式的第一步是将采集的系统精确值化为模糊量,为模糊运算、推理作准备。通常,输入量采用被控量的偏差及偏差变化率。

第二步是模糊控制器的核心,它按一定的合成推理规则求出特定输入下的对应模糊输出。其中的合成推理规则来源于对系统的定性认识(即操作者经验的总结),对系统的理论分析结果及试验结果等用模糊规则的形式来表达。模糊规则的语言形式为:如果(某偏差)且(某偏差变化率),则(某控制行为)。

第三步,将模糊的输出量按某种约定的原则判决(计算)出适当的精确量输出控制对象。由于模糊规则的不连续性,会损失系统很多信息,因此建议使用加权判决。若用最大隶属度判决的模糊控制,实质上简化成了一种多值继电控制。

模糊控制的实用方法:基于对实验结果离线分析和总结的经验,将工作范围内的模糊规则总结成一张模糊规则表(如前面介绍的模糊控制器)。在这张模糊规则表中,某对二维模糊输入(偏差、偏差变化率)会对应一个模糊控制量的输出。该表存放到计算机中,实施控制时只需查表,按表中给的控制量输出控制,这样减少了控制系统在线计算量,提高了实时性。

由于拟最少拍和纯模糊控制都不能消除稳态误差,即不能保证稳态精度。因此当系统偏差进入较小范围($|e|<E_m$)后,需要实施 PID 调节,以提高稳态精度。

3. PID 控制模式

传统的 PID(比例-积分-微分)调节方法以其简单、有效成为经典控制最成熟的控制策略,且至今仍然在许多实际应用中发挥着重要作用。这种方法对线性定常系统的调节有较好的效果,而当系统具有本质的非线性和时变性时,系统调节的效果往往不能令人满意。一些变形 PID 算法、智能化 PID 算法能在一定程度上解决非线性时变系统的控制或调节问题,实际上,这时的控制算法仅是借用 PID 的名,本质已属于非线性控制方法了。

在本系统控制策略的设计中,当转速偏差进入预先设定的下限 E_m 后,即实施常规 PID 调节,它对系统的作用主要是使系统尽快稳定下来并保证稳态精度(即使在稳态,系统也经常会受到各种随机扰动,PID 调节也是必要的),而对动态响应作用很小。

从上述的三模式控制方式来看,系统输出转速有大偏离和较大偏离情况下时,系统的非线性影响较严重,最少拍控制和模糊控制模式可使问题得到简化、优化。控制效果虽然难以达到最优,但能满足性能指标的要求,因而是满意的,甚至是次最优的。系统输出转速偏离较小时,系统基本上可以看作是线性化的,因此采用常规 PID 调节比较平稳、简便。

图 8-22 给出了这种三模式控制的实际系统阶跃响应曲线。最少拍控制模式设计时选取如式(8-49)的三阶模型为简化系统。图中,系统阶跃量为 1000 r/min,系统空载时的调节时间约为 0.12 s,满载时的控制时间为 0.25 s,满足预期的性能。

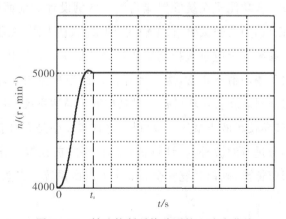

图 8-22　转速控制系统阶跃输入响应曲线

8.6.3 其他部分的设计

1. 模拟驾驶

在飞行动力控制的地面模拟训练系统中,飞行驾驶的模拟驾驶环境用的是实物仿真。飞行训练主要是驾驶员对飞机在空中飞行时的各种操作进行训练。为了保证训练效果,地面模拟系统的操作环境需要尽可能与实际操作环境一致,能够在地面上模拟发动机的动力控制,而各翼面的操纵通过舵机加载系统来模拟实现。

2. 燃油系统

机载燃料系统和工作环境是确定发动机工作状态的主要因素,本例中的模拟燃料系统由一台燃料泵和一根加油操纵杆组成,现场配有飞行参数相关的仪表,根据飞行高度、飞行速度等参数的变化,对被测系统建立起与飞行实际情况相吻合的对应物理量,通过模拟产生相应的电信号,并在相应的仪表上显示;同时还提供解算发动机动力学方程组必需的数据,再馈入液压转速伺服系统的计算机来控制转速变化,因此受训人员控制燃料系统时可以读取仪表数据和感受发动机转速变化。

3. 负载仿真

操控各翼面动作时会形成不同部位的空气阻力,在气流冲击下将形成转矩负载作用在发动机的输出轴上,在此处即作用在模拟发动机——液压马达的输出轴上。本例中机载发电机的载荷是以转矩负载的形式对液压马达加载的,而操作舵机系统引起的不同载荷也被折算成泵控液压马达系统相应的功率负载,在模拟飞行训练时,对液压马达的输出轴加载。

4. 安全问题

安全问题包括系统的安全和操作者的安全两方面。由于完整的飞机动力训练地面模拟系统非常庞大、复杂,因此设计中不但要重视系统的性能要求,同时也应充分注意安全问题。总系统结构设计要合理,各功能子系统配置应得当。本例设计的地面模拟系统在实验室被分割成若干个独立的区域,如驾驶试验间、电源间、油泵间、动力间、控制室等,结构设计安排合理。需要指出的是,系统安全应重视控制操作行为的后果。计算机采集的信号有可能受到随机干扰,如果某次采集的值不正常,送入计算机并经控制算法计算,得出的控制量可能很大,若直接送出去控制对象就会损坏设备。对泵控液压马达系统,控制计算机送出的控制量如果过大、过猛,很容易拉坏液压泵的变量机构,这在实际中是有过教训的。为此,本系统设计时,除了对采集信号进行滤波外,在计算机输出控制之前设置一输出上限,若控制算法计算值超限,则按上限值输出,确保系统安全。安全上限由系统承受能力决定。

小结

通过解剖对"飞机动力控制地面模拟训练系统"设计的介绍,直观地感受了智能机电系统的设计过程。在结束本章之前,我们再对设计过程作简单回顾。

上述设计过程是一个自顶向下、由粗到细、由模糊到清晰的过程,包括提出任务和设计实践。最初提出的任务(设计飞机动力训练地面模拟系统)只是一种不甚清晰的设想,并没有给出明确和具体的方案。围绕总体目标经过调研、方案论证到确立总系统方案,由于其间或多或少地遇到了一些具体问题,很多原来模糊的设想逐步清晰起来,任务也明确起来。接下来就是将复杂的总系统按功能划分为多个子系统,并将其中的核心子系统(液压泵控液压马达系统)分离出来进行重点设计,这时也提出了具体的设计目标——系统性能指标。随后的重点是设计核心子系统,同样将其分解为多个功能模块分别设计,解决关键的技术问题。无论是确定子系统方案(以泵控液压马达系统为例)还是选择功能模块(以速度测试为例)都采用了比较法,有比较才有鉴别。总之,整个设计的主线一直是分解、搜索,逐步缩小范围,并抓住关键点。

思考题与习题 8

1. 试说明飞机动力训练地面模拟系统的设计中,为什么不采用电机驱动而采用液压系统,而且是泵控液压马达系统。

2. 根据图 8-3 所示的系统讨论地面仿真系统的工作原理。

3. 试考虑一个模拟方案,能否用数字仿真和机电模拟仿真(电路实现)结合的方法,实现飞机动力训练地面模拟系统中的泵控液压马达子系统。

4. 根据相似原理,试建立一个液压泵-液压马达系统及其加载部分的电路半实物模型。

5. 根据式(8-17),试绘制"年轻人"的隶属函数曲线。

6. 试说明测频法、测周法和等精度测量各自的特点。

7. 用压控振荡器来实现液压马达的码盘测试机电系统仿真,试对其进行等精度测量。

8. 某回转机械输出轴码盘齿数为 60,标准时钟频率为 10 MHz,测量周期为 100 ms。如果用等精度测频法,试计算转速在 1000~10000r/min 时的测量精度。

9. 用电路对本章系统实现半实物仿真,在控制输出转速从 9000~10000 r/min 的阶跃过程中,是否能够实施"最少拍"控制?

10. 根据系统预期的性能,如果在 300~10000 r/min 的整个转速范围内,系统控制器采用模糊方法可行吗?

11. 对比 PID 控制器,试说明模糊控制器及其特点。

12. 设计模糊控制器主要有哪些步骤?请以一个实际工程中控制为例,按照模糊控制算法的步骤,画出程序流程图。

13. PID 和模糊控制器是能混合使用吗?请探讨可能的混合方法有哪些?

14. 自行搭建一阶和二阶的电路系统,并以最小时间为控制性能指标,参照图 8-18 和图 8-19 的控制出曲线设计控制器。

第9章 多级压缩机故障诊断知识的发现与表达
——模糊神经网络及其应用

9.1 多级压缩机及其故障

9.1.1 多级压缩机的工作原理

压缩机按其工作原理可分为容积型压缩机和速度型压缩机。容积型可分为往复式压缩机和回转式压缩机;速度型压缩机可分为轴流式压缩机、离心式压缩机和混流式压缩机。压缩机在家用电器中的主要应用是空调制冷。

虽然压缩机包括活塞式、螺杆式、叶片式等多种形式,且随着压缩机技术的发展,各类压缩机各自都有很大的发展,但活塞往复式的压缩机仍是当前的主要产品。

在一些工业或军事领域,有时会需要较高的气压,因此常采取多级压缩的方式,分级逐步提高气体的压力。随着所需压力的提高,压缩机的级数也增多,如四级或六级。化工是压缩机广泛使用的领域,多级压缩机大量地应用于化工、空气分离、冷冻工程等方面。由于应用广泛,压缩机通常也被称为"通用机械"。

各类舰船上也大量使用压缩机。如潜艇要下潜时就将海水吸入艇内;要浮起时,就需要多级压缩机产生高压的气体,把海水排出艇身后上浮。多级压缩机常采用往复式的压缩工作方式。单级的压缩工作方式如图 9-1 所示,左边吸气口侧的阀门为吸气阀,右边排气口侧的为排气阀。当活塞向上运动时,吸气口开,实现吸气过程;活塞向下运动时,吸气口关闭排气口打开,先完成排气过程。活塞上下往复运动,则排气口可以持续输出升高压力的空气。

压缩输出的气压带有很大的波动,根据需要可以加一个气囊,起到气容滤波的作用,使输出压力的波动被大大减缓。

多级压缩机的作用就是输出高压气体。如潜艇通过吸水下潜,当下潜的深度很深时水下压力将很大,因此上浮排水时就需要很高的气压,此时常采用多级压缩机来逐级升压,以便产生高压空气来排水。

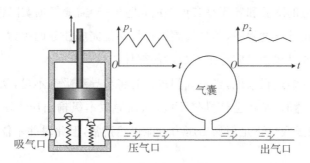

图 9 - 1　往复式单级压缩机的工作原理

一般,第 i 级的排气量为

$$O_i = V_{h_i} \lambda_{V_i} \lambda_{T_i} \lambda_{P_i} \lambda_{I_i} n_0 \tag{9-1}$$

式中,V_{h_i} 为第 i 级的行程容积;λ_{V_i} 为第 i 级的容积系数;λ_{T_i} 为第 i 级的温度系数;λ_{P_i} 为第 i 级的压力系数;λ_{I_i} 为第 i 级的泄漏系数;n_0 为机器的额定转速。

压缩机第 i 级的排气量 O_i 与压缩机第 $i+1$ 级的吸气量理论上讲是有密切联系,而简单地讲,除去气体的内、外泄漏和其他损失,第 $i+1$ 级的吸气就是第 i 级的排气。

下面考察压缩机的输出压力。由于压缩机第 $i+1$ 级的输入压力就是第 i 级的输出压力,在经过第 $i+1$ 级的压缩和升压后,得到第 $i+1$ 级输出压力为

$$P_{i+1} = P_i \times K_i \tag{9-2}$$

式中,K_i 为升压系数。由于多级压缩机通常的工作环境是在常压下,因此第一级的吸入压力是常压 P_0。一般情况下,各级压缩机的升压系数是不相等的,要由设计和工程技术人员根据工程实际环境来设定。

从式(9-1)和式(9-2)可以看出,气体的排量从第一级开始逐渐向后级传输,而压力则从常压开始被逐级压缩升高。

把相邻的两个单级压缩机串联起来,以前级的排气作为后级的吸气,相邻两级的工作关系如图 9-2 所示。图中第 i 级的排气是第 $i+1$ 级的吸气,再经过第 $i+1$ 的压缩,逐级升压输出。

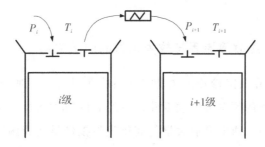

图 9 - 2　压缩机第 i 级和第 $i+1$ 级串联工作

理论上压缩机的第 $i+1$ 级吸入气量受第 i 级排气量的影响,相邻两级间的压力关系为

$$\frac{P_i V_i}{T_i} = \frac{P_{i+1} V_{i+1}}{T_{i+1}} \tag{9-3}$$

但各级压缩机排气量的降温和容积是有误差的,式(9-3)需要根据实际情况修正。

往复式压缩机在升压过程中,其吸气阀和排气阀是完成任务的关键零部件,也是往复式压缩机在压缩空气的过程中最容易出现故障的部件。

就某一单级的压缩过程来说,当吸气阀故障时将会导致吸气不足,从而使本级入口压力偏低;而若排气阀故障时,则将会使排气不畅,从而导致本级输出压力不足。当压缩机第一级有故障时,第二级虽吸气不足但输出压力可能仍然正常,但此时并不能说明压缩机系统整体工作正常。

如图9-3所示的四级压缩机,各级之间的压力和温度等参数有着强耦合性。根据在物理学中已掌握的等压、等容和等温过程的知识,若第二级吸气不足(故障可能来自第一级的排气阀或第二级的吸气阀)而排气正常时,其温度势必高于平常,这时系统已经出现了隐患。

上述压缩机系统的最终输出是第四级的气压,即检测该压缩机系统是否故障的标志是系统的最后一级输出能否达到要求。但是当诊断出输出级气压不能达到需要的正常值时,故障已经发生、因而也只能停机了。这也是故障诊断常面临的问题,即我们希望在故障出现前就发现系统已经有故障的先兆。

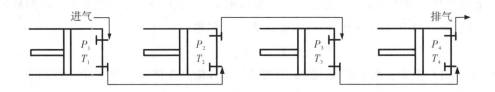

图9-3 四级往复式压缩机示意图

四级压缩机的各级都是以前级的输出压力作为本级的输入进行压缩后再升压输出,并以此逐级提高压力。因此中间任何一级压缩工作不正常都会影响到前级或后级的工作状况,引起某种连锁反应。虽然系统的输出(本例为第四级输出)暂时未出现故障,但继续运行下去可能导致整体系统故障,因此要尽可能多地了解系统运行状态信息,以期能够预先判断系统运行的状态是否正常。

9.1.2 诊断是发掘故障原因与故障现象的因果关系

以往机械系统的常用故障诊断方法是机械系统在回转工作时,转动的齿轮、轴承、滚珠等如果出现故障,其振动的频率会发生变化。有经验的技术人员从声音变化中可以判断是否有故障,是哪一种故障。西安交通大学的屈梁生教授最早在我国开始进行旋转机械振动信号的计算机故障诊断研究,在理论研究和工程实际中都取得了卓有成效的研究成果,并得到了广泛应用。以下讨论的这些成果,是对多级压缩机阀门故障诊断的介绍。

1.回转机械连续时间振动信号的分析

用计算机采集振动信号,并进行离散化处理后记录下来,再对数据进行傅里叶变换。把时间连续的振动信号转换成频率谱或功率谱,当某种类型的故障发生时,会导致某个特定振动频率功率发生变化,不同的故障将导致频谱的频率和峰值的改变,以此来诊断故障。

但多级压缩机出现较多的是吸气阀和排气阀的故障,而这类故障对回转机械振动信号变化的影响并不明显,因此很难从振动信号中提取阀门故障的特征,且阀门可能会出现多种故障,如阀体有裂纹、弹簧有断裂,其损坏的程度不同会导致有多种频率分量的变化,很难将故障与相应的特征对应。此外,多级压缩机的每级都有吸气和排气阀,如果期望仅通过振动信号,不但要诊断出压缩机系统的故障,而且要诊断是哪一级、哪一个阀门的故障,问题会更加复杂。

图 9-4 中给出了对压力信号的分析(在此暂不讨论压力曲线的傅里叶变化的物理意义),并将第一级输出压力 P_1 傅里叶变换的功率谱图分为正常、排气阀故障和吸气阀故障三种情况比较。可以看出,功率谱图确实存在一定的变化,但压缩机的专家质疑此变化是阀门故障的特征吗?如何解释这个特征及其变化。

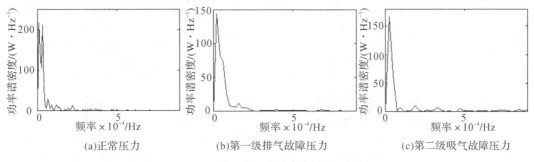

图 9-4　第一级压力输出的傅里叶变换

2.时序分析故障诊断法

时序模型在机械装置的检测中应用广泛,该方法把连续的振动信号经过采样、离散化处理,得到其离散时间的信号。机械装置运行状态的变化,就可以通过时序模型参数和残差得以反映。时间序列分析的主要方法都建立在数据样本是来自平稳和各态历经性随机过程的基础上。

往复式压缩机运行时在两端会产生振动的冲击,相关检验表明(实际上直接观察就可以发现)这些振动曲线样本一般都不满足平稳的要求,同时仍然存在不同阀门的故障与模型参数之间的变化怎样解释这个问题。因此用传统的时序分析法进行分析也难以得到压缩机专家的认同。

3.小波分析法故障诊断

顾名思义,小波就是小的波形,所谓"小"是指它具有衰减性,而"波"则是指它的波动性,以及振幅正负相间的振荡形式。与傅里叶变换相比,如果说傅里叶变换是对波形全局的变换,小波变换则是时间(空间)频率的局部化分析。小波分析是傅里叶变换在科学方法上的重大突破,解决了傅里叶变换未能解决的一些难题。

小波变换通过伸缩平移运算,对信号逐步进行多尺度细化,最终达到高频处的时间细分,以及低频处的频率细分,能自动适应时频信号分析的要求,从而可聚焦到信号的任意细节,因此有人把小波变换称为"数学显微镜"。

图 9-5 中,(a)、(b)和(c)分别是第一级压力 P_1 在正常、排气故障和吸气故障情况下小波分析的多层分解结果,包括近似 A5,以及从细节 D1 到细节 D5 的 6 幅图。关于小波分析的数学处理,有兴趣的读者可以阅读相关资料。

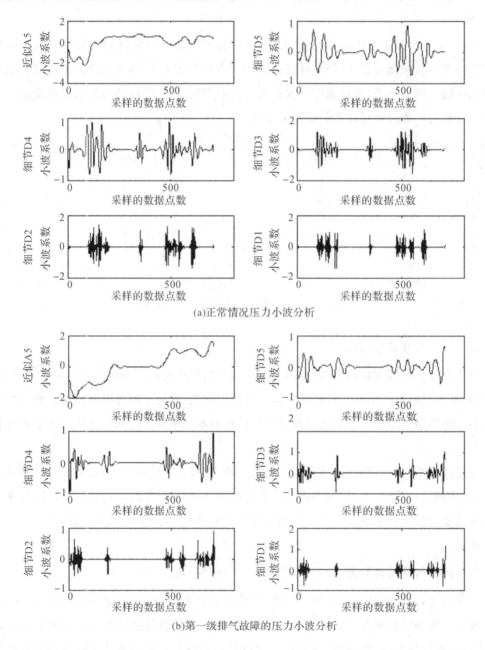

(a)正常情况压力小波分析

(b)第一级排气故障的压力小波分析

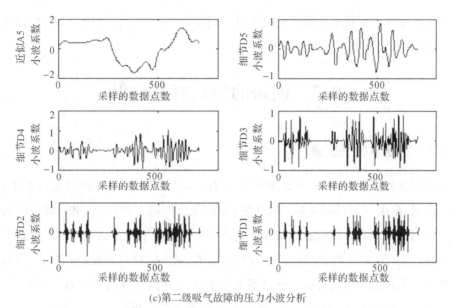

(c)第二级吸气故障的压力小波分析

图 9-5　第一级压力信号的小波分析

总体来看,就第一级压缩机的排气分析来说,上述传统方法还是能够区分工作正常、排气故障和吸气故障的状态的,但仍存在着一些困难。首先,对系统信息利用还不充分(如傅里叶分析和小波分析多是针对单变量进行的);其次,分析过程复杂,当故障复杂时,信号的频谱也变得复杂,确定每根谱线对应的故障(正常、吸气故障、排气故障)很困难;最后,诊断规则不直观,不容易为人接受,如吸气和排气的故障特征与傅里叶变化的频谱、小波信号的振动特征之间的映射关系不清晰。

综上所述,由于往复式压缩机的阀门故障特征与振动信号之间的关系难以确定,因此传统的诊断方法,即以振动信号为诊断的基础信息谱分析、时序分析,以及小波分析等方法受到限制;同时,多级压缩机只对第一级的输出压力分析,也难以判定多级压缩机工作参数是正常还是故障。

本章所述往复式多级运动机械,以输出压缩空气为目的,常因气阀损坏而导致机械故障。就压缩机吸气和排气阀门的诊断而言,专家更认可基于各级压缩工作的参变量,即各级的工作压力、温度等与故障诊断规则的关系。因为这更符合压缩机工作的原理,但这也仅仅是对单级压缩机而言。但是在级数较少(如单级或二级)时,工作模型的分析相对简单,压缩机专家根据其工作原理就可以给出诊断规则。事实上,压缩机诊断也确实有产生式系统那样的诊断规则。

但是当级数较多(如四级或六级)时,由于该系统的多变量、非线性等特性及各级变量之间的强耦合,如果工作过程中出现多个阀门故障,此时各级之间的工作参数会发生整体变化,专家也无法诊断是哪一级出了问题,很难建立起这样复杂系统的有效诊断模型。

压缩机领域的专家对于用振动信号来诊断多级压缩机的多个吸气阀和排气阀的故障特征更是持保留态度。实际上,单从振动信号中要提取出如此复杂多样的故障特征,信息有些不足。因此压缩机工程技术人员转而去测量他们更关心的相关的参数,如温度、压力、流量、时间等物理量,也包括常用的振动信号。

9.2 因果的特征变量映射

9.2.1 变量与特征变量

为了尝试新的诊断方法,一些压缩机方面的专家将四级压缩机各级运行的工况(如时间、振动、流量、温度、压力等 40 多个参变量)分别在压缩机工作正常、第一级排气阀故障及第二级吸气阀故障三种运行状态都采集并记录下来。每一个变量的采集和记录的长度都达到了数千点以上,图 9-6 分别为压缩机在运行正常、第一级排气阀故障,和第二级吸气阀故障三种情况下的压力和温度数据。三种情况下的压力和温度数据样本从(a)到(f)共 6 组,其中每组的前一幅为原始的数据,后一幅是作了简单处理的数据。

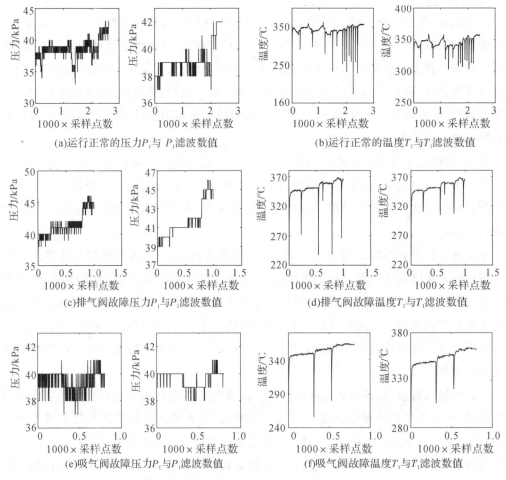

图 9-6 压缩机第一级的压力、温度信号

样本数据取运行正常 2642 个、第一级排气阀故障 1022 个、第二级吸气阀故障 806 个。图中原始数据噪声很大,为此每图做了相应的简单处理后放在原始数据之后,显然数据处理效果并不理想,关于数据处理后面会进一步讨论。

从这些原始数据可以看出:第一级排气阀故障时,压力 P_1 因排气不畅,会比正常值高很多;第二级吸气阀故障时,压力 P_1 不能完全被次级吸入,因此会比正常值略高。这些是符合压缩机物理系统的工作原理,因此即使不看实测的数据,专家们也可以得到以下的诊断规则:

诊断规则 1:如果 P_1 很高,则本级排气阀故障;

诊断规则 2:如果 P_1 较高,则次级吸气阀故障。

如图 9-7 所示是在运行正常、吸气阀故障和排气阀故障的三种情况下,压力 P_1 实测数据的统计直方图。从实测数据来分析压缩机的故障,与诊断规则 1、2 的结论是相符的。诊断规则 1、2 中压力"P_1 很高"与"排气阀故障",以及压力"P_1 稍高"与"吸气阀故障"是压缩空气工作时逻辑上的因果关系,也就是由阀门正常与否的"因"导致压力输出的"果"。

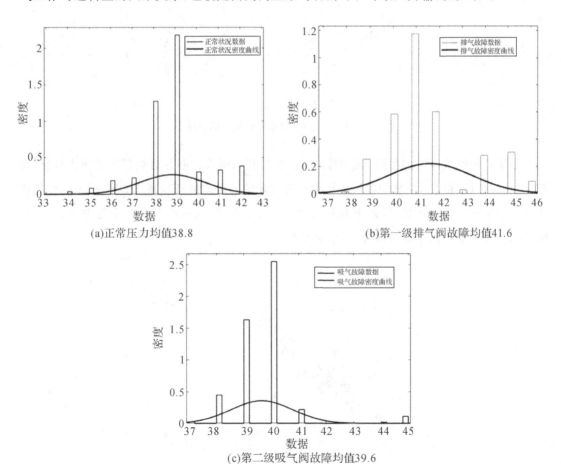

(a)正常压力均值38.8　　　　　(b)第一级排气阀故障均值41.6

(c)第二级吸气阀故障均值39.6

图 9-7　压力 P_1 数据三种状态的统计

根据上述单级压缩机故障诊断的知识,如果压力数值的分布都很接近三种运行状况各自的均值,根据 P_1 的压力值来判断和区分当前的运行状况很简单,如像图9-8(a)所示的那样。但实测的数据会存在较大的分布,如图9-8(b)那样,因此根据压力 P_1 来判断运行属于"正常""吸气阀故障"和"排气阀故障"的标准就显得有些"模糊",即使如此,也不失为一种比较理想的情况,因为只有小部分数据交叠,大多数数据还是能分清几种运行状况的。

但事实上这三种运行状况的压力数据的实际分布是像图9-8(c)那样,如果我们把"运行正常""吸气阀故障"和"排气阀故障"分别用压力的模糊量"低""中"和"高"的隶属度函数表示,有相当多的重叠。"排气阀故障"与"运行正常"相对还容易区分出来,而"吸气阀故障"和"运行正常"的压力,存在着相当大的重叠,使诊断这种工况下的"吸气阀故障"变得相当困难。

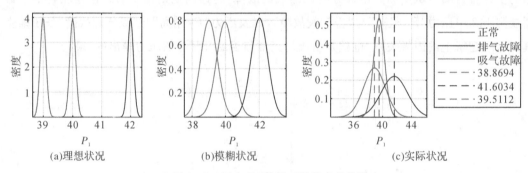

图9-8 压力 P_1 数据三种状态的统计

由于压缩机故障出现在第一级和第二级,所以我们引入它们各自相邻级的压力变量,即 P_1 和 P_2,或 P_2 和 P_3,增加相邻级的压力作为故障的特征来进行诊断。如图9-9所示用两维特征来区别三种运行状况,效果显然要比单用 P_1 明显,但仍存在一些交叠的压力信息。如果引入更多的特征变量,诊断的效果会更好。

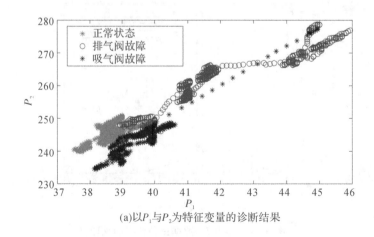

(a)以 P_1 与 P_2 为特征变量的诊断结果

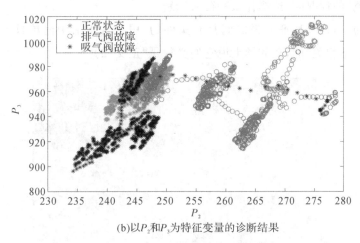

(b)以P_2和P_3为特征变量的诊断结果

图 9 - 9　两维特征变量的诊断结果

9.2.2　独立的特征变量

下面我们来考察一下如何选用事物的"特征"。

人类在获取某些事物有关知识的时候,即"认知"事物的过程中,往往先发现该事物的特征,再经过认知和验证确定后,就获取了这一事物的先验知识。如水果的特征通常为大小、颜色、形状等。

如在识别水果的时候,人类首先运用他们的先验知识,根据水果的特征来判别这是什么水果。水果样本的"因、果"对表达为{特征 1、特征 2、…、水果名},这是一个事列。以下我们运用对水果的先验知识,对不同的水果进行识别和分类。以图 9 - 10 中的几种水果为例,选水果(事物)大小为特征的"原因,结果"对,可以写成{小,樱桃}、{小,草莓}、{中,苹果}、{中,橘子},以及{大,西瓜}等知识,此处的特征变量为"尺寸",其大、中和小是判定哪种水果的特征。

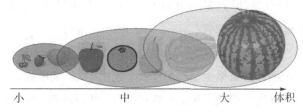

图 9 - 10　以水果的大小分类

本例中,如果说草莓是"小",则樱桃也是"小",苹果和橘子大小近似同属于"中"也不易判定;更难判定的是柠檬和黄金甜瓜,因为柠檬夹在"小"和"中"之间,而甜瓜夹在"中"和"大"之间。显然单靠尺寸这一维的特征变量来判定水果种类显得信息不足,因此再加入"颜色"为特征来判定。

如图 9 - 11 所示,由于又加入了一维特征变量,不仅尺寸同属于"中"的苹果和橘子,而且既属于"小"又属于"中"的柠檬也很容易判定了。

选择特征非常重要,请读者们思考一下,如果遇到"大樱桃和小草莓一样大小,红橘子和黄苹果一般颜色"的情况时,选择什么特征来识别?

需要强调的是,这些特征变量之间是有条件的,用日常生活中简单且容易理解的话来说,就是特征是"不相关"的,在数学上说它们必须是"正交"的。

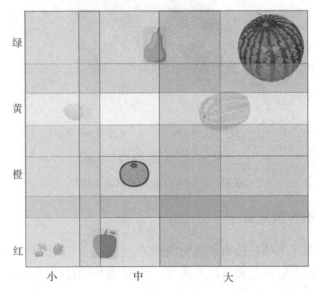

图 9-11　以水果的大小和颜色分类(彩图扫描前言二维码)

这种逻辑判断的知识表达方式在人工智能中称为"专家系统"或"产生式系统"。当上面两个例子中的特征变量(如"压力""温度""尺寸""颜色")都是模糊量时,则模糊推理逻辑的表达方式,与产生式系统的表达方式是一样的。

为此,当引入压缩机的特征变量是"模糊量"时(如压力 P_1 在正常、排气阀故障和吸气阀故障时的数据样本),以 P_1 和 P_2 构成二维特征变量的诊断规则以获取诊断知识。由于压力 P_2 的数据也存在着某种分布,因此采用隶属函数的"大""中""小"来表述为模糊变量,而诊断的知识则采取模糊推理的表达形式。

如果还需进一步了解四级压缩机的每一级工作状况以及整体和局部有无故障的发生,就需要更多的信息。在经计算机采集、记录的多维数据中,多级压缩机的参数中最重要的工作参数是各级的压力和温度。因此,四级压缩机工作"是否故障"的信息主要是对 4 个压力和 4 个温度这 8 个变量的处理。但专家虽提出这 8 个变量作为特征,却给不出产生式系统性的具体表达方式。

面对水果分类问题,我们靠已有的、先验的知识按照模糊推理的方式将知识表达出来,以便对水果进行分类,但如果我们没有这方面的知识怎么办?

而对于压缩机的第一级和第二级的阀门故障,我们对测量数据进行各种处理,如对各类数据做统计求其均值和方差,把故障数据与正常数据的统计值进行比较分类,以及把各类数据绘制在一张"因果"图中,可以使我们认知有关的诊断知识。

但是当我们对事物缺乏识别水果那样的先验知识,或者对于多级压缩机,由于系统之间各级的变量有着很强的耦合关系,在两个或两个以上故障同时发生的情况下,各级的工作参数都可能发生偏移,我们仍旧缺乏有关的诊断知识。且由于特征变量的维度增加,三维以上的空间也难以绘制在图上,使数据处理的复杂性和分析比较的难度都相应增加。

前面已经看到了模糊推理逻辑利于知识表达,但这里的知识必须是已经被认知和验证了的知识,否则根本谈不上如何去表达。多级压缩机的诊断还没有完全被认知和验证,因此专家们也无法给出诊断结果。现在面临的问题是如何获取多级压缩机部有关阀门的故障诊断方面的知识。

人工神经网络是一种极具学习能力的智能方法,下面将介绍神经网络如何通过对"事件",即{数据,正常}、{数据,故障}的大量数据对来学习有关的知识。

9.3　人脑的生物神经网络及其模拟

1956 年,在美国达特茅斯会议上,麻省理工学院的明斯基(M. L. Minsky)、斯坦福大学的麦卡锡(J. McCarthy)、卡内基梅隆大学的西蒙(H. Simon)和纽厄尔(A. Newell)、罗切斯特贝尔实验室的香农(C. E. Shannon)等正式创建了"人工智能"这一概念表征的研究领域。他们将人工智能定义为使机器具有与人类相似的理解、思考和学习的能力,这表明了使用计算机模拟人类智能是有可能的。

随着科技的发展,人工智能已经扩展到专家系统、博弈论、模式识别、机器学习、机器人和智能控制等各个研究领域。在对这些领域的探索中促进了许多技术的发展,并形成了各种学派。早期的人工智能研究领域主要分为基于符号主义的符号计算学派以及基于联结主义的神经计算学派。无论是符号计算学派还是神经计算学派,都有着相同的研究目标,即都是使机器表现出类人智能的行为。

符号主义认为符号是智能的基本元素,人的认知过程是基于符号的运算。符号主义学派认为人的逻辑思维过程是基于语言符号的。因此,符号计算通过模拟人大脑的逻辑思维过程设计计算器的逻辑规则,从而使机器表现出类人智能。在人工智能发展的过程中,符号计算这个研究领域长期占据人工智能的主流地位,传统的人工智能主要是指符号计算科学。

广义的神经计算是指神经计算科学中的神经计算,包括神经网络的神经计算、模糊计算、进化计算、量子计算和基因计算等。本节我们主要是学习狭义的神经计算,即神经网络中的神经计算。神经计算学派认为神经元是智能的基本元素,生物的认知过程是神经系统内信息并行分布处理的过程。神经计算反映了科学界对生物智能微观特征的认识和理解,这种认识和理解对基于神经信息的生物智能(包括感知、记忆、学习等)的模拟有普遍的意义。

9.3.1　人脑中的生物神经网络

人脑包括前脑(包括大脑、间脑)、小脑和脑干(包括中脑、脑桥和延髓),其中分布着很多由神经细胞集中而成的神经核或神经中枢,并有大量上行、下行的神经纤维束通过,连接大脑、小脑和脊髓,在形态上和机能上把中枢神经各部分联系为一个整体。大脑是中枢神经系统的最高级部分,也是脑的主要部分,分为左右两个大脑半球,二者由神经纤维构成的胼胝体相连。人脑的组成如图 9-12 所示。

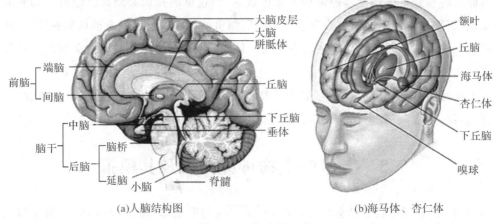

(a)人脑结构图　　　　　　　　　　(b)海马体、杏仁体

图 9-12　人脑的组成

脑干上承大脑半球,下连脊髓,呈不规则的柱状形。经由脊髓传至脑的神经冲动,呈交叉方式进入。来自脊髓右边的冲动先传至脑干的左边,然后再送入大脑;来自脊髓左边的冲动先送入脑干的右边,再传到大脑。

前脑属于脑的最高层部分,是人脑中最复杂、最重要的神经中枢。前脑又分为丘脑、下丘脑、边缘系统、大脑皮质四部分。

(1)丘脑。丘脑呈卵圆形,由白质神经纤维构成,左右各一,位于胼胝体的下方。从脊髓、脑干、小脑传来的神经冲动,都先终止于丘脑,经丘脑再传送至大脑皮质的相关区域。所以说丘脑是感觉神经的重要传递站。此外,丘脑还具有控制情绪的功能。

(2)下丘脑。下丘脑位于丘脑之下,是自主神经系统的主要管制中枢,它直接与大脑中各区相连接,又与脑垂体及延髓相连。下丘脑的主要功能是管制内分泌系统、维持新陈代谢正常、调节体温,并与生理活动中饥饿、渴、性等生理性动机有密切的关系。

(3)边缘系统。边缘系统一般认为包括丘脑、下丘脑以及中脑等在内的部分。边缘系统的主要功能为嗅觉、内脏、自主神经、内分泌、性、摄食、学习、记忆等。边缘系统有两个神经组织,即杏仁体与海马体,如图 9-12(b)所示,前者关系情绪的表现,后者与记忆有关。

(4)大脑皮质。大脑皮质是大脑的表层,由灰质构成,其厚度约为 1~4 mm,其下方大部分则由白质构成。大脑中间有一裂沟(大脑纵裂),由前至后将大脑分为左右两个半球,称为大脑半球。

总结:大脑从外面看上去像一个圆球形整体,从中间切开看可以分为左右半球大脑,两个半球之间由胼胝体连接在一起,使两半球的神经传导得以互通。单独拿出一半的球体再来看,里面是分层的,从外面的大脑皮层,到前脑(端脑,间脑),接着是脑干(中脑,脑桥,延脑),旁边是小脑,再往下是连着延脑的脊髓,每一部分都承担着对应功能。

1. 人脑神经网络的特点

1）分布存储与冗余

神经网络中存储的信息分布于大量的神经元之中。每个神经元存储着多种不同信息的部分内容。冗余是指在分布存储的内容中,有许多神经元是完成同一功能的。网络的冗余性导致网络的存储具有容错性,当某些神经元受到损伤或死亡时,仍不至于丢失其记忆的信息。

2）并行处理

神经元响应的速度为毫秒级,比一般电子开关器件要慢几个数量级,而且每个神经元的处理功能也很有限。但在成亿个神经元协同工作并行处理的结果下,大脑神经网络系统对于处理以求得问题满意解为目标的决策任务(如视觉、运动控制等)时却显得非常迅速。

3）鲁棒性

网络的高连接度意味着一定的误差和噪声不会使网络的性能恶化,即网络具有鲁棒性。

4）信息处理与存储合一

大脑皮层中,每个神经元都兼有信息处理和存储的功能。这种合二为一的优点是同时有大量相关知识参与信息过程,这对于提高网络信息处理的速度和智能是至关重要的。

与生物神经元不同,目前计算机的存储和处理分别属于两个独立的部件,存储器只是一个"知识库",这就是说,任意时刻都只有极少量的知识被取来参与处理,大部分知识处于休闲状态。

5）可塑性与组织性

随着环境刺激性质的不同而不同。能形成和改变神经元之间突触连接强度的现象称为可塑性。由于环境的刺激,形成和调整神经元之间的突触连接并逐渐构成神经网络的现象称为神经系统的自组织性。可塑性是学习和记忆的基础。

2. 生物神经元的结构

生物神经元也称神经细胞,是构成神经系统的基本单元。生物神经元主要由细胞体、树突和轴突构成,其基本的结构如图9-13所示。

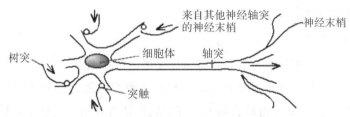

图9-13 生物神经元的结构

1）细胞体

细胞体由细胞核、细胞质、细胞膜等组成,它的直径范围为 $5\sim100~\mu m$,大小不等。细胞体是生物神经元的主体,它是生物神经元的新陈代谢中心,同时还负责接收并处理从其他生物神经元传递过来的信息。细胞体的内部是细胞核,外部是细胞膜。细胞膜外是许多外延的纤维,细胞膜内外有电位差,称为膜电位。膜外为正,膜内为负。

2)轴突(相当于树干与树枝树叶输出外形信息)

轴突是由细胞体向外伸出的所有纤维中最长的一条分支。每个生物神经元只有一个轴突,长度可达 1 m 以上,其作用相当于生物神经元的"输出电缆",它通过尾部分出的许多神经末梢以及梢端的突触向其他生物神经元输出神经冲动。

3)树突(相当于树根吸收营养)

树突是由细胞体向外伸出的除轴突外的其他纤维分支,长度一般均较短,但分支很多($10^4 \sim 10^5$ 个),它相当于生物神经元的输入端,用于接收从四面八方传来的神经冲动。

4)突触

突触是另一个神经元的轴突的终端,是生物神经元之间的连接接口,每个生物神经元约有 $10^4 \sim 10^5$ 个突触。一个生物神经元通过其轴突的神经末梢,经突触与另一生物神经元的树突连接,以实现信息的传递。

3. 生物神经元的功能特点

从生物控制论的观点来看,作为控制和信息处理基本单元的生物神经元具有以下功能特点。

1)时空整合功能

生物神经元对于不同时间通过同一突触传入的信息,具有时间整合功能;对于同一时间通过不同突触传入的信息,具有空间整合功能。两种功能相互结合,使生物神经元具有时空整合的输入信息处理功能。

2)动态极化性

在每一种生物神经元中,信息都是以预知的确定方向流动的,即从生物神经元的接收信息部分(细胞体、树突)传到轴突的起始部分,再传到轴突终端的突触,最后再传给另一生物神经元。尽管不同的生物神经元在形状和功能上都有明显的不同,但大多数生物神经元都是按这一方向进行信息流动的。

3)兴奋与抑制状态

生物神经元具有兴奋状态与抑制状态两种常规工作状态。

兴奋状态是指生物神经元对输入信息经整合后使细胞膜电位升高,且超过了动作电位的阈值,此时产生神经冲动并由轴突输出。抑制状态是指对输入信息整合后,细胞膜电位值下降到低于动作电位的阈值,从而导致无神经冲动输出。

4)结构的可塑性

突触传递信息的特性是可变的,随着神经冲动传递方式的变化,传递作用强弱的不同,会形成生物神经元之间连接的柔性,这种特性又称为生物神经元结构的可塑性。

5）脉冲与电位信号的转换

突触具有脉冲与电位信号的转换功能。沿轴突传递的电脉冲是等幅的、离散的脉冲信号，而细胞膜电位变化为连续的电位信号，这两种信号是在突触接口进行变换的。

6）突触延期和不应期

突触对信息的传递具有时延和不应期，在相邻的两次输入之间需要一些延时，在此期间，无激励、不传递信息，称为不应期。

7）学习、遗忘和疲劳

由于生物神经元结构的可塑性，突触的传递作用有增强、减弱和饱和的情况，神经细胞也具有相应的学习、遗忘和疲劳效应（饱和效应）。

9.3.2　人工神经系统的发展

1. 人工神经系统的发展

对人工神经系统的研究，可以追溯到弗洛伊德在 1890—1899 年的早期精神分析学时期，他那时已经做了一些初步工作。

1913 年，人工神经系统的第一个实践是由拉塞尔（Russell）描述的水力装置。

1943 年，美国心理学家沃伦·麦卡洛克（Warren S McCullah）与数学家沃乐特·皮茨（Walter H Pitts）合作，他们通过逻辑的数学工具来研究客观事件在形式神经网络中的描述，从此开创了对神经网络的理论研究。他们在分析、总结神经元基本特性的基础上，首先提出神经元的数学模型（McCullah - Pitts mode，简称 M - P 模型）。从脑科学的研究来看，M - P 模型是用数理语言描述脑的信息处理过程的第一个模型。后来，M - P 模型经过数学家精心整理和抽象，最终发展成一种有限自动机理论，再一次展现了 M - P 模型的价值。M - P 模型沿用至今，直接影响着这一领域研究的进展。

1949 年，心理学家唐纳德·赫布（D. O. Hebb）提出关于神经网络学习机理的"突触修正假设"，即突触联系效率可变的假设，现在多数学习机仍遵循 Hebb 学习规则。

1957 年，弗兰克·罗森布拉特（Frank Rosenblatt）首次提出并设计制作了著名的感知机，第一次从理论研究转入过程实现阶段，掀起了研究人工神经网络的高潮。

1969 年，格罗斯伯格（Grossberg）提出了至今为止最复杂的神经网络——自适应共振理论。

1972 年，考赫恩（Kohonen）提出了自组织特征映射的自组织映射（self - organizing maps，SOM）模型。

1982 年，物理学家霍普菲尔德（Hopfield）提出了 Hopfield 神经网络模型。该模型通过引入能量函数实现了问题的优化求解。1984 年他成功地应用此模型解决了旅行路线的优化问题。

1986 年,在鲁梅尔哈特(Rumelhart)和麦凯兰(McCelland)等出版的 *Parallel Distributed Processing* 中提出了一种著名的多层神经网络模型,即反向传播(back propagation,BP)网络。

随着科学技术的迅猛发展,神经网络以极大的魅力吸引着世界上众多专家、学者为之奋斗,在世界范围内再次掀起了神经网络的研究热潮。

人工神经网络特有的非线性适应性信息处理能力克服了传统人工智能方法对于直觉(如模式、语音识别、非结构化信息处理方面)的缺陷,使之在神经专家系统、模式识别、智能控制、组合优化、预测等领域成功应用。人工神经网络与其他传统方法相结合,将推动人工智能和信息处理技术不断发展。近年来,人工神经网络正向模拟人类认知的道路上更加深入发展,与模糊系统、遗传算法、进化机制等结合,形成计算智能,成为人工智能的一个重要方向,将在实际应用中得到发展。

2. 人工神经元的结构

人脑是由大量的脑细胞(大量的神经元)组成的,人工神经网络也是由大量的人工神经元构成的。下面我们先从了解人工神经元开始。此前已经给出图 9-13 所示的生物神经元,将生物神经元经抽象并模型化后,就可以得到如图 9-14 所示的一种人工 M-P 神经元模型。

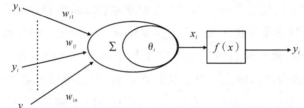

$y_i \sim y_n$ ——输入;$w_{i_1} \sim w_{i_n}$ ——权值;Σ ——加权求和;θ_i ——阈值;x_i ——神经元状态;$f(x)$ ——激发函数;y_i ——输出。

图 9-14　人工 M-P 神经元模型

9.4　人工神经元的运算

9.4.1　人工神经元的连接、求和与激活

人工神经元的信息处理过程为:接收前级神经元的输出信号 $y_1, y_2, \cdots, y_n$ 为输入,将信息加权求和、阈值处理和激发后,将输出 y_i 传给后级神经元,从而完成信息的处理与传递过程。所以人工神经元的信息处理有三个基本步骤:

1)连接权 W_{ij}

连接权 W_{ij} 对应生物神经元的突触,各个神经元之间的连接强度由连接权的权值表示,权值为正表示激活,为负表示抑制。

2)求和单元 Σ

求和单元 Σ 用于求取各输入信号的加权和(线性组合),相当于生物神经元对输入信息

的时空整合处理功能。

3)激活函数 $f(x)$

生物神经元在获得其他神经元树突的输入,经各自的连接强度,并经过时空整合后,会输出自身的信息。按照生物神经元的特性,每个神经元都有一个阈值,当该神经元获得的输入信号的积累效果超过阈值时,它就处于激发态;否则,该神经元应处于抑制态。

神经元在获得网络输入 x 后,若没有激活函数的作用,神经元的输出信号 $y=x$,即神经网络信号之间都是线性叠加的关系。人工神经元提供一个更为一般的变换函数用来执行对该神经元所获得的网络输入的变换,即在求和单元后增加激活函数。

典型的激活函数有阈值函数、线性函数、S 型函数等。

激活函数起非线性映射作用,并将人工神经元输出幅度限制在一定范围内,一般在 $(0,1)$ 或 $(-1,1)$ 之间。激活函数也称传输函数,有以下几种形式:

(1)硬限幅函数、含阈值 θ 硬限幅函数。阈值函数的表达式为

$$y=f(x)=\begin{cases} \beta, & x>\theta \\ -\gamma, & x\leqslant\theta \end{cases} \tag{9-4}$$

式中,β、γ、θ 均为非负实数;θ 为阈值。式(9-4)的神经元输出曲线很容易得出,但通常会把数值做归一化处理(后面函数不做特殊说明的,均做归一化处理)。本例中 $\beta=1$、$\gamma=0$,$\theta=0$ 时,函数表达式为

$$y=f(x)=\begin{cases} 1, & x>\theta \\ 0, & x\leqslant\theta \end{cases} \tag{9-5}$$

函数曲线如图 9-15(a)所示。

但更多的情况下阈值不为零,即当 $\beta=1$、$\gamma=0$,θ 为正实数时,神经元的输出曲线如图 9-15(b)所示。

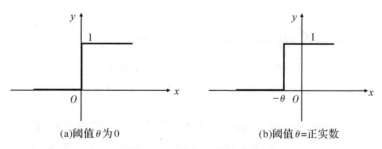

(a)阈值 θ 为 0　　　　　　　　(b)阈值 θ=正实数

图 9-15　阈值函数的曲线

(2)线性函数。线性函数的表达式为

$$f(x)=kx+c \tag{9-6}$$

式(9-6)中的参数 c 对函数的影响和前面所讨论阈值 θ 相同。

如图 9-16 所示是神经元激活函数为线性函数的输出曲线,当 $c=0$ 时的图像如图 9-16(a)所示,当 $c=\theta$ 时的图像如图 9-16(b)所示。

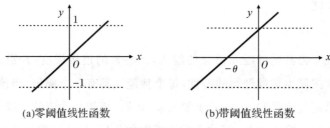

(a)零阈值线性函数　　　　　(b)带阈值线性函数

图 9 - 16　线性函数和带阈值线性函数

（3）饱和线性函数。饱和线性函数也称分段线性函数,可分为二值形式和双极值形式。饱和线性函数（即二值形式输出）的输出表达式为

$$y=f(x)=\begin{cases}1 & x\geqslant\dfrac{1}{2}\\[2mm]\dfrac{1}{2}+x, & -\dfrac{1}{2}<x<\dfrac{1}{2}\\[2mm]0, & x\leqslant-\dfrac{1}{2}\end{cases}\tag{9-7}$$

双极值饱和线性函数又称为对称饱和线性函数,函数输出表达式为

$$y=f(x)=\begin{cases}1, & x\geqslant1\\x, & -1<x<1\\-1, & x\leqslant-1\end{cases}\tag{9-8}$$

如图 9 - 17 所示为饱和线性函数的输出曲线。其中图 9 - 17(a)为饱和线性函数的输出曲线,图 9 - 17(b)为对称饱和线性函数的输出曲线。两幅图是上下平动的关系。

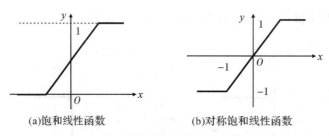

(a)饱和线性函数　　　　　(b)对称饱和线性函数

图 9 - 17　线性函数和带阈值线性函数

（4）S 型函数。Sigmoid 函数是神经网络中最常用的非线性激活函数,简称 S 型函数,可分为对数 S 型函数和双曲正切 S 型函数。一般说的 S 型函数指对数 S 型函数。S 形函数是使用范围最广的一类激活函数,有较好的增益控制,它在物理意义上最接近生物神经元。

对数 S 型函数又称 Logistic - Sigmoid 函数,有时也称为非线性 S 型函数,常用在 BP 神经网络中,其输出曲线如图 9 - 18 所示,函数的饱和值为 0 和 1。表达式为

$$y=f(x)=\frac{1}{1+e^{-ax}}\tag{9-9}$$

式中,$a>0$,可以用来控制其斜率,通常 $a=1$。

由图 9-18(a)曲线可以看出,S 型函数以(0,0.5)中心对称,连续、光滑、严格单调,是一个非常良好的激发函数。图 9-18(b)是阈值 θ 不为零的输出曲线。

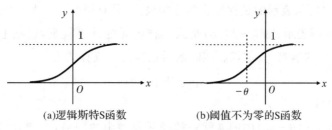

(a)逻辑斯特S函数　　　　　(b)阈值不为零的S函数

图 9-18　对数-S 型函数

压缩函数是一种经过变换的 S 型函数,其表达式为

$$y=f(x)=g+\frac{h}{1+e^{-ax}} \tag{9-10}$$

式中,g、h、a 为常数,函数的饱和值分别为 g 和 $g+h$。

压缩函数可看作是将对数 S 型函数的输出 y 扩大或缩小 h 倍后,再加上 g 所得。当 $g+h>g$ 时,$g+h$ 为上限,g 为下限。实际上当数据未经归一化时,用压缩函数会较为方便。压缩函数的输出曲线如图 9-19(a)所示。

(5)对称型的 Sigmoid 型函数。双曲正切对称 S 型函数是另一种常用的 Sigmoid 型函数,有时被简称为对称型的 Sigmoid 型函数,其表达式为

$$y=f(x)=\tanh\left(\frac{1}{2}x\right)=\frac{1-e^{-ax}}{1+e^{-ax}} \tag{9-11}$$

双曲正切对称 S 型函数的输出曲线如图 9-19(b)所示。

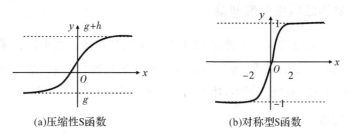

(a)压缩性S函数　　　　　(b)对称型S函数

图 9-19　对数-S 型函数

把人工神经元加权、求和、激活信息处理的三个步骤分别用数学式表给出,有

$$u_i = \sum_{j=1}^{n} w_{ij} p_k \tag{9-12}$$

$$x_i = u_i - \theta_i \tag{9-13}$$

$$y_i = f(x_i) \tag{9-14}$$

式(9-12)中,p_k 为输入信号,相当于生物神经元的树突,为人工神经元的输入;w_{i1},w_{i2},…,w_{in} 为第 i 个神经元收到 n 个其他的神经元传来信息的加权系数,权值一般为正值。式(9-13)中的 u_i 为所有输入信号的线性组合;θ_i 为阈值,只有当神经元内计算出输入信息的

组合大于阈值时,神经元才能被激发。式(9-14)表明,神经元激发后,经过激发函数 $f(x_i)$ 的映射得到 y_i,其作用相当于生物神经元的轴突,是该人工神经元的输出信息。

如图9-20(a)所示表示的是神经元的连接模型,是对图9-14人工神经元的简化,其中的神经元用一个圆圈表示;图9-20(b)是人工神经元的计算模型,包括上述式(9-12)、式(9-13)、式(9-14)的运算,其加权、求和、激活运算的合成算式为

$$y = f(\boldsymbol{W}\boldsymbol{p} + \theta) \tag{9-15}$$

式中,$\boldsymbol{W}$、$\boldsymbol{P}$ 表示向量。

需要说明的是,式(9-15)中的 θ 就是神经元模型中的阈值,在神经网络的结构图中称其为偏置节点。

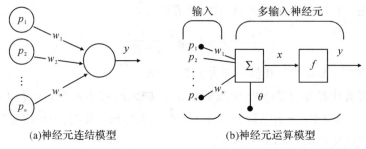

(a)神经元连结模型　　　　(b)神经元运算模型

图9-20　人工神经元的连接与运算

9.5　人工神经元的层和神经网络结构

9.5.1　单层神经网络与感知器

多个人工神经元可以构成一个神经元的"层",多"层"神经元则可以组成人工神经网络。根据运算功能不同复杂度的需求,神经网络可以做出不同的"元"和"层"的相应选择。一般情况下,神经网络的"元"和"层"越多,功能相应也越强大。

1. 单层神经网络

1958年,计算科学家罗森布拉特提出了由两层神经元组成的神经网络,他给这个网络起名"感知器"(perceptron),也有文献翻译成"感知机",本书的后文统一用"感知器"指代。感知器在当时是首个具有学习能力的人工神经网络。罗森布拉特现场演示了其识别简单图像的学习过程,在当时的社会引起了轰动。人们认为已经发现了智能的奥秘,许多学者和科研机构纷纷投入到神经网络的研究中。这段时间直到1969年才结束,这个时期可以看作神经网络的第一次高潮。

单层神经网络在原来M-P模型的"输入"位置添加神经元节点,标示其为"输入单元",其余不变。于是有如图9-21所示由两层神经元构成的单层神经网络。自该图以后,权值 w_1、w_2、w_3 等将写到"连接线"的中间。

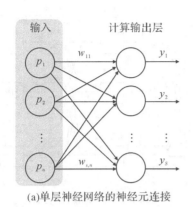
(a)单层神经网络的神经元连接

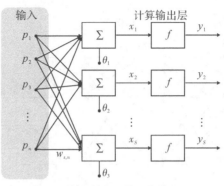
(b)单层神经网络运算模型

图 9 - 21　单层神经网络结构

"感知器"可分为两个部分。分别是输入部分输出部分。输入部分中的"输入单元"只负责传输数据,不做计算,故不算网络的"层"。而输出部分的"输出单元"则需要对前面一层的输入进行计算,通常把需要计算的层称为"计算层",把拥有一个计算层的网络称为"单层神经网络",输出层神经元的个数一般与样本的维数保持一致。需要注意的是,感知器中的权值是通过训练而得到的。

感知器的影响:感知器当时还只完成了简单的线性分类任务,就已经引起了人们十分高涨的热情,而且对感知器的功能有限这一点并没有清醒的认识。但是,当人工智能领域的专家明斯基(Minsky)指出这点时,事态开始发生变化。Minsky 在 1969 年出版了 *Perceptron* 一书,书中用详细的数学证明了感知器的弱点,尤其是感知器对异或这样的简单分类任务都无法解决。Minsky 认为,如果将计算层增加到两层,则计算量过大,而且没有有效的学习算法,所以他认为研究更深层的网络是没有价值的。

由于 Minsky 的巨大影响力及他在书中表现出的悲观态度,使很多学者和实验室纷纷放弃了对神经网络的研究。因此,神经网络的研究一度陷入了冰河期,这个时期又被称为"AI winter"。直到将近 10 年后,才迎来了神经网络研究的复苏,开始了对两层神经网络的研究。

2. 两层神经网络

Minsky 认为,单层神经网络无法解决异或问题。但是当增加一个计算层以后,两层神经网络不仅可以解决异或问题,而且具有非常好的非线性分类效果。但两层神经网络的计算曾经是一个问题,最初并没有一个较好的解法。

1986 年,反向传播算法的提出解决了两层神经网络所需要的复杂计算量问题,从而带动了业界使用两层神经网络研究的热潮,其连接与运算如图 9 - 22 所示。目前,大量的神经网络的书都是重点介绍两层(带一个隐藏层)神经网络的内容。

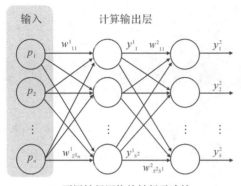
(a)两层神经网络的神经元连接

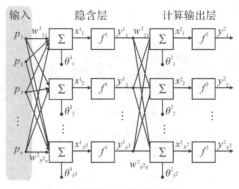
(b)两层神经网络运算模型

图 9-22 双层神经网络的连接与运算

两层神经网络除了包含输入部分、输出部分以外,还增加了一个中间部分,通常就叫"中间层"。此时,中间部分和输出部分都是"计算层"。而输入部分因为不含有计算,所以还是不算一"层"。如果在此扩展上节的单层神经网络,在输入的右边新加一个层次,即中间的"隐含层",最右边仍称为"输出层"。

现在,我们的权值矩阵增加到了两个,我们用上标来区分不同层次之间的变量。其中 y_n^m 代表从第 m 计算层的第 n 个神经元节点的输出,f^m 表示第 m 计算层所用激活函数,θ_n^m 表示第 m 计算层的第 n 个神经元采用的阈值,$w_{n,l}^m$ 表示第 m 个计算层中的第 n 个神经元节点第 l 个输入的权重。

1)两层神经网络的中间层计算

$$y_1^1 = f^1(p_1 * w_{1,1}^1 + p_2 * w_{1,2}^1 + \cdots + p_n * w_{1,n}^1 + \theta_1^1)$$
$$y_2^1 = f^1(p_1 * w_{2,1}^1 + p_2 * w_{2,2}^1 + \cdots + p_n * w_{2,n}^1 + \theta_2^1)$$
$$\vdots \tag{9-16}$$
$$y_{s^1}^1 = f^1(p_1 * w_{s^1,1}^1 + p_2 * w_{s^1,2}^1 + \cdots + p_n * w_{s^1,n}^1 + \theta_{s^1}^1)$$

2)两层神经网络的输出层计算

计算最终输出的方式是利用了中间层的 $y_1^1, y_2^1 \cdots y_{s^1}^1$ 和输出层的权值计算得到的,计算公式如下

$$y_1^2 = f^2(y_1^1 * w_{1,1}^2 + y_2^1 * w_{1,2}^2 + \cdots + y_{s^1}^1 * w_{1,s^1}^2 + \theta_1^2)$$
$$y_2^2 = f^2(y_1^1 * w_{2,1}^2 + y_2^1 * w_{2,2}^2 + \cdots + y_{s^1}^1 * w_{2,s^1}^2 + \theta_2^2)$$
$$\vdots \tag{9-17}$$
$$y_{s^2}^2 = f^2(y_1^1 * w_{s^2,1}^2 + y_2^1 * w_{s^2,2}^2 + \cdots + y_{s^1}^1 * w_{s^2,s^1}^2 + \theta_{s^2}^2)$$

若将式(9-16)用矩阵形式表达,则

$$\boldsymbol{y}^1 = \boldsymbol{f}^1(\boldsymbol{W}^1 \boldsymbol{P} + \boldsymbol{\theta}^1) \tag{9-18}$$

若将式(9-17)用矩阵形式表达,则

$$\boldsymbol{y}^2 = \boldsymbol{f}^2(\boldsymbol{W}^2 \boldsymbol{y}^1 + \boldsymbol{\theta}^2) \tag{9-19}$$

如果把神经网络的输入、输出关系以及运算用矩阵形式表达,则图 9-22(b)所示两层神经网络运算模型可简化为图 9-23 所示。

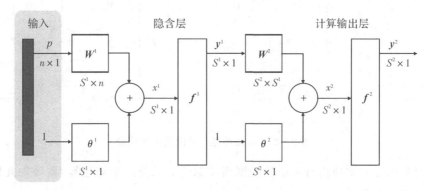

图 9-23　两层神经网络运算简化模型

使用矩阵运算来表达是很简洁的,而且也不会受到节点数增多的影响(无论有多少节点参与运算,乘法两端都只有一个变量),因此神经网络的教程中大量使用矩阵运算来描述。

9.5.2　多层神经网络(深度学习)

对于两层的神经网络,如果输出层不变,而在中间的"隐含层"再加上一层计算层,则隐含层就有了两个计算层。实际上为了获得更好的逼近效果,隐含层的层数可以不断地增加,就构成了所谓的多层神经网络。

三层神经网络运算模型结构如图 9-24 所示,对比图 9-22 可见,三层神经网络是在两层神经网络结构的基础上,给"隐含层"中增加了一层"计算层"而得到的。

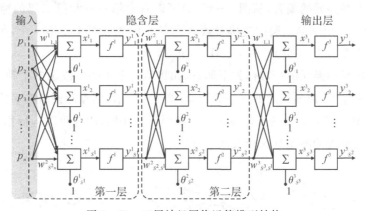

图 9-24　三层神经网络运算模型结构

从图 9-24 所示的多层神经网络可以看出,多层神经网络的计算是一层一层进行的。即从最左边的输入开始,当算出所有单元的值以后,再继续计算更深一层;只有当前层所有单元的值都计算完毕后才会算下一层。由于计算顺序在不断向前推进,所以这个过程叫作"正向传播"。如图 9-25 所示是三层神经网络的简化运算模型。

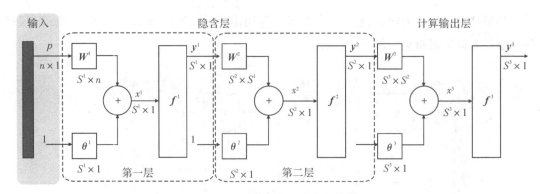

图 9-25　三层神经网络简化运算模型

运算过程的公式推导仍与两层神经网络类似。如果使用矩阵运算,则增加几层神经网络就加几个递推矩阵式,如

$$y^1 = f^1(W^1 P + \theta^1)$$
$$y^2 = f^2(W^2 y^1 + \theta^2)$$
$$\vdots \tag{9-20}$$
$$y^n = f^n(W^n y^{n-1} + \theta^{n-1})$$

以下讨论多层神经网络中的结构与参数。

神经网络里的关键不是用圆圈表示的神经元本身,而是神经元的偏置 θ 及神经元之间的连接强度 w。激活任何一个神经元都有一个阈值(偏置),而任意两个神经元之间的连接都有相应的权重 w。神经网络中的参数指的就是网络中的所有偏置 θ 和权值 w。

这些分布式的参数存储着特征与目标之间的映射关系的信息。在此,特征指的是已知属性,而目标则指的是未知属性。

如果不考虑神经元的偏置,从图 9-26(a)可以看出第一层和第二层的神经元连接参数 $W^{(1)}$ 有 6 个,而第二层和第三层的连接参数 $W^{(2)}$ 有 4 个,类似的 $W^{(3)}$ 有 6 个,所以整个神经网络中的参数有 6 个 $W^{(1)}$、4 个 $W^{(2)}$、6 个 $W^{(3)}$,共 16 个。

如果将中间层神经元的个数作如下调整,如将第一个中间层改为 3 个神经元,第二个中间层改为 4 个神经元,调整以后的网络如图 9-26(b)所示,调整后网络的参数变成了 33 个。图 9-26(a)和图 9-26(b)中输入与输出层的神经元数相同,因此可以进行相同函数的模拟,但中间层神经元个数的差别意味什么区别呢?

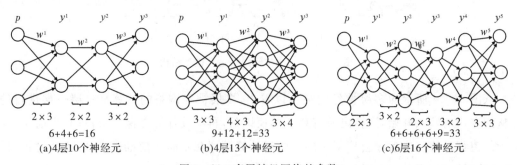

图 9-26　多层神经网络的参数

虽然图 9-26(a)和图 9-26(b)中神经网络层数相同,但图 9-26(b)中神经网络神经元个数较多,因此参数约是图 9-26(a)中神经网络的两倍。理论表明参数的增加可以带来了更强的数值逼近能力,即精度更高,但计算量也会随之而增加。

在参数个数相同的情况下,也可以获得一个不同层数的神经网络。如图 9-26(c)的神经网络中,虽然该网络的参数仍是 33 个,但中间的"隐含层"却有 4 层神经元,是图 9-26(b)神经网络"隐含层"的两倍。这意味着一样的参数个数可以用更多的层次去表达。

与两层层神经网络不同。多层神经网络中,隐含层的层数可以增加或减少。隐含层的增、减对网络有什么影响?理论表明增加神经网络的层数可以获得更深人的特征表示、更强的逼近能力、映射能力,以及网络的学习能力。

这些能力体现在随着网络的层数增加,每一层对于前一层次的抽象表示更深人。在神经网络中,每一层神经元学习到的是前一层神经元值的更抽象的表示,如图像处理,第一个隐含层学习到的是"边缘"的特征,第二个隐含层学习到的是由"边缘"组成的"形状"的特征,第三个隐含层学习到的是由"形状"组成的"图案"的特征,最后的隐含层学习到的是由"图案"组成的"目标"的特征等。通过抽取更抽象的特征来对事物进行映射获得更好的区分与分类的学习能力。

更强的函数模拟能力是随着层数的增加,整个网络的参数就越多。而神经网络的本质就是模拟特征与目标之间的真实关系函数的方法,更多的参数意味着其模拟的函数可以更加复杂,可以有更多的容量去拟合真正的关系。

9.5.3　人工神经网络的应用实例

通过前面的介绍和学习,我们已经知道生物人脑的非凡功能都是由大量神经元共同协作工作而实现的,尤其以硬件直接实现网络时,还可以大大加速应用程序的运行速度。那么人工神经元组成的网络又能实现什么智能呢?

神经网络的主要优点之一是对非线性特征的表达,通过使用不同的非线性激活函数,神经网络可以充分逼近任意复杂的非线性关系。

人工神经网络具有高速的寻优能力。对于复杂问题的寻优与求解往往需要很大的计算量,针对该问题专门设计的反馈型人工神经网络可以发挥计算机的高速运算能力,可以很快找到优化解。如波音 787 的设计在 Cray 超级计算机上用时 80 万小时,特别是像飞机发动机叶片的设计中有许多参数就是通过对大量的数据学习而获得的。

神经网络最突出的特点是学习能力。例如对某个未知事物的知识,把该事物的数据样本(因/果关系数据对)输入人工神经网络,通过训练后神经网络就能获取该事物的知识。一个人工神经网络被训练完成后,即使输入的数据中有部分变化或遗失,它仍然有能力辨认样本,这对于预测或故障诊断等具有非常重要的意义。

神经网络在实际应用中还需要根据具体情况具体分析,合理选择网络的形式。以下我们通过水果分类器的例子来讨论神经网络的学习能力。

以图 9-27 中的橘子和苹果为例,如果用特征参数来描述,"小的"和"黄色的"是橘子,而"大的"和"红色的"是苹果。这两个"事例"可以记作{较小,黄色:橘子}和{较大,红色:苹果}。事例中,括号内的前两项特征是原因,而后面一项是结果,因此事例括号中的参数是一组"因果"。两项条件蕴含着由两个独立特征判别对应水果种类的逻辑关系。一个事例的因果对参数被称为是一个"样本"。

在此,拟借用水果分类这一简单应用,说明如何借助神经网络对事例样本进行学习,并获取"从特征来判定结果"的内在逻辑知识。

本例的学习目的是取二维特征(体积、颜色)来对两种水果进行分类学习。即根据苹果和橘子的"大小"和"颜色"为特征向量,判定属于是哪种水果。学习过程是把特征数据通过的"流水线"作为神经网络的输入,训练或学习有关水果的知识,再利用训练好的神经网络对采集的数据进行分类,整个流程如下图所示。

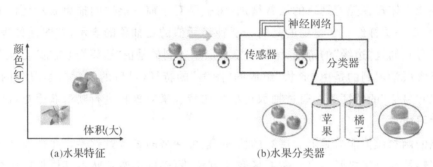

图 9 - 27　根据水果特征分类

通常神经网络处理的数据是实数,为了数据运算的方便都进行了归一化处理,因此图 9 - 27(a)两维特征变量的数据范围为 0~1。我们分别把橘子和苹果"大小"的特征参数设定为 0.3 和 0.7,而"红色"的特征参数为 0.4 和 0.8。这样,当大小在 0.3 附近,而红色在 0.4 附近,就知道这是橘子(结果),如果定义橘子的标志为"0",那么"橘子事件"的样本数据 {0.3,0.4:0} 是一组因果对;类似地,如果定义苹果的标志为"1",则"苹果事件"的样本数据就是 {0.7,0.8:1}。

我们取大小个头为 $(0.3\pm\delta)$ 和深浅颜色为 $(0.4\pm\delta)$ 的水果 100 个,并标记为"0",就得到橘子样本 100 个,再选取苹果的样本 100 个,构成了 200 个样本序列。为了学习这些样本,我们从中选取奇数序列的 100 个样本来学习(即各取 50 个水果来学习),而将偶数序列的样本留下作为测试(最后再各用 50 个水果来验证)。

注意,当网络在学习处理数据时,是利用一组已知类别(如橘子是"0"和苹果是"1")的样本数据对来调整分类器的参数,这些现有知识是由"教师"给定的,因此这种学习被称为"有教师学习"或"监督训练"。

以上述的 BP 网络为例,下面考虑如何构建本例的网络。

关于输入层,样本的特征变量有大小和颜色,记为 P_1 和 P_2 两个,因此我们选网络输入层的神经元为两个;关于输出层的个数,大多神经网络是多入单出的,因此选输出层的神经元个数为一个。实际上,输出层的个数同样本的维度有关,不同的问题有不同的选取,有兴趣的读者可以阅读相关文献。本例选用隐含层为两层,如图 9 - 28(a)所示的隐含层神经元个数分别为 3 和 2,而图 9 - 28(b)所示的隐含层神经元个数分别为 2 和 3。

9.5.4　初始参数矩阵的选取

在确定网络的基本结构之后,我们需要对网络参数(即 W 和 θ)赋初始值以进行学习和迭代。针对一个全新的映射关系,如果对其完全没有"先验知识",则神经元的初始参数(即权值和阈值)通常取 ± 1 之间的随机数。如果之前在相同的网络结构下训练过相似的映射关系,则可将最终的训练结果适当调整,作为新的映射关系的初始值,以加快收敛速度。例如,我们曾使用过神经网络训练分类产地为陕西省的苹果和橘子,那么其网络最终的训练结果经调整后,可以供分类产地为其他省份的苹果和橘子网络训练的初始参数。

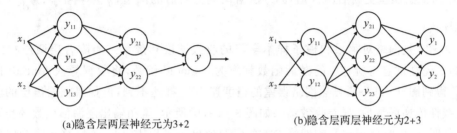

(a)隐含层两层神经元为3+2　　　　　　(b)隐含层两层神经元为2+3

图 9-28　两层隐含层的神经网络

为了将从二维特征(体积和颜色)来判断水果种类的逻辑关系转换成神经网络的输入/输出映射关系,BP 神经网络要进行学习。学习过程由信号的正向传播与误差的反向传播两个过程组成。正向传播时,输入样本从输入层传入,经各隐含层处理后,传向输出层。以图 9-28(a)为例的每个神经元输出如下

$$y_{11} = f(W_{(x1)11}x_1 + W_{(x2)11}x_2 - \theta_{11}) \tag{9-21}$$

$$y_{12} = f(W_{(x1)12}x_1 + W_{(x2)12}x_2 - \theta_{12}) \tag{9-22}$$

$$y_{13} = f(W_{(x1)13}x_1 + W_{(x2)13}x_2 - \theta_{13}) \tag{9-23}$$

$$y_{21} = f(W_{(11)21}y_{11} + W_{(12)21}y_{12} + W_{(13)21}y_{13} - \theta_{21}) \tag{9-24}$$

$$y_{22} = f(W_{(11)22}y_{11} + W_{(12)22}y_{12} + W_{(13)22}y_{13} - \theta_{22}) \tag{9-25}$$

$$y = f(W_{(21)}y_{21} + W_{(22)}y_{22} - \theta) \tag{9-26}$$

式中,x 为网络的输入;y 为神经元的输出;W 为连接神经元间的权值;θ 为神经元的阈值;f 为激活函数。

若输出层的实际输出与期望不符,则转入误差的反向传播阶段。反向传播时,将输出以某种形式通过隐藏层向输入层逐层反传,并将误差分摊给各层所有单元,从而获得各层单元的误差信号。

$$\delta = \frac{1}{2}(z - y)^2 \tag{9-27}$$

$$\delta_{21} = W_{(21)}\delta \tag{9-28}$$

$$\delta_{22} = W_{(22)}\delta \tag{9-29}$$

$$\delta_{11} = W_{(11)21}\delta_{21} + W_{(11)22}\delta_{22} \tag{9-30}$$

$$\delta_{12} = W_{(12)21}\delta_{21} + W_{(12)22}\delta_{22} \tag{9-31}$$

$$\delta_{13} = W_{(13)21}\delta_{21} + W_{(13)22}\delta_{22} \tag{9-32}$$

式中,δ 为各神经元分摊的误差;z 为网络预期的输出。

这些误差信号即为修正各神经元权值和阈值的依据,权值和阈值不断迭代更新使最终误差 z 收敛到容许范围的过程就是 BP 神经网络的学习过程。

$$W'_{(x1)11} = W_{(x1)11} + \eta\delta_{11}\frac{\mathrm{d}f(e)}{\mathrm{d}e}x_1 \qquad (9-33)$$

$$\theta'_{11} = \theta_{11} + \eta\delta_{11}\frac{\mathrm{d}f(e)}{\mathrm{d}e} \qquad (9-34)$$

······

式中,W' 为根据误差更新后的权值;θ' 为根据误差更新后的阈值;η 为学习率;$\dfrac{\mathrm{d}f(e)}{\mathrm{d}e}$ 为传递函数的导数。

图 9-29 是网络对苹果和橘子样本学习的收敛速度和效果。当隐含层两层神经元为 3+2 时,首先尝试着将所有层的激活函数都取为 Sigmoid 函数,将数据导入 Matlab 进行仿真训练,得到图 9-29(a),显然网络误差的精度连 10^{-1} 都达不到,但如果把输出层的激活函数改为线性传递函数后,误差收敛结果如图 9-29(b)所示,说明输出层激活函数的类型与数据标签的匹配性较好,或将影响网络参数的学习效果。在此基础上,若网络的隐含层两层神经元为 2+3,且所有层的激活函数都取为 Sigmoid 函数时,训练结果如图 9-29(c)所示,其收敛速度与 9-29(b)相似。

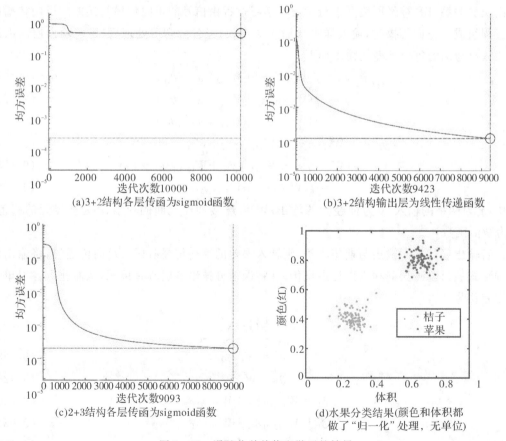

图 9-29　误差收敛趋势和学习的结果

当网络学习的精度达足够高时(本例为 10^{-4}),使用预留的测试集进行验证可以得到图 9-29(d)的结果。其中我们划分的 100 组测试集中,前 50 组为橘子,后 50 组为苹果,可以看出最终的测试结果与实际标签基本吻合。

水果分类的例子表明,人工神经网络可以通过机器学习获取人对水果认知的知识,并且可以用人类的语言方式来表述这类知识。

下面把讨论的问题重新转回到本章开始介绍的压缩机故障诊断上来。从形式上讲,只需把特征 P_1、P_2 换成压力、温度等物理量,而结果则是"故障"或"正常"。

9.6　模糊神经网络的构建及其应用

9.6.1　知识的学习和表达

对于往复式压缩机故障诊断,我们希望通过机器学习,不仅让机器学习我们已经掌握的诊断知识,而且期望机器还能够学习我们尚未能掌握的知识。

上一节我们以水果分类的问题为例,介绍了如何构建一个两个隐含层的神经网络,对水果的样本进行学习,获取人类对水果认知的知识并进行水果分类。如在图 9-29(d)中的水果分类中,通过特征变量"颜色"和特征变量"大小",很容易辨别橘子"和"苹果"这两种水果。但是,如果水果的颜色色差不很明显,如有颜色偏红的橘子和颜色偏黄的苹果,则问题将变得更为复杂一些,因为此时"颜色"这个特征变量变得"模糊"了,依靠"颜色特征"不能完全地对水果分类。此时就需要再引入更多的特征信息,如表面花纹、形状圆度等,进行学习分类,从而导致所使用的神经网络也必将更加复杂,网络层数和神经元数目也要更多。

此时,我们对系统的知识表达变得不完整了,或者说知识表达的泛化能力差了。水果分类知识的表达,用一条规则并不能对所有的苹果和橘子都成立,同时我们对水果分类的判定结果也变得较为"模糊"了。前面提到的压缩机故障诊断的知识就是一个例子。

压缩机诊断则要更复杂一些,如本章第 2 节中的图 9-8 所示,理想情况是通过压缩机的某个特征变量,就能够清晰地分辨出第一级排气阀故障、第二级吸气阀故障及系统运行正常等几种状态。但事实上单从第一级的输出压力 P_1 很难区分压缩机的吸气阀、排气阀的工作状态是"故障"还是"正常",压缩机工作状态的特征分辨显现出模糊性,即此时用模糊分类的话,可以将 P_1 分为三类。为了提高故障识别的准确性,可以再引进一些其他的变量,但随着变量的增多,高维信息空间的表达就成为问题,我们很难表达三维以上空间的图形,并从中直接获取故障诊断的知识。因此我们希望能够通过机器的自学习来获取知识。

神经网络的学习能力已经得到了充分的证明和广泛的应用,因此可以用神经网络来学习故障诊断知识。但神经网络的网络结构和参数(如网络的层数和神经元的个数)很难表达它获取的知识,也就是很难用网络的结构和参数来解释所学到的故障诊断知识。此时压缩机故障诊断的知识表达又成为一个关键问题。

本书第 8 章中曾对模糊逻辑做过讨论,在模糊推理中,其逻辑推理的知识是由工程师提供的。模糊逻辑推理系统虽不擅长学习知识,但却是一种利于知识表达的方法。

模糊神经网络将模糊逻辑系统和人工神经网络相结合,利用神经网络进行学习而获取知识,用模糊推理逻辑对学习结果进行知识表达,使之兼具良好的知识表达能力和强大的自我学习能力。下面讨论这种结构的合理性。

1. 用 IF - THEN 规则描述一般推理系统的合理性

模糊推理规则有不同的形式,如与、或、非、蕴涵、等价、条件、前向、后向等推理,而所有这些形式都可以转化成一组 IF - THEN 的推理形式,写成最一般的形式就是

$$OR\ (IF\ (AND\ (X_i\ IS\ A_{ij})))\ THEN\ \ Y_j\ IS\ \ B_j$$

此时,可以用模糊推理逻辑规则为人工神经网络提供有意义的函数连接,为模糊推理和人工神经网络的交融提供新的途径。而这样构成的模糊神经网络实现已经为知识表达做好了准备。

2. 用模糊基函数构成神经网络的合理性

在大多数工程实践环境中,实验数据的样本都是连续的物理量,经过计算机采集的离散化处理后,便于用神经网络来学习。对于压缩机故障诊断中的多级压缩机的运行过程中,各级排气、吸气等不同故障状态,以及正常状态的样本数据非常复杂,且有很大的交叠部分,各变量的因果之间呈现出较严重的非线性特性,为了保证学习的知识的正确性,要求对学习数据的收敛能够达到很高的精度。

从本章前面的介绍已知,压缩机故障诊断中压缩机样本数据的聚类状态是模糊的,而模糊推理系统处理的语言变量的缺陷之一是精度较差。但实际上神经网络能够以任意精度逼近任意实连续函数,一个具有乘-积隐含算子、面积中心法解模糊化,Gaussian 型隶属函数的模糊系统,能够以任意精度逼近任意实连续函数,但此时网络具有了不同的意义,因为此时学习到的是推理规则。

3. 模糊神经网络

神经网络各层的作用是希望通过一系列映射(N 维非线性表达),能够找到多维数据状态(如压缩机的运行数据)在某个适当空间实现完全可分的一种表达。

关于网络非线性逼近能力的增强:如果对网络的存存储空间进行增强,则该方法不易解释网络中映射关系的含义,是黑箱。但如果选择具有明确物理意义的模糊基函数对网络的连接函数进行增强,则既能实现精确的数值计算,又能获得一种语言推理的表达。因此,可用一条 IF-THEN 推理规则来构成一个增强函数。

4. 机器学习的知识与人类专家知识的相互验证

模糊推理规则可以与人类专家的经验知识相验证,而神经网络用于处理测量数据,达到语言变量和数值变量的融合处理。

模糊神经网络利用神经网络进行学习,而用模糊推理逻辑对学习结果进行解释。

由于模糊逻辑规则可以为人工神经网络提供有意义的函数连接,而神经网络可以实现对模糊逻辑规则的自动学习,因此人工神经网络完成训练后可以成为诊断专家。

5. 对专家知识和测量数据的融合处理

(1)语言信息处理。用专家的知识来确定网络结构。专家只需指出故障与哪些物理量有关,而不必进一步指出故障状态与这些物理量之间是"大"或"小"的逻辑关系及这些关系是线性还是非线性,因此降低了专家对系统知识了解的要求。

(2)数值信息处理。用测量数据来对该神经网络进行学习,学习后可优化系统的诊断规则。

诊断规则是用语言方式表达的,因此便于用专家的知识进行补充和修正,并可以由专家来评议该网络的合理性。

9.6.2 模糊神经网络的构成

在讨论模糊神经网络之前,先了解什么是模糊系统。模糊系统是一种基于知识或基于规则的系统,推理规则包括与、或、非、蕴涵、等价、条件、前向、后向等各种推理形式,而最终转化成核心就由 IF - THEN 表述的模糊规则组成的知识库。模糊系统的组成如图9-30所示。

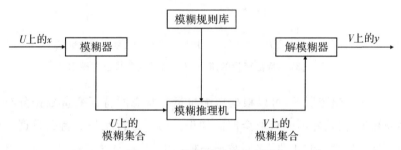

图9-30 模糊系统基本框图

其中,模糊规则库就是由模糊 IF - THEN 规则集合组成的,它是模糊系统的核心。模糊推理机是利用模糊逻辑原理,将模糊规则库中的规则组合成一个从 U 上的模糊集 A' 到 V 上的模糊集 B' 的映射。由于在大多数应用中,模糊系统的输入、输出是实数值,因此还需要在此之外构建一些用于转换的界面,即模糊器和解模糊器。

在本章前面已经分析过,若以第一级压力 P_1 作为压缩机运行的特征变量,则在对多级压缩机故障诊断的知识进行表达时,有以下的 IF - THEN 规则:

$$IF \quad P_1 \quad 很高,THEN \quad 本级排气阀 故障$$

由图9-31(a)的实际测量数据可知,对于压缩机工作状态,如果只选 P_1 作为特征变量,对"状态正常"与"排气阀故障"或许还能大致分清,但是"吸气阀故障"和"状态正常"之间靠一维特征来区分却显得较为模糊。为此,可以考虑再引入第二维特征变量 P_2,如图9-31(b)所示,虽然较一维特征可以获取更多的信息,但仍然不能清晰地分割出三种状态。于是我们又引入了第三个特征变量 P_3,如图 9-31(c)所示。

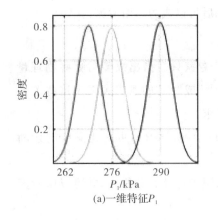

(a)一维特征P_1

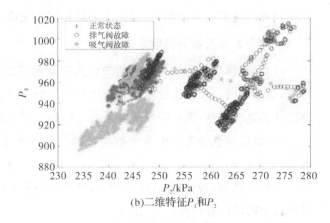

(b)二维特征P_1和P_2

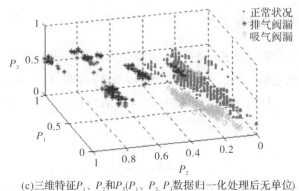

(c)三维特征P_1、P_2和P_3(P_1、P_2、P_3数据归一化处理后无单位)

图 9-31　特征变量的维数与压缩机故障状态的映射

　　如图 9-31 的几幅图所示,可以根据压缩机运行状态的特征变量数据分布直接获取故障诊断的部分知识,但是并不能获取全部的知识。由于运行状态的特征数据之间存在着部分交叠,因此有些"故障"和"正常"之间数据是模糊的,故可认为特征变量 P_1、P_2 和 P_3 等都是模糊子集。这些模糊子集具有某种隶属函数分布规则,而我们对隶属函数分析会影响到诊断规则所表达知识的有效性,因此如何确定隶属函数是非常关键的。当我们根据这些在 U 上的模糊子集 A' 推理后得到 V 上的模糊集 B' 的映射,结论也是模糊的。尽管我们也做了模糊判决,但也只能代表部分是有效的,而无法得到一个像在康托集上那样清晰而明确的解。如在图 9-31(b)中,二维特征变量显然不能将三种状态清晰而明确判定和分开;而在图 9-31(c)中,虽然采用了三维特征变量,但仍有一小部分状态数据呈交叠状而难以推理和判决。需要注意,诊断知识表达的有效性和特征变量的隶属函数有关。

　　随着我们选用更多的特征变量,对诊断知识的表达可能会更为有效,计算也将会更复杂、计算量也将大大增加。此时,由于采用了多维度的变量,我们用可视化的图像来直观表达知识的能力也随之而下降,于是面临着这样一个问题,如何从多维变量的数据中由机器自学习来提取我们需要的知识。下面介绍模糊神经网络的解决方案。

　　在模糊神经网络中,常用的模糊神经网络模型有两种:一种是模糊规则的后件为输出量的某一模糊集合,称之为模糊系统的标准模型或 Mamdani 模型;另一种是模糊规则的后件为输入语言变量的函数,典型的情况是输入变量的线性组合,称之为模糊系统的 T-S 模型。

下面我们主要讨论基于 Mamdani 模型的模糊神经网络,其网络结构如图 9-32 所示。

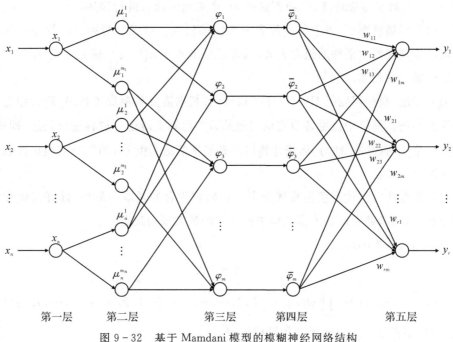

第一层　　第二层　　　第三层　　　第四层　　　　第五层

图 9-32　基于 Mamdani 模型的模糊神经网络结构

在基于 Mamdani 模型的模糊神经网络算法中,描述输入/输出关系的模糊规则为

$$\boldsymbol{R}_i:\text{IF}\quad x_1 \text{ 是 } A_1^i \text{ and } x_2 \text{ 是 } A_2^i \cdots \text{ and } x_n \text{ 是 } A_n^i,\text{THEN } y \text{ 是 } B_i \tag{9-35}$$

式中,$i=1,2,\cdots,m$,m 表示规则总数,$m \leqslant m_1 m_2 \cdots m_n$。

第一层为输入层。输入变量 $\boldsymbol{x}=(x_1\ x_2\cdots x_n)^\text{T}$ 为真值变量,该层的节点数 $N_1=n$。输入层节点的数目取决于我们所选择样本特征的维度,即我们希望通过 n 个互相独立的特征作为依据来对这些样本进行分类,如前文水果分类的例子中,我们以"大小"和"颜色"这二维特征对水果样本进行分类,那么输入层节点数目即为 2。

第二层为模糊化层,每个节点代表一个隶属度函数,是将 U 上的真值变量 $\boldsymbol{x}\subset U\subset R_n$ 映射到 U 上的模糊集合 A,即将 $\boldsymbol{x}$ 中的每个分量 x_i 转变为语言变量,每个语言变量对应一个 A_i,模糊集合又是由隶属度函数来描述的,所以每个 x_i 只与它相对应的 m_i 个隶属度函数相连,其中,$i=1,2,\cdots,n$。通过第二层来计算各输入分量属于各语言变量值模糊集合的隶属度函数 μ_i^j,且

$$\mu_i^j \equiv \mu_{A_i}^{j_i}(x_i) \tag{9-36}$$

式中,$i=1,2,\cdots,n$;$j_i=1,2,\cdots,m_i$,m_i 是 x_i 的模糊分割数。该层的节点数 $N_2=\sum\limits_{i=1}^{n}m_i$。

对于模糊化层的处理,主要对输入层的每一维特征变量,将其精确值根据其数据的分布进行模糊度划分,转换成合适隶属度函数的模糊子集。对于每一维特征,我们可以根据经验

和需要对其进行不同的聚类或分类,即模糊度的划分,由此选择不同数目对应的隶属度函数对该特征进行描述,因此该层每一个节点都代表一个隶属度函数。从数学上来讲,输入层将特征变量的精确值输入后,经隶属度函数,x 中的每个分量 x_i 转变为语言变量,每个语言变量对应一个 A_i,对于每维特征 x_i,我们选择 m_i 个隶属度函数进行描述。

第三层是模糊规则层,每个节点代表一条模糊规则。第三层与第二层神经元的连接方式就体现了推理规则中条件的组合方式,因此该层节点至多与每个输入分量 x_i 的一个节点经第二层模糊化层相连。

如前文所述,模糊规则是 IF - THEN 格式,各规则需要将前提条件 A_i 进行组合从而推导出对应的结论。网络中该层各节点也就是从数学运算上对这一过程进行表达,即将 A_i 对应的语言变量 μ_i^j 通过逻辑"与"运算计算出每条规则的适用度 φ_j,用以在数值层面表征各前提条件的组合结果。

"与"运算在此处就代表模糊集取交集。在模糊集合的基本运算中,计算模糊交集的函数有若干种,但结果都表征若干模糊集中所包含的最大模糊集合。

本书选用代数积的形式

$$\varphi_j = \mu_1^{j_1} \mu_2^{j_2} \cdots \mu_n^{j_n} \tag{9-37}$$

式中,$j = 1, 2, \cdots, m$, $m = \prod_{i=1}^{n} m_i$; $j_1 \in \{1, 2, \cdots, m_1\}$, $j_2 \in \{1, 2, \cdots, m_2\}$, $\cdots$, $j_n \in \{1, 2, \cdots, m_n\}$。该层的节点数与采用的规则数目相等,$N_3 = m$。

第四层的节点数 $N_4 = N_3 = m$,它的作用是进行归一化计算,从而表现出对于不同的输入样本各个规则的匹配程度,即

$$\bar{\varphi}_j = \frac{\varphi_j}{\sum\limits_{p=1}^{m} \varphi_p} \quad (j = 1, 2, \cdots, m) \tag{9-38}$$

第五层是输出层,它实现的是清晰化计算,即采用传统的神经网络的全连接形式将第四层归一化后的规则匹配强弱输出值组合,恰当地激活函数输出该样本经网络计算后的标签,实际上是在人为设定的标签和推理结果之间建立一种映射关系。即

$$y_k = \sum_{j=1}^{m} \omega_{kj} \bar{\varphi}_j \quad (k = 1, 2, \cdots, r) \tag{9-39}$$

综上所述,构建模糊神经网络的核心思想在于利用第一层和第二层实现输入样本特征值的模糊化,利用第三层实现前提条件的组合和推理结果的表示,利用第四层和第五层建立推理结果和标签的映射关系。这里的标签是指人为定义的样本分类归属的标记,如我们定义在水果分类中苹果的标签为"1",橘子的标签为"0"。从而借用神经网络参数自适应调整的功能,在误差的推动下,逐步调整网络各参数,即逐步完善模糊推理规则。

在上述讨论的基础上,我们建立一个三维特征输入的模糊神经网络,如图 9 - 33 所示,并对其进行分析和讨论。图中第二层、第四层的输入、输出隶属度函数分别表示对输入层的模糊化和输出层的解模糊化作用。

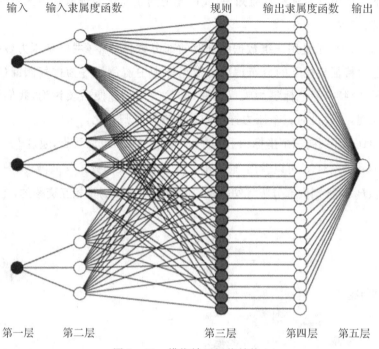

图 9 - 33　模糊神经网络结构

具体算法的流程如下：

(1)初始化权值和参数。

(2)计算各层输出：给定一个样本 x_n，计算各层的随机输出。

(3)计算误差：误差代价函数为 $E = \dfrac{1}{2}\sum_{k=1}^{r}(t_k - y_k)^2$ 。其中，$y_k(k=0,1,\cdots,r)$ 对应输出层的实际输出值，t_k 对应各输出分量的期望值。

(4)调整权值和参数：首先求误差对每一层神经元输出的偏导，运用链式法则，求得误差对各项待调整权值和参数的偏导，最后运用梯度下降法更新权值和参数。

(5)判断误差：判断 E 是否满足 $E < \dfrac{1}{2}\varepsilon_0^2$，若不满足返回步骤 2。

模糊神经网络将模糊逻辑系统和人工神经网络相结合，利用神经网络进行学习获取知识，用模糊推理逻辑对学习结果进行知识表达，使之兼具良好的知识表达能力和强大的自学习能力。

9.6.3　Mamdani 型模糊神经网络的应用

本节介绍使用基于 Mamdani 模型的模糊神经网络，对多级压缩机故障数据样本进行学习，并对学习到的知识进行表达。显然，压缩机故障数据样本分类比水果样本数据分类要复杂得多。本例中讨论的压缩机故障数据有 43 维，根据专家的专业知识和实践经验，认为其中的 8 个变量，即每一级压力 P_1、P_2、P_3、P_4 和温度 T_1、T_2、T_3、T_4 是特征变量。为了便于从数据的三维图形中直接观察获取知识,我们先把问题简化为选取其中三维特征 P_1、P_2、P_3 进行讨论分析。

如图 9-34(a)所示是用三维数据中选取的部分数据样本(主要是压力数据中的 3 个),给出了三维压力特征坐标下的分布情况。数据样本中蓝色标签为排气阀漏(1022),红色标签为正常状况(2643),绿色标签为吸气阀漏(806)。为了方便后续讨论,我们预先对样本数据进行一些处理,主要是对三个压力样本的数值进行了归一化。

将图 9-34(a)分别向三个坐标轴上投影,从图 9-34(b)可以看出,通过 P_1、P_2 可大致区别出排气故障;从图 9-34(c)可以看出,通过 P_2、P_3 可区别大部分排气故障;从图 9-34(d)可以看出,通过 P_1、P_3 可区别大部分吸气阀故障。图中有部分数据是相互交叠的,在此暂不讨论。

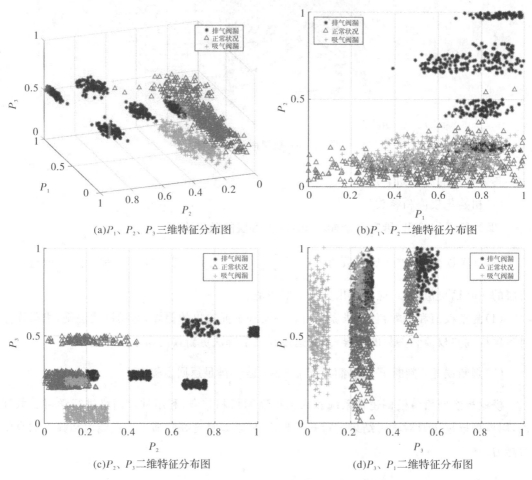

(a)P_1、P_2、P_3 三维特征分布图　　　　　(b)P_1、P_2 二维特征分布图

(c)P_2、P_3 二维特征分布图　　　　　(d)P_3、P_1 二维特征分布图

图 9-34　三维特征分布的二维平面投影(P_1、P_2、P_3 均为压力,
数据归一化处理后无单位,彩图扫描前言二维码)

本例选取了 P_1、P_2、P_3 三维特征变量作为网络的输入,并在第二层时进行模糊化处理,此时需确定变量的模糊子集。最简单的方法是将数据分为大、中、小三个模糊集合,并给出三个隶属度函数,但这是主观的"模糊分类"。更合理的方法是分别考察每一维特征样本数

据的分布状况,并确定相对应的隶属度函数,这是根据数据的客观分布的"模糊聚类"。

结合图 9-34 的数据二维特征的分布,下面进一步分别对一维特征变量 P_1、P_2、P_3 的数据分布进行分析。如图 9-35 所示,图中的条形框为各类数据的统计直方图。从图 9-35(a)可见,在 P_1 特征上"排气故障"数据分布的中心略大于其他两类数据,但三类数据有不少部分交织在一起难以区分;从图 9-35(b)可见,在 P_2 特征上"排气故障"在右侧有三簇分布,但左侧仍有少部分数据与其他状态数据的交叠;从图 9-35(c)可见,在 P_3 特征上"吸气故障"明显分布在左侧,而右侧则有两簇各类数据交叠的分布。

由此可见,通常在一开始就对特征变量选取三个隶属度函数并不合理,本例在第二层网络中的隶属度函数,是根据数据分布的"簇"来确定的。从数据样本在特征变量 P_1 上的分布图中不难发现,正常状况和吸气阀故障数据分布的中心几乎重合,因此可将特征 P_1 上的模糊子集隶属度函数确定为两个。读者可以通过自行分析,来确定 P_2 和 P_3 上分为几个模糊子集。

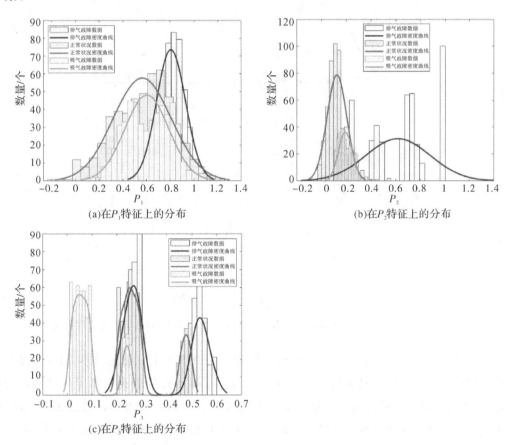

图 9-35 各特征变量上的数据分布(P_1、P_2、P_3 均为压力,数据归一化处理后无单位)

我们根据图 9-35 的数据分布情况,对每个特征变量 P_1、P_2、P_3 都如图 9-36 所示那样选取了三个隶属度函数,在调用模糊神经网络应用程序时,算法会对网络第二层中的隶属度函数参数进行调整,较明显的如特征 P_1 的隶属度函数。从图 9-35 中对 P_1 的分析可以看出，"正常状况"和"吸气故障数据"在分布上大体相似，因此在训练学习后，会将总体样本数据在特征 P_1 维度下"聚"成两类，因而选用两个隶属度函数。

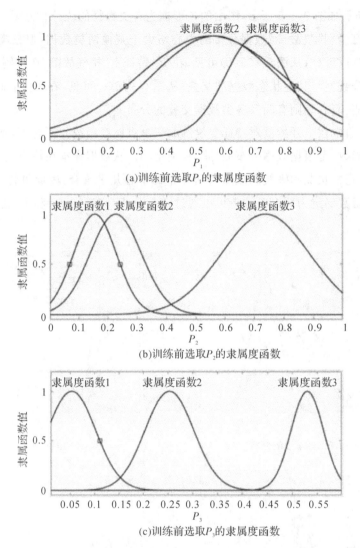

(a)训练前选取P_1的隶属度函数

(b)训练前选取P_2的隶属度函数

(c)训练前选取P_3的隶属度函数

图 9-36　训练前选取的各特征隶属度函数（P_1、P_2、P_3 均为压力，数据归一化处理后无单位）

　　从图 9-34、图 9-35 和图 9-36 中可看出，根据压缩机运行的数据样本，可在不同维度特征空间里直接获取压缩机运行的某些知识。读者可能已经从中提取出了故障诊断的规则，但这些简单统计得到的隶属函数可能还不能准确表达数据的内涵。通过在 MATLAB 中调用 anfisedit 工具中的模糊神经网络的应用程序，能够根据压缩机的真实样本数据，在样本数据学习和训练的基础上，对各个特征变量上的隶属函数参数进行修正和调整。如果在样本数据聚类时有压缩机专家给予指导，数据会更有效、准确。

　　训练后得到的隶属函数如图 9-37 所示。此时表明在第二层中只需要 8 个隶属度函数（神经元）即可实现分类任务。模糊神经网络的隶属度函数的确定，从一开始依据经验的分类,到迭代产生的聚类,体现了网络自适应学习调整的过程,而这一网络结构的精简也是建立在我们能够理解网络结构含义即理解模糊规则的基础之上,这也是传统的神经网络不具备的特性。

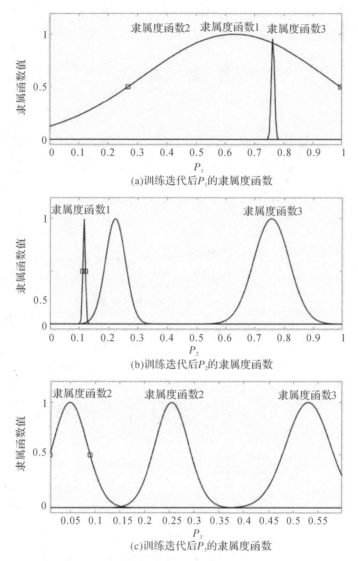

图 9-37　训练后迭代的各特征隶属度函数(P_1、P_2、P_3 均为压力,数据归一化处理后无单位)

把第五层 output 的标签分别定义为 $Y_{正常}(0)$、$Y_{吸气故障}(1)$、$Y_{排气故障}(-1)$,如图 9-38(a)所示。从压缩机数据中,对"正常""吸气故障""排气故障"三类数据各取 500 个的样本,组成 1500 个数据的总样本。在上述三类样本中各取一半用作网络学习,另一半用来验证,即有 750 个数据的训练样本集,750 个数据的测试样本集。

如图 9-38(b)所示为上述模糊神经网络的训练结果,可以看出,随着训练次数的增加,误差也越来越小,在 400 次迭代后误差趋于平稳,大致稳定在 0.338 左右。最后将之前划分出的测试集输入训练后的网络检测训练结果。

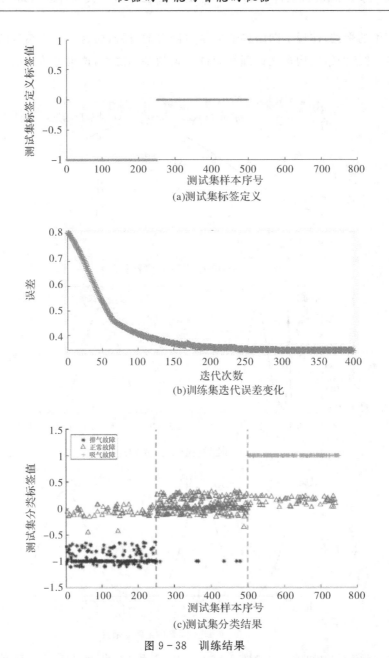

图 9 - 38　训练结果

　　测试集的前 250 个样本为排气阀漏,标签为 -1;中间 250 个样本为正常状况,标签为 0;后 250 个样本为吸气阀漏,标签为 1。图 9 - 38(c)为测试集的输出结果,可以看出训练的效果。前 250 个样本大部分都被正确地分为排气故障,部分被错误地分为了正常状况(37.2%);中间 250 个样本大部分都被正确地分为正常状况,极少部分被错误地分为了排气故障(8.7%);后 250 个样本大部分都被正确地分为吸气故障,部分被错误地分为了正常状况(34.8%)。

　　根据模糊神经网络对知识的输出表达,我们可以得到如下推理规则:

　　　　IF P_1 小/大,AND P_2 小,AND P_3 大,THEN 样本为正常状况

　　　　IF P_1 小/大,AND P_2 中,AND P_3 小,THEN 样本为吸气故障

IF P_1 大,AND P_2 大,AND P_3 中/大,THEN 样本为排气故障

经过对整体数据的统计,诊断的准确率约为 73.1%。

9.6.4　基于多维变量诊断的实例

从工程实践的应用而言,故障诊断并不需要 100% 的准确率,有 70% 的准确率已基本能满足要求。但从网络学习的计算角度考虑,我们对上述网络的学习效果还可以进一步分析和讨论。就本例(压缩机故障诊断)的问题来说,首先,网络学习过程的收敛精度不高;其次,样本分类仍有约 30% 误差率。

由于本例中三种状态的数据样本在所选三维特征中存在部分的交叠,而测试集中未能准确分类的样本也大都处于三维特征交叠的区间,因此只有用更复杂的曲线(或曲面)才能划分出交叠部分的数据,这就对网络的非线性映射能力和映射精度提出了更高的要求。可以通过增加网络隐含层中的层数和神经元的个数来达到这个效果。就前面讨论的模糊神经网络而言,本例的具体做法是引入更多的特征变量(增加网络隐含层的层数),并把模糊子集的隶属度函数分得更细(增加神经元个数)。这个思路也符合运用压缩机的运行信息进行诊断的知识。

该网络会带来计算和存储量大增的问题,这点必须给予考虑。

(1)从冗余变量中提取特征变量。如果说过去常常面临的困境是信息不足的话,那么现在和未来则主要面对的是信息的冗余,即怎样从众多的变量中来判定哪些是特征变量。

本例的压缩机运行的数据多达 43 维,而在这 43 维变量中,哪些才是运行"正常"或"故障"的特征变量呢? 如果有专家能够提供专业知识,对提取压缩机故障的诊断规则是十分有利的。在专家也缺乏专业知识的情况下,可以利用粗糙集(rough sets)来选择特征变量。粗糙集也可用来验证专家提供的知识。

粗糙集理论拓展了集合论和模糊集合论,利用上、下近似等概念,构造了利用已知论域划分来表达未知论域划分的方法,实际上是研究集合与集合间的类模糊不确定关系——粗糙关系。粗糙集的特点是把不同性质的物理量放在同一个集合中讨论,并通过上近似与下近似的逼近,发掘出最能代表故障特征的(或与故障最相关的)变量,并与专家的先验知识相验证,解决变量冗余的问题。粗糙集决策表和模糊神经网络本质上都蕴涵着"IF…THEN…"规则。

选取的特征变量必须充分保证数据的特征。基于粗糙集的特征变量获取方法,得到了最能说明系统本质的一组 8 个变量,该组变量的重要性系数达到 99.3%,符合专家经验和理论分析。

(2)数据冗余和数据蒸发。粗糙集已经把 43 维变量降为特征变量 8 维,而且降维后的数据样本基本保持了原数据样本的特征。进一步就是要对这 8 维数据进行数据蒸发(样本浓缩)。

和特征提取一样,我们希望样本数据蒸发后在很大程度上仍旧能够代表原数据的特征。

如使数据量大大减少,解决数据量冗余和计算量大的问题。被数据浓缩效果衡量指标 E_n 为

$$E_n = \left(1 - \frac{M}{N}\right)C \times 100\% \qquad (9-40)$$

式中,N 为原始数据量;M 为浓缩后的数据量;C 为利用浓缩的数据形成规则的决策正确率。

我们希望原始数据样本被浓缩后仍然能够保持原始数据的有用信息,使被浓缩的数据样本所形成诊断规则的正确率基本不变。这样就可以大大减少计算工作量,提高学习的效率。

(3)变量与数据冗余处理的结果。关于特征变量的选取,根据专家建议,选取 4 个压力和 4 个温度这 8 个变量作为特征。对数据组的原始 43 个变量进行必要的预处理,主要包括滤波、去粗差和归一化等。处理后共获得了 3586 组有效样本,每组样本包含 8 个变量,这 8 个特征变量反映了原数据 88.65% 的主成分(通常主成分提取一般认为达 70% 即达到满意)。

由于篇幅所限,对粗糙集、数据蒸发和主成分分析等内容有兴趣的读者可以查阅有关文献进一步了解。

上面虽然对原始数据进行了预处理,但由于这些变量间依然存在很强的耦合关系,各故障状态在故障空间的重叠很严重,增加了诊断的难度。为此考虑用模糊变量来描述本系统中的测量数据,这样更符合数据的实际分布情况和"模糊"状态。

(4)故障诊断知识的获取和表达。以往,知识都是经过人类对特定的对象长期的观察、因果关系的逻辑推断(如前讨论的三维压力图,就可以根据途中数据的分布获取知识)及经验的检验后认知的,但是对于多级压缩机的故障知识,由于涉及到多变量,且各变量之间存在着重叠和交织,故障与非故障之间存在着非线性划分等复杂性,即使是压缩机的专家也难以获取全部知识。

前面几节已经介绍过神经网络的学习能力,它能够从数据样本的学习中获得因果的映射关系。但完成学习后,因果映射关系的表达是一个网络结构和一些网络的参数,很难从网络结构的图形和网络参数中理解这种映射的实际意义。

人类早期的知识就是以语言的方式来表达逻辑推理规则的。逻辑推理规则是用自然语言变量,而自然语言变量是模糊的,用自然语言表达的推理逻辑还可以与人类专家的经验知识相验证;而神经网络用于处理测量数据,可以从大量的样本数据中"挖掘"出未知的知识,达到语言变量和数值变量的融合处理。

从图 9-35 中可以看出,通过对 P_2 模糊区间的合理划分,能够很容易识别排气阀的故障,而对 P_3 的合理划分则可识别吸气阀的故障。为合理地划分隶属度函数,对图 9-39 中的压力 P_1、P_2、P_3、P_4 和温度 T_1、T_2、T_3、T_4 共 8 个变量进行模糊聚类。

在图 9-39(a)到(h)中,各模糊变量的隶属函数不一样。注意,模糊变量隶属函数的个数越多,模糊变量划分就越细,模糊推理的规则就越多,这是不利于知识表达的。如以苹果为例,如果把颜色划分成很多"档",那判断苹果就会出现"有点红""比较红"和"非常红"的规则,而这种知识表达缺乏"泛化"能力,不如用颜色的"红",规则简单且表达了大部分苹果的

颜色特征。

对模糊子集聚类的个数不是唯一的,应根据实际情况自行确定。如果上述 8 个变量的隶属函数分别为 $m_1,m_2,\cdots,m_8$ 个,则模糊推理的规则最多可达 $m_1 \times m_2 \times \cdots \times m_8$ 条。这样的知识即使全部表达出来也很难理解,因此要注意划分的合理性。

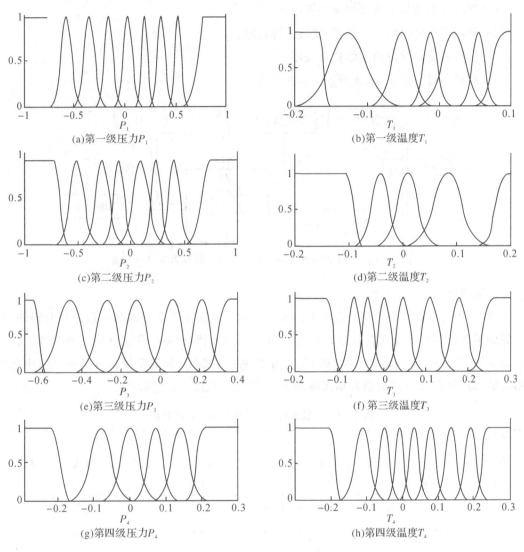

图 9-39　四级压力、温度的模糊隶属函数($P_1 \sim P_4$ 分别为压力,
$T_1 \sim T_4$ 分别为温度,压力和温度归一化处理后无单位)

综上所述,在对压缩机数据样本去粗差、滤波和归一化等预处理后,基于专家知识从冗余变量中提取特征变量(可与粗糙集相互验证)及模糊聚类和数据蒸发后,将形成如图 9-40 所示流程,对压缩机故障诊断的知识进行学习和表达。

图 9-40 的学习和表达的流程如下:

(1)对输入数据进行预处理,主要是滤波和去粗差。

（2）利用神经网络进行聚类，如判断是否有新知识产生（新的数据类型）。如果有，转入学习过程；如果没有，继续进行下一步。

（3）对预处理后的数据形成决策表，并利用所形成的诊断网络进行故障诊断。

（4）对决策表进行属性约简和值约简（主要是去除重复记录）。

（5）利用聚类结果形成模糊神经网络。

（6）利用形成的网络进行学习，实现故障诊断。

（7）从已经完成学习的网络获得规则。

（8）对规则进行简化，形成或添加诊断规则。

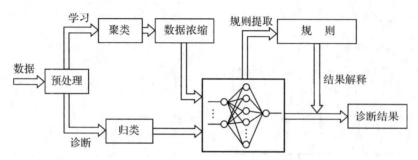

图9-40 基于模糊神经网络的压缩机诊断知识学习和表达

诊断结果如下：

表9-1是多级压缩机运行时的故障诊断规则。从图9-39中隶属函数的划分得知，第一级到第四级的压力分别被划分为9档、8档、7档和6档，而温度分别被划分为7档、5档、8档和9档，表9-1中各级的压力和温度所标的阿拉伯数字，为该变量在自身各"档"中所处第几档，而"状态"1、2、3分别表示压缩机正常、排气阀故障、吸气阀故障。

表9-1 多级压缩机运行中的故障诊断规则

第一级压力 (P_1)	第一级温度 (T_1)	第二级压力 (P_2)	第二级温度 (T_2)	第三级压力 (P_3)	第三级温度 (T_3)	第四级压力 (P_4)	第四级温度 (T_4)	状态
6（稍高）	5（较高）	6（较高）	3（正常）	5（较高）	5（较高）	4（较高）	5（较高）	3
5（正常）	5（较高）	6（较高）	3（正常）	3（稍低）	5（较高）	2（低）	5（正常）	2
…	…	…	…	…	…	…	…	…
4（稍低）	3（稍低）	5（稍高）	1（很低）	4（稍高）	2（低）	4（较高）	4（稍低）	1

对上述3586对样本的浓缩规则为395组，理想规则数 k 取50时，诊断的正确率为96.53%，蒸发率为90.25%；满意度为0.7679。

采用标准的粗糙集决策系统可获得88条规则，诊断准确率为88%，蒸发率为83.68%，满意度为0.7303。与9.6.3节中选取3个压力特征、8个隶属函数、诊断准确率为73%相比，读者可以思考花费这些计算工作量的效果是否值得。

数据预处理的方法,数据蒸发率及其满意度的高低,诊断知识的学习算法,获取规则数的多少和诊断的准确率,不同的使用场合与不同的专家会提出不同的要求和结果,不可能都达到同一个标准。

通常人们习惯追求算法的诊断准确率,但数据不同状态下重叠的特质决定此举会带来诊断规则数的增加,实际上这在工程实践中很不方便,通常专家要求诊断准确率在 70% 以上,而诊断的规则却不宜太多,而这一点与模糊变量的隶属函数划分有很大关系,应当给予充分的注意。

本章对读者只是进行一些入门性的引导,对知识发现和表达有兴趣的读者,可以找一些与此类似的问题,尝试各自的解决方法。

思考题与习题 9

1. 如何认识故障原因和故障现象的关系? 请举例说明。

2. 查阅资料,简要讨论往复式压缩机主要有哪些故障?

3. 往复式压缩机的故障与一般回转式机械的故障有何异同?

4. 试讨论如何选取往复式压缩机吸气、排气阀故障的特征变量。

5. 试阐述生物神经网络中的神经元作用。

6. 人工神经元有哪些主要运算功能?

7. 模糊推理和神经网络各有什么特点?

8. 试比较模糊推理和神经网络的不同点。

9. 试比较模糊推理和神经网络的相似点。

10. 模糊逻辑和神经网络可以在哪些方面进行比较? 试举例列出。

11. 试用图 9-35 和图 9-36 来阐述压缩机样本数据的分布和模糊子集隶属度的关系。

12. 对图 9-36 的隶属度函数训练后,试讨论图 9-37 隶属度的改进之处。

13. 模糊神经网络模糊化层中,对于每一维特征,所选取的隶属度函数的数目是由什么决定的?

14. 模糊逻辑是如何与神经网络进行结合的? 模糊神经网络和 BP 神经网络相比有什么异同?

参考文献

［1］黄真,孔令富,方跃法.并联机器人机构学理论及控制［M］.北京:机械工业出版社,1997.

［2］赵景山,冯之敬,褚福磊.机器人机构自由度分析理论［M］.北京:科学出版社,2009.

［3］黄真,赵永生,赵铁石.高等空间机构学［M］.北京:高等教育出版社,2006.

［4］王春行.液压伺服系统［M］.北京:机械工业出版社,1981.

［5］李洪人.液压控制系统［M］.北京:国防工业出版社,1981.

［6］汪培庄.模糊系统理论与模糊计算机［M］.北京:科学出版社,1996.

［7］王立新.模糊系统与模糊控制教程［M］.北京:清华大学出版社,2003.

［8］杜海峰,王孙安.基于 ART -人工免疫网络的数据浓缩方法研究［J］.模式识别与人工智能,2001,14(4).